教育部职业教育与成人教育司
全国职业教育与成人教育教学用书行业规划教材
"十二五"职业院校计算机应用互动教学系列教材

■ **双模式教学**
通过丰富的课本知识和高清影音演示范例制作流程双模式教学，迅速掌握软件知识

■ **人机互动**
直接在光盘中模拟练习，每一步操作正确与否，系统都会给出提示，巩固每个范例操作方法

■ **实时评测**
本书安排了大量课后评测习题，可以实时评测对知识的掌握程度

中文版
Dreamweaver CC 2014 & ASP

编著/黎文锋

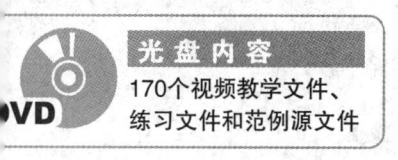

光盘内容
170个视频教学文件、练习文件和范例源文件

互动教程

☑ 双模式教学 + ☑ 人机互动 + ☑ 实时评测

海洋出版社
2016年·北京

内 容 简 介

本书是以互动教学模式介绍 Dreamweaver CC 2014 的使用方法和技巧的教材。本书语言平实，内容丰富、专业，并采用了由浅入深、图文并茂的叙述方式，从最基本的技能和知识点开始，辅以大量的上机实例作为导引，帮助读者在较短时间内轻松掌握中文版 Dreamweaver CC 2014 的基本知识与操作技能，并做到活学活用。

本书内容：全书共分为 10 章，着重介绍了 Dreamweaver CC 建网入门；使用表格与 Div 布局页面；添加与设置页面的内容；使用 CSS 规范页面外观与布局；创建链接与应用 jQuery UI；应用行为与 jQuery UI 特效；设计表单与 jQuery Mobile 页面；ASP 动态网站开发入门等知识。最后通过网站留言区项目设计和新闻公告系统项目设计两个综合范例介绍了使用 Dreamweaver CC 2014 结合 ASP 制作动态网页的方法与技巧。

本书特点：1. 突破传统的教学思维，利用"双模式"交互教学光盘，学生既可以利用光盘中的视频文件进行学习，同时可以在光盘中按照步骤提示亲手完成实例的制作，真正实现人机互动，全面提升学习效率。2. 基础案例讲解与综合项目训练紧密结合贯穿全书，书中内容结合网页设计软件应用职业资格认证标准和 Adobe 中国认证设计师（ACCD）认证考试量身定做，学习要求明确，知识点适用范围清楚明了，使学生能够真正举一反三。3. 有趣、丰富、实用的上机实习与基础知识相得益彰，摆脱传统计算机教学僵化的缺点，注重学生动手操作和设计思维的培养。4. 每章后都配有评测习题，利于巩固所学知识和创新。

适用范围：适用于职业院校网页设计专业课教材；社会培训机构网页设计培训教材；用 Dreamweaver 和 ASP 从事网页设计等从业人员实用的自学指导书。

图书在版编目（CIP）数据

中文版 Dreamweaver CC 2014 & ASP 互动教程/黎文锋编著. —北京：海洋出版社，2016.1
ISBN 978-7-5027-9322-7

Ⅰ.①中… Ⅱ.①黎… Ⅲ.①网页制作工具 Ⅳ.①TP393.092

中国版本图书馆 CIP 数据核字（2015）第 297822 号

总 策 划：刘 斌	发 行 部：（010）62174379（传真）（010）62132549
责任编辑：刘 斌	（010）68038093（邮购）（010）62100077
责任校对：肖新民	网　　址：www.oceanpress.com.cn
责任印制：赵麟苏	承　　印：北京画中画印刷有限公司
排　　版：海洋计算机图书输出中心　晓阳	版　　次：2016 年 1 月第 1 版
	2016 年 1 月第 1 次印刷
出版发行：海洋出版社	开　　本：787mm×1092mm　1/16
地　　址：北京市海淀区大慧寺路 8 号（716 房间）	印　　张：20.25
100081	字　　数：486 千字
经　　销：新华书店	印　　数：1～4000 册
技术支持：（010）62100055	定　　价：38.00 元（含 1DVD）

本书如有印、装质量问题可与发行部调换

前　言

　　Adobe Dreamweaver CC 2014 是 Adobe 最新发布的套装软件的应用程序之一，它是一款功能强大、易学易用的网页编辑工具。使用 Dreamweaver，可以虚拟一个功能完整的 Web 站点，并通过其操作简单的功能完成 Web 页面设计，不仅可以制作形式丰富的多媒体网页内容，还可以配合数据库制作具备信息互动的动态网页，是现如今使用最广泛的一款网站开发软件。

　　本书以 Adobe Dreamweaver CC 2014 作为教学主体，通过由浅入深、由入门到提高、由基础到应用的方式，先通过 Dreamweaver CC 2014 的界面介绍、文件管理等基础知识，为读者学习 Dreamweaver 奠定坚实的基础，接着延伸到网页文本编辑、网页图像应用、使用表格和 Div 布局页面、使用 CSS 规范页面外观与布局、通过链接建立站点文件关联、行为的应用、设计基于 jQuery UI 和 jQuery Mobile 的页面、网页表单与数据库结合的动态功能开发等知识，最后通过留言区和新闻公告系统两个动态网站项目设计案例的介绍，使读者掌握综合应用 Dreamweaver 和 ASP 开发动态网站的方法和技巧。

　　本书是"十二五"职业院校计算机应用互动教学系列教程之一，具有该系列图书轻理论重训练的主要特点，并以"双模式"交互教学光盘为重要价值体现。本书的特点主要体现以下方面：

- **高价值内容编排**　本书内容依据职业资格认证考试 Dreamweaver 考纲的内容，有效针对 Dreamweaver 认证考试量身定制。通过本书的学习，可以更有效地掌握针对职业资格认证考试的相关内容。
- **理论与实践结合**　本书从教学与自学出发，以"快速掌握软件的操作技能"为宗旨，书中不但系统、全面地讲解软件功能的概念、设置与使用，并提供大量的上机练习实例，让读者可以亲自动手操作，真正做到理论与实践相结合，活学活用。
- **交互多媒体教学**　本书附送多媒体交互教学光盘，光盘除了附带书中所有实例的练习素材外，还提供了一个包含实例演示、模拟训练、评测题目三部分内容的双模式互动教学系统，让读者可以跟随光盘学习和操作。
  - ➢ 实例演示：将书中各个实例进行全程演示并配合清晰语音的讲解，让读者体会到身临其境的课堂训练感受。
  - ➢ 模拟训练：以书中实例为基础，但使用了交互教学的方式，可以让读者根据书中讲解，直接在教学系统中操作，亲手制作出实例的结果，让读者真正动手去操作，深刻地掌握各种操作方法，达到上机操作、无师自通的目的。
  - ➢ 评测题目：提供了考核评测题目，让读者除了从教学中轻松学习知识之外，更可以通过题目评测自己的学习成果。
- **丰富的课后评测**　本书在章后提供了精心设计的填空题、选择题、判断题和操作题等类型的考核评估习题，让读者测评出自己学习成效。

　　本书总结了作者多年应用 Dreamweaver 开发网站的实践经验，目的是帮助想从事网站开发、网页设计行业的广大读者迅速入门并提高学习和工作效率，同时对众多 Dreamweaver 爱好者和网站制作爱好者也有很好的指导作用。

本书是广州施博资讯科技有限公司策划，由黎文锋编著，参与本书编写与范例设计工作的还有李林、黄活瑜、梁颖思、吴颂志、梁锦明、林业星、黎彩英、周志苹、李剑明、黄俊杰、李敏虹、黎敏、谢敏锐、李素青、郑海平、麦华锦、龙昊等，在此一并谢过。在本书的编写过程中，我们力求精益求精，但难免存在一些不足之处，敬请广大读者批评指正。

编者

光盘使用说明

本书附送多媒体交互教学光盘，光盘除了附带书中所有实例的练习素材外，还提供了一个包含实例演示、模拟训练、评测题目三部分内容的双模式互动教学系统，让读者可以跟随光盘学习和操作。

1. 启动光盘

从书中取出光盘并放进光驱，即可让系统自动打开光盘主界面，如下图 1 所示。如果是将光盘复制到本地磁盘中，则可以进入光盘文件夹，并双击【Play.exe】文件打开主播放界面，如图 2 所示。

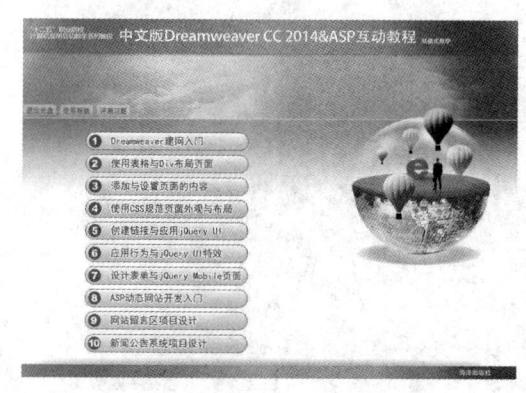

图1　　　　　　　　　　图2

2. 使用帮助

在光盘主界面中单击【使用帮助】按钮，可以阅读光盘的帮助说明内容，如图 3 所示。单击【返回首页】按钮，可返回主界面。

3. 进入章界面

在光盘主界面中单击章名按钮，可以进入对应章界面。章界面中将本章提供的实例演示和实例模拟训练条列显示，如图 4 所示。

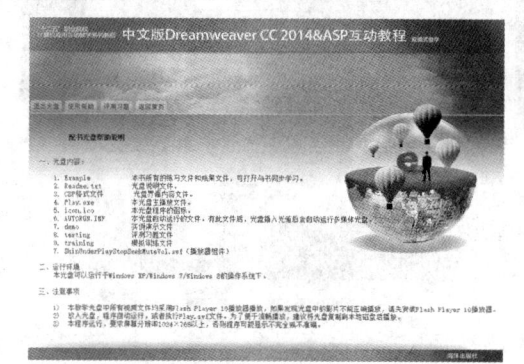

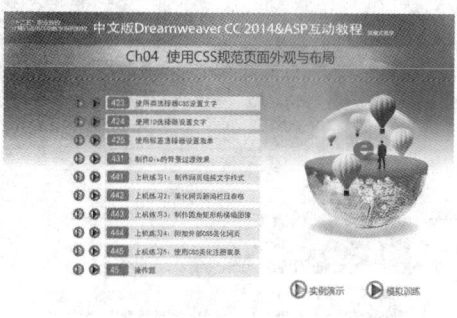

图3　　　　　　　　　　图4

4. 双模式学习实例

（1）实例演示模式：将书中各个实例进行全程演示并配合清晰语音的讲解，让读者体会到身历其境的课堂训练感受。要使用演示模式观看实例影片，可以在章界面中单击 ▶ 按钮，进入实例演示界面并观看实例演示影片。在观看实例演示过程中，可以通过播放条进行暂停、停止、快进/快退和调整音量的操作，如图5所示。观看完成后，单击【返回本章首页】按钮返回章界面。

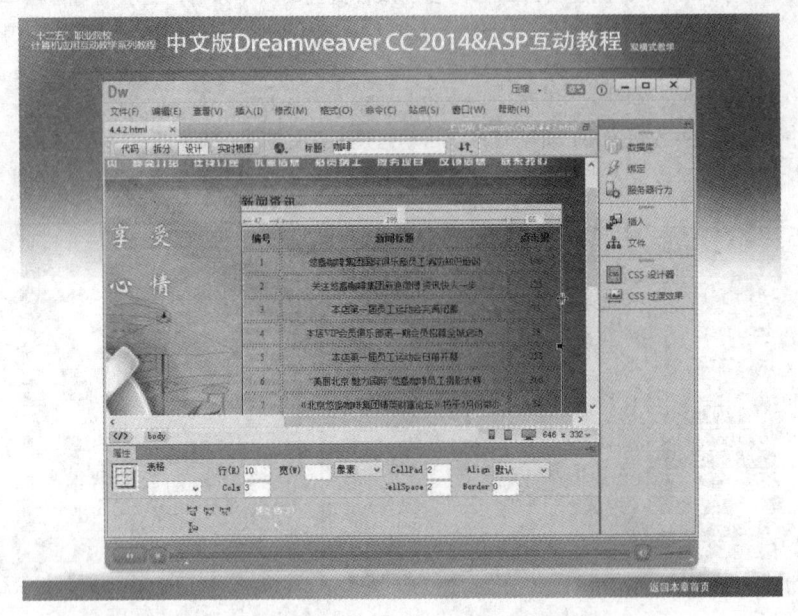

图5

（2）模拟训练模式：以书中实例为基础，但使用了交互教学的方式，可以让读者根据书中讲解，直接在教学系统中操作，亲手制作出实例的结果。要使用模拟训练方式学习实例操作，可以在章界面中单击 ▶ 按钮。进入实例模拟训练界面后，即可根据实例的操作步骤在影片显示的模拟界面中进行操作。为了方便读者进行正确的操作，模拟训练界面以绿色矩形框作为操作点的提示，读者必须在提示点上正确操作，才会进入下一步操作，如图6所示。如果操作错误，模拟训练界面将出现提示信息，提示操作错误，如图7所示。

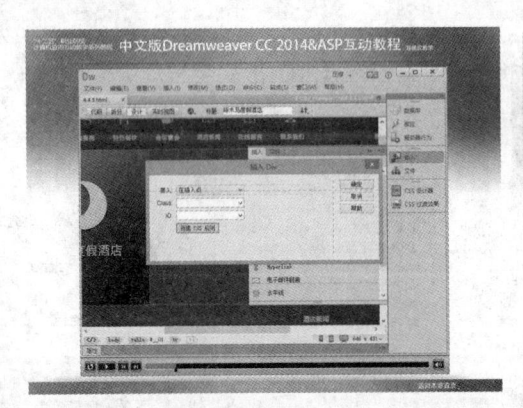

图6　　　　　　　　图7

5. 使用评测习题系统

评测习题系统提供了考核评测题目,让读者除了从教学中轻松学习知识之外,更可以通过题目评测自己的学习成果。要使用评测习题系统,可以在主界面中单击【评测习题】按钮,然后在评测习题界面中选择需要进行评测的章,并单击对应章按钮,如图 8 所示。进入对应章的评测习题界面后,等待 5 秒即可显示评测题目。每章的评测习题共 10 题,包含填空题、选择题和判断题。每章评测题满分为 100 分,达到 80 分极为及格,如图 9 所示。

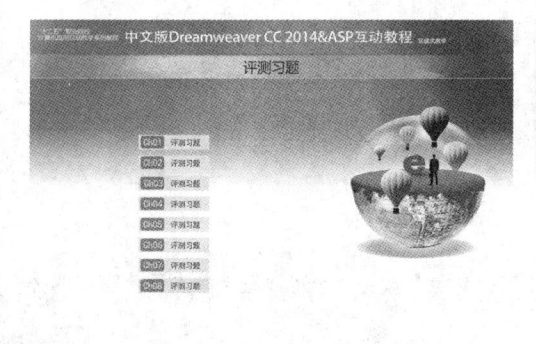

图8　　　　　　　　　　　　图9

显示评测题目后,如果是填空题,则需要在【填写答案】后的文本框中输入题目的正确答案,然后单击【提交】按钮即完成当前题目操作,如图 10 所示。如果没有单击【提交】按钮而直接单击【下一个】按钮,则系统将该题认为被忽略的题目,将不计算本题的分数。另外,单击【清除】按钮,可以清除当前填写的答案;单击【返回】按钮返回前一界面。

如果是选择题或判断题,则可以单击选择答案前面的单选按钮,再单击【提交】按钮提交答案,如图 11 所示。

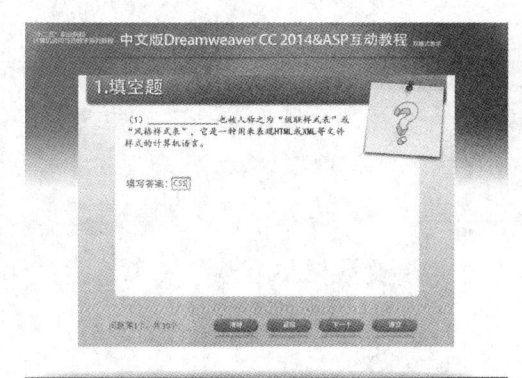

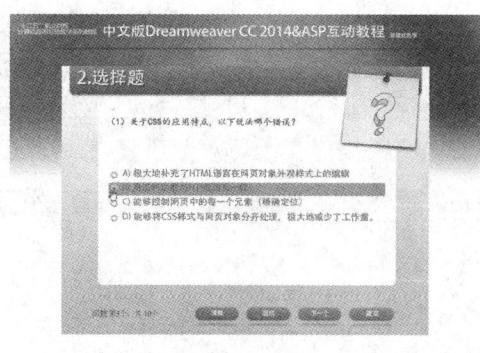

图10　　　　　　　　　　　　图11

完成答题后,系统将显示测验结果,如图 12 所示。此时可以单击【预览测试】按钮,查看答题的正确与错误信息,如图 13 所示。

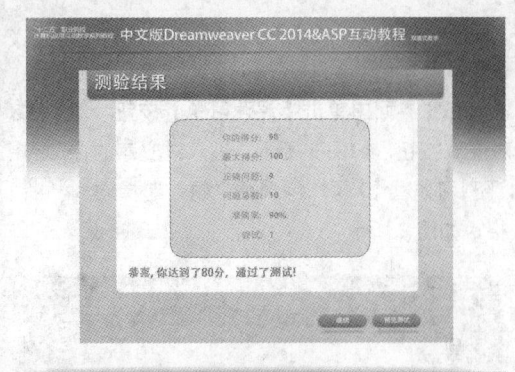

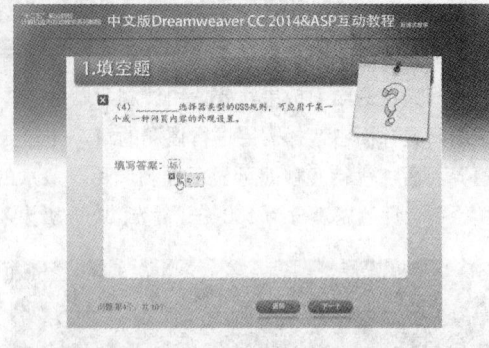

图12　　　　　　　　　　　　　　图13

6. 退出光盘

如果需要退出光盘，可以在主界面中单击【退出光盘】按钮，也可以直接单击程序窗口的关闭按钮，关闭光盘程序。

目 录

第1章 Dreamweaver CC 建网入门 1
1.1 Dreamweaver CC 2014 用户界面 1
1.1.1 菜单栏 1
1.1.2 文件窗口 2
1.1.3 文件工具栏 3
1.1.4 面板组 3
1.1.5 文件状态栏 4
1.1.6 【属性】面板 5
1.1.7 欢迎屏幕 5
1.1.8 文件窗口的视图 6
1.2 管理与浏览网页文件 8
1.2.1 新建文件 8
1.2.2 打开文件 9
1.2.3 保存文件 10
1.2.4 设置页面属性 11
1.2.5 使用浏览器预览文件 13
1.2.6 编辑浏览器列表 14
1.3 构建网站的基础 14
1.3.1 什么是网站 14
1.3.2 网站的组成 15
1.3.3 静态网站和动态网站 16
1.3.4 网站设计的要点 17
1.4 配置本地 Web 服务器 19
1.4.1 关于 Dreamweaver 站点 19
1.4.2 本地和远程文件夹结构 19
1.4.3 安装 Web 服务器——IIS 20
1.4.4 设置 IIS 默认站点属性 22
1.4.5 设置运行本地站点的用户权限 24
1.5 创建与管理 Dreamweaver 站点 25
1.5.1 新建本地站点 25
1.5.2 新建和管理文件 26
1.5.3 打开和删除文件 27
1.6 技能训练 27
1.6.1 上机练习1：创建本地公司站点 28
1.6.2 上机练习2：上传站点到远程服务器 31
1.6.3 上机练习3：检查和修复站点无效链接 33
1.6.4 上机练习4：与远程服务器同步站点 35
1.7 评测习题 36

第2章 使用表格与 Div 布局页面 38
2.1 在网页中应用表格 38
2.1.1 载入跟踪图像 38
2.1.2 在页面插入表格 40
2.1.3 设置表格的属性 41
2.1.4 设置单元格属性 42
2.2 编辑表格和单元格 43
2.2.1 调整表格、行和列大小 43
2.2.2 合并和拆分单元格 46
2.2.3 添加或删除行和列 47
2.3 表格自动化处理 49
2.3.1 自动化排序表格 49
2.3.2 导入表格式数据 50
2.4 在网页中应用 Div 标签 51
2.4.1 插入 Div 标签 52
2.4.2 编辑 Div 标签规则 53
2.4.3 使用 AP Div 元素 55
2.5 技能训练 57
2.5.1 上机练习1：应用表格布局公司新闻栏目 57
2.5.2 上机练习2：导入数据制作新闻资讯栏目 59
2.5.3 上机练习3：制作精美酒店价格查询表格 60
2.5.4 上机练习4：使用 Div 标签定位页面图像 62
2.5.5 上机练习5：使用 AP DIV 制作文字投影 64
2.6 评测习题 66

第 3 章　添加与设置页面的内容 68
3.1　添加与设置文字 68
　　3.1.1　管理字体 68
　　3.1.2　在页面中添加文字 69
　　3.1.3　设置文字的属性 71
　　3.1.4　设置文字 HTML 样式 73
3.2　段落文字的编排 73
　　3.2.1　文字的换段与换行 73
　　3.2.2　设置段落对齐与内缩 74
　　3.2.3　制作列表式段落文字 75
　　3.2.4　内容的查找与替换 77
　　3.2.5　插入文字及字符内容 78
3.3　插入与编辑图像对象 79
　　3.3.1　插入图像并设置属性 80
　　3.3.2　图像的编辑与优化 82
　　3.3.3　插入鼠标经过图像 86
3.4　在页面中插入媒体 88
　　3.4.1　插入 Flash SWF 动画 88
　　3.4.2　插入 HTML5 媒体对象 89
　　3.4.3　插入 Flash Video 对象 91
3.5　技能训练 93
　　3.5.1　上机练习 1：制作主页的投影
　　　　　标题 93
　　3.5.2　上机练习 2：制作网页的列表
　　　　　内容 95
　　3.5.3　上机练习 3：插入并编辑页
　　　　　面主题图像 96
　　3.5.4　上机练习 4：制作网站交换
　　　　　图像导航条 98
　　3.5.5　上机练习 5：制作主页的
　　　　　Flash 视频广告 100
　　3.5.6　上机练习 6：制作主页的
　　　　　背景音乐效果 102
3.6　评测习题 105

第 4 章　使用 CSS 规范页面外观与
　　　　布局 107
4.1　CSS 基础知识 107
　　4.1.1　了解 CSS 107
　　4.1.2　关于 CSS 规则 109
　　4.1.3　应用 CSS 的方法 110

　　4.1.4　CSS 规则选择器类型 112
　　4.1.5　定义 CSS 规则的内容 112
　　4.1.6　CSS 设计器 114
4.2　应用 CSS 样式 115
　　4.2.1　创建和附加样式表 115
　　4.2.2　设置 CSS 属性 119
　　4.2.3　应用类选择器 121
　　4.2.4　应用 ID 选择器 123
　　4.2.5　应用标签选择器 124
4.3　应用 CSS 过渡效果 126
　　4.3.1　创建并应用过渡效果 126
　　4.3.2　编辑与删除 CSS 过渡效果 128
4.4　技能训练 129
　　4.4.1　上机练习 1：制作网页链接
　　　　　文字样式 129
　　4.4.2　上机练习 2：美化网页新闻
　　　　　栏目表格 131
　　4.4.3　上机练习 3：制作圆角矩形
　　　　　的横幅图像 133
　　4.4.4　上机练习 4：附加外部 CSS
　　　　　美化网页 136
　　4.4.5　上机练习 5：使用 CSS 美化
　　　　　注册表单 138
4.5　评测习题 141

第 5 章　创建链接与应用 jQuery UI 143
5.1　链接的基础知识 143
　　5.1.1　文件位置和路径 143
　　5.1.2　绝对路径 143
　　5.1.3　文件相对路径 144
　　5.1.4　站点根目录相对路径 145
5.2　创建站点的链接 146
　　5.2.1　站点链接的类型 146
　　5.2.2　创建到文件的链接 146
　　5.2.3　创建命名锚记的链接 149
　　5.2.4　创建电子邮件链接 151
　　5.2.5　创建空链接和脚本链接 152
5.3　创建图像地图链接 153
　　5.3.1　关于图像地图 153
　　5.3.2　创建图像地图链接 154
　　5.3.3　编辑图像地图热点技巧 156

5.4 使用 jQuery UI 设计页面 158
　5.4.1 关于 jQuery UI 158
　5.4.2 jQuery UI CSS 框架 158
　5.4.3 插入 jQuery UI 部件 160
　5.4.4 jQuery UI 部件效果 161
　5.4.5 修改 jQuery UI 部件外观 163
5.5 技能训练 165
　5.5.1 上机练习 1：制作用于下载
　　　　文件的链接 165
　5.5.2 上机练习 2：制作跳转的命
　　　　名锚记链接 166
　5.5.3 上机练习 3：制作以框架为
　　　　目标的链接 169
　5.5.4 上机练习 4：制作收藏网站
　　　　的 jQuery UI 按钮 172
　5.5.5 上机练习 5：使用 jQuery UI
　　　　制作折叠导航板 173
5.6 评测习题 177

第 6 章 应用行为与 jQuery UI 特效 180
6.1 应用行为的基础 180
　6.1.1 关于行为 180
　6.1.2 使用【行为】面板 181
6.2 应用与编辑行为 182
　6.2.1 添加行为 182
　6.2.2 修改行为的事件 183
　6.2.3 编辑与删除行为 184
6.3 应用 jQuery UI 特效 185
　6.3.1 关于 jQuery UI 特效 185
　6.3.2 应用 jQuery UI 特效 185
6.4 技能训练 188
　6.4.1 上机练习 1：制作交换效果
　　　　的通告图像 188
　6.4.2 上机练习 2：制作打开浏览
　　　　器窗口效果 190
　6.4.3 上机练习 3：制作可以自由
　　　　拖动的图像 191
　6.4.4 上机练习 4：制作缩小隐藏
　　　　的欢迎图像 193
　6.4.5 上机练习 5：制作震动的
　　　　Logo 图像效果 195
　6.4.6 上机练习 6：制作膨胀消失
　　　　的图像效果 197
6.5 评测习题 199

第 7 章 设计表单与 jQuery Mobile
页面 201
7.1 表单的基础 201
　7.1.1 关于表单 201
　7.1.2 关于表单对象 202
　7.1.3 表单对象的属性 203
7.2 创建与检查表单 204
　7.2.1 创建表单 204
　7.2.2 插入表单对象 206
　7.2.3 利用行为检查表单 210
　7.2.4 为表单对象附加行为 211
7.3 使用 CSS 美化表单 213
　7.3.1 为表单对象应用类选择器
　　　　CSS 213
　7.3.2 为表单对象应用标签选择器
　　　　CSS 214
7.4 设计 jQuery Mobile 页面 214
　7.4.1 创建 jQuery Mobile 页面 214
　7.4.2 为 jQuery Mobile 页面添加
　　　　部件 217
7.5 技能训练 218
　7.5.1 上机练习 1：制作在线订房
　　　　表单 218
　7.5.2 上机练习 2：制作检查表单
　　　　的效果 222
　7.5.3 上机练习 3：使用 CSS 美化
　　　　表单外观 224
　7.5.4 上机练习 4：设计 jQuery
　　　　Mobile 注册页面 226
7.6 评测习题 231

第 8 章 ASP 动态网站开发入门 233
8.1 ASP 语法基础 233
　8.1.1 ASP 的基本结构 233
　8.1.2 ASP 的变量与常量 235
8.2 创建与编辑数据库 237
　8.2.1 关于数据库 237

8.2.2 认识 Access 数据库 237
8.2.3 创建 Access 数据库 238
8.2.4 编辑 Access 数据库 240
8.3 开发 ASP 动态网站的准备 242
　8.3.1 添加 IIS 支持 ASP 的功能 242
　8.3.2 添加 ODBC 系统数据源 243
　8.3.3 安装支持 ASP 应用的扩展
　　　　功能 246
8.4 设置网页与数据库关联 249
　8.4.1 配置站点和测试服务器 249
　8.4.2 指定数据源名称（DSN）...... 252
　8.4.3 将表单信息提交到数据库 253
8.5 技能训练 255
　8.5.1 上机练习 1：在页面中显示
　　　　会员姓名 255
　8.5.2 上机练习 2：制作首页显示
　　　　会员姓名功能 257
8.6 评测习题 260

第 9 章 网站留言区项目设计 262
9.1 项目设计分析 262
　9.1.1 留言区设计要点 262
　9.1.2 本例留言区逻辑结构 262
　9.1.3 留言区数据库的分析 263
　9.1.4 留言区项目的展示 264
9.2 项目设计过程 265
　9.2.1 上机练习 1：配置 IIS 和
　　　　数据源 265
　9.2.2 上机练习 2：制作留言区
　　　　首页 267
　9.2.3 上机练习 3：制作发表和回
　　　　复页 273
　9.2.4 上机练习 4：制作留言内容
　　　　页面 279

第 10 章 新闻公告系统项目设计 285
10.1 项目设计分析 285
　10.1.1 本例新闻公告系统逻辑
　　　　　结构 285
　10.1.2 新闻公告系统数据库分析 286
　10.1.3 新闻公告系统项目展示 287
10.2 项目设计过程 288
　10.2.1 上机练习 1：配置 IIS 和
　　　　　数据源 288
　10.2.2 上机练习 2：制作新闻公
　　　　　告的首页 290
　10.2.3 上机练习 3：制作内容、
　　　　　登录和发布页 296
　10.2.4 上机练习 4：制作新闻公
　　　　　告系统管理页 302
　10.2.5 上机练习 5：制作修改和
　　　　　删除新闻页面 305

参考答案 310

第 1 章 Dreamweaver CC 建网入门

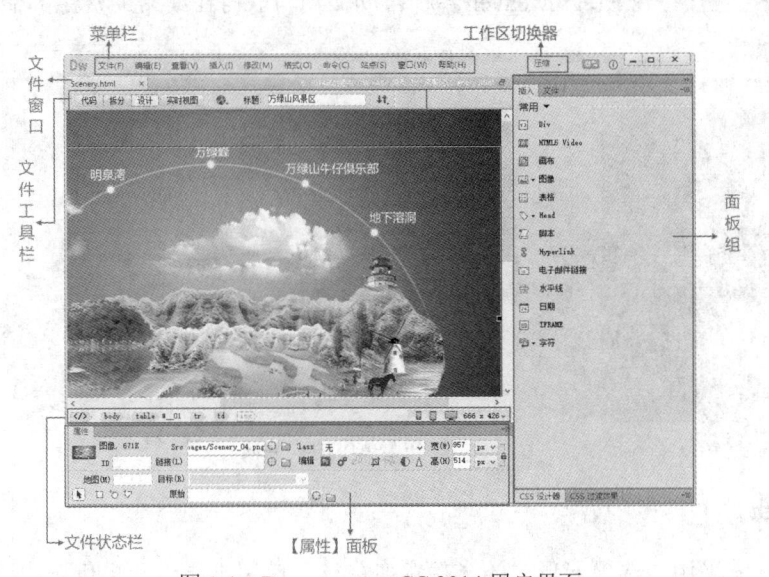

学习目标

Dreamweaver CC 2014 是 Adobe 套装软件中最新版本的网页制作应用程序，其在功能和性能上都有着较大的改进，能帮助网页设计者使用最新技术更方便、简单地设计优美的网页。本章将介绍 Dreamweaver CC 的用户界面和管理文件方法及通过 Dreamweaver 建立网站的入门知识。

学习重点

☑ Dreamweaver CC 2014 的用户界面
☑ 新建、管理和浏览网页文件
☑ 构建网站的基础知识
☑ 配置本地 Web 服务器——IIS
☑ 创建与管理 Dreamweaver 站点

1.1 Dreamweaver CC 2014 用户界面

Dreamweaver CC 2014 的用户界面大致可分为菜单栏、文件窗口、文件工具栏、工作区切换器、面板组、【属性】面板和文件状态栏，如图 1-1 所示。

图 1-1 Dreamweaver CC 2014 用户界面

1.1.1 菜单栏

菜单栏包含用于网页及网站设计的绝大部分命令，包括【文件】、【编辑】、【查看】、【插入】、

【修改】、【格式】、【命令】、【站点】、【窗口】、【帮助】10 个分类。单击任意一个菜单项目即可打开一个菜单，在有些命令右侧带有三角图示▸，单击即可打开联级子菜单。其中有些菜单命令显示为灰色，表示在当前状态下不可用，如图 1-2 所示。

各个菜单项目的功能简介如下：
- 【文件】：提供管理网页文档的操作功能，包括新建、打开、保存、对网页进行预览及验证等命令。
- 【编辑】：包含网页设计过程中一些常用编辑功能，包括重做、剪切、复制、粘贴、查找等标准编辑命令，以及对标签库、快捷键和首选参数进行设置等命令。
- 【查看】：该菜单包含放大、缩小等编辑区视图设置功能，以及设计视图的切换、显示标尺、网格等设计辅助元素的功能。
- 【插入】：用于插入各种网页元素，包括插入图片、表格、表单、媒体、超链接、模板、Div 对象、定义收藏夹和获取更多对象等命令。
- 【修改】：提供修改网页各种设置的命令，包括页面属性、表格、图像、框架集、模板等命令。
- 【格式】：包含设置段落格式及字体格式的命令，包括缩进、凸出、段落格式、字体、样式、颜色，以及检查拼写等命令。
- 【命令】：提供用于简化重复操作的开始录制、播放录制、应用源格式命令、清理 HTML 命令、优化图像等命令。
- 【站点】：提供操作与设置站点的命令，包括新建站点、管理站点、获取、取出、上传、检查站点范围的链接等命令。
- 【窗口】：包含显示与关闭面板群组中各种面板的命令，包括属性面板、数据库面板、CSS 面板、文件面板、隐藏面板等命令。
- 【帮助】：包含打开 Dreamweaver 各种帮助文档与取得在线帮助资源的命令。

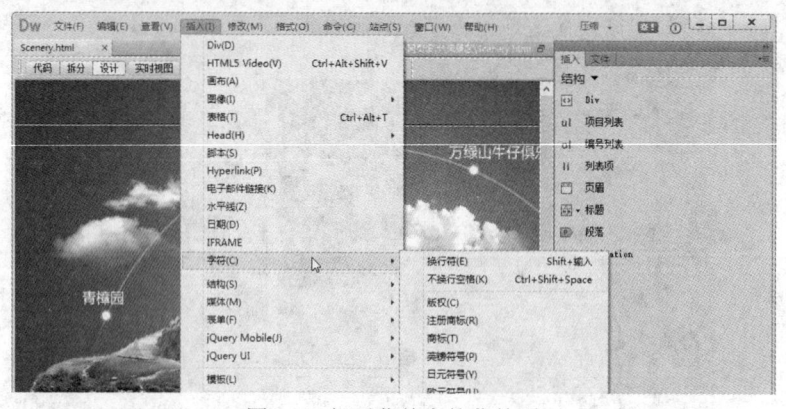

图 1-2　打开菜单中的菜单项

1.1.2　文件窗口

Dreamweaver 采用了选项卡形式的文件窗口，该窗口用于显示和提供用户编辑当前文件。
文件窗口分为文件标题、文件内容、文件状态三部分，如图 1-3 所示。在需要使文件窗口浮动显示时，单击文件窗口右上角的【还原】按钮，即可使窗口浮动显示当前文件，如图 1-4 所示。

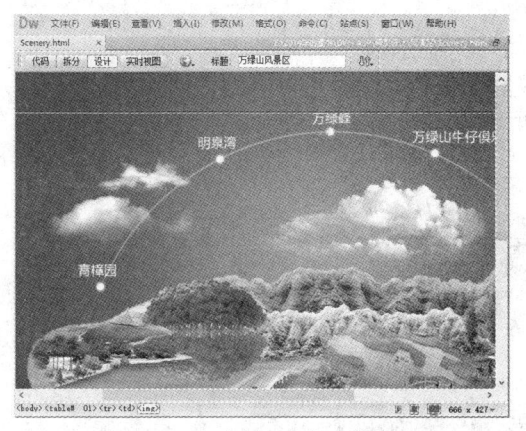

图 1-3 选项卡形式的文件窗口　　　　　图 1-4 浮动的文件窗口

1.1.3 文件工具栏

文件工具栏默认在文件窗口内部，位于文件名称的下方。文件工具栏可以把文件窗口切换为代码、拆分、设计、实时视图 4 种视图模式，还可以提供设置网页标题、调整屏幕预览和管理文件（如验证文件、上传/下载文档、通过浏览器预览页面等）等处理，如图 1-5 所示。

图 1-5 文件工具栏

1.1.4 面板组

1. 打开面板

Dreamweaver 的面板组默认位于用户界面最右侧，它是网页制作的重要辅助工具。当需要使用面板时，可以通过单击面板按钮打开对应的面板，如图 1-6 所示。

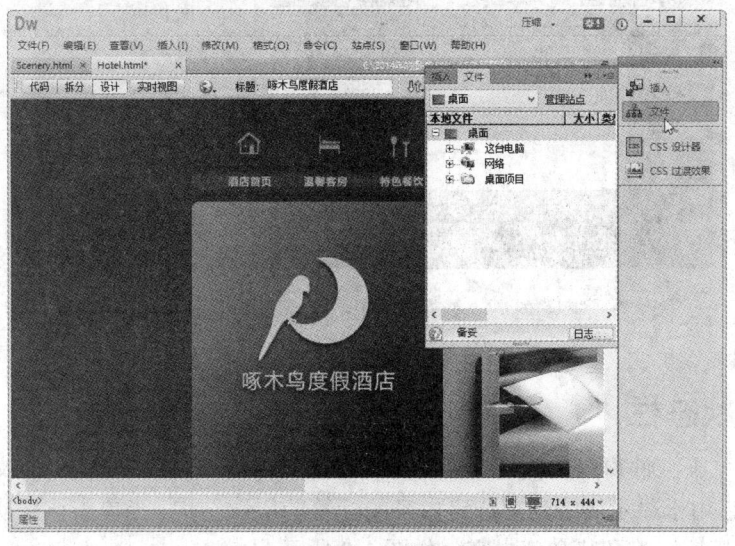

图 1-6 通过面板按钮打开面板

2．展开面板

单击面板组顶部的【展开面板】按钮 即可展开面板组。此时可以看到各面板以选项卡形式互相组合。只要双击面板的标题，就可打开或折叠面板，如图 1-7 所示。

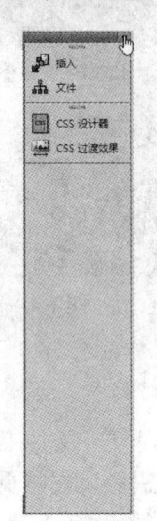

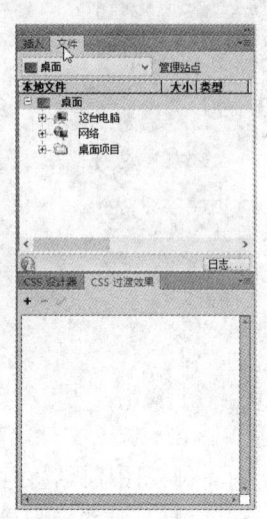

图 1-7　展开面板组和打开面板

3．浮动面板

当需要某个面板浮动显示时，拖动面板的标题栏到所需的位置，即可将面板从面板组中分离出来。分离出来的面板将以浮动状态显示，如图 1-8 所示。若是再拖动浮动面板中的标题栏到面板组，则可将面板重新组合。

图 1-8　浮动显示面板

1.1.5　文件状态栏

文件状态栏位于文件窗口的底部，主要提供当前文档的相关信息。另外，文件状态栏还包括标签选择器，它用于显示环绕当前选定内容的标签的层次结构。当单击该层次结构中的任何标签时，即可选择该标签及其全部内容，如图 1-9 所示。

1.1.6 【属性】面板

【属性】面板默认位于文件状态栏的下方，用于设置网页元素，使其符合设计要求，调整文本的大小、样式、边框等。

【属性】面板显示的内容会因选择的元素类型不同而有所不同，如选择文本或未选择内容时，会显示【格式】、【样式】、【字体】、【大小】等设置项目；而选择图像时，则会显示【宽】、【高】、【源文件】、【链接】等设置项目，如图1-9所示。

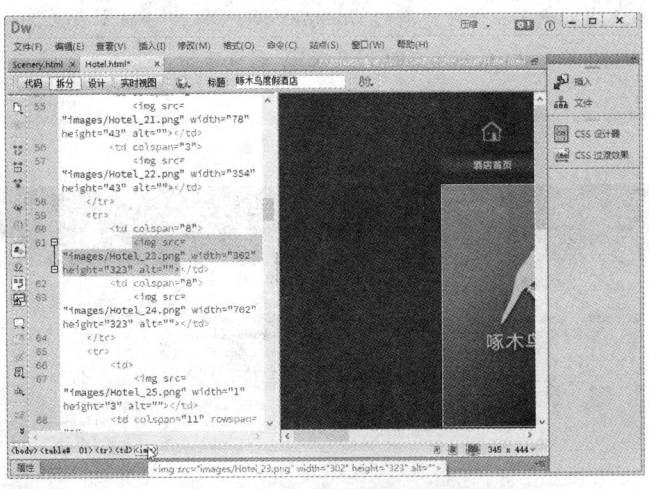

图1-9 通过标签选择器选择对象标签

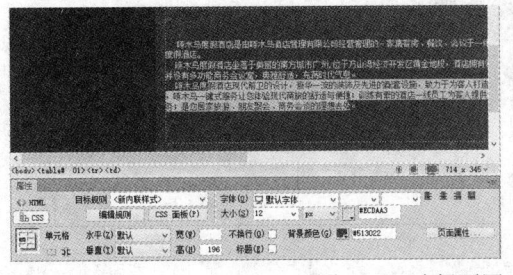

图1-10 选择不同内容时显示不同属性

【属性】面板分为常用和高级两组设置项目，单击右下方的三角图示 ▽ 可以显示/隐藏高级设置项目。暂时不需要使用高级设置项目时，将其隐藏可让编辑区有更大的空间，如图1-11所示。

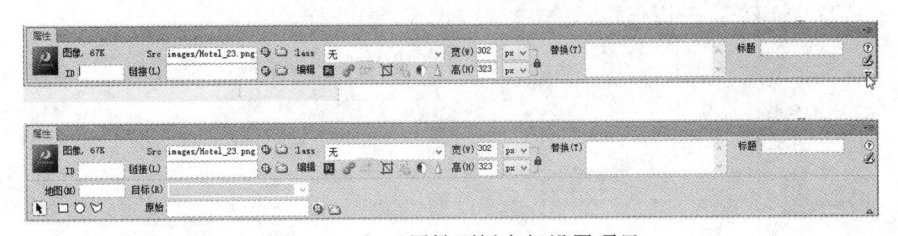

图1-11 打开属性面板高级设置项目

1.1.7 欢迎屏幕

默认情况下，启动Dreamweaver CC 2014时会打开一个欢迎屏幕，通过它可以快速创建

Dreamweaver 文件、打开各种 Dreamweaver 项目以及查看帮助信息，如图 1-12 所示。

欢迎屏幕上方有三栏选项列表，分别是：
- 最近浏览的文件：可以打开最近曾经打开过的文件。
- 新建：可以创建包括 HTML、CSS、PHP 等各种新文件。
- 了解：通过该栏目列表可以打开对应的官方学习页面。

> 本书使用的教学软件为最新的 Dreamweaver CC 2014 版本（即 2014 版），如果是使用较旧的 Dreamweaver CC 版本（即 13.0 版），则出现的欢迎屏幕有所不同，如图 1-13 所示。

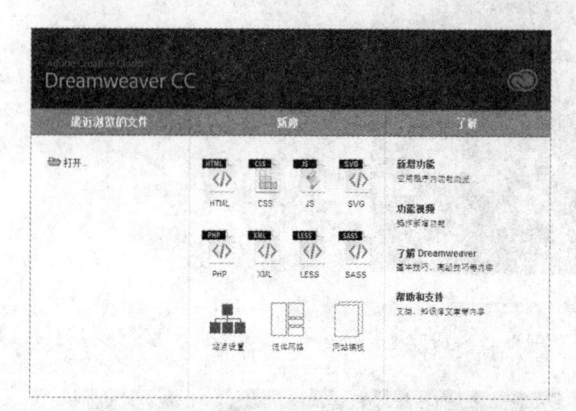

图 1-12　Dreamweaver CC 2014 的欢迎屏幕

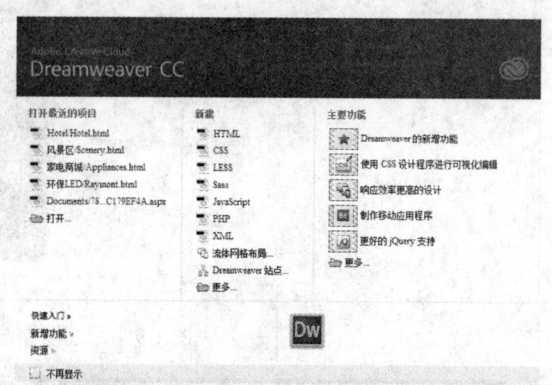

图 1-13　Dreamweaver CC 的欢迎屏幕

1.1.8　文件窗口的视图

文件窗口提供了 4 种视图模式：代码、拆分、设计、实时视图，可以通过文件工具栏自由切换这 4 种视图模式来编辑和检查网页。

1. 代码视图

代码视图用于编写和编辑各类 Web 应用文件源代码，是一个用于编写和编辑 HTML、CSS、JavaScript、服务器语言代码以及其他各类型代码的手工编码环境，如图 1-14 所示。

图 1-14　代码视图

2．设计视图

设计视图是一个内容可视化模式，可将页面布局、页面文本、图片、表格等内容所见即所得地展示出来，是一种便捷易用的设计环境，如图 1-15 所示。

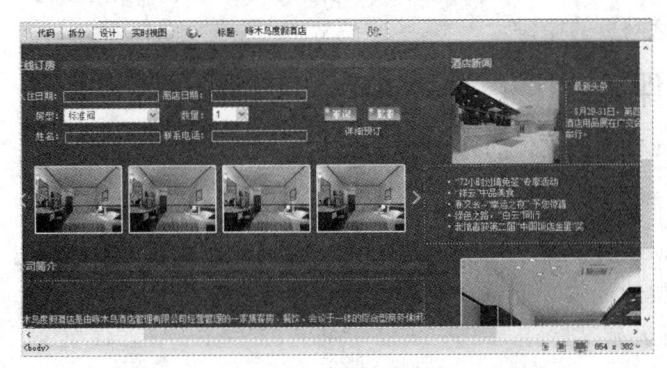

图 1-15　设计视图

3．拆分视图

拆分视图能把文件窗口拆分为两部分，显示同一文件的代码视图和设计视图，方便同时进行代码编辑和页面设计，如图 1-16 所示。

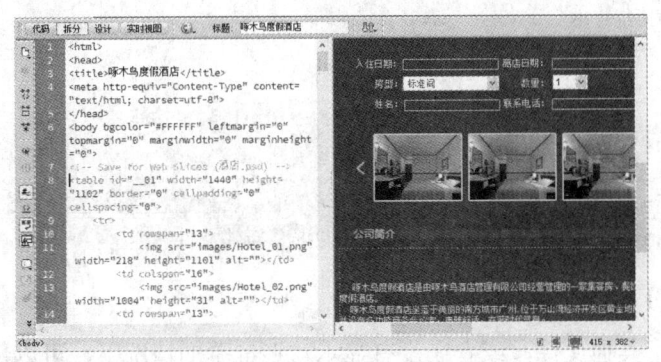

图 1-16　拆分视图

4．实时视图

实时视图与设计视图类似，实时视图更逼真地显示文档在浏览器中的表示形式，并可以像在浏览器中那样与文件交互，如图 1-17 所示。但是，实时视图不可编辑，可以在代码视图中进行编辑，然后刷新实时视图来查看所做的更改。

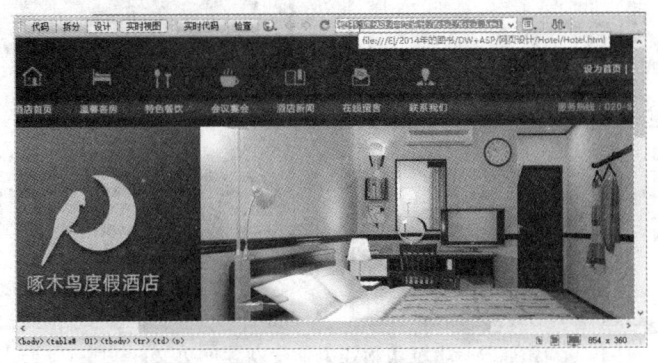

图 1-17　实时视图

1.2 管理与浏览网页文件

一个网站是由众多的网页文件组成的，在构建网站和制作网页时，需要对各个网页文件进行相关的管理和浏览网页的操作。

1.2.1 新建文件

在 Dreamweaver 中新建文件的方法通常有以下 3 种。

1．在欢迎屏幕新建文档

在启动 Dreamweaver 时打开欢迎屏幕，在屏幕的【新建】列表中列出了常见的网页类型选项，单击相应类型的选项，便可直接创建新文件了，如图 1-18 所示。此方法可以在启动 Dreamweaver 时快速新建文件。

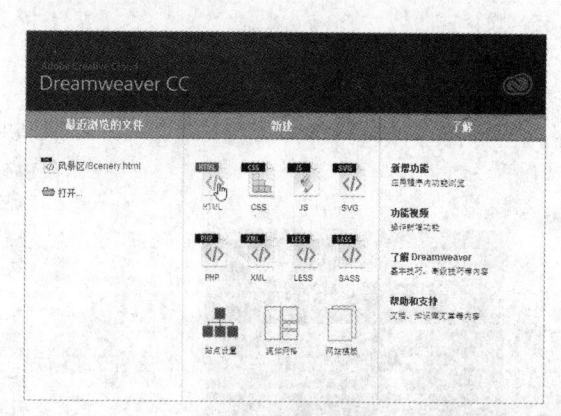

图 1-18　通过欢迎屏幕新建文件

2．使用【新建】命令新建文件

如果已经打开了其他文件，或者在没有显示欢迎屏幕的情况下，可以选择【文件】|【新建】命令或按 Ctrl+N 键，然后通过打开的【新建文档】对话框新建文件。

【新建文档】对话框提供了【空白页】、【网站模板】、【流体网格布局】、【启动器模板】4 种类型的文件。可以根据需要选择相应类型的文件，然后单击【创建】按钮，即可新建文件。如图 1-19 所示的创建 HTML 模板网页文件。

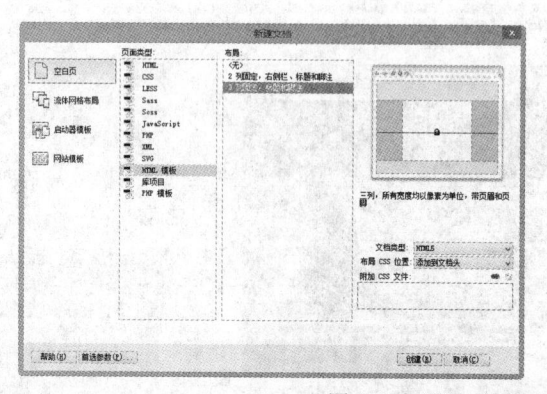

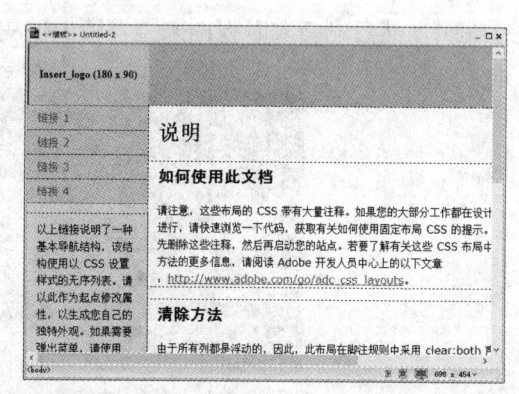

图 1-19　通过【新建】命令新建网页文件

3．通过【文件】窗口快捷菜单新建文件

在【文件】窗口中单击右键，并从打开的菜单中选择【新建】命令，然后在打开的【新建文档】对话框中选择文件类型，接着单击【创建】按钮即可，如图1-20所示。

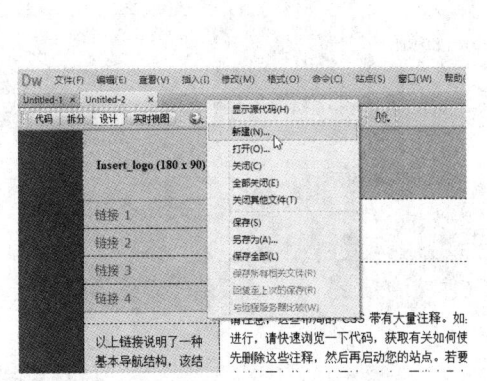

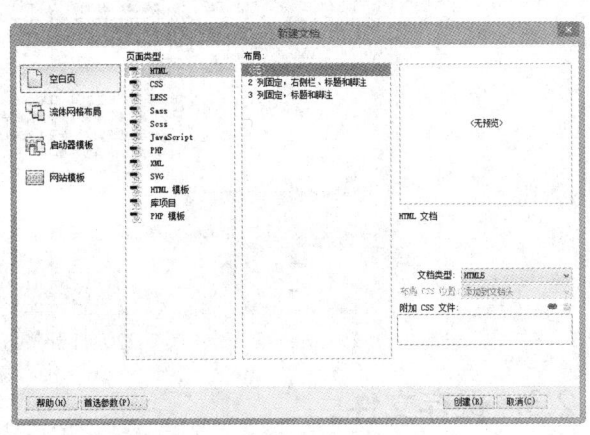

图1-20　通过窗口快捷菜单新建文件

1.2.2 打开文件

在Dreamweaver中，打开网页文件常用的方法有3种。

1．通过菜单命令打开文档

在菜单栏上选择【文件】|【打开】命令，然后通过打开的【打开】对话框选择网页文件并单击【打开】按钮，如图1-21所示。

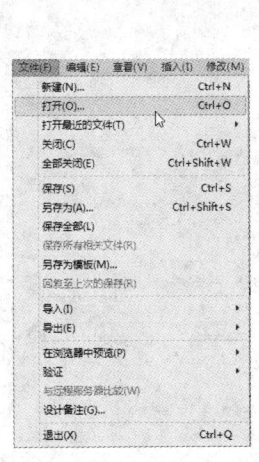

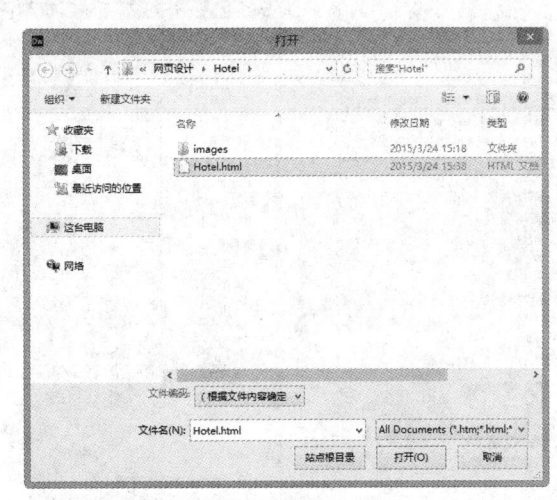

图1-21　通过菜单命令打开文档

2．通过快捷键打开文档

按Ctrl+O键，然后通过打开的【打开】对话框选择网页文件并单击【打开】按钮。

3．打开最近编辑过的文件

如果想要打开最近曾编辑过的文件，可以选择【文件】|【打开最近的文件】命令，然后在菜单中选择文件，如图1-22所示。

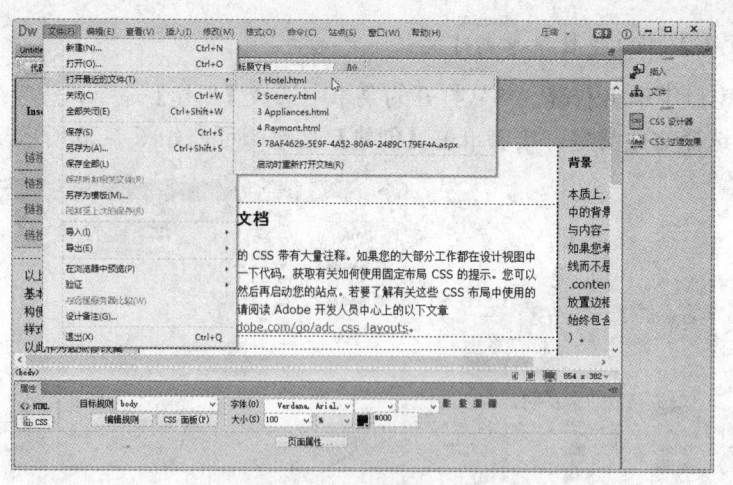

图 1-22　打开最近的文件

1.2.3　保存文件

1．直接保存文件

如果是新建的文件，当需要保存时，可以选择【文件】|【保存】命令，或者按 Ctrl+S 键，然后在打开的【另存为】对话框中设置保存位置、文档名、保存类型等选项，最后单击【保存】按钮即可，如图 1-23 所示。

如果文件包含未保存的更改，则文件选项卡中的文件名称右侧会出现一个星号（*）。保存文档后，星号即会消失。

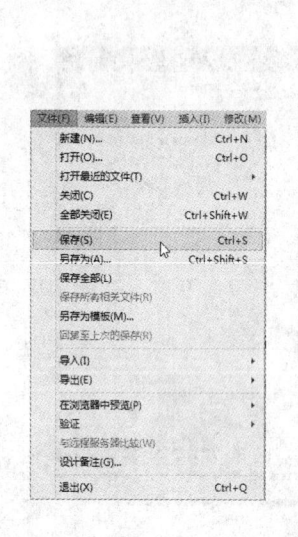

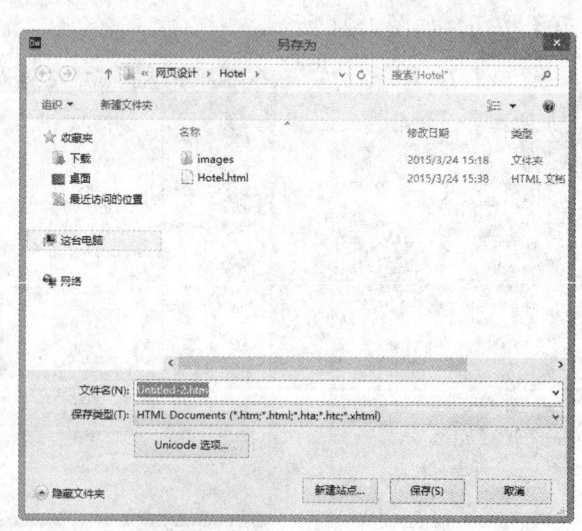

图 1-23　保存新文件

2．还原上次保存的文件

当保存文件并再次进行编辑更改后，如果想还原到上次保存的文件版本，可以选择【文件】|【回复至上次的保存】命令，如图 1-24 所示。

3．另存文件

如果是保存对旧文件的编辑修改，执行【文件】|【保存】命令或使用 Ctrl+S 键，将不显

示【另存为】对话框，以覆盖旧文件的方式进行保存。

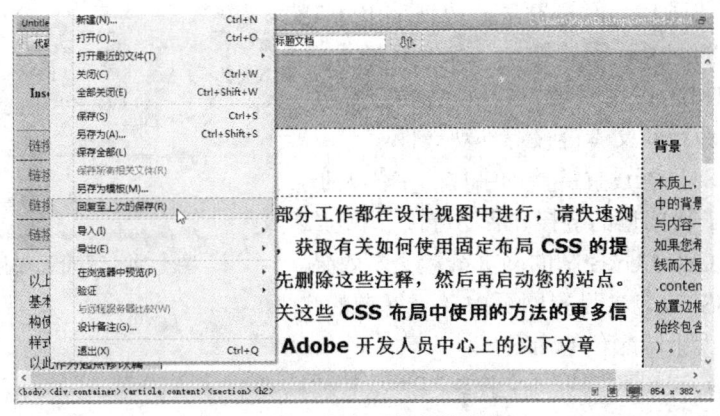

图 1-24 回复至上次的保存

如果想要将文件另存为新文件，则可以执行【另存为】命令，该命令通常是用于备份文件时使用，应尽量不要和原文件放在同一位置。

当执行【文件】|【另存为】命令后，即可打开【另存为】对话框，此时可以选择目录，确定新文件名，再单击【保存】按钮，如图 1-25 所示。

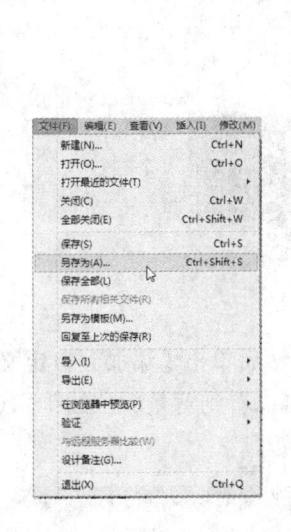

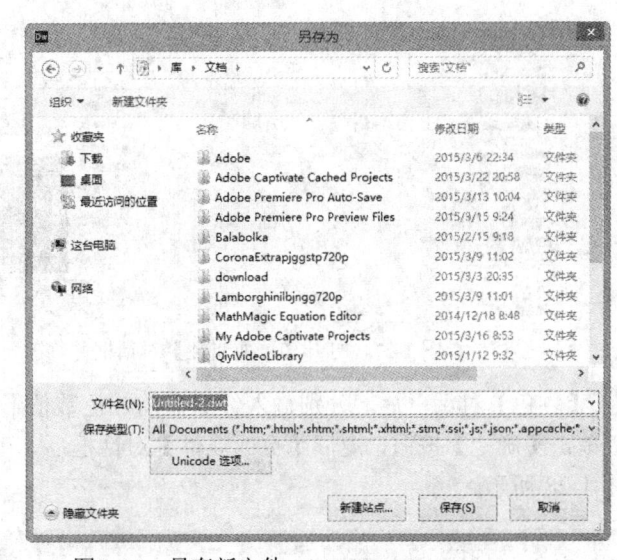

图 1-25 另存新文件

1.2.4 设置页面属性

网页文件属性设置包括外观、链接、标题、编码、跟踪图像等，在网页设计开始前设置网页属性，可减少操作次数，提高效率。

选择【修改】|【页面属性】命令（或按 Ctrl+J 键），或者在未选定任何网页内容的情况下，单击【属性】面板上的【页面属性】命令按钮，打开【页面属性】对话框，如图 1-26 所示。

在【页面属性】对话框左侧的【分类】栏中包含【外观（CSS）】、【外观（HTML）】、【链接（CSS）】、【标题（CSS）】、【标题/编码】、【跟踪图像】6 个分类，当选择某个分类后，右侧会显示所选分类的详细设置。下面介绍各个分类的详细设置。

- 外观（CSS）：用于设置网页页面上的字体、字体大小、颜色、网页背景、边框等由CSS样式控制的网页元素效果。
- 外观（HTML）：用于设置网页页面背景颜色和图像、边距和文本链接等外观属性。
- 链接（CSS）：可设置链接的字体、字体大小，以及链接、访问过的链接、活动链接、下划线样式等由CSS样式控制的网页链接文本效果。
- 标题（CSS）：包含设置网页中各级标题的字体、字体大小、颜色的命令。
- 标题/编码：可设置网页的文档编码类型和文档类型。
- 跟踪图像：在网页中插入用作参考的图片并设置其透明度。

图 1-26 【页面属性】对话框

动手操作　设置网页背景与标题

1 打开光盘中的"..\Example\Ch01\1.2.4.html"练习文件，然后选择【修改】|【页面属性】命令，在【外观（CSS）】选项卡中单击【背景颜色】项的颜色按钮，再单击【系统颜色拾取器】按钮，如图 1-27 所示。

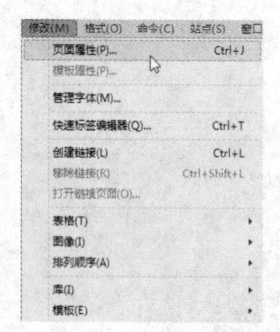

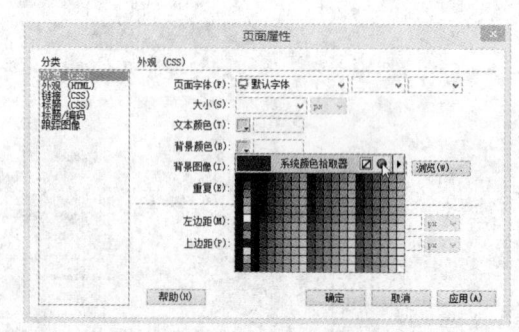

图 1-27 打开【页面属性】对话框并修改背景颜色

2 打开【颜色】对话框后，分别输入红绿蓝的颜色数值，然后单击【添加到自定义颜色】按钮，接着单击【确定】按钮，返回【页面属性】对话框后，可以看到背景颜色的十六进制颜色值，如图 1-28 所示。

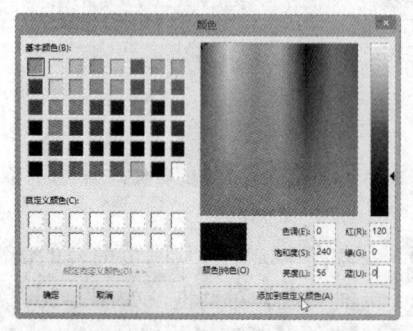

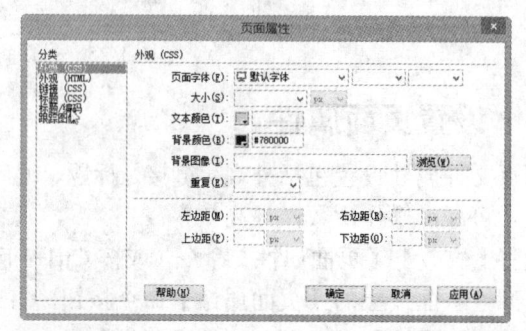

图 1-28 设置背景颜色

3 在对话框中选择【标题/编码】项目，打开选项卡后，设置网页的标题为【美的天猫疯抢节】，接着单击【确定】按钮，如图 1-29 所示。

4 设置背景颜色和标题后,返回文件窗口即可看到页面的背景颜色已经产生变化,标题的内容也显示在工具栏的【标题】文本框中,如图 1-30 所示。

图 1-29　设置网页标题

图 1-30　查看设置背景颜色和标题的结果

1.2.5　使用浏览器预览文件

在设计网页的过程中,需要对网页的显示效果进行查看、比较,然后作出适当的调整。此时可以通过浏览器来预览文件。

在 Dreamweaver 中通过浏览器预览网页的方法有 3 种。

方法 1　单击文件工具栏中的【在浏览器中预览/调试】按钮，然后在打开的快捷键菜单中选择相应的浏览器即可,如图 1-31 所示。

图 1-31　通过文件工具栏打开浏览器查看文件

方法 2　选择【文件】|【在浏览器中预览】命令,在打开的菜单中选择相应的浏览器即可,如图 1-32 所示。

方法 3　按 F12 快捷,即可快速打开默认的主浏览器,预览网页。

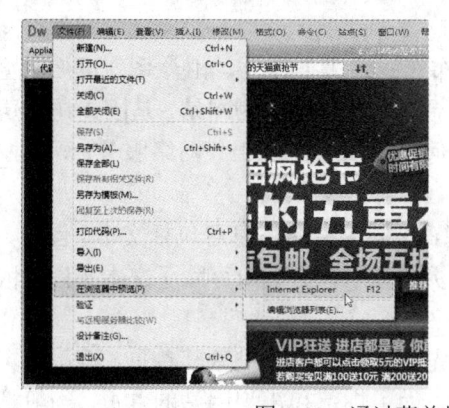

图 1-32　通过菜单打开浏览器查看文件

1.2.6 编辑浏览器列表

在 Windows 操作系统中，Dreamweaver 以 Internet Explore（IE）作为默认的主浏览器。如果希望设置其他浏览器作为主浏览器，可以通过设置【首选参数】来实现。

动手操作　编辑浏览器列表

1 单击文件工具栏中的【在浏览器中预览/调试】按钮，然后在打开的快捷键菜单中选择【编辑浏览器列表】命令。

2 在对话框中单击【添加浏览器】按钮，然后设置浏览器名称和指定应用程序，如图 1-33 所示。

3 如果要更改主浏览器，则可以在【浏览器】列表中选择相应的浏览器，然后选择【主浏览器】复选框，最后单击【确定】按钮，如图 1-34 所示。

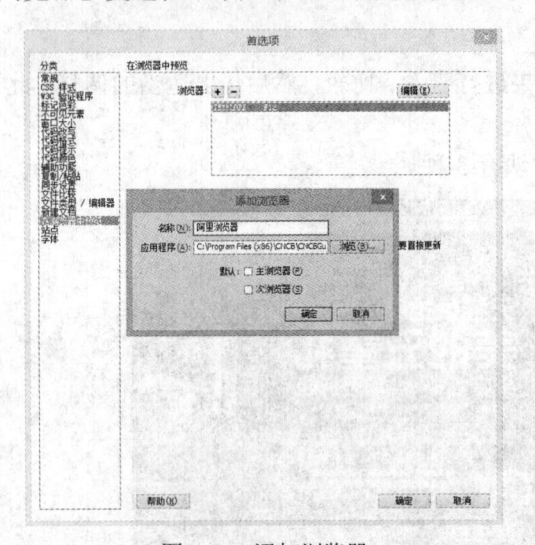

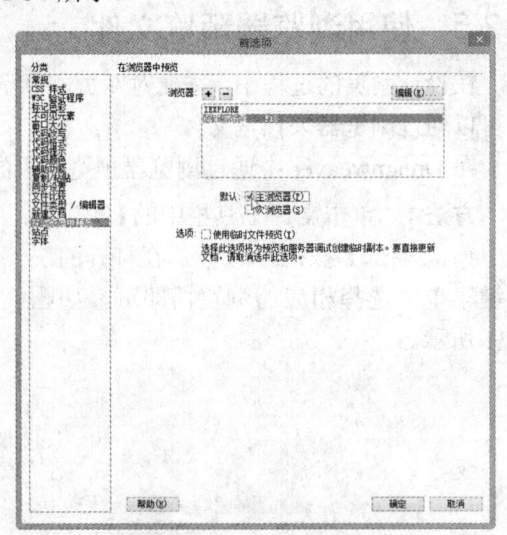

图 1-33　添加浏览器　　　　　　　　图 1-34　设置主浏览器

1.3　构建网站的基础

下面了解什么是网站、网站由什么构成、网站开发所使用语言类型以及开发网站的要点。

1.3.1　什么是网站

网站（Website）也称为 Web 站点，是指发布在网络服务器上，由一系列可被浏览器支持的文件集合而成，为访问者提供信息和服务的平台。它之所以称为网站，是因为访客所浏览的站点作为一个信息库存放于网络空间，能够让任何人访问并提供相关网络服务，既可发布内容又能获取所需的信息。

网站所提供的大部分信息都通过网页来呈现，不同类型的信息可包括文本、图像、多媒体视频、音频和动画，以及有数据库等内容的不同页面显示，这些内容除了文本（直接依附于网页），其他都以独立存在的形式保存在网站的相应位置。

一般情况下，当浏览者访问一个网站时，首先会通过浏览器进入其首页，再由首页中的导航链接转到其他页面，从而获得更多具体的内容。为了规范和辨识网站的首页，一般都将首页命名为 index 或 default。图 1-35 所示为网络用户访问一个网站并通过首页链接浏览其他页面信息的示意图。

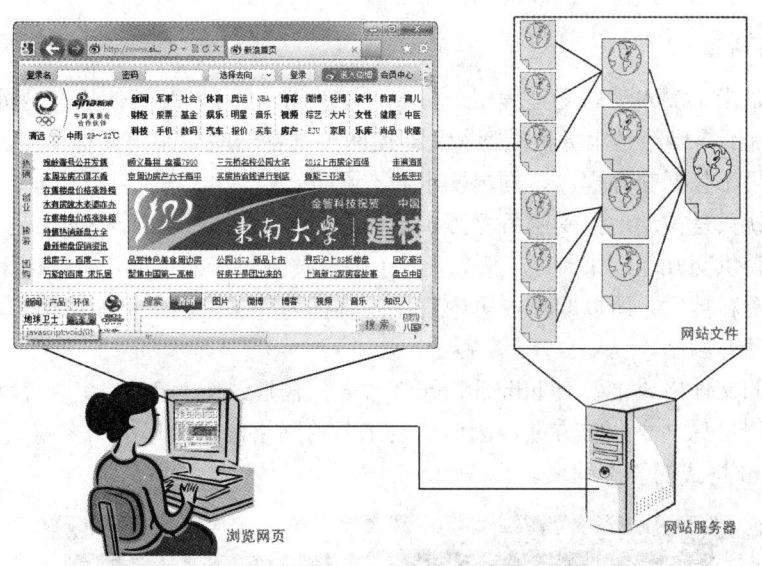

图 1-35　浏览者访问网站的示意图

1.3.2　网站的组成

一般来说，一个完整的网站是由一个主页及若干个页面所组成。一个大型网站（如新浪网）可能含有数以万计的网页，而一个小的企业网站或者个人网站可能只有几个网页。

除了网页文件外，网站还包含了其他与网页相关的不同类型文档，如图像文件和多媒体素材，支持页面运作的 CSS、JS、ASP 等专门的程序代码文件和支持网站后台运行的数据库文件，以及一些支持页面特效的相关插件文件等，如图 1-36 所示。

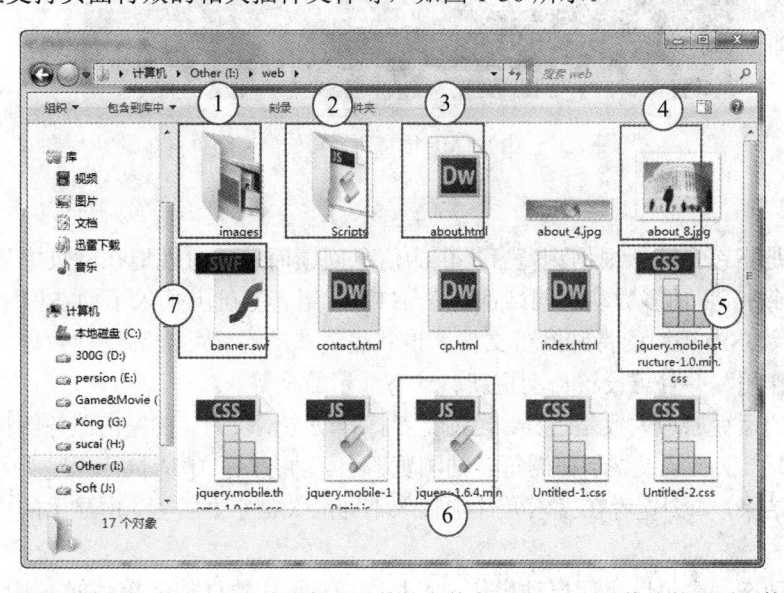

1—放置图像的文件夹；2—放置代码文件的文件夹；3—HTML 格式的网页文件；
4—图像文件；5—CSS 样式文件；6—JavaScript 代码文件；7—SWF 动画文件

图 1-36　常见构成网站的文件

1.3.3 静态网站和动态网站

网站主要可以分为静态网站和动态网站 2 种。

1. 静态网站

静态网站是指未加入动态交互程序，只通过 HTML 语言以及其他静态网页程序编写而成的网页，如此就不需要经过服务器端运行。即使网页具备一些如跟随鼠标文字、闪烁的图片等动态特效，如果不包括交互程序，同样属于静态网页。

静态网站就只是被动地接受服务器提供的信息资料，因此，判断一个网站是否为静态网站，可以从网站是否供交互功能来判断，例如，一个拥有搜索引擎的页面，能够让浏览者通过提交关键字而进行资料搜索，所以即使网页中其他内容都为静态，由于页面应用了动态网页语言，该网站就属于动态网站。

静态网站的文件格式主要有 html 和 htm2 种。只需通过编写 HTML 语言就可以在网页上显示信息，实现信息共享非常方便，因而成为了目前网络信息传递的一个重要媒介。图 1-37 所示是一个 html 格式的静态网页。

图 1-37 由 HTML 语言所编写的静态网页

2. 动态网站

动态网站是指包含能够根据浏览者提供的信息回馈而有针对性地在网页中显示相关信息的 Web 页的网站。目前多数动态网站都是在 HTML 语言基础上加入了动态程序（如 ASP、ASP.Net、PHP、JSP 等）的特殊网页文件。也就是说，动态网站能够进行数据库连接，与浏览者产生交互作用，并且可设置自动更新、动态显示数据等。

动态网站的运行原理大致是这样：当浏览者打开动态网页时，首先由服务器执行网页中的动态程序，再将产生的结果显示在浏览者的浏览器上。动态网页中所执行程序类型或条件不同而产生不同的结果，如浏览者在搜索元件中输入不同的关键字并搜索，所显示的页面内容有所不同。

由于通过动态程序可以实现自动操作、实时生成页面、数据传递等功能，因此，动态网站具有维护方便、易于更新内容或结构，以及实现人站交互的强大优势。如图 1-38 所示为具备动态程序的网页。

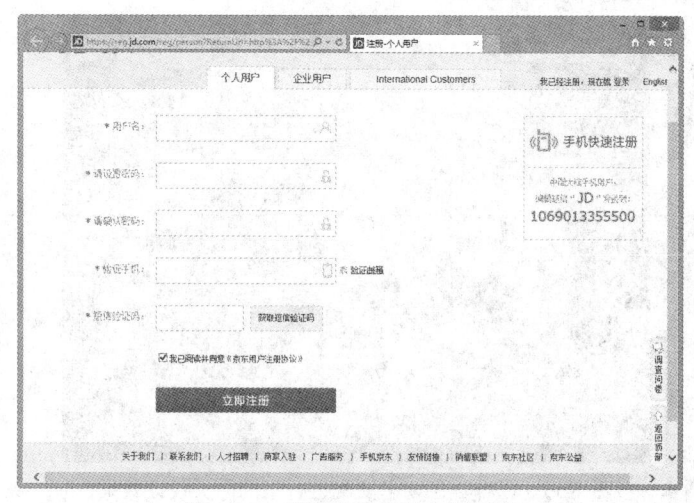

图1-38　应用了动态语言的网站

1.3.4　网站设计的要点

在制作网站前，需要先对设计方向进行感性思考与理性分析，这样才能借助 Dreamweaver 强大的功能，设计出高水准的网站。

一般来说，网站的开发具有以下几个要点：

1．设计的任务

在网站开发前，首先需要了解网站设计任务，即指设计者要表现的主题和要实现的功能，网站的性质不同，设计的任务也会有所不同。例如，对于类似新浪、雅虎这样的门户网站，由于其信息量较大，因此需要注意页面的分割、结构的合理及页面的优化等；对于一些中小型的企业网站，主要任务是突出企业形象，对网站设计者的美术功底有较高要求。

2．设计的实现

明确了设计任务后，就需要开始实现这个设计任务了。首先在纸上绘制出网站的蓝图，然后通过各种设计软件（如 Dreamweaver、Photoshop、Flash 等）将设计的蓝图变为现实。当然，在设计过程中一定要注意作品的创意性。

3．色彩的搭配

在网页制作过程中，色彩的整体搭配是非常重要的。其中，红色代表热情、奔放，象征着生命；黄色代表华丽、高贵、明快。绿色代表安宁、和平与自然；紫色则是高贵的象征，有庄重感；而白色能给人以纯洁与清白的感觉，表示和平与圣洁。由于设计任务的不同，配色方案也随之不同。例如，绿色和金黄、淡白搭配，可以产生优雅、舒适的气氛；蓝色和白色混合，能体现柔顺、淡雅、浪漫的气氛；而红色和黄色、金色搭配能渲染喜庆的气氛。考虑到网页的适应性，建议网站设计人员尽量使用网页安全色。图1-39 所示为以咖啡色为主要配色方案的网页设计效果。

图 1-39　以咖啡色为主要配色方案的网页设计效果

4．造型的组合

一般来说，网页主要通过视觉传达来表现主题，而在视觉传达中，造型是很重要的一个元素。在网页中可将点、线、面作为画面的基本构成要素来进行处理。通过点、线、面的不同组合，可以突出页面上的重要元素及设计的主题，增强美感，让浏览者在感受美的过程中领会设计的主题，从而实现设计的任务。如图 1-40 所示为充分利用点、线、面造型的网页设计效果。

图 1-40　造型出色的网页设计效果

5．设计的原则

进行网站设计是有原则的，设计者无论使用何种方式对页面中的元素进行组合，都需要遵循 5 个大的原则，即统一、连贯、分割、对比及和谐。

- 统一：是指设计作品的整体性和一致性。
- 连贯：是指页面的相互关系，即设计中应利用各组成部分在内容上的内在联系和表现形式上的相互呼应，并注意整个页面设计风格的一致性，实现视觉上和心理上的连贯，使整个页面设计的各个部分极为融洽，犹如一气呵成。

- 分割：是指将页面分成若干个小的区域，区域之间具有视觉上的不同，这样可以使浏览者一目了然。
- 对比：是指通过矛盾和冲突，使设计效果更具有生气和活力。
- 和谐：是指整个页面符合美的法则，浑然一体，使设计作品所形成的视觉效果与人的视觉感受形成一种沟通，产生心灵的共鸣。

1.4 配置本地 Web 服务器

对于 Dreamweaver 来说，本地站点是用户的 Web 站点中所有文件和资源的集合。用户可以在计算机配置 Web 服务器（IIS）并创建 Web 页，再将 Web 页上传到 Web 服务器，并可随时在保存文件后传输更新的文件来对站点进行维护。

1.4.1 关于 Dreamweaver 站点

在 Dreamweaver 中，术语"站点"指属于某个 Web 站点的文件的本地或远程存储位置。Dreamweaver 站点提供了一种方法，使用户可以组织和管理所有的 Web 文件，并可以将 Dreamweaver 站点上传到 Web 服务器、跟踪和维护站点的链接以及管理和共享文件。

若要定义 Dreamweaver 站点，只需设置一个本地文件夹。若要向 Web 服务器传输文件或开发 Web 应用程序，还必须添加远程站点和测试服务器信息。因此，Dreamweaver 站点主要由三个部分组成，具体取决于开发环境和所开发的 Web 站点类型。

- 本地文件夹：它是一个工作目录，也称为"本地站点"。此文件夹可以位于本地计算机上，也可以位于网络服务器上。如果用户直接在服务器上工作，则每次保存文件时 Dreamweaver 都会将文件上传到服务器。
- 远程文件夹：它是存储文件的位置，也称为"远程站点"，该文件夹通常位于运行 Web 服务器的计算机上。
- 测试服务器：它是 Dreamweaver 处理动态页的过程，也称为"动态文件夹"。

> 本地文件夹和远程文件夹使用户能够在本地硬盘和 Web 服务器之间传输文件，以便轻松管理 Dreamweaver 网站中的文件。

1.4.2 本地和远程文件夹结构

如果希望使用 Dreamweaver 连接到某个远程文件夹，可在【站点设置】对话框中指定该远程文件夹。指定的远程文件夹（也称为"主机目录"）应该对应于 Dreamweaver 站点的本地根文件夹（本地根文件夹是 Dreamweaver 站点的顶级文件夹）。与本地文件夹一样，远程文件夹可以具有任何名称，但 Internet 服务提供商通常会将各个用户账户的顶级远程文件夹命名为 public_html、pub_html 或者与此类似的其他名称。

在图 1-41 所示的示例中，左侧为一个本地根文件夹示例，右侧为一个远程文件夹示例。本地计算机上的本地根文件夹直接映射到 Web 服务器上的远程文件夹，而不是映射到远程文件夹的任何子文件夹或目录结构中位于远程文件夹之上的文件夹。

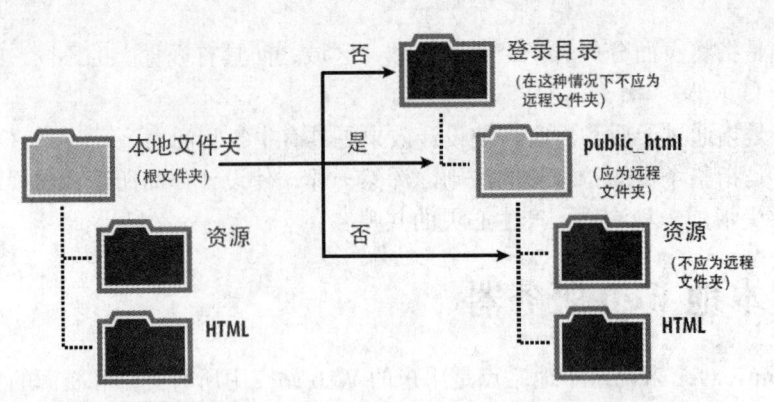

图 1-41　本地根文件夹直接映射到 Web 服务器的远程文件夹

　　上例显示的是本地计算机上的一个本地根文件夹和远程 Web 服务器上的一个顶级远程文件夹。但是，如果要在本地计算机上维护多个 Dreamweaver 站点，则在远程服务器上需要等量的远程文件夹。这时上例便不再适用，而应在"public_html"文件夹中创建不同的远程文件夹，然后将它们映射到本地计算机上各自对应的本地根文件夹。

> Dreamweaver 要连接到的远程文件夹必须存在。如果未在 Web 服务器上指定一个文件夹作为远程文件夹，则应创建一个远程文件夹或要求服务器管理员创建一个远程文件夹。
>
> 另外，Web 服务器一般需要购买或租用，提供这种服务的服务商可以通过互联网搜索到。在国内，比较出名的服务商有万网、美橙互联、中国万维、西部数据、新网等。

1.4.3　安装 Web 服务器——IIS

　　对于动态网站而言，动态网页是由服务器端执行生产页面内容。因此，想要开发并运行动态网站必须先配置一个完整的动态 Web 服务器环境。

　　在 Windows 操作系统中，一般会使用 IIS 作为动态站点的服务器，以测试与开发动态网站。

　　IIS 是 Windows XP、Windows 7 和 Windows 8 的系统组件，但在默认的状态下是没有安装的，所以要使用 IIS 服务器，就需要先安装这个组件。安装这个组件后，就可以将 Dreamweaver 站点定义在 IIS 环境下，以便让站点能够通过 Dreamweaver 进行配置和在本地正常浏览。

> 问：什么是 IIS？
>
> 答：IIS 是 Internet Information Server（互联网信息服务）的英文缩写，它由 Microsoft 开发，是一个允许在公共 Intranet 或 Internet 上发布信息的 Web 服务器平台，它包括了 Web 服务器、FTP 服务器、NNTP 服务器和 SMTP 服务器，分别用于网页浏览、文件传输、新闻服务和邮件发送等内容。

动手操作　安装 IIS 组件

1 如果是 Windows 7 操作系统，在系统桌面下方的任务栏中单击【开始】按钮，选择【控制面板】命令。如果是 Windows 8 操作系统，在桌面左下角的【开始】按钮中单击鼠标右键并选择【控制面板】命令，如图 1-42 所示。

2 在【控制面板】窗口的【程序】分类中单击【程序】链接，打开【程序】窗口，如图 1-43 所示。

3 在打开的【程序】窗口中单击【打开或关闭 Windows 功能】链接文字，如图 1-44 所示。

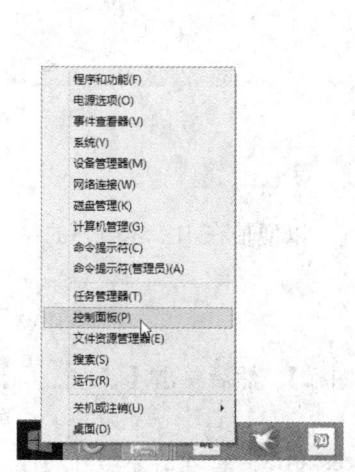

图 1-42　打开控制面板 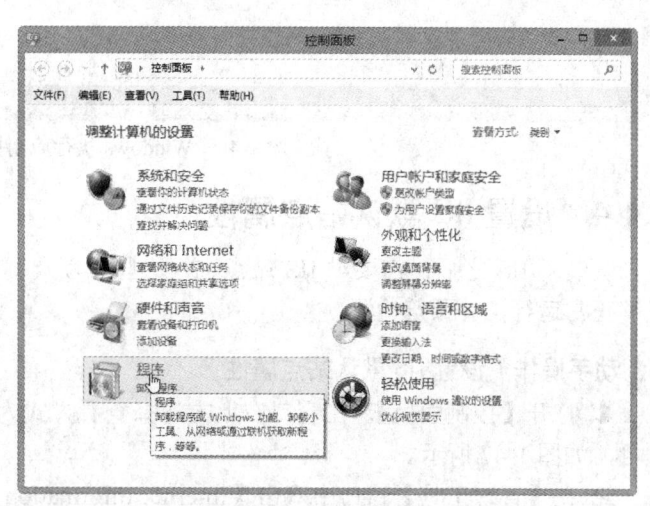　　　　　　图 1-43　打开【程序】窗口

4 打开【Windows 功能】窗口后，选择【Internet Information Services】选项（Windows7 系统则选择【Internet 信息服务】选项），并依照图中所示或根据个人需要，选择所需的子选项，最后单击【确定】按钮，如图 1-45 所示。

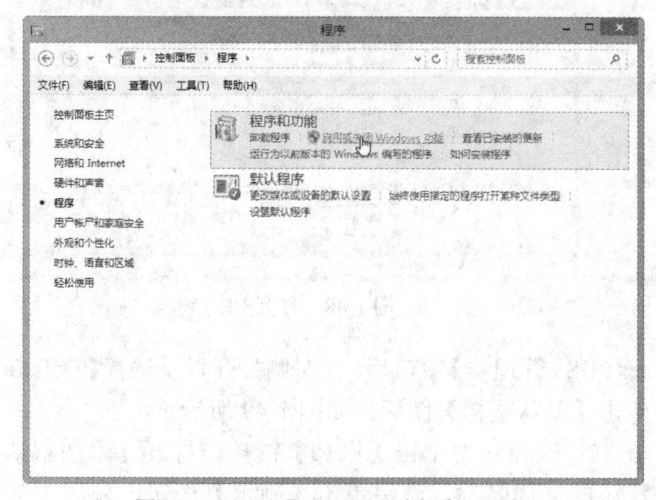

图 1-44　打开【Windows 功能】对话框 　　　　图 1-45　选择 IIS 组件功能

5 选择需要启动的系统功能并确认后，系统开始更改功能处理，并显示处理的进度，如图 1-46 所示。

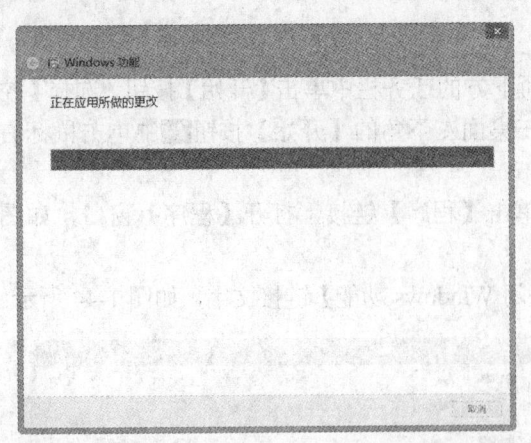

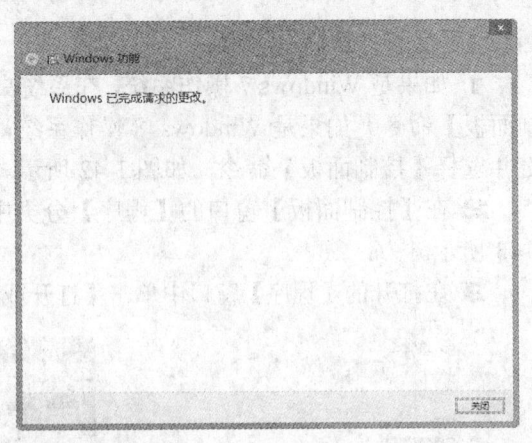

图 1-46　Windows 执行应用更改

1.4.4　设置 IIS 默认站点属性

安装了 IIS 之后，需要对 IIS 站点进行一些属性及功能设置，以便使在 IIS 环境下的站点能够正常运行，并预览检测。

动手操作　设置 IIS 默认站点属性

1 打开【控制面板】，在窗口右上方选择查看方式为【大图标】，然后单击【管理工具】项目，如图 1-47 所示。

2 在【管理工具】窗口中双击【Internet Information Services（IIS）管理器】项目，打开 IIS 管理器，如图 1-48 所示。

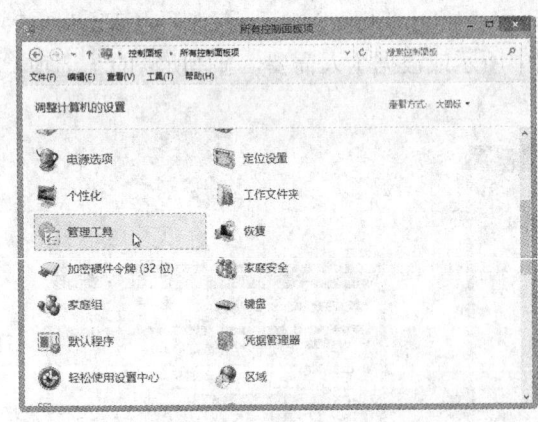

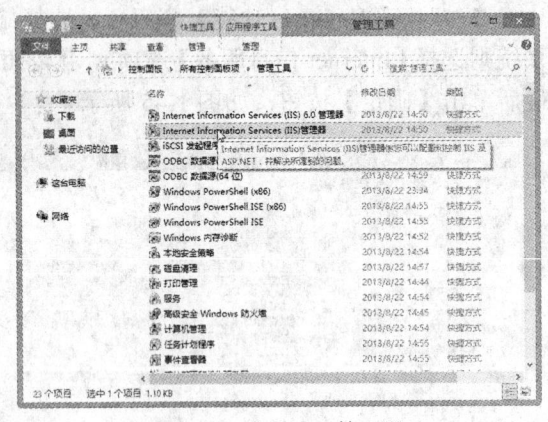

图 1-47　打开【管理工具】窗口　　　　　　图 1-48　打开 IIS 管理器

3 打开【Internet Information Services（IIS）管理器】窗口后，在左侧打开目录选择【Default Web Site】项目，然后在右边视图区中双击【默认文档】图标，如图 1-49 所示。

4 显示【默认文档】设置界面，在右边操作区中单击【添加】链接，打开【添加默认文档】对话框，在【名称】栏中输入默认的文档名称，然后单击【确定】按钮，如图 1-50 所示。

5 在窗口左侧连接区中选择【Default Web Site】项目，返回网站设置主页，在右边的操作区中单击【绑定】链接，打开【网站绑定】对话框，选择当前项目并单击【编辑】按钮，如图 1-51 所示。

第 1 章　Dreamweaver CC 建网入门

图 1-49　设置默认文档　　　　　　　　　图 1-50　添加默认文档

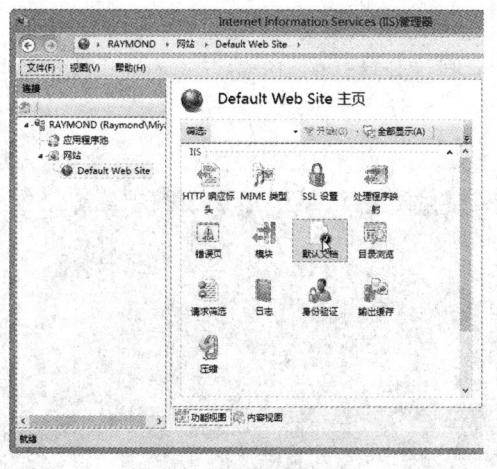

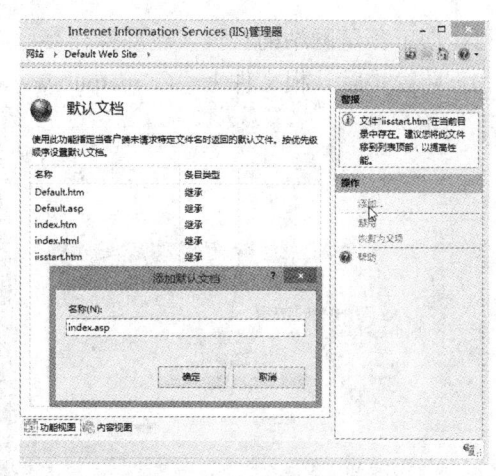

6 打开【编辑网站绑定】对话框，在【端口】栏中输入【8081】，然后单击【确定】按钮，如图 1-52 所示。

图 1-51　编辑网站绑定　　　　　　　　　图 1-52　设置网站端口

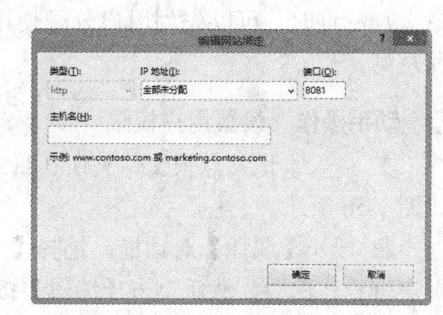

7 返回网站设置主页，在右边的操作区中单击【基本设置】链接，打开【编辑网站】对话框，在【物理路径】栏设置站点本地根文件所在位置（也可以使用默认根文件夹 "C:\inetpub\ wwwroot"），然后单击【确定】按钮，如图 1-53 所示。

经过上述的操作后，大致完成了 IIS 环境下站点所需的设置。此时可以在 IIS 管理窗口下面单击【内容视图】按钮，便可看到所指定本地站点根文件夹的内容，如图 1-54 所示。

图 1-53　设置网站本地跟文件夹位置

完成 IIS 设置后，在【功能视图】的 IIS 管理窗口右边操作区中选择【浏览*：8081(http)】

23

项目，即可预览网站的首页（删除操作步骤 7 中指定网站本地跟文件夹的默认文档）。若指定的物理路径是默认根文件夹"C:\inetpub\wwwroot"，则打开默认的 IIS 站点的欢迎页面，如图 1-55 所示。

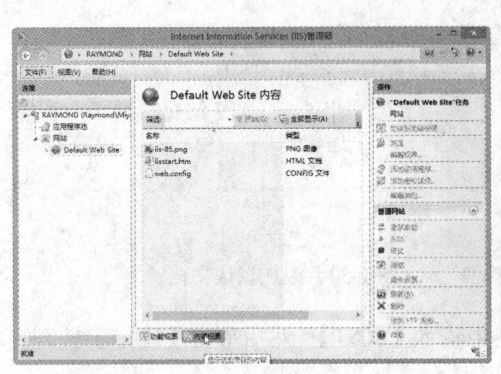

图 1-54　查看网站内容

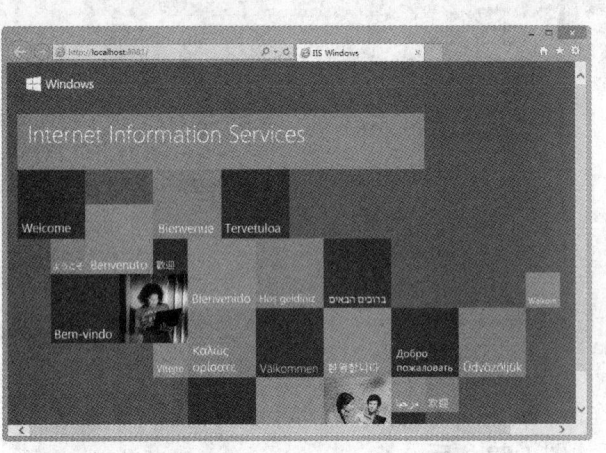

图 1-55　浏览网站默认欢迎页面

1.4.5　设置运行本地站点的用户权限

在 IIS 服务器中开发动态站点时，运行站点的文件时具有较大的复杂性，特别是在涉及数据库的调用方面，需要一个具有"完成控制"的账户权限才可以顺利地运行。因此，在 IIS 中运行站点时，可以先为用户分配使用本地站点根文件夹的最高操作权限，以便可以顺利开发网站。

动手操作　设置用户权限

1 进入本地站点根文件夹所在目录，然后在文件夹上单击鼠标右键并选择【属性】命令，如图 1-56 所示。

2 打开【属性】对话框，选择【安全】选项卡，选择当前系统用户或者用于制作网站的用户查看其权限，然后单击【编辑】按钮，如图 1-57 所示。

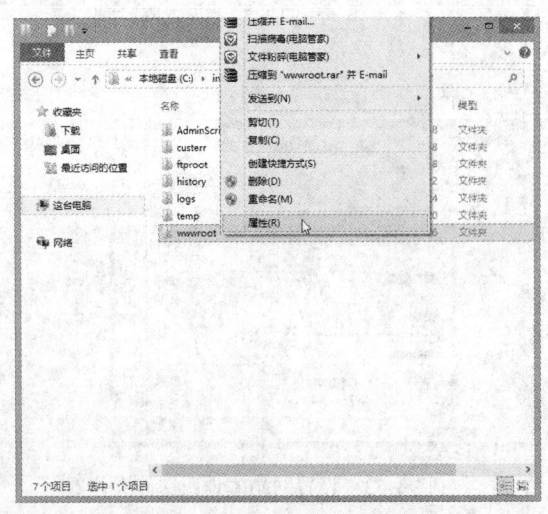

图 1-56　打开【属性】对话框

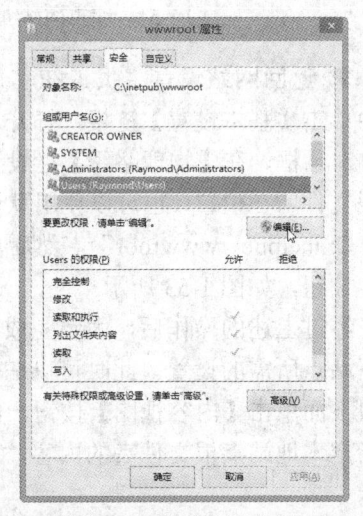

图 1-57　编辑用户权限

❸ 打开【权限】对话框后，再次选择当前系统用户或者用于制作网站的用户，然后设置该用户的权限，接着单击【确定】按钮，返回【属性】对话框后，再单击【确定】按钮，如图 1-58 所示。

图 1-58 设置用户权限

1.5 创建与管理 Dreamweaver 站点

在本地计算机中构建网站时，为了使网站在 Web 服务器的环境中运行正常，可以通过 Dreamweaver 创建与管理 Dreamweaver 站点，让制作网页的操作都在 Dreamweaver 站点中进行，就如同在 Web 服务器中制作网页。

1.5.1 新建本地站点

Dreamweaver 站点通常包含两个部分：可在其中存储和处理文件的本地文件夹，以及可以在其中将相同文件发布到互联网 Web 服务器的远程文件夹。在 Dreamweaver 中新建站点，就是指定本地站点文件夹和远程服务器文件夹。

新建本地站点的方法为：启动 Dreamweaver 后，在菜单栏上选择【站点】|【新建站点】命令，打开【站点设定对象】对话框，如图 1-59 所示。在【站点设置对象】对话框中选择左边的列表框中的【站点】项目，填写【站点名称】，指定【本地根文件夹】，接着单击【确定】按钮，如图 1-60 所示。

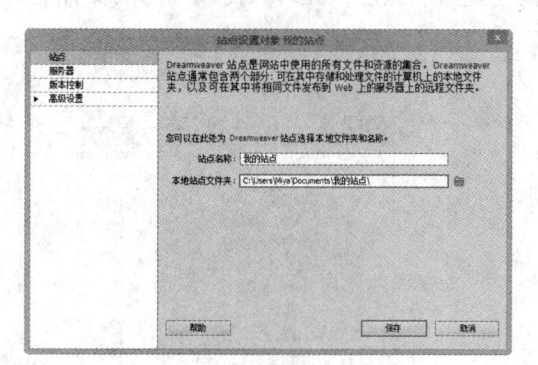

图 1-59 新建站点　　　　　　图 1-60 设置本地站点信息

> 使用上述的方法，即可通过 Dreamweaver 定义本地站点。如果需要定义远端站点，则还需要在【站点设置对象】对话框中设置【服务器】和【高级设置】等选项，具体设置方法请看下文的技能训练。

1.5.2 新建和管理文件

新建 Dreamweaver 站点后，可以通过【文件】面板在站点内新建文件夹、新建文件和移动文件。

1．新建站点文件夹

站点文件夹可用于分类管理网页文件、图像文件、多媒体文件和其他站点资源等。

在【文件】面板上选择已定义的网站，右击打开快捷菜单，选择【新建文件夹】命令，此时会显示一个处于重命名状态的文件夹，直接输入文件夹名称再按 Enter 键即可，如图 1-61 所示。

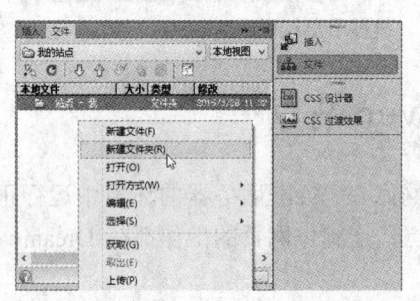

图 1-61　新建站点文件夹

> 为了方便文件在 Internet 中访问，建议站点的文件夹、文件和其他资源都使用英文或数字命名，以避免中文名称无法被浏览器辨认。

2．新建站点文件

在【文件】面板中选择站点，再右击打开快捷菜单，选择【新建文件】命令。新建的网页文件处于重命名状态，此时只需输入网页文件名称然后按 Enter 键即可，如图 1-62 所示。

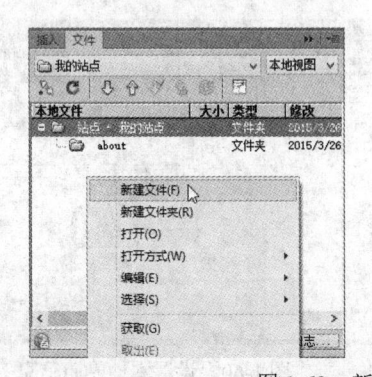

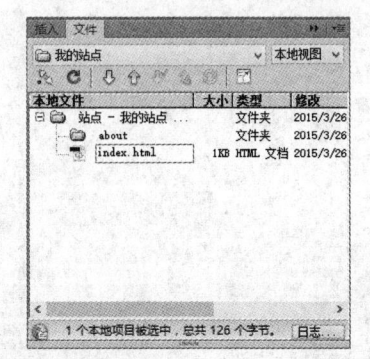

图 1-62　新建站点文件

3．移动文件位置

站点内的文件夹和文件位置是可以调整的。当需要调整文件位置时,可以通过拖动来进行。

例如,移动鼠标至"about.html"文件上方,再按住鼠标左键不放,然后拖至目标文件夹"about"上方再松开鼠标,将弹出【更新文件】对话框,询问是否更新相关文件的链接,单击【更新】按钮可更新移动文件上的相关链接,如图1-63所示。

图1-63　移动文件到文件夹

1.5.3　打开和删除文件

当建立站点后,可以直接通过【文件】面板打开站点的文件或删除文件。

1．打开文件

在【文件】面板中打开站点,然后可双击所需打开的文件,该文件即可在Dreamweaver中打开,如图1-64所示。

2．删除文件或文件夹

要删除文件或文件夹,只需打开【文件】面板,然后在站点内选择需要删除的文件或文件夹,再按Delete键,接着在弹出的对话框中单击【是】按钮即可,如图1-65所示。

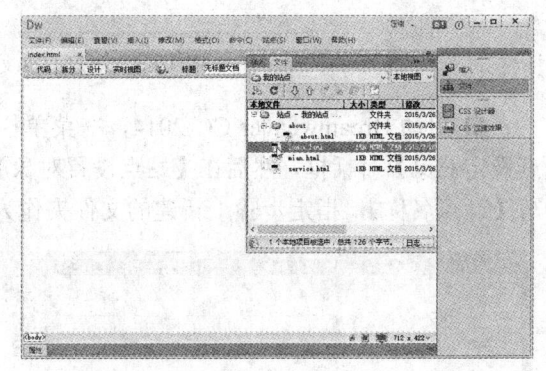

图1-64　通过【文件】面板打开文件

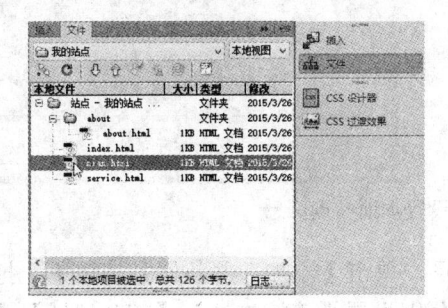

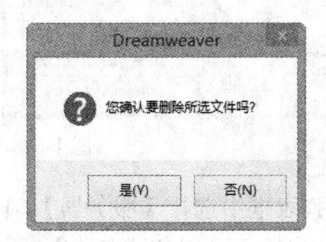

图1-65　删除站点文件

1.6　技能训练

下面通过多个上机练习实例,巩固所学技能。

1.6.1 上机练习 1：创建本地公司站点

本例先通过 Dreamweaver 新建一个公司站点并设置本地站点信息和服务器信息，然后根据设计需求设置站点的各个选项。

操作步骤

1 在本地磁盘中新建一个文件夹并设置文件夹的名称，以便后续将文件夹用作本地站点根文件夹，将网站文件放置到这个文件夹中，如图 1-66 所示。

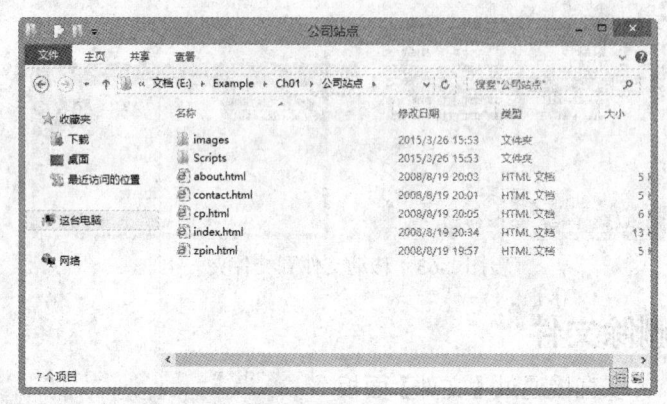

图 1-66 新建站点文件夹并加入网站文件

2 启动 Dreamweaver CC 2014，在菜单栏上选择【站点】|【新建站点】命令，打开【站点设定对象】对话框，然后在【站点设置对象】对话框左边的列表框中选择【站点】项目，填写【站点名称】，指定步骤 1 新建的文件夹作为【本地根文件夹】，如图 1-67 所示。

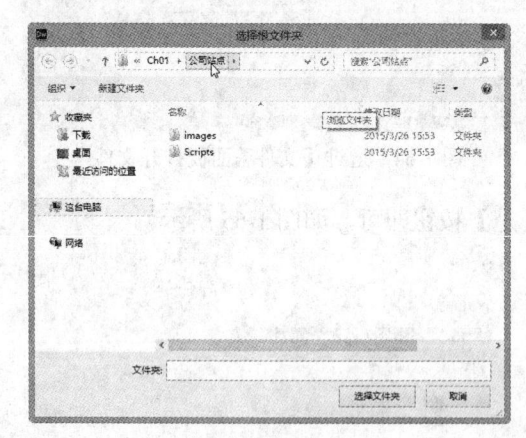

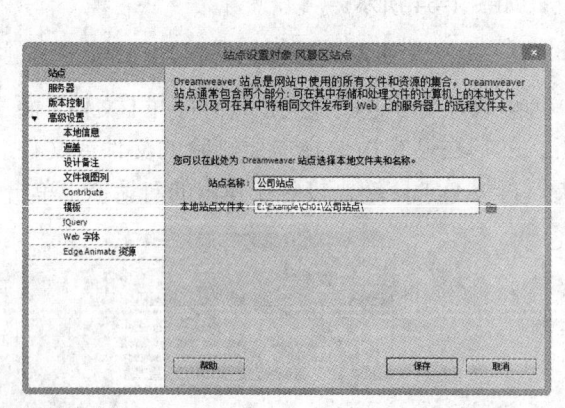

图 1-67 设置本地站点信息

3 在左侧列表框中选择【服务器】项目，单击【添加新服务器】按钮，打开添加新服务器的对话框，先输入【服务器名称】，再分别设置【连接方法】、【FTP 地址】、【用户名】和【密码】等信息（用户需要先向 Web 服务器提供商申请的网站主机空间，以获取网站 IP 地址再如实填写网站服务器登录信息），如图 1-68 所示。

4 在添加新服务器对话框中单击【高级】按钮，显示远程服务器的高级设置，在下方的【测试服务器】区中设置服务器模型（具体要取决于网页指定支持的服务器模型），然后单击【保存】按钮，如图 1-69 所示。

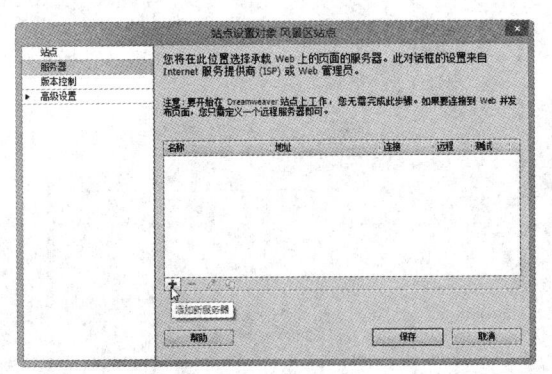

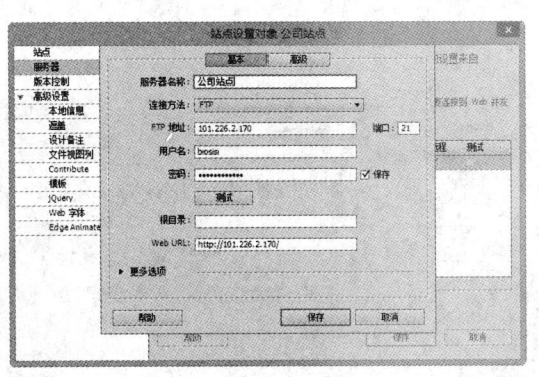

图 1-68 添加服务器

5 选择左侧列表框中的【版本控制】项目，先在【访问】栏中选择【Subversion】选项，然后分别设置协议类型、服务器地址、存储库路径、服务器端口、用户名和密码等内容，如图 1-70 所示。

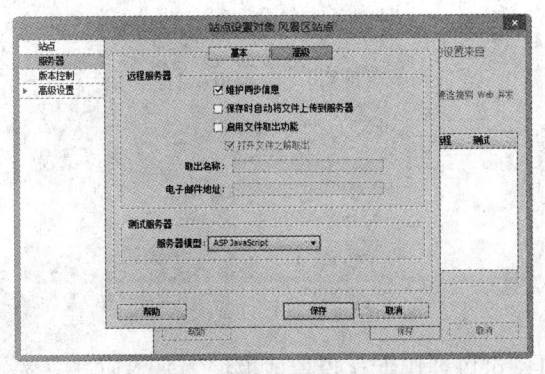

图 1-69 设置测试服务器模型

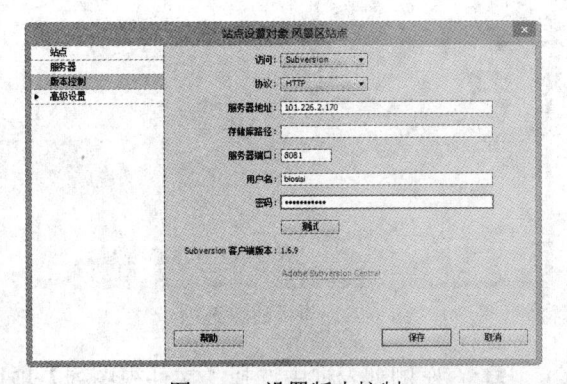

图 1-70 设置版本控制

6 在左侧列表框中打开【高级设置】列表，再选择【本地信息】选项，设置【默认图像文件夹】位置，可以在根文件夹下创建"images"文件夹，再指定其为默认图像文件夹，如图 1-71 所示。

> 问：设置遮盖有什么用？
> 答：利用站点的【遮盖】功能，可以从"获取"或"上传"等站点范围操作中排除站点中的某些文件夹、文件和文件类型。在默认情况下，该功能处于启用状态。用户可以永久禁用遮盖功能，也可以为了对所有文件（包括遮盖的文件）执行某一操作而临时禁用遮盖功能。

7 选择左侧列表框中的【遮盖】项目，设置网站是否遮盖某些扩展名文件。如果需要使用遮盖功能，可选择【启用遮盖】及【遮盖具有以下扩展名的文件】复选项，再输入需要遮盖的文件扩展名，如图 1-72 所示。

8 在团队合作设计网站过程中，写备注是一个良好习惯，可以方便互相沟通。设置时在左侧列表框中选择【设计备注】项目，此处默认选择了【维护设计备注】复选项，用户也可以设置是否【启用上传并共享设计备注】，如图 1-73 所示。

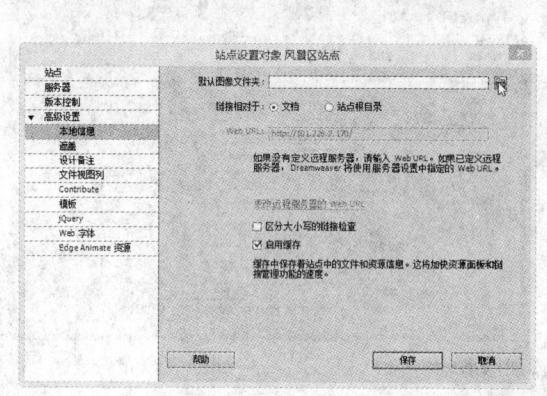

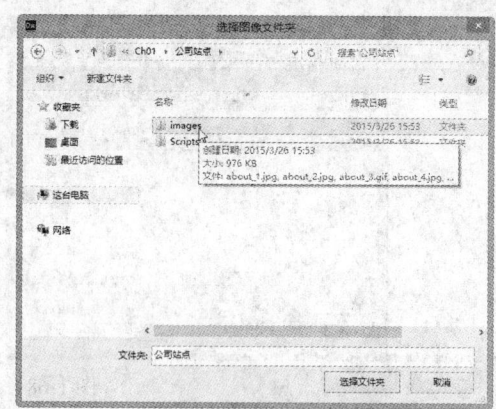

图 1-71 设置默认图像文件夹

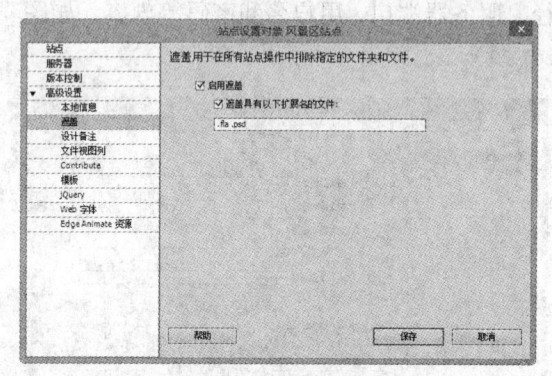

图 1-72 设置遮盖选项

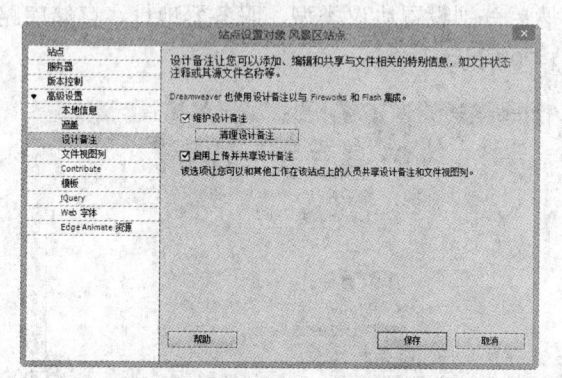

图 1-73 设置设计备注选项

9 在左侧列表框中选择【文件视图列】项目,可以使用默认设置或根据需要添加自定义列。如果启用列共享,那么【维护设计备注】和【上传设计备注】选项都会被启用,如图 1-74 所示。

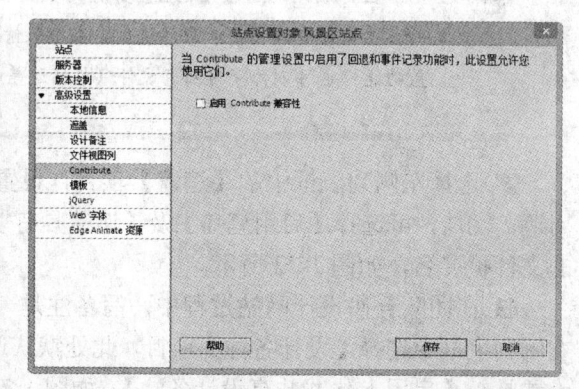

10 选择【Contribute】项目,设置是否启用 Contribute 兼容性,如图 1-75 所示。需要注意,必须将 Contribute 也安装在本地电脑后,才能完成 Contribute 应用。另外,不能在使用版本控制的站点内启用 Contribute 兼容性。

11 选择【模板】项目,设置当更新模板时是否改写文件的相对路径(默认为不改写),如图 1-76 所示。

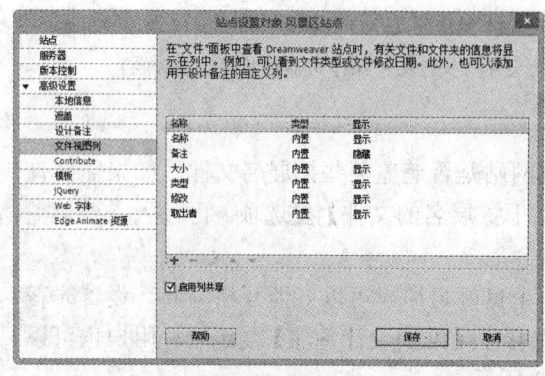

图 1-74 设置文件视图列

图 1-75 设置是否启用 Contribute 兼容性

> Adobe Contribute 是可让使用者以协作方式编辑、审查和发布网页内容，同时维持网站完整性的应用程序。Contribute 工作于现有的网站，这个现有的网站可以位于本地，也可以是已经发布到 Internet 上的站点。在使用 Dreamweaver 管理 Contribute 站点之前，必须启用 Contribute 兼容性功能。

12 在【jQuery】项目中可以设置 jQuery 资源文件夹位置，默认在站点根目录下新建名为"jQueryAssets"的文件夹。接着可以设置其他选项，后续的项目一般可以忽略，最后单击【保存】按钮，如图 1-77 所示。

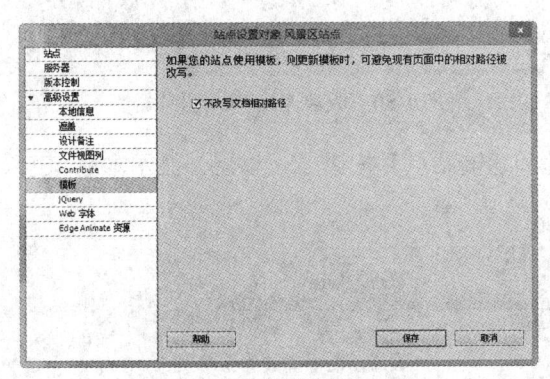

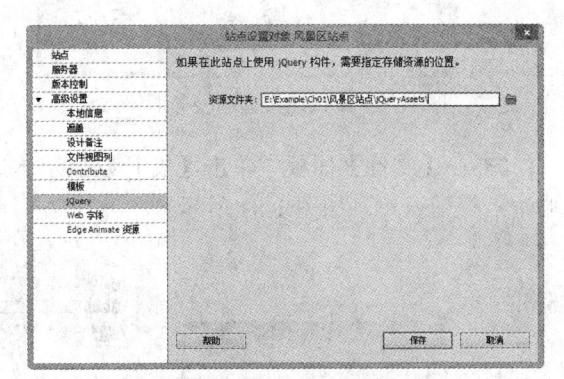

图 1-76 设置【模板】项目　　　　　图 1-77 设置【jQuery】项目

13 完成所有分类项目的设置后，在【文件】面板中看到指定的 Dreamweaver 站点根文件包含的所有文件，如图 1-78 所示。

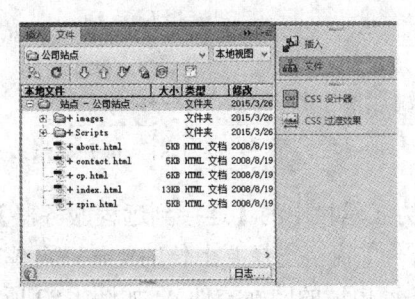

图 1-78 查看新建的站点

1.6.2 上机练习 2：上传站点到远程服务器

当完成整个站点文件的制作后，可以使用 Dreamweaver 提供的站点上传功能把本地站点的文件上传到远端服务器，让互联网用户都能够访问网站。

使用 Dreamweaver 提供的上传功能，必须先定义服务器信息。其中包括指定服务器名称及其 FTP 地址、登录账号、密码等（这些远端服务器信息需要通过网站服务商申请网站空间后才可获取）。

操作步骤

1 根据 1.6.1 上机练习的方法，定义本地站点和服务器信息，然后在设置远程信息后单击【测试】按钮，测试能否成功连接到远端服务器，如图 1-79 所示。

2 当远端服务器的信息正确无误，即可连接远端服务器并打开对话框提示已经成功连接 Web 服务器，如图 1-80 所示。

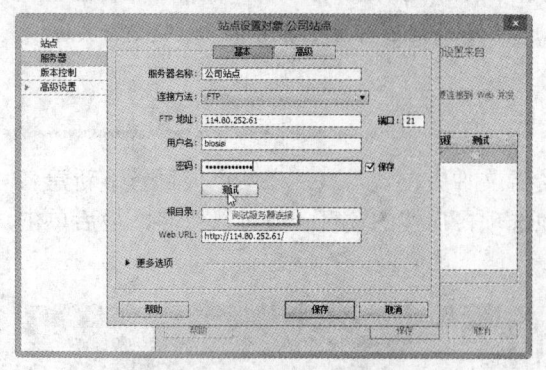

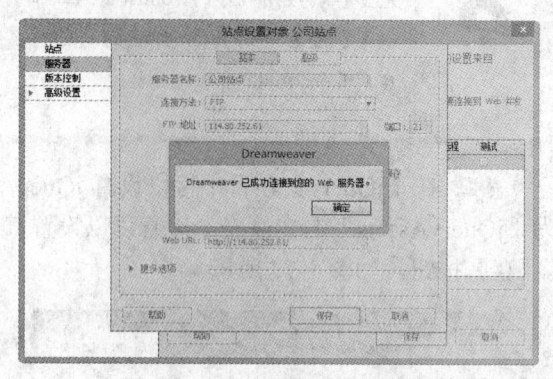

图 1-79　测试连接远端服务器

图 1-80　成功连接 Web 服务器

3 在【文件】面板中单击【展开以显示本地和远端站点】按钮，以展开显示本地和远端站点视图窗口，如图 1-81 所示。

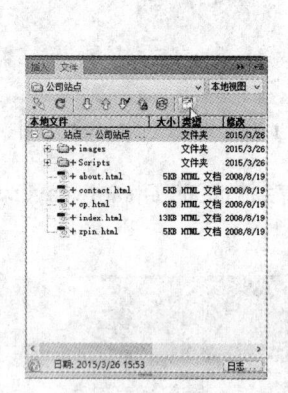

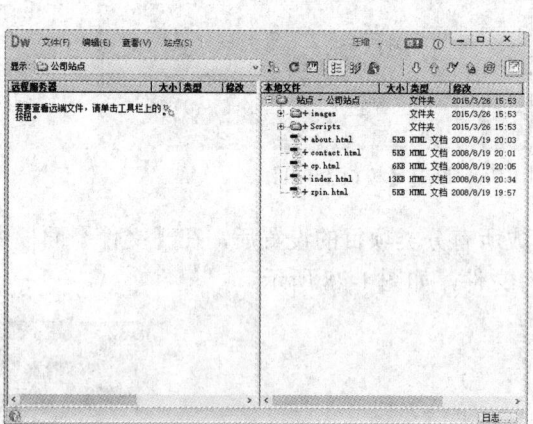

图 1-81　展开显示本地和远端站点

4 单击上方工具栏中的【连接到远程服务器】按钮，使 Dreamweaver 连接到远端服务器。在【本地文件】窗格选择要上传的文件，再单击【上传】按钮，即可上传文件到远端服务器（即向服务商申请的网站控件），如图 1-82 所示。

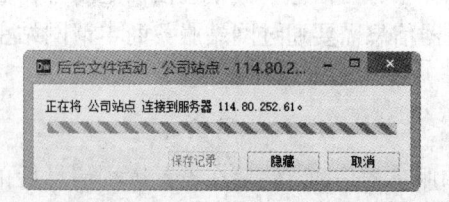

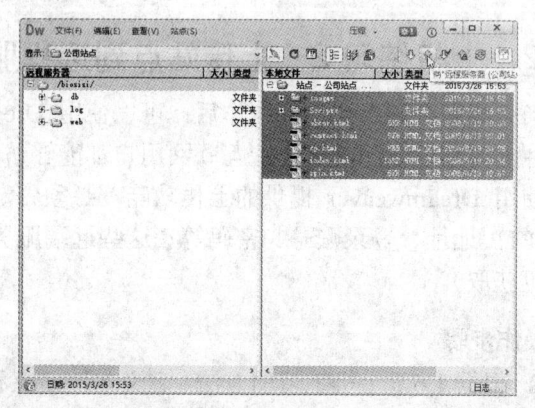

图 1-82　连接远端站点并上传网站文件

1.6.3 上机练习 3：检查和修复站点无效链接

站点通常由众多的网页文件构成，因此也就会产生很多链接，从而容易导致一些无效或错误链接产生。本例将通过一个站点，介绍对全站的链接进行一次全面的检查并对无效链接进行修复的方法。

操作步骤

1 通过 Dreamweaver 将 "..\Example\Ch01\" 练习文件夹指定为本地站点的根文件夹，如图 1-83 所示。

2 打开【文件】面板，在站点上单击鼠标右键，再选择【检查链接】|【整个本地站点】命令，如图 1-84 所示。

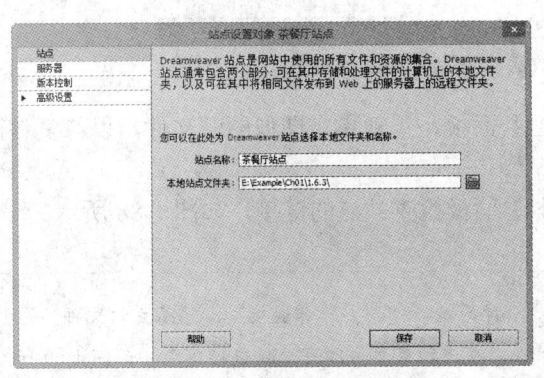

图 1-83　新建本地站点　　　　　　图 1-84　检查站点链接

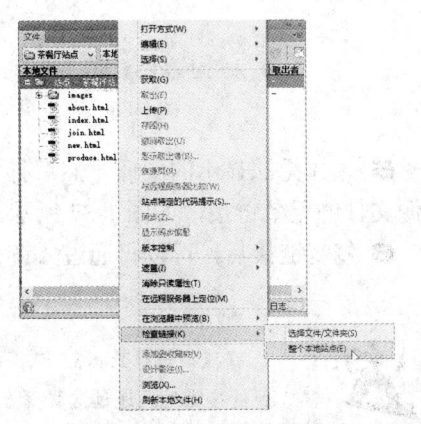

3 此时 Dreamweaver 打开【链接检查器】面板，并显示出错误链接检查的结果。当需要修复断掉的链接时，可以在链接目标对象上单击【浏览】按钮，通过【选择文件】对话框，重新指定正确的链接目标文件，如图 1-85 所示。

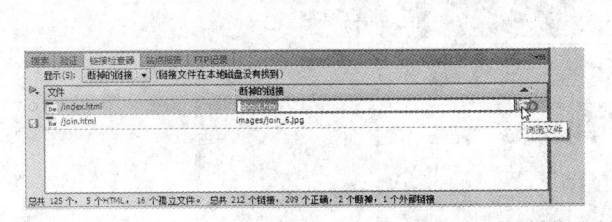

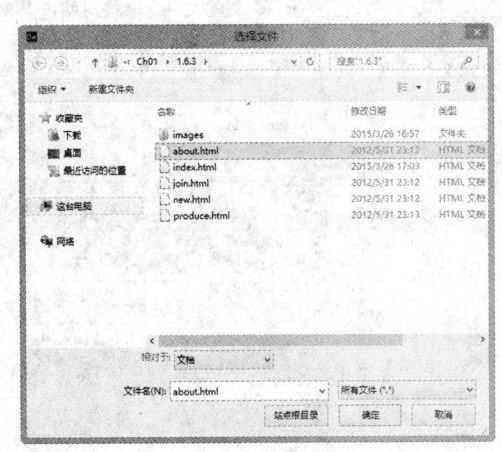

图 1-85　重新指定链接目标文件

4 通过【链接检查器】面板查看无效链接，为了看清楚无效链接的页面效果，可以打开链接所在的网页文件，查看因无效链接而导致页面出现的问题，如图 1-86 所示。

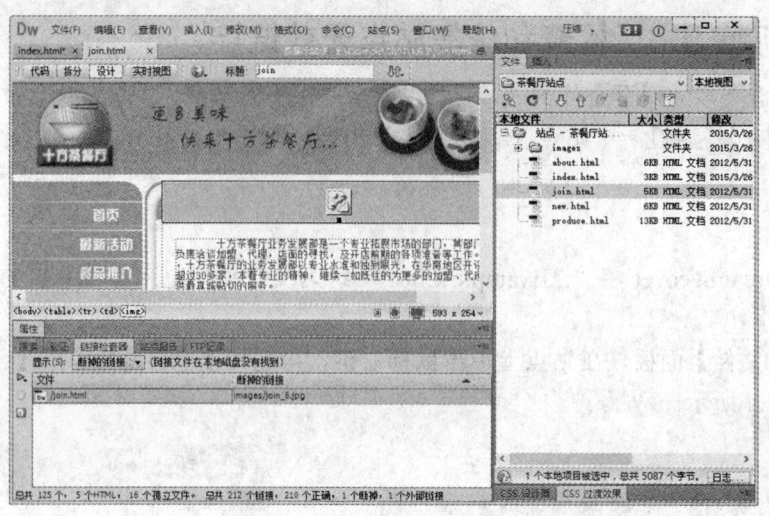

图 1-86 查看页面中的无效链接（导致图像无法显示）

5 选择无法显示的图像，然后打开【属性】面板，重新指定图像的源文件，以修复该图像源文件的无效链接，如图 1-87 所示。

6 修复链接后，可以再通过【链接检查器】面板检查站点的链接，如图 1-88 所示。

> 在【链接检查器】中，可以检查"断掉的链接"、"外部链接"、"孤立的文件"这3种链接类型。通过选择【显示】下拉框，在下拉菜单中即可选择链接类型，如图 1-89 所示。对 3 种链接类型的详细介绍如下：
> - 断掉的链接：即错误链接，形成的原因主要有链接对象名称出错、文件类型出错或所在路径出错。
> - 外部链接：链接到网站外部文件或互联网上某个网站的链接类型。
> - 孤立的文件：未被网站内其他文件建立链接的文件。这类文件可能是尚未使用的或多余的。

图 1-87 指定图像源文件

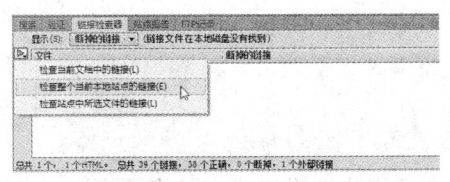

图 1-88　再次检查站点的链接 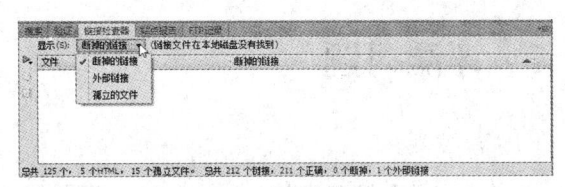　　　　　　　图 1-89　显示检查链接的类型

1.6.4　上机练习 4：与远程服务器同步站点

当用户对本地站点内容进行网页文本和图片进行更新或删除过期的网页、新增网页等修改后，可以通过同步的方式，将修改结果与远程服务器同步，即将本地站点的文件更新到远程服务器上，使远程服务器内容与本地站点内容一致。本例将介绍将本地站点内容与远程服务器进行同步的操作方法。

操作步骤

1 在【文件】面板中打开显示本地和远端站点，单击【连接到远程服务器】按钮，然后单击【同步】按钮，如图 1-90 所示。

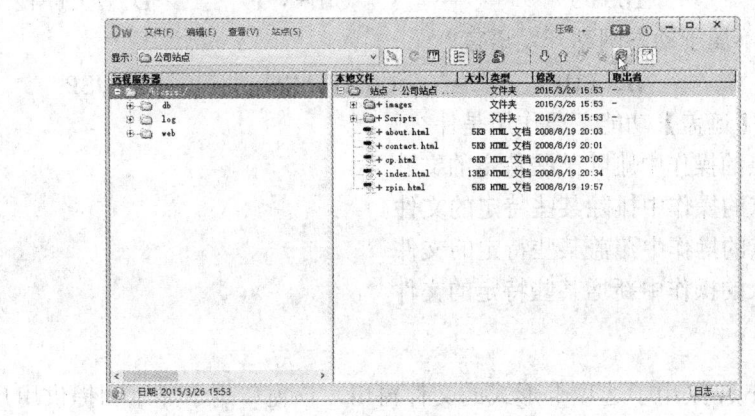

图 1-90　同步站点文件

2 打开【同步文件】对话框后，在【同步】列表框中选择要同步的内容是整个网站还是当前选中的文件，【方向】列表框中则选择【放置较新的文件到远程】同步处理方式，选择【删除本地驱动器上没有的远端文件】复选项，单击【预览】按钮可先获取站点信息，如图 1-91 所示。

3 显示【同步】对话框，其中显示了要更新的动作及其文件，确认无误后单击【确定】按钮，执行同步操作，如图 1-92 所示。完成同步站点后，可看到远程服务器与本地站点的内容一致。

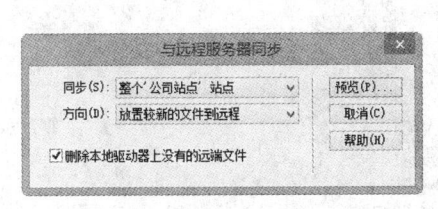

图 1-91　设置同步文件和方向 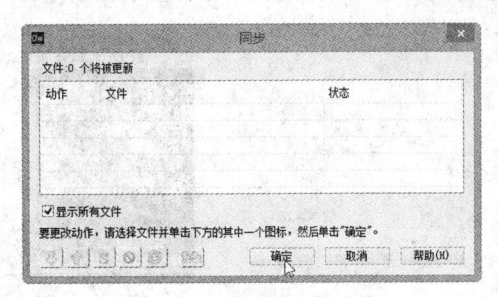　　　　　　　图 1-92　确认同步的动作

1.7 评测习题

1．填空题

（1）【文件】窗口中的_____视图是一个内容可视化编辑模式，可将页面布局、页面文本、图片、表格等内容所见即所得地展示出来，是一种便捷易用的设计环境。

（2）_____是指包含能够根据浏览者提供的信息回馈而有针对性地在网页中显示相关信息的 Web 页的网站。

（3）在 Dreamweaver 中，术语"_____"指属于某个 Web 站点的文件的本地或远程存储位置。

2．选择题

（1）请问以下哪种不属于 Dreamweaver 的文件窗口视图模式？　　　　　　　　　（　）
　　　　A．设计视图　　　B．代码视图　　　C．设计视图　　　D．框架视图

（2）按下哪个快捷键，可以打开默认的主浏览器预览网页？　　　　　　　　　　　（　）
　　　　A．F12　　　　　B．F5　　　　　　C．Ctrl+V　　　　D．Alt+F12

（3）以下哪个不属于动态网站开发语言？　　　　　　　　　　　　　　　　　　　（　）
　　　　A．ASP　　　　　B．PHP　　　　　C．HTML　　　　　D．JSP

（4）站点中的【遮盖】功能主要作用是什么？　　　　　　　　　　　　　　　　　（　）
　　　　A．从站点的操作中删除某些特定的文件
　　　　B．从站点的操作中排除某些特定的文件
　　　　C．从站点的操作中覆盖某些特定的文件
　　　　D．从站点的操作中新增某些特定的文件

3．判断题

（1）Dreamweaver 采用了选项卡形式的文件窗口，该窗口用于显示和提供用户编辑当前文件。　　　　　　　　　　　　　　　　　　　　　　　　　　　　　　　　　　　　（　）

（2）在 Windows 系统中，Dreamweaver 并没有预设默认主浏览器。　　　　　　　（　）

（3）IIS 由 Microsoft 开发，是一个允许在公共 Intranet 或 Internet 上发布信息的 Web 服务器平台。　　　　　　　　　　　　　　　　　　　　　　　　　　　　　　　　　　（　）

4．操作题

使用光盘提供的网站文件创建 Dreamweaver 站点并指定站点的根文件夹为练习文件夹（..\Example\Ch01\1.7），结果如图 1-93 所示。

图 1-93　新建本地站点的结果

操作提示

（1）启动 Dreamweaver 后，在菜单栏中选择【站点】|【新建站点】命令，打开【站点设定对象】对话框。

（2）在【站点设置对象】对话框中选择左边的列表框中的【站点】项目，填写【站点名称】，指定【本地根文件夹】为【..\Example\Ch01\1.7】。

（3）在【站点设置对象】对话框中选择左边的列表框中的【本地信息】项目，然后指定默认图像文件夹为【..\Example\Ch01\1.7\images】。

（4）完成设置后，单击【确定】按钮即可。

第 2 章　使用表格与 Div 布局页面

学习目标

表格是用于网页上显示表格式数据以及对文本和图像进行布局的有效工具，而 Div 则可将网页内容固定定位或随意定位在页面，它们都是网页设计中一种常见的页面布局功能。本章将详细介绍使用表格和 Div 布局页面和编排资料的方法。

学习重点

- ☑ 为网页载入跟踪图像
- ☑ 在网页中应用表格
- ☑ 编辑表格和单元格
- ☑ 使用表格的高级功能
- ☑ 在网页中应用 Div 标签
- ☑ 在网页中应用 AP Div 元素

2.1　在网页中应用表格

表格是用于在 HTML 页上显示表格式数据以及对文本和图像进行布局的强有力的工具。表格由单元格所组成，表格中的单元格可以是一行或多行，每一行的单元格数目不定，如果表格只有一个单元格，那么其中的单元格就是表格本身。

2.1.1　载入跟踪图像

1．关于跟踪图像

通常，创建 Web 站点并不是打开 Dreamweaver 后立即对页面进行布局的。创建 Web 站点的初始工作从画草图或通过图像应用程序设计页面开始。设计人员会预先设计出 Web 站点的综合草图（通常做成图像格式），以提交客户确认并作为后续设计网页的依据。

当图像设计人员提供设计草图后，网页设计人员需要对草图进行转换，使之最终形成可以使用的 Web 页面。而在此过程中，通常图像设计人员将草图部分内容切割成图像素材，甚至将需要的内容设计成 Flash 动画，然后网页设计人员将这些素材整合成 Web 页面。

但为了让大量的素材整合成与草图效果一致的页面，就需要很考究页面布局的处理，所以很多网页设计人员会依照草图绘制一个页面结构图，并在 Dreamweaver 中将其设置为跟踪图像，作为页面布局的蓝图，以便后续依照蓝图来插入编辑和对素材进行编排。

跟踪图像就是放在 Dreamweaver 的文件窗口背景中的 JPEG、GIF 或 PNG 图像，用于辅助页面设计。设计人员可以隐藏跟踪图像、设置图像的透明度和更改图像的位置。

2．载入跟踪图像

要在文件中载入跟踪图像，可以在菜单栏选择【查看】|【跟踪图像】|【载入】命令，

打开对话框后选择跟踪图像文件，然后单击【确定】按钮，如图 2-1 所示。

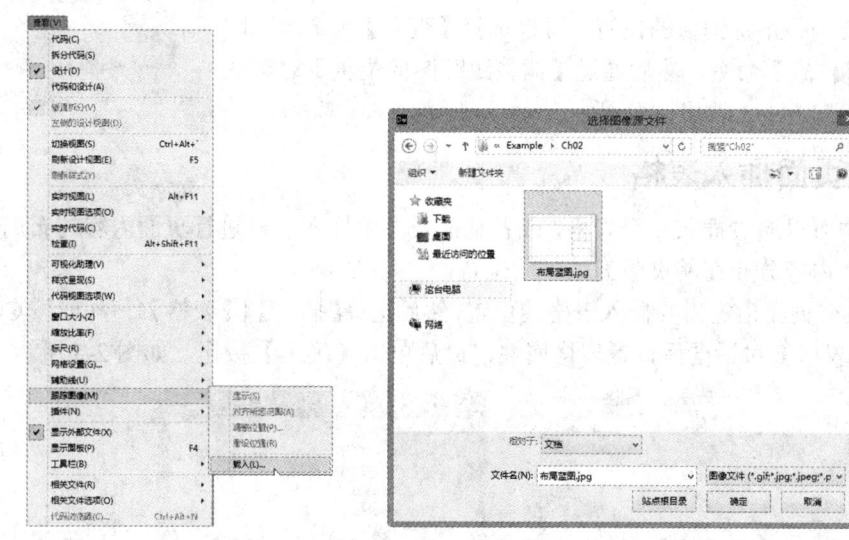

图 2-1　载入跟踪图像

3．设置跟踪图像透明度

选择跟踪图像后，Dreamweaver 将打开【页面属性】对话框，在对话框中可以设置跟踪图像的透明度，如图 2-2 所示。返回文件窗口，即可看到跟踪图像以背景的形式显示在文件窗口上，如图 2-3 所示。

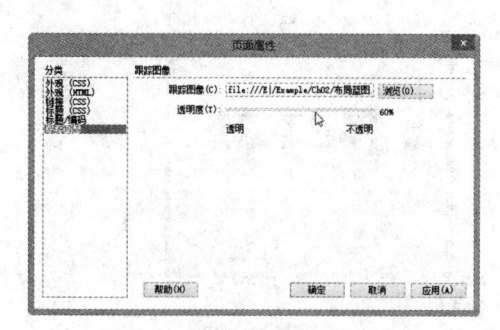

图 2-2　设置跟踪图像透明度　　　　　　　图 2-3　查看载入跟踪图像的结果

> 问：跟踪图像在浏览器上可以看到吗？
> 答：跟踪图像仅在 Dreamweaver 编辑窗口是可见的。当在浏览器中查看页面时，跟踪图像永远不可见。若编辑窗口显示了跟踪图像，那么文件窗口将不会显示页面的实际背景图像和颜色；但是，在浏览器中查看页面时，背景图像和颜色是可见的。

4．调整跟踪图像位置

如果需要调整跟踪图像的位置，可以选择【查看】|【跟踪图像】|【调整位置】命令，然后通过【调整跟踪图像位置】对话框设置图像的 X/Y 坐标，如图 2-4 所示。

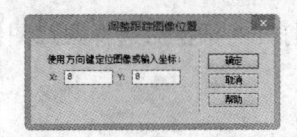

图 2-4　调整跟踪图像的位置

2.1.2　在页面插入表格

在网页中可以通过插入多个表格，或者是在表格中插入表格进行页面内容的布局定位，以便根据需要将内容分布在网页版面的不同位置。

方法 1　在页面指定需要插入表格的位置，然后选择【插入】|【表格】命令（或按 Ctrl+Alt+T 键），打开【表格】对话框后设置表格属性，最后单击【确定】按钮，如图 2-5 所示。

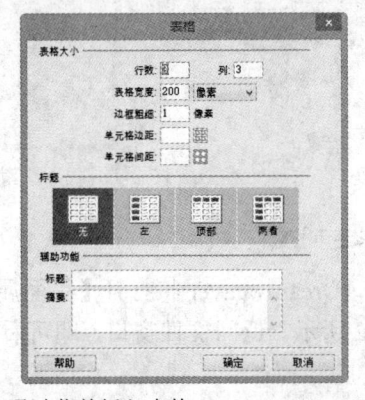

图 2-5　通过菜单插入表格

方法 2　打开【插入】面板，选择【常用】选项卡或【布局】选项卡，然后单击【表格】按钮，打开【表格】对话框后设置表格属性，最后单击【确定】按钮即可，如图 2-6 所示。

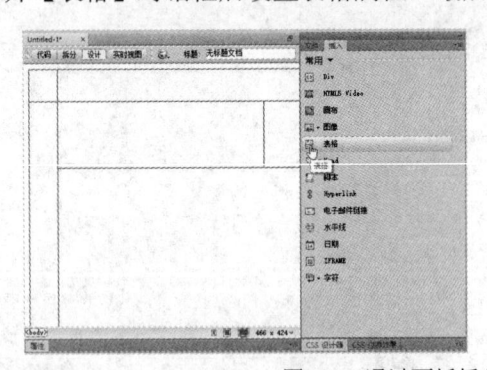

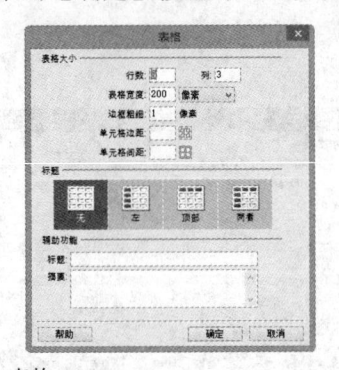

图 2-6　通过面板插入表格

通过上述方法的操作后，页面即插入了 3 行 3 列的表格，而且在标签选择器中可以看到 \<body\> 标签内也同时插入 \<table\> 标签，如图 2-7 所示。

> 如果没有明确指定边框粗细或单元格间距和单元格边距的值，则大多数浏览器都按边框粗细和单元格边距设置为 1、单元格间距设置为 2 来显示表格。若要确保浏览器显示表格时不显示边距或间距，可以将【单元格边距】和【单元格间距】设置为 0。

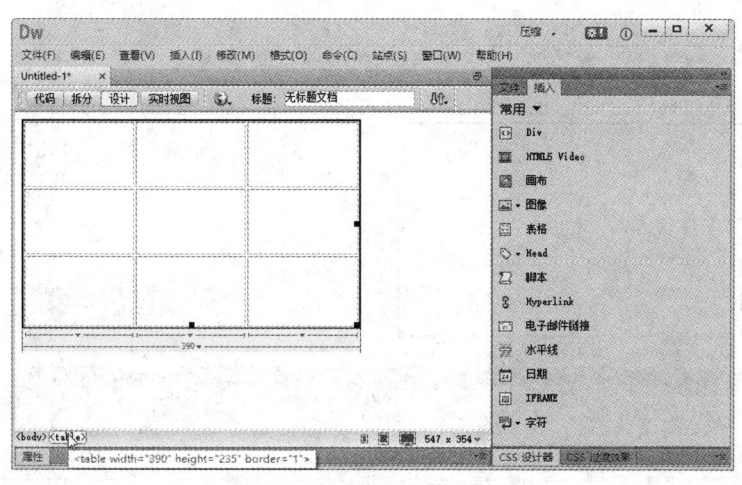

图 2-7　查看插入表格的结果

2.1.3　设置表格的属性

在 Dreamweaver 中为网页插入表格时，可同时设置部分重要的表格属性。在插入表格后，也可通过【属性】面板为表格设置宽高、填充与间距、边框、表格 ID 等属性。

1．选择表格

将鼠标指针移动到表格的左上角、表格的顶缘或底缘的任何位置，或行或列的边框上，当指针变成表格网格图标时，单击即可选择表格。

2．显示表格属性

【属性】面板中显示表格的基本属性设置选项，选择表格后，【属性】面板将显示表格相关的设置项目，如图 2-8 所示。

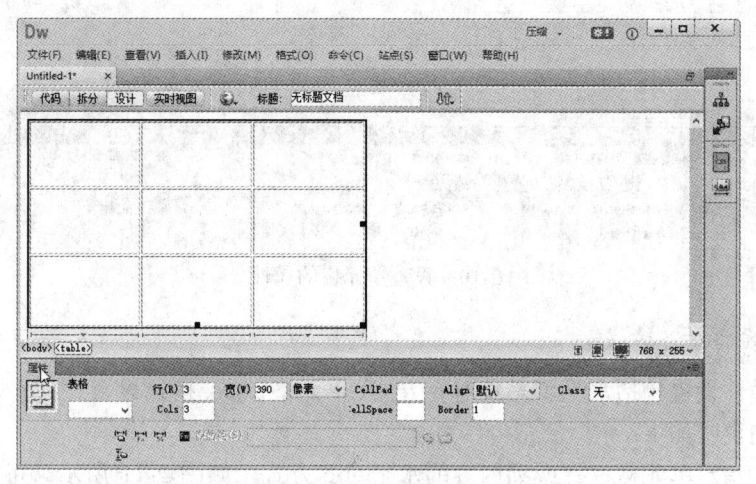

图 2-8　选择表格后通过【属性】面板显示表格属性

3．设置表格属性

在表格的【属性】面板中，可以设置表格的行列数量和填充、间距、边框，以及对齐方式。图 2-9 所示为设置表格边框为 0、单元格间距为 0 的结果。

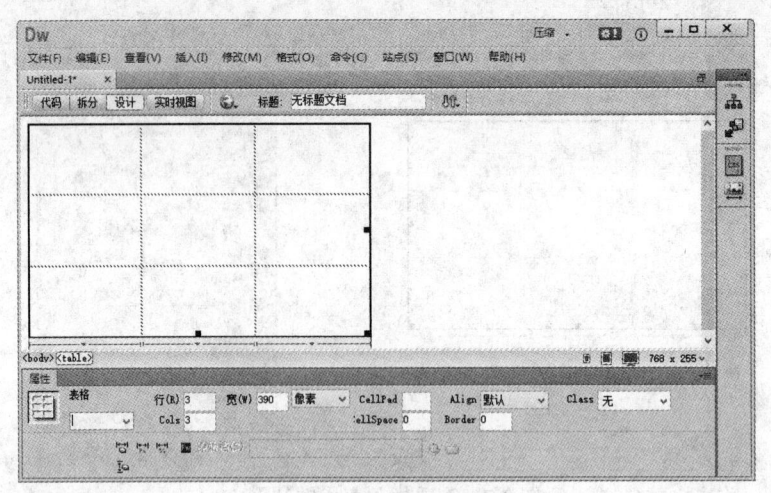

图 2-9　设置表格的属性

2.1.4　设置单元格属性

1．设置单元格属性

将光标定位在单元格内，然后打开【属性】面板，即可通过面板展开的区域中设置单元格属性，如图 2-10 所示。

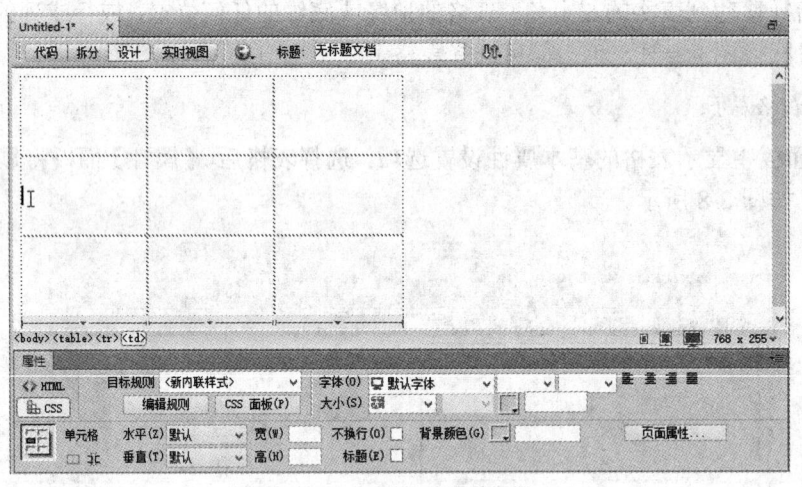

图 2-10　设置单元格的属性

2．设置单元格对齐方式

单元格的属性设置包括水平和垂直对齐方式、单元格宽高、换行设置、标题和背景颜色等。其中对齐方式的说明如下：

（1）水平：指定单元格、行或列内容的水平对齐方式，如图 2-11 所示。可以将内容对齐到单元格的左侧、右侧或使之居中对齐，也可以指示浏览器使用其默认的对齐方式（通常常规单元格为左对齐，标题单元格为居中对齐）。

（2）垂直：指定单元格、行或列内容的垂直对齐方式，如图 2-12 所示。可以将内容对齐到单元格的顶端、中间、底部或基线，或者指示浏览器使用其默认的对齐方式（通常是中间）。

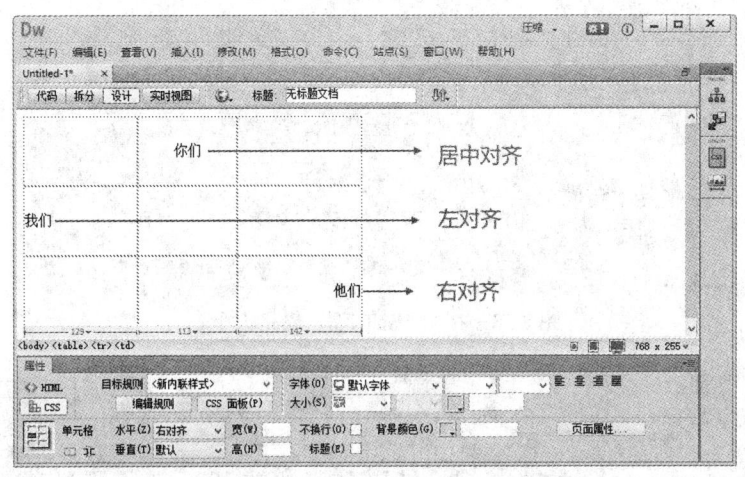

图 2-11 设置单元格水平对齐方式

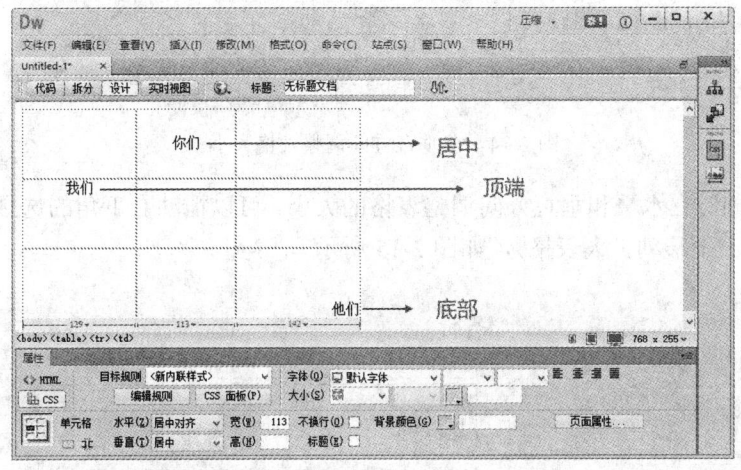

图 2-12 设置单元格垂直对齐方式

2.2 编辑表格和单元格

在页面中插入表格后，可以根据设计需要对表格和单元格进行适当的编辑。

2.2.1 调整表格、行和列大小

表格的大小可以通过【属性】面板设置单元格的宽高来调整，但这种方法不够直观，所以大部分时候会直接手动调整表格，以便利用肉眼来判断表格大小的适合程度。当然，在需要精确的大小设置时，在【属性】面板设置输入单元格宽高数值就更加稳妥。

1．调整表格大小

要调整表格大小，可以先选择表格，然后执行下列的操作之一：

（1）如果要在水平方向调整表格的大小，可以拖动右边的选择柄（向左移动缩小表格宽度；向右移动扩大表格宽度），如图 2-13 所示。

（2）如果要在垂直方向调整表格的大小，可以拖动底部的选择柄（向上移动缩小表格宽度；向下移动扩大表格宽度），如图 2-14 所示。

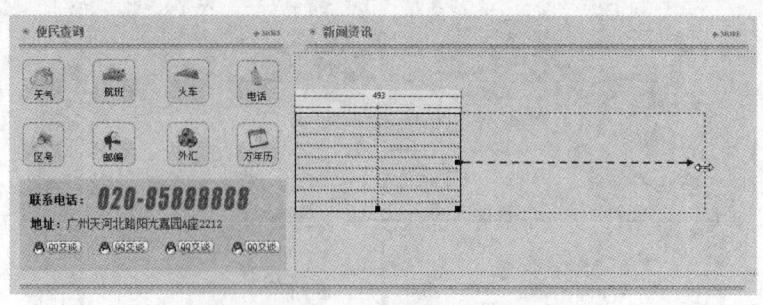

图2-13　在水平方向调整表格大小

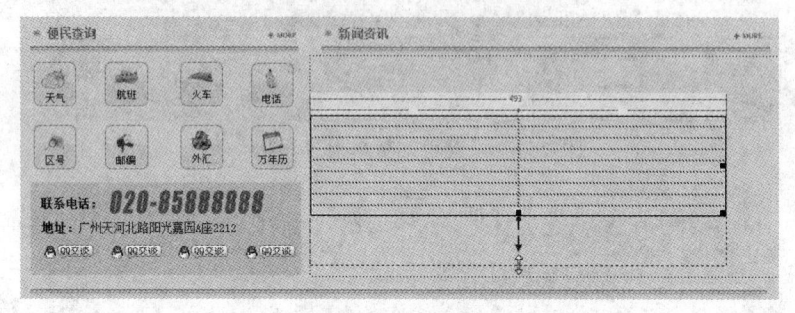

图2-14　在垂直方向调整表格大小

（3）如果要同时在水平和垂直方向调整表格的大小，可以拖动右下角的选择柄（向左上移动缩小表格；向右下移动扩大表格），如图2-15所示。

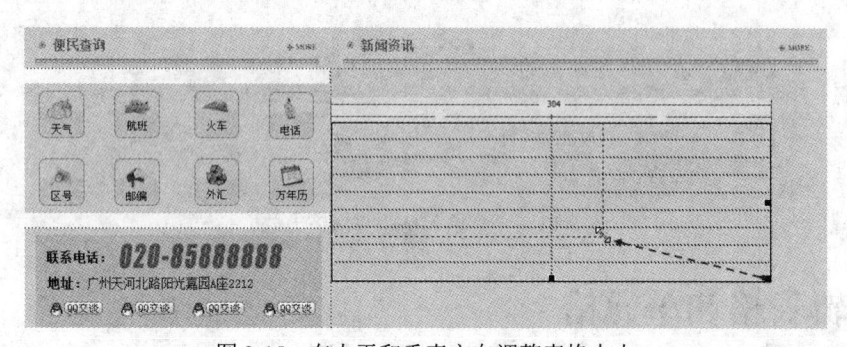

图2-15　在水平和垂直方向调整表格大小

2．更改列宽度并保持整个表的宽度不变

要更改列宽度并保持整个表的宽度不变，可以拖动想更改的列的右边框。此时相邻列的宽度也更改，因此实际上调整了两列的大小，但表格的总宽度不改变，如图2-16所示。

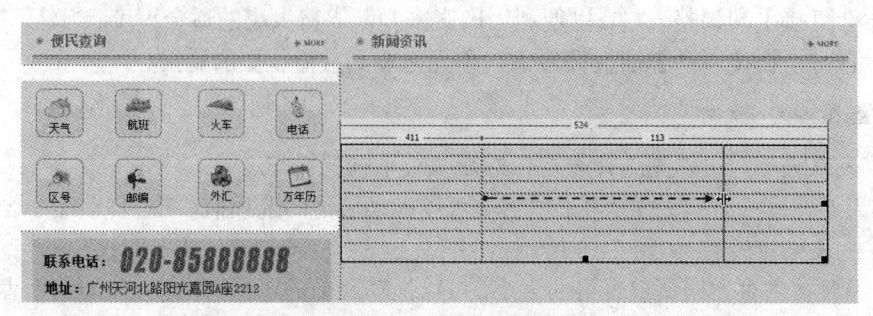

图2-16　更改列宽度并保持整个表的宽度不变

> 在以百分比形式指定宽度（而不是以像素指定宽度）的表格中，如果拖动最右侧列的右边框，整个表格的宽度将会变化，并且所有的列都会成比例地变宽或变窄。

3．更改某个列的宽度并保持其他列的大小不变

要更改某个列的宽度并保持其他列的大小不变，可以按住 Shift 键然后拖动列的边框。这个列的宽度就会改变，其他列的宽度不变，表的总宽度将更改以容纳正在调整的列，如图 2-17 所示。

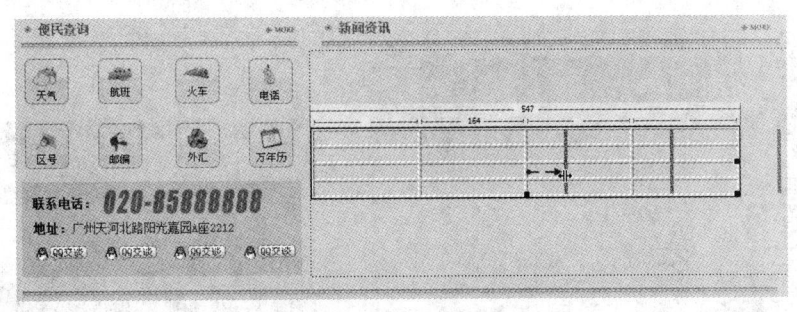

图 2-17　更改某个列的宽度并保持其他列的大小不变

4．清除表格中所有设置的宽度和高度

要清除表格中所有设置的宽度和高度，可以选择表格，然后执行下列操作之一：

（1）选择【修改】|【表格】|【清除单元格宽度】或【修改】|【表格】|【清除单元格高度】命令。

（2）在【属性】面板中，单击【清除行高】按钮或【清除列宽】按钮，如图 2-18 所示。

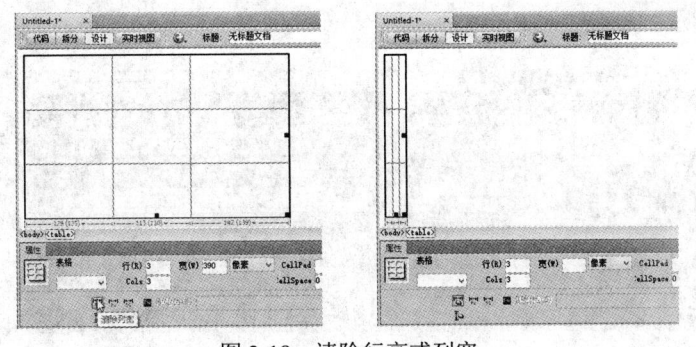

图 2-18　清除行高或列宽

（3）打开表格标题菜单，然后选择【清除所有高度】或【清除所有宽度】命令，如图 2-19 所示。

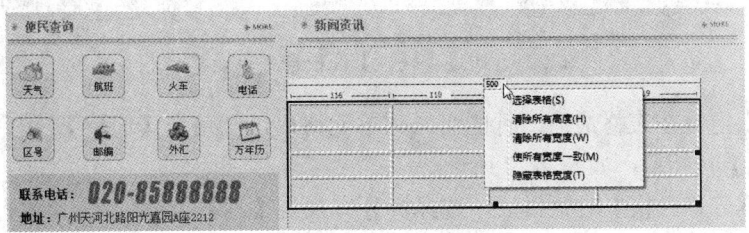

图 2-19　通过表格标题菜单清除行高和列宽

45

2.2.2 合并和拆分单元格

开始插入的表格是几行几列的规则表格，但在很多情况下，由于页面编排的需要，会对单元格进行合并与拆分，以便可以让原来规则的表格变成各种各样的布局结构，用于编排页面资料。

动手操作　合并和拆分单元格

1 打开光盘中的"..\Example\Ch02\2.2.2.html"练习文件，拖动鼠标选择表格第一列单元格，然后单击鼠标右键并选择【表格】|【合并单元格】命令，如图2-20所示。

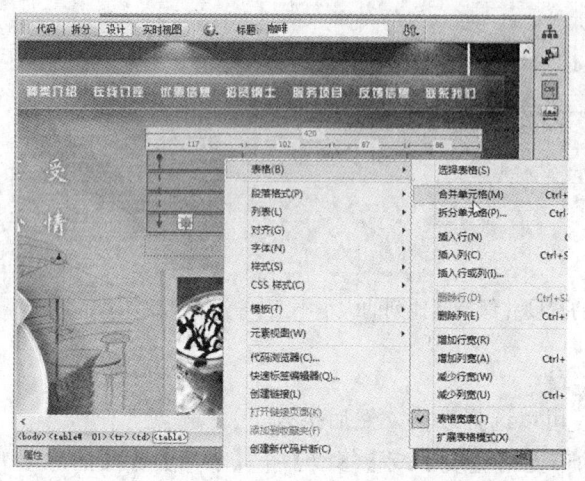

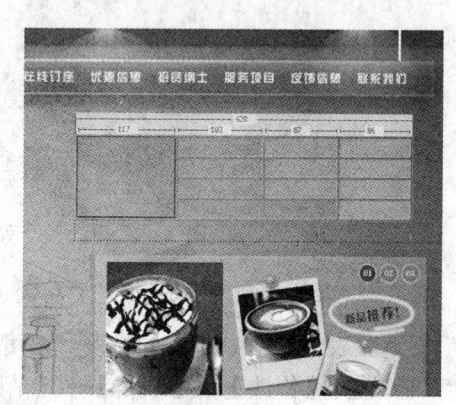

图 2-20　选择单元格并进行合并

2 拖动鼠标选择第一行单元格，然后在【属性】面板中单击【合并所选单元格，使用跨度】按钮，如图2-21所示。

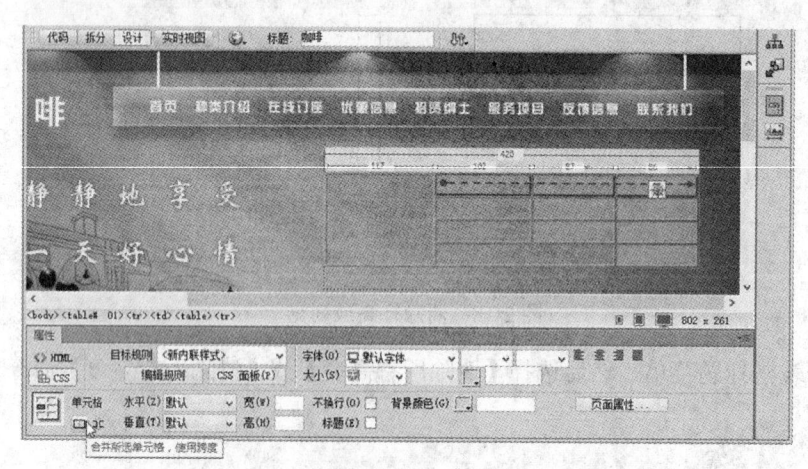

图 2-21　通过【属性】面板合并单元格

3 将插入点定位在表格最后一行的第二列单元格内，然后在【属性】面板中单击【拆分单元格为行或列】按钮，如图2-22所示。

4 打开【拆分单元格】对话框后，选择拆分方式为【列】，然后设置列数为2，最后单击【确定】按钮，如图2-23所示。

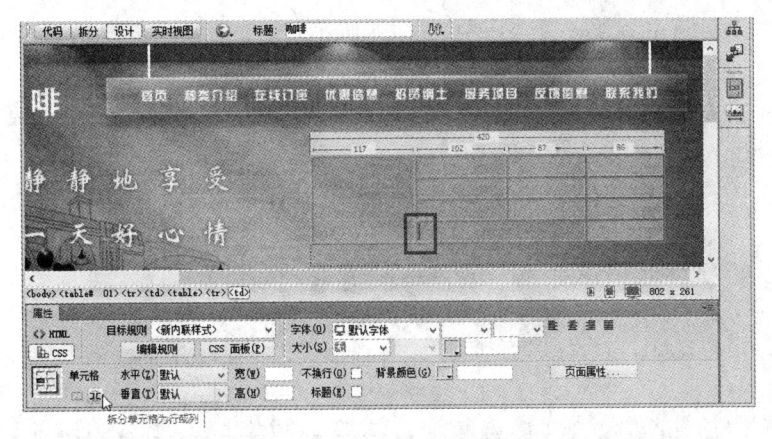

图 2-22 定位光标并拆分单元格

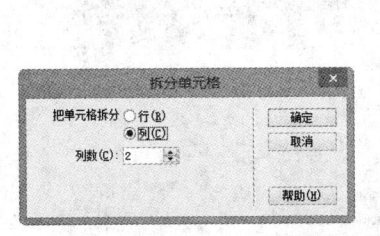

图 2-23 设置拆分单元格选项并查看结果

2.2.3 添加或删除行和列

1．添加单个行或列

要添加单个行或列，可以先定位插入点在某个单元格内并执行下列操作之一：

（1）选择【修改】|【表格】|【插入行】命令或【修改】|【表格】|【插入列】命令，如图 2-24 所示。此时会在插入点的上面出现一行或在插入点的左侧出现一列。

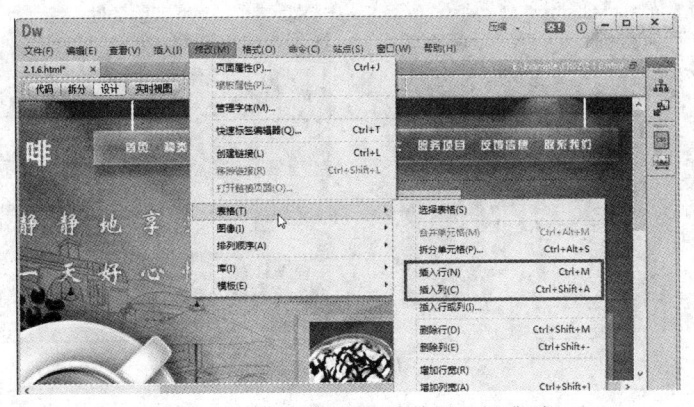

图 2-24 通过【修改】菜单插入行或列

（2）单击表格列标题打开菜单，然后选择【左侧插入列】或【右侧插入列】命令，如图 2-25 所示。

（3）定位光标在表格或单元格内，然后单击鼠标右键，再打开【表格】子菜单，接着选择【插入行】命令或【插入列】命令，如图 2-26 所示。

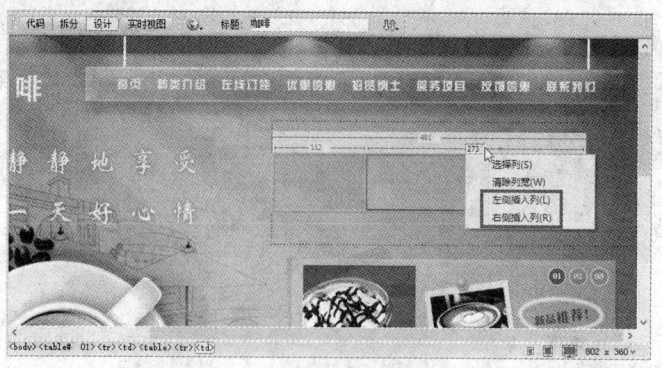

图 2-25　通过表格列标题菜单插入列

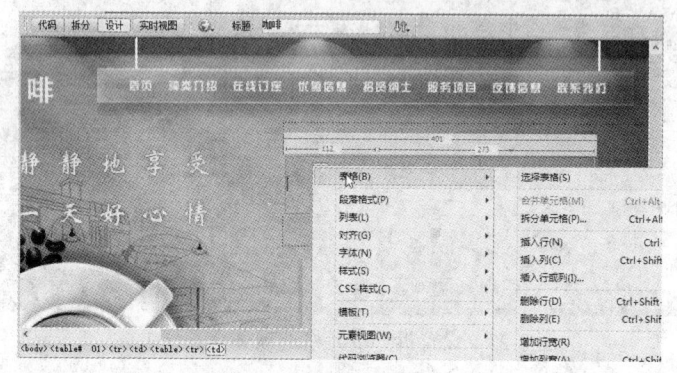

图 2-26　通过右键快捷菜单插入行或插入列

2．添加多行或多列

要添加单个行或列，可以先定位插入点在某个单元格内，选择【修改】|【表格】|【插入行或列】命令，打开【插入行或列】对话框后，设置行或列并输入数量，再设置插入的位置，如图 2-27 所示。

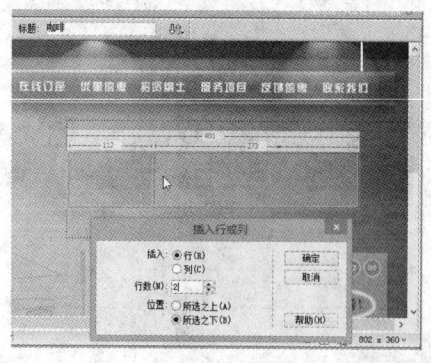

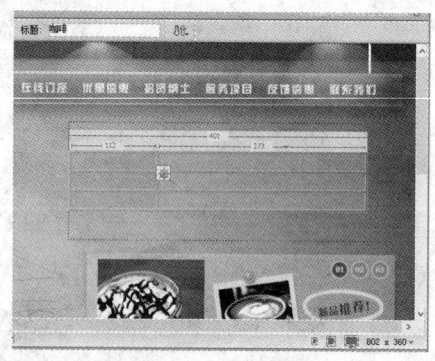

图 2-27　添加多行或多列单元格

3．删除行或列

要删除行或列，可以执行下列操作之一：

（1）单击要删除的行或列中的一个单元格，然后选择【修改】|【表格】|【删除行】命令或【修改】|【表格】|【删除列】命令。

（2）选择完整的一行或列，然后选择【编辑】|【清除】命令或按 Delete 键。

（3）选择完整的一行或列，然后单击鼠标右键并选择【表格】|【删除行】命令或【表格】|【删除列】命令，如图 2-28 所示。

> 如果使用【属性】面板添加或删除行或列，只需增加或减小【行】值，及增加或减小【列】值即可。

图 2-28　删除表格的行或列

2.3　表格自动化处理

使用 Dreamweaver 表格自动化处理功能，可快速为页面建立表格资料和排序表格资料，使页面的内容布局变得方便。

2.3.1　自动化排序表格

使用【排序表格】功能可使网页表格根据其中某一列内容进行排序，并且还可以根据两个列的内容执行更加复杂的表格排序。

选择需要排序的表格，再选择【命令】|【排序表格】命令，如图 2-29 所示。打开【排序表格】对话框，设置【排序按】和【顺序】选项，再选择【排序包含第一行】复选项，最后单击【确定】按钮即可自动化排序表格，如图 2-30 所示。

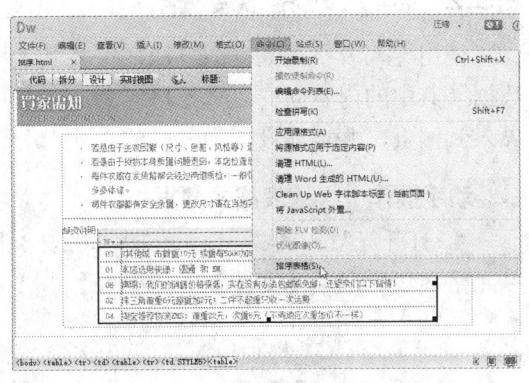

图 2-29　选择【排序表格】命令

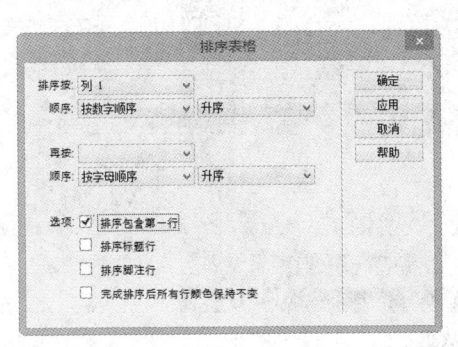

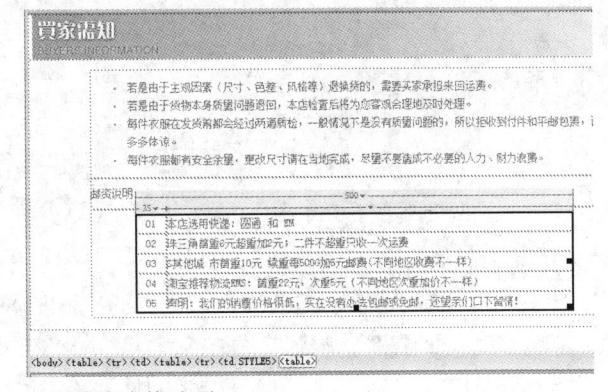

图 2-30　设置排序表格选项

【排序表格】设置选项说明如下：

- 排序按：确定使用哪个列的值对表格的行进行排序。
- 顺序：确定是按字母还是按数字顺序或是以升序（A 到 Z，数字从小到大）还是以降序对列进行排序。
- 再按/顺序：确定将在另一列上应用的第二种排序方法的排序顺序。在【再按】菜单中指定将应用第二种排序方法的列，并在【顺序】菜单中指定第二种排序方法的排序顺序。
- 排序包含第一行：指定将表格的第一行包括在排序中。如果第一行是不应移动的标题，则不选择此选项。
- 排序标题行：指定使用与主体行相同的条件对表格的 thead 部分（如果有）中的所有行进行排序。
- 排序脚注行：指定按照与主体行相同的条件对表格的 tfoot 部分（如果有）中的所有行进行排序。
- 完成排序后所有行颜色保持不变：指定排序之后表格行属性（如颜色）应该与同一内容保持关联。如果表格行使用两种交替的颜色，则不要选择此选项以确保排序后的表格仍具有颜色交替的行。如果行属性特定于每行的内容，则选择此选项以确保这些属性保持与排序后表格中正确的行关联在一起。

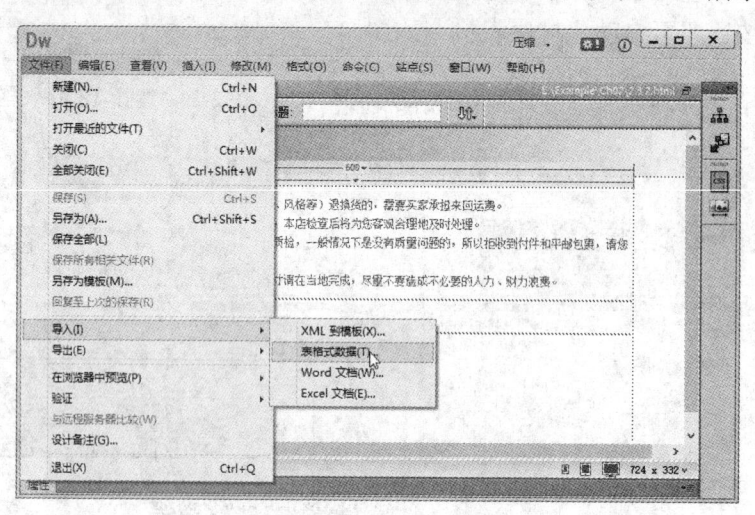

2.3.2 导入表格式数据

使用导入表格式数据的方法，可将其他应用程序（如 Excel、文本文件）所创建的表格式数据（其中的内容同样以单元格区分，或是用制表符、逗号、冒号、分号或其他分隔符隔开）导入到网页，并自动设置为表格的格式。

动手操作　导入表格式数据

1 打开光盘中的"..\Example\Ch02\2.3.2.html"练习文件，将光标定位在网页下方的空白单元格，然后选择【文件】|【导入】|【表格式数据】命令，如图 2-31 所示。

图 2-31　导入表格式数据

2 打开【导入表格式数据】对话框后，在【数据文件】栏中单击【浏览】按钮，再选择保存表格式数据的文本，如图 2-32 所示。

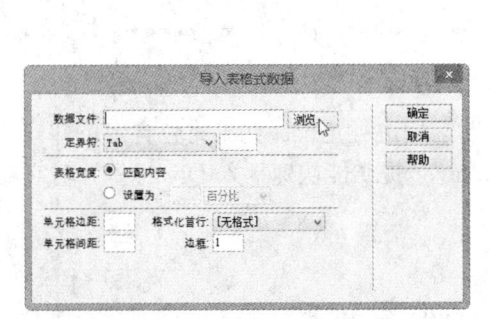

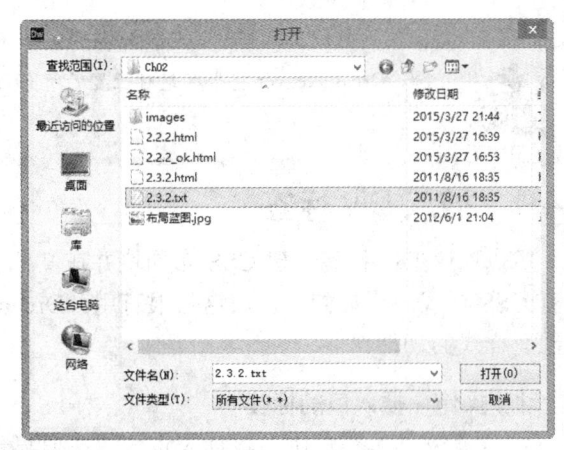

图 2-32 选择要导入的文件

3 返回【导入表格式数据】对话框，再选择将文件保存为分隔文本时使用的定界符（如本例选择逗号），然后设置【表格宽度】为 500 像素，单元格边框、边距、间距都为 0，最后单击【确定】按钮，如图 2-33 所示。

4 导入表格式数据后，可以适当调整表格的大小，结果如图 2-34 所示。

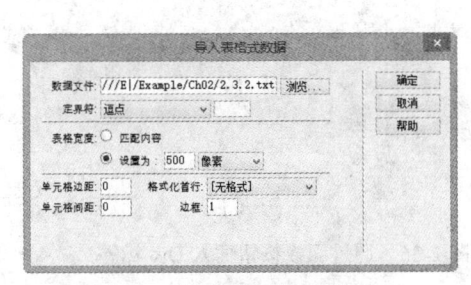

图 2-33 设置定界符和其他选项 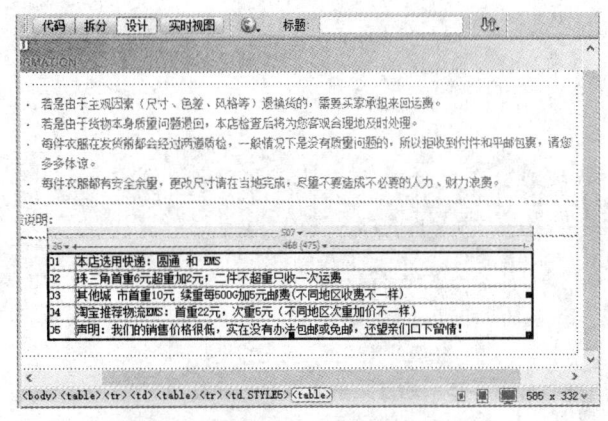　　图 2-34 查看导入表格式数据的结果

> 问：什么是定界符？
> 答：定界符就是要导入的文件中所使用的分隔符。用户需要将定界符指定为保存数据文件时所使用的符号。如果不这样做，则无法正确地导入文件，也无法在表格中对数据进行正确的格式设置。另外，定界符使用的符号都应该是英文符号，而非中文符号。如定界符是逗号，那么数据文件中应该使用英文格式的"，"符号，而不是中文格式的"，"符号。

2.4　在网页中应用 Div 标签

Div 标签是用来定义网页内容中的逻辑区域的标签。可以使用 Div 标签将内容块居中、创建列效果以及创建不同的颜色区域等。

> Dreamweaver 将带有绝对位置的所有 Div 标签视为 AP 元素（分配有绝对位置的元素）。

2.4.1 插入 Div 标签

可以使用 Div 标签创建 CSS 布局块并在文档中对它们进行定位。如果将包含定位样式的现有 CSS 样式表附加到文件，这将很有用。Dreamweaver 提供能快速插入 Div 标签并对它应用现有样式的功能。

动手操作　插入口的标签

1 在【文件】窗口中，将插入点放置在要显示 Div 标签的位置。

2 执行下列操作之一：

（1）选择【插入】|【Div】命令，如图 2-35 所示。

（2）在【插入】面板的【常用】或【结构】类别中，单击【Div】按钮，如图 2-36 所示。

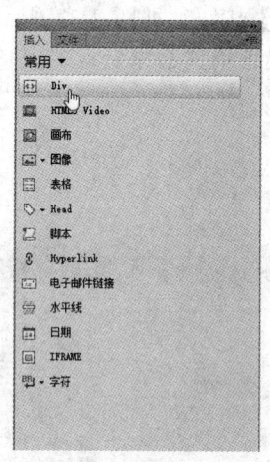

图 2-35　通过菜单插入 Div 标签　　　　图 2-36　通过面板按钮插入 Div 标签

（3）在【插入】面板的【常用】或【结构】类别中，按住【Div】按钮并拖到【文件】窗口中，如图 2-37 所示。

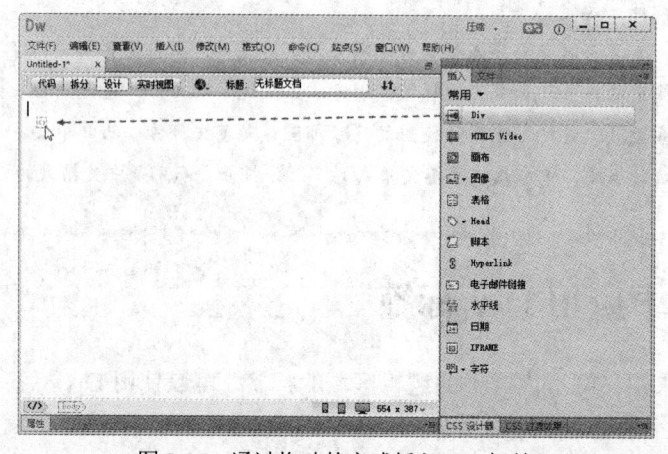

图 2-37　通过拖动的方式插入 Div 标签

3 设置以下任一选项，如图 2-38 所示：

- 插入：可用于选择 Div 标签的位置以及标签名称（如果不是新标签的话）。
- Class（类）：显示了当前应用于标签的类样式。如果附加了样式表，则该样式表中定义的类将出现在列表中。可以使用此弹出菜单选择要应用于标签的样式。

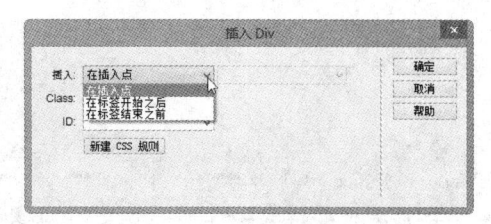

图 2-38　设置插入 Div 选项

- ID：更改用于标识 Div 标签的名称。如果附加了样式表，则该样式表中定义的 ID 将出现在列表中。如果在文件中输入与其他标签相同的 ID，Dreamweaver 会提醒。
- 新建 CSS 规则：打开【新建 CSS 规则】对话框，用于设置定义 CSS 规则。

4 完成设置后，单击【确定】按钮，图 2-39 所示为插入 Div 标签的结果。

Div 标签以一个框的形式出现在文件中，并带有占位符文本。当将指针移到该框的边缘上时，Dreamweaver 会高亮显示该框并显示标签的相关属性信息，如图 2-40 所示。默认插入的 Div 标签不能通过【设计】视图手动调整位置，而需要通过定义 CSS 规则来定义其位置和大小。

图 2-39　插入 Div 标签的结果　　　　图 2-40　查看 Div 标签

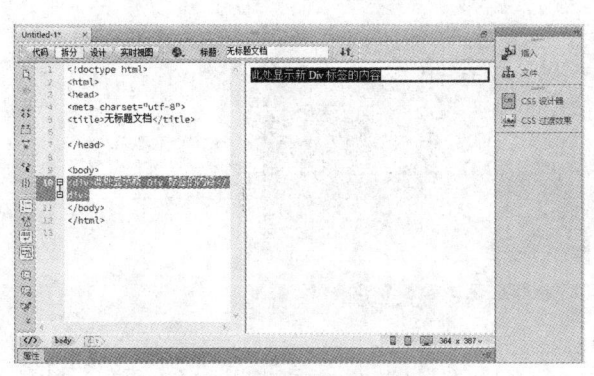

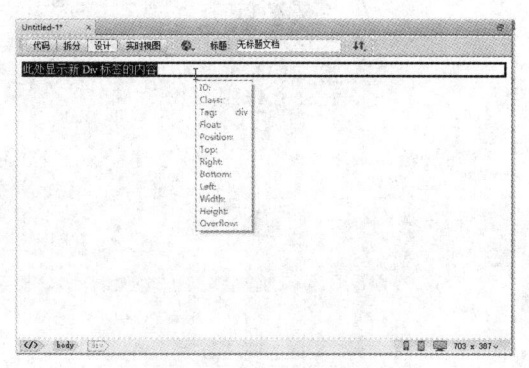

2.4.2　编辑 Div 标签规则

在选择 Div 标签时，可以在【CSS 设计器】面板中查看和编辑它的规则。CSS 规则的用途是定义 Div 标签的大小、位置、边框、背景等相关属性。通过编辑应用于 Div 标签的规则，可以更改 Div 标签对象的大小、位置、外观等属性。

> CSS 规则又称为 CSS 样式，是 Dreamweaver 提供用关于布局网页和设置网页对象更多属性的功能。关于 CSS 的应用，后文将有详细的介绍。

动手操作　编辑应用于 Div 标签的规则

1 打开光盘中的 "..\Example\Ch02\2.4.2.html" 练习文件，选择网页上的 Div 标签对象，然后打开【属性】面板并单击【CSS Designer】按钮，查看【CSS 设计器】面板，如图 2-41 所示。

2 打开【CSS 设计器】面板后，可以看到应用于 Div 标签的 CSS 规则详细属性设置，如边框宽度、边框颜色、背景颜色等，如图 2-42 所示。

53

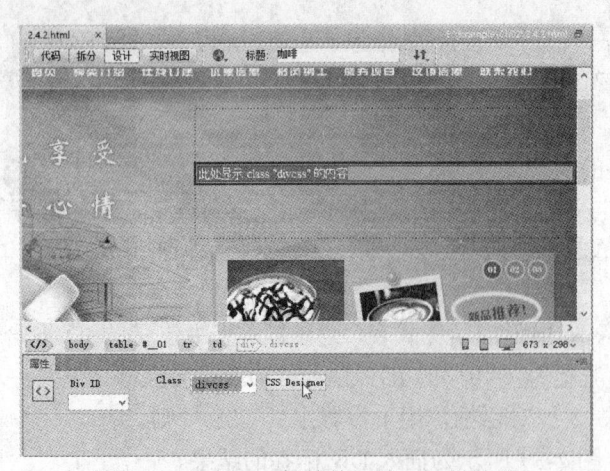

图 2-41　选择 Div 标签并打开 CSS 设计器 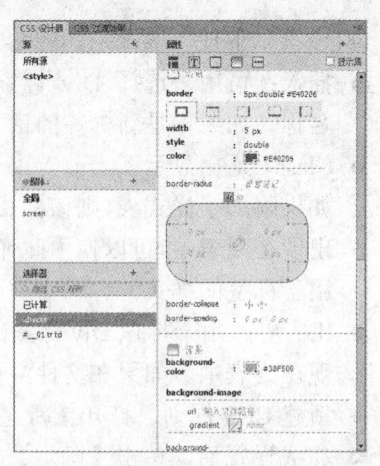　　　　图 2-42　查看应用于 Div 标签的规则

3 返回【文件】窗口，将光标定位在 Div 标签内，然后打开【属性】面板并单击【CSS】按钮，切换到【CSS】选项卡，接着单击【编辑规则】按钮，如图 2-43 所示。

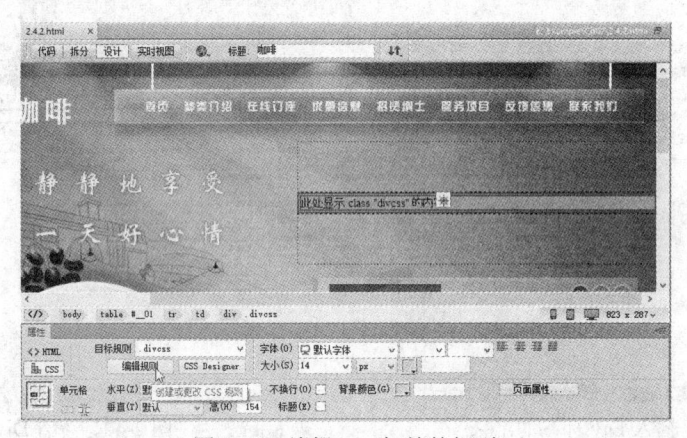

图 2-43　编辑 Div 标签的规则

4 打开【CSS 规则定义】对话框后，选择【背景】项目，更改背景颜色的设置，如图 2-44 所示。

5 选择【边框】项目，更改边框的样式为【solid】，接着更改边框的宽度和颜色，如图 2-45 所示。

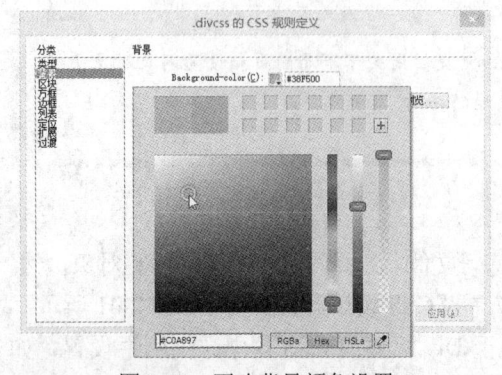

图 2-44　更改背景颜色设置 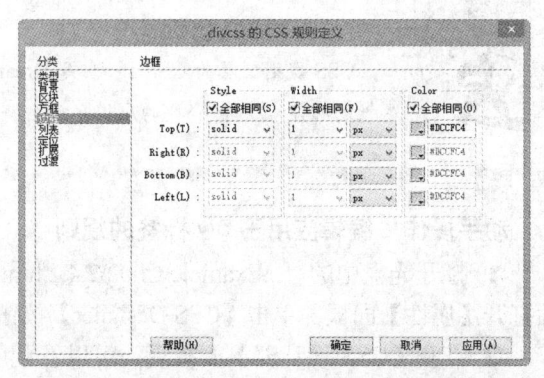　　　　　　　　　　图 2-45　更改边框设置

6 选择【方框】项目,设置方框的高度为150px,即定义Div标签的高度,最后单击【确定】按钮,如图2-46所示。

7 返回【文件】窗口中,即可查看编辑Div标签的CSS规则后的结果,如图2-47所示。

图2-46 设置方框高度属性　　　　　　　　图2-47 查看结果

2.4.3 使用AP Div元素

1. 关于Dreamweaver中的AP元素

AP元素(绝对定位元素)是分配有绝对位置的HTML页面元素,具体而言,就是Div标签或其他任何标签。AP元素可以包含文本、图像或其他任何可放置到HTML文件正文中的内容。

通过Dreamweaver,可以使用AP元素来设计页面的布局。如可以将AP元素放置到其他AP元素的前后,隐藏某些AP元素而显示其他AP元素及在屏幕上移动AP元素。

AP元素通常是绝对定位的Div标签。Dreamweaver可以将任何HTML元素(如一个图像)作为AP元素进行分类,方法是为其分配一个绝对位置。

2. Div标签与AP Div的区别

Div标签默认插入后并不是AP元素,因为Div标签还没有分配一个绝对位置。简单来说,默认插入的Div标签是固定的布局块,不能通过手动的方式随意调整其位置和大小;AP Div标签是浮动的,可以通过手动的方式随意调整其位置和大小。

3. 在文件中添加AP Div

在旧版本的Dreamweaver中,要使用Div标签创建AP元素,可以通过【插入】面板的【绘制AP Div】工具绘制AP Div。但在Dreamweaver CC和Dreamweaver CC 2014版本中,【绘制AP Div】的功能被取消了。因此,要在文件中添加AP Div,可以通过下面2种方法来实现。

方法1　切换到【代码】或【拆分】视图,通过编写代码的方式来完成。首先在文件档头中嵌入CSS样式来定位AP Div,然后在正文(<body>)部分添加Div标签,如图2-48所示。

方法2　插入默认的Div标签,然后通过【属性】面板的【编辑规则】按钮打开【CSS规则定义】对话框,接着选择【定位】项目并设置Position选项为【absolute】,如图2-49所示。

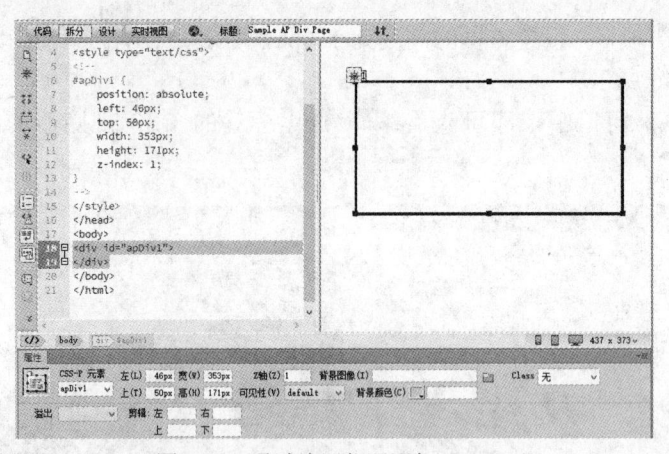

图 2-48 通过编写代码添加 AP Div

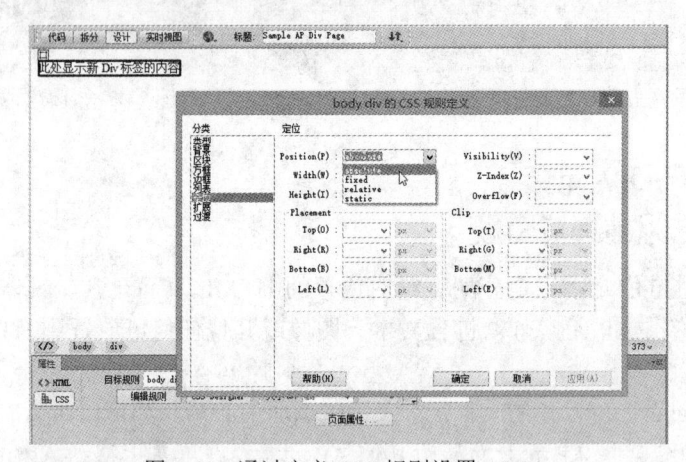

图 2-49 通过定义 CSS 规则设置 AP Div

4．调整 AP Div 的位置和大小

当添加 AP Div 后，可以使用【属性】面板设置 AP Div 的位置和大小，也可以通过文件档头嵌入的 CSS 样式来定位 AP Div 以及向 AP Div 指定其确切尺寸。另外，还可以在【设计】视图中，使用鼠标直接拖动 AP Div 对象，调整其位置和大小，如图 2-50 所示。

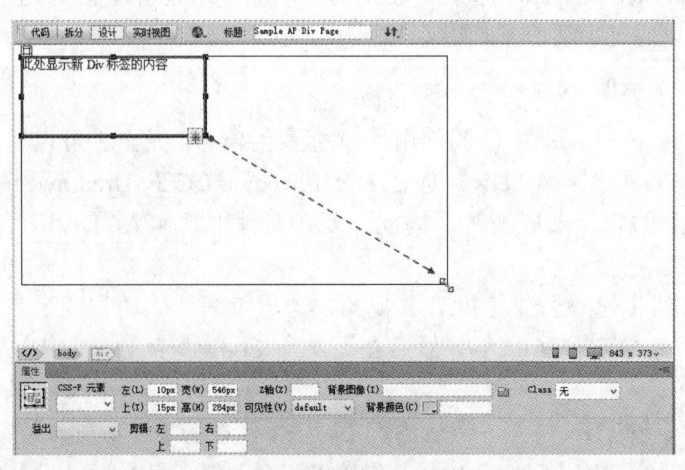

图 2-50 调整 AP Div 的大小

2.5 技能训练

下面通过多个上机练习实例，巩固所学技能。

2.5.1 上机练习1：应用表格布局公司新闻栏目

本例将为网页插入一个表格，然后通过合并单元格和设置表格属性的方式编辑表格，接着按照表格的结构，在每个单元格里添加内容。

操作步骤

1 打开光盘中的"..\Example\Ch02\2.5.1.html"练习文件，将光标定位在页面左侧的单元格内，然后打开【插入】面板，单击【表格】按钮，通过【表格】对话框设置表格的大小属性，最后单击【确定】按钮，如图2-51所示。

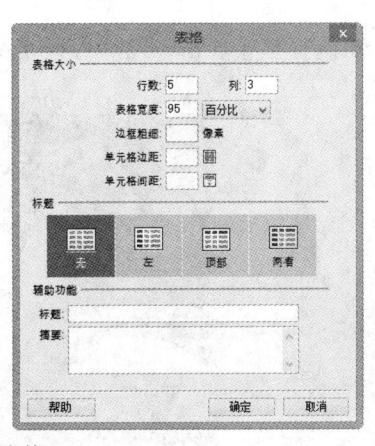

图2-51 定位插入点并插入表格

2 拖动鼠标选择表格第1行的1、2列单元格，然后单击鼠标右键并选择【表格】|【合并单元格】命令，合并单元格，如图2-52所示。

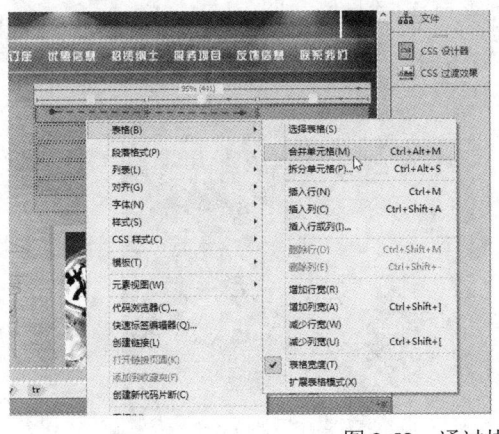

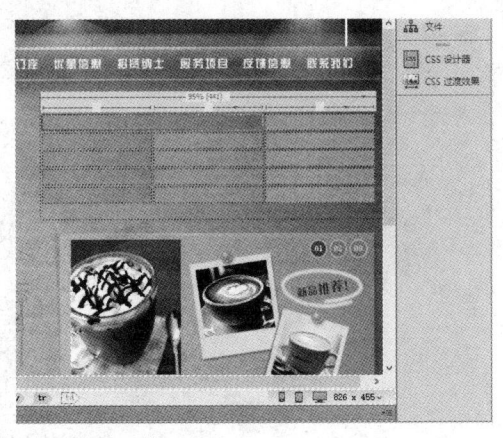

图2-52 通过快捷菜单合并单元格

3 拖动鼠标选择表格的第3列所有单元格，然后打开【属性】面板并单击【合并所选单元格，使用跨度】按钮，合并选定的单元格，如图2-53所示。

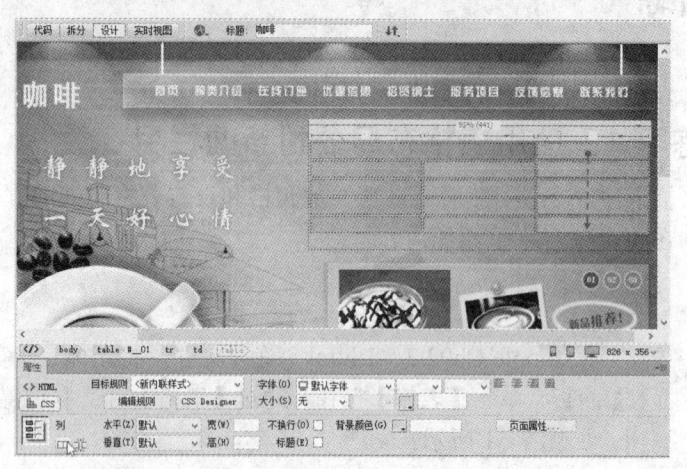

图2-53 使用跨度合并选定单元格

4 选择整个表格，然后打开【属性】面板，再设置表格的各项属性，如图2-54所示。

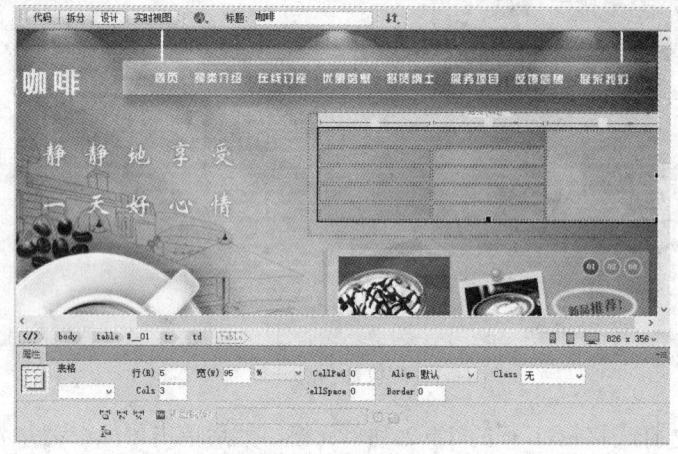

图2-54 设置表格的属性

5 编辑表格后，即可在单元格内输入文字内容，再插入图像内容，然后使用CSS样式，设置文字的大小和颜色（关于CSS、文本和图像的应用后文有详细介绍），如图2-55所示。

图2-55 在表格内添加内容并设置属性

2.5.2 上机练习2：导入数据制作新闻资讯栏目

本例将通过导入表格式数据的方法，导入新闻资讯栏目的数据并转换为表格结构，然后适当调整单元格的大小和对齐方式。

操作步骤

1 打开光盘中的"..\Example\Ch02\2.5.2.html"练习文件，将光标定位在插入导入数据的单元格内，然后选择【文件】|【导入】|【表格式数据】命令，如图2-56所示。

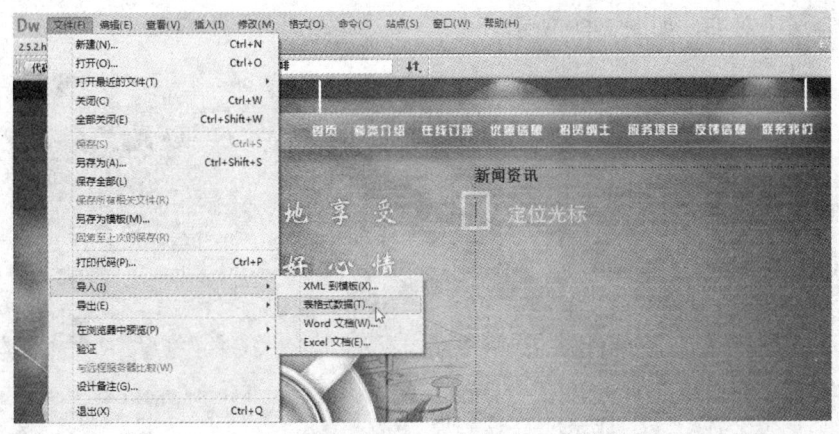

图 2-56　导入表格式数据

2 打开【导入表格式数据】对话框，单击【浏览】按钮，浏览并选择需要导入的文件，如图2-57所示。

3 返回【导入表格式数据】对话框后，选择将文件保存为分隔文本时使用的定界符，选项包括【Tab（制表符）】、【逗号】、【分号】、【引号】和【其他】。如果选择【其他】选项，则该选项旁边的空白文本框内输入定界符的字符。本例选择的定界符为【逗号】，如图2-58所示。

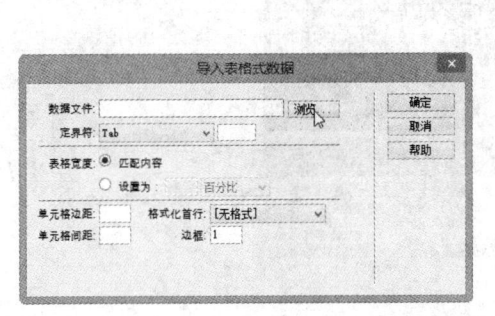

图 2-57　选择需要导入数据的文件

4 在【导入表格式数据】对话框中设置其余选项设置格式或定义要向其中导入数据的表格，完成后单击【确定】按钮，如图2-59所示。

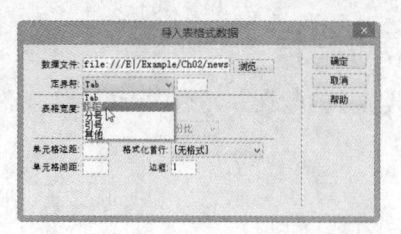

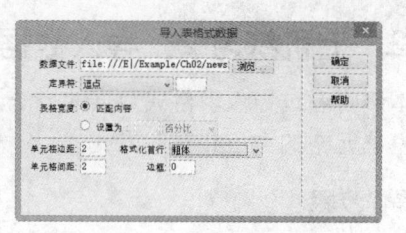

图 2-58　设置定界符　　　　　　　　　图 2-59　设置其他选项

5 导入表格式数据后，适当调整表格的高度和单元格大小，然后选择整个表格的内容并设置数据内容居中对齐，如图 2-60 所示。

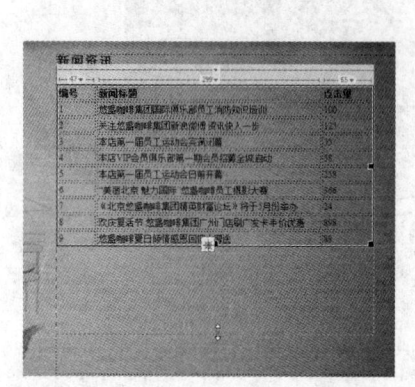

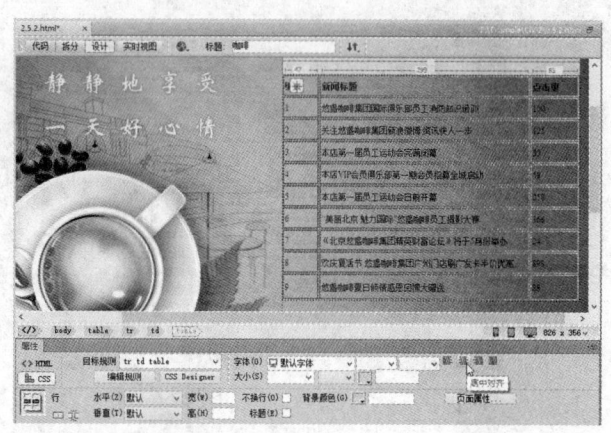

图 2-60　编辑表格并设置对齐方式

2.5.3　上机练习 3：制作精美酒店价格查询表格

本例将为页面插入表格并通过输入数据制作成酒店价格查询表格，然后通过设置单元格背景颜色来进行美化处理。

操作步骤

1 打开光盘的 "..\Example\Ch02\2.5.3.html" 练习文件，然后将光标定位在需要插入表格的单元格内，再通过【属性】面板设置单元格背景，如图 2-61 所示。

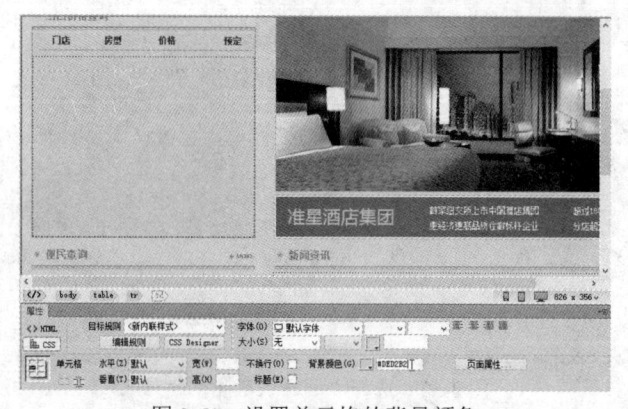

图 2-61　设置单元格的背景颜色

2 维持步骤 1 设定的光标位置，然后打开【插入】面板，选择【常用】选项卡，再单击【表格】按钮，如图 2-62 所示。

3 打开【表格】对话框后,设置行数为 8、列数为 4、表格宽度为 100 百分比,接着设置其他参数,然后单击【确定】按钮,如图 3-63 所示。

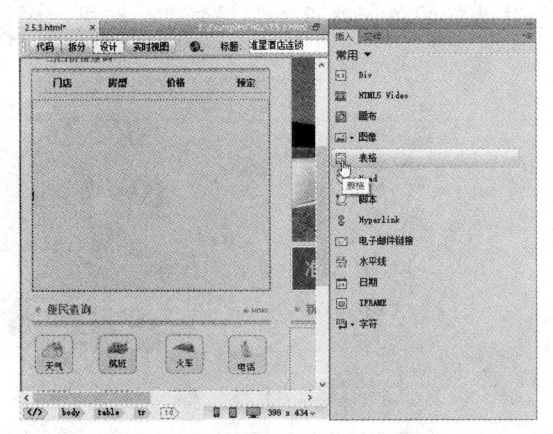

图 2-62　定位插入点并插入表格　　　　　　　　图 2-63　设置表格的属性

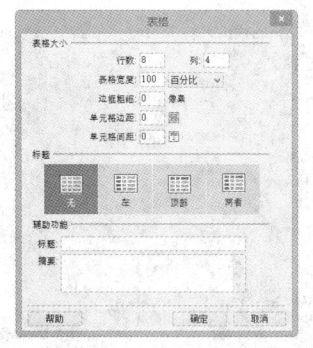

4 插入表格后,分别在单元格内输入文本内容,然后为表格内容应用【text】类,以设置文本的大小和颜色,如图 2-64 所示。

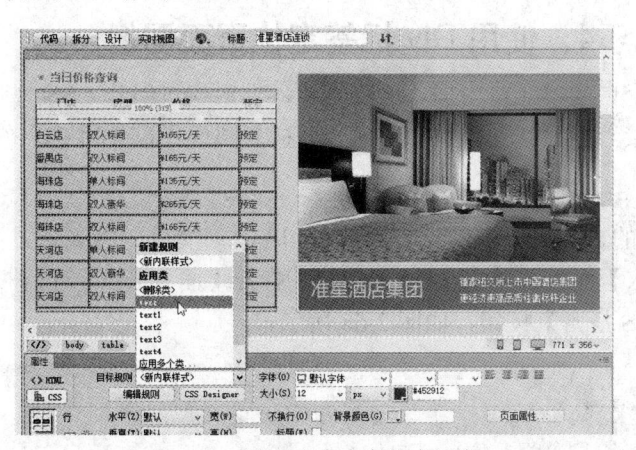

图 2-64　输入文本内容并应用类

5 从表格左上方向下拖动选择所有单元格,然后设置单元格水平对齐方式为【居中对齐】,如图 2-65 所示。

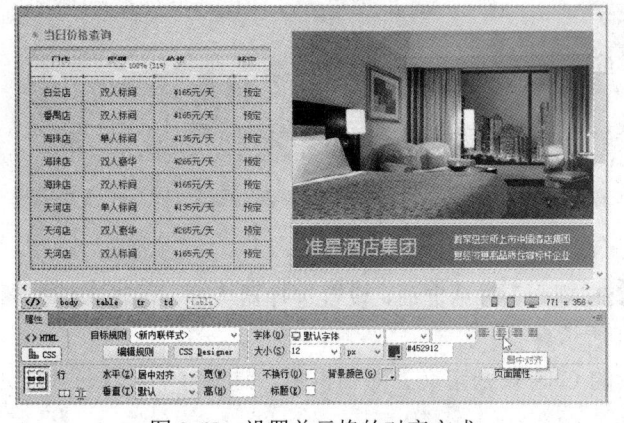

图 2-65　设置单元格的对齐方式

61

6 拖动鼠标选择表格的第一行单元格，然后设置该行单元格的背景颜色，以美化单元格，如图 2-66 所示。

7 使用步骤 6 的方法，分别为表格的基数行的单元格设置背景颜色，结果如图 2-67 所示。

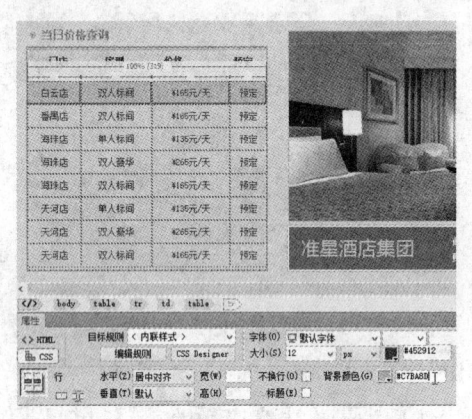

图 2-66　设置第一行单元格背景颜色 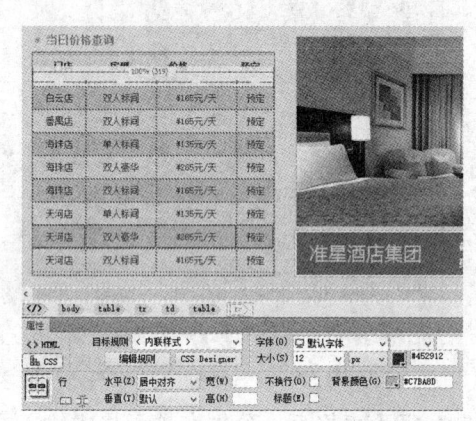　　　　图 2-67　设置其他基数行单元格背景颜色

2.5.4　上机练习 4：使用 Div 标签定位页面图像

本例将在页面空白的单元格内插入 Div 标签，然后通过新建 CSS 规则，设置 Div 标签对象的大小和定位，接着删除标签内的文本内容并插入图像，以使用 Div 布局页面的图像元素。

操作步骤

1 打开光盘中的"..\Example\Ch02\2.5.4.html"练习文件，将光标定位在页面空白单元格内，然后打开【插入】面板并单击【Div】按钮，打开【插入 Div】对话框后，设置插入位置，接着单击【新建 CSS 规则】按钮，如图 2-68 所示。

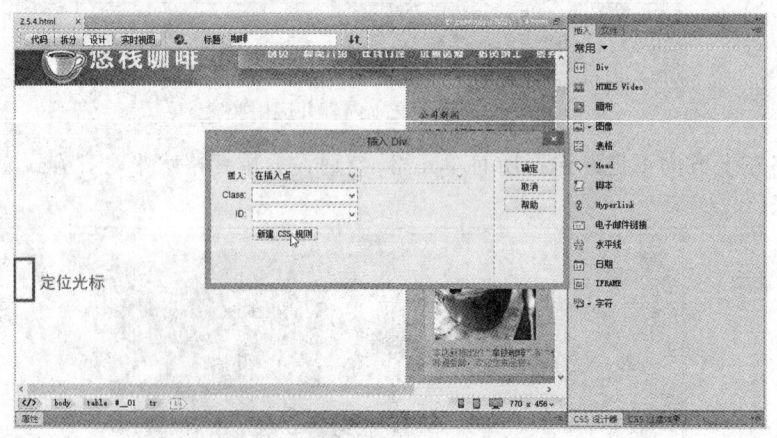

图 2-68　定位插入点并插入 Div

2 打开【新建 CSS 规则】对话框后，设置选择器类型，再输入选择器名称，然后单击【确定】按钮，如图 2-69 所示。

3 打开【divcss 的 CSS 规则定义】对话框后，选择【方框】项目，再设置 Div 的宽度和高度，如图 2-70 所示。

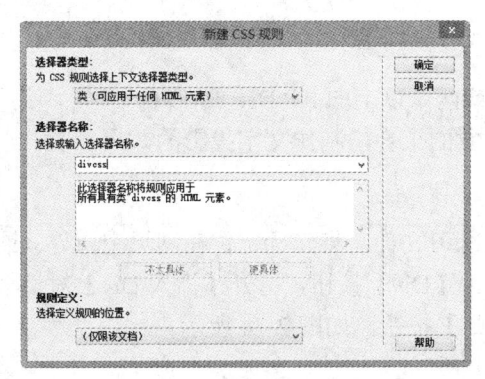

图 2-69　新建 CSS 规则 　　　　　　　　　图 2-70　设置 Div 的宽度和高度

4 选择【定位】项目，然后设置【Position】的选项为【static（静止）】，再设置【Placement】项的各个参数为 0，接着单击【确定】按钮，如图 2-71 所示。

5 在单元格中插入 Div 后，删除 Div 标签内的文本，将光标定位在 Div 对象内，然后选择【插入】|【图像】|【图像】命令，如图 2-72 所示。

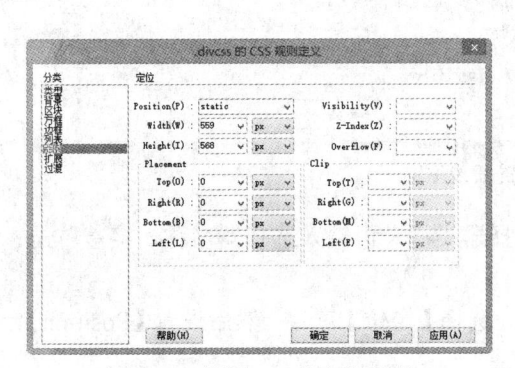

图 2-71　设置 Div 的定位规则 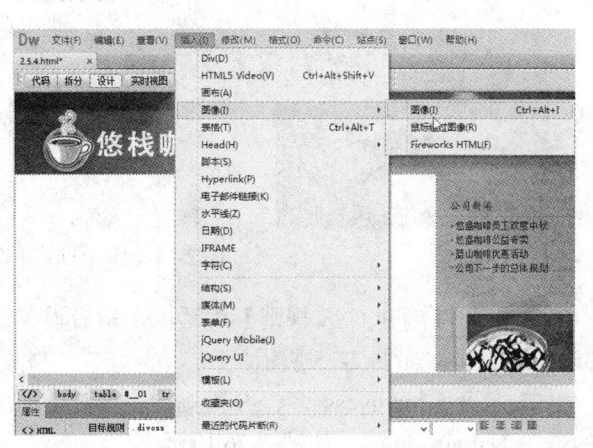　　　　　　　图 2-72　在 Div 内插入图像

6 打开【选择图像源文件】对话框后，选择需要添加到 Div 内的图像，然后单击【确定】按钮，接着返回【文件】窗口中查看结果，如图 2-73 所示。

图 2-73　选择图像源文件并查看结果

2.5.5 上机练习 5：使用 AP DIV 制作文字投影

由于 AP Div 具有可重叠的特性，因此可将两个或两个以上的 AP Div 放在同一位置，使网页中的内容具有堆叠感。本例将利用两个 AP Div 对象的重叠，制作文字投影的效果。

操作步骤

1 打开光盘中的"..\Example\Ch02\2.5.5.html"练习文件，将光标定位在网页空白处（或页面任何地方都可以），然后打开【插入】面板并单击【Div】按钮，打开【插入 Div】对话框后，设置插入位置的选项，接着单击【新建 CSS 规则】按钮，如图 2-74 所示。

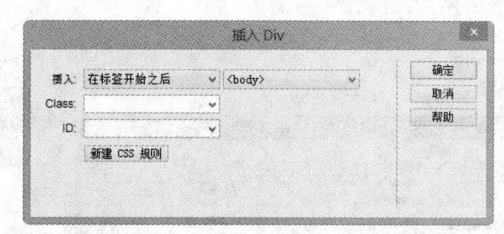

图 2-74　插入 Div 并设置插入位置

2 打开【新建 CSS 规则】对话框，然后设置选择器类型，再输入选择器名称，接着单击【确定】按钮，如图 2-75 所示。

3 打开【*apdivcss 的 CSS 规则定义】对话框后，选择【定位】项目，然后设置【Position】的选项为【absolute】，如图 2-76 所示。

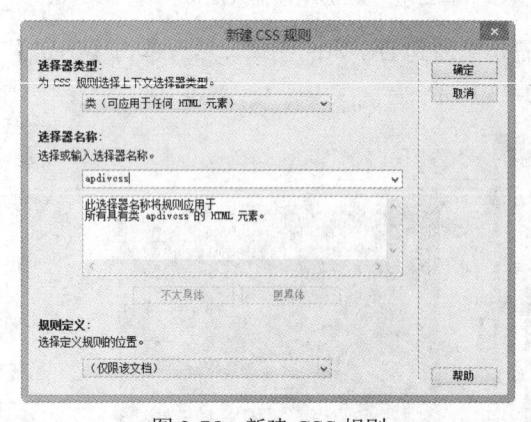

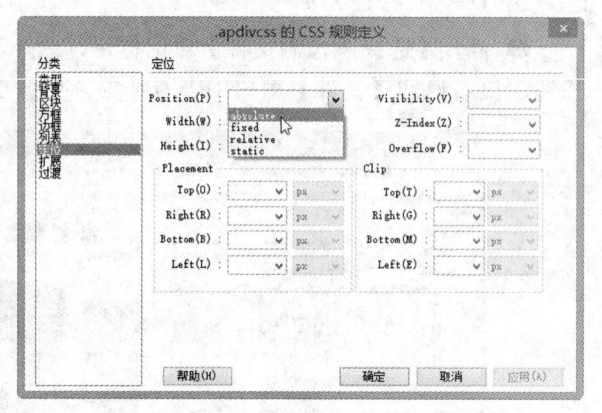

图 2-75　新建 CSS 规则　　　　　　　　图 2-76　设置 Div 的定位规则

4 在对话框中选择【方框】项目，然后设置 Div 的宽高（可以随意设置，后续将会手动调整合适的大小），接着单击【确定】按钮，返回【插入 Div】对话框后，再次单击【确定】按钮，如图 2-77 所示。

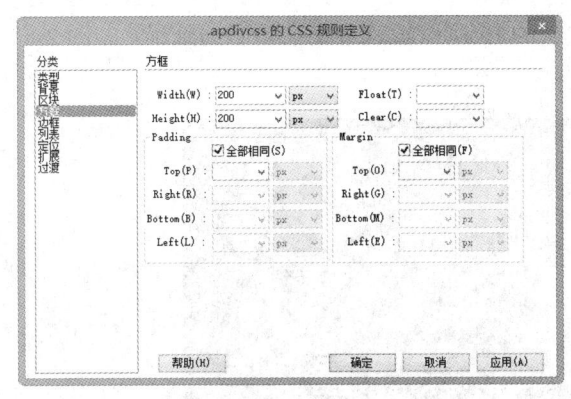

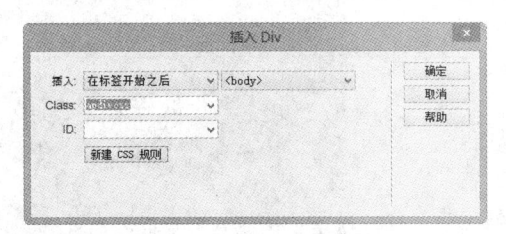

图 2-77 设置 Div 的宽高

5 在【文件】窗口中选择 AP Div 对象并调整位置和大小,然后删除原来的文字并重新输入文字,再设置文字的各项属性,如图 2-78 所示。

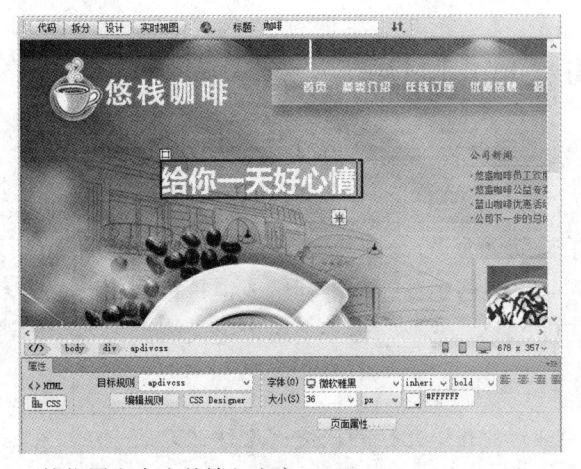

图 2-78 调整 AP Div 的位置和大小并输入文字

6 使用步骤 1 到步骤 5 的操作方法,再次插入一个 Div 标签并设置为 AP Div 元素,然后在 AP Div 中输入相同的文字并设置属性(其中文字颜色为【黑色】),接着将第一次插入的 AP Div 对象移到第二次插入的 AP Div 对象上,使之重叠而产生投影效果,如图 2-79 所示。

图 2-79 插入第二个 AP Div 并制作文字投影效果

65

7 保存网页文件，然后按 F12 键，通过默认的 IE 浏览器查看文字投影的效果，如图 2-80 所示。

图 2-80　查看文字投影的效果

2.6　评测习题

1．填空题

（1）＿＿＿＿＿＿＿＿就是放在 Dreamweaver 的文件窗口背景中的 JPEG、GIF 或 PNG 图像，用于辅助页面设计。

（2）表格由一行或多行组成，每行又由一个或多个＿＿＿＿＿＿＿＿组成。

（3）＿＿＿＿＿＿标签是用来定义网页内容中的逻辑区域的标签。

2．选择题

（1）合并单元格的快捷键是什么？　　　　　　　　　　　　　　　　　　（　）
　　 A．Ctrl+Alt+M　　 B．Ctrl+N　　　 C．Ctrl+Alt+N　　 D．Alt+M

（2）拆分单元格的快捷键是什么？　　　　　　　　　　　　　　　　　　（　）
　　 A．Ctrl+Alt+M　　 B．Ctrl+Shift+S　 C．Ctrl+Alt+S　　 D．Alt+S

（3）以下哪个元素在 Dreamweaver 编辑窗口可见而在浏览器中不可见？　（　）
　　 A．Div　　　　　　B．图像　　　　　C．表格　　　　　D．跟踪图像

（4）在导入表格式数据的操作中，不允许设置哪种定界符？　　　　　　（　）
　　 A．逗号　　　　　 B．分号　　　　　C．特定文字　　　 D．引号

3．判断题

（1）表格是用于在 HTML 页上显示表格式数据以及对文本和图像进行布局的强有力的工具。　　　　　　　　　　　　　　　　　　　　　　　　　　　　　　　　（　）

（2）默认插入的 Div 标签可以通过【设计】视图手动调整位置和大小。　（　）

（3）使用【排序表格】功能可使网页表格根据其中某一列内容进行排序，并且还可以根据两个列的内容执行更加复杂的表格排序。　　　　　　　　　　　　　　　　（　）

4．操作题

对练习文件中【新闻资讯】栏目下的表格进行美化，分别设置表格单元格的背景颜色，使

表格变得更加漂亮，结果如图 2-81 所示。

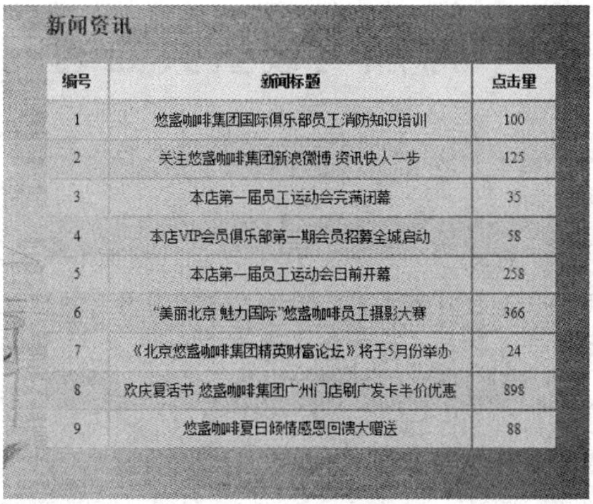

新闻资讯

编号	新闻标题	点击量
1	悠盏咖啡集团国际俱乐部员工消防知识培训	100
2	关注悠盏咖啡集团新浪微博 资讯快人一步	125
3	本店第一届员工运动会完满闭幕	35
4	本店VIP会员俱乐部第一期会员招募全城启动	58
5	本店第一届员工运动会日前开幕	258
6	“美丽北京 魅力国际”悠盏咖啡员工摄影大赛	366
7	《北京悠盏咖啡集团精英财富论坛》将于5月份举办	24
8	欢庆夏活节 悠盏咖啡集团广州门店刷广发卡半价优惠	898
9	悠盏咖啡夏日倾情感恩回馈大赠送	88

图 2-81　美化表格的结果

操作提示

（1）打开光盘中的“..\Example\Ch02\2.6.html”练习文件，使用鼠标拖动选择表格第一行，再设置该行单元格的背景颜色为【#FFE97B】。

（2）使用提示（1）的方法，分别选择表格的第 2、4、6、8、10 行单元格并设置单元格背景颜色为【#E3C28F】。

（3）使用提示（1）的方法，分别选择表格的第 3、5、7、9 行单元格并设置单元格背景颜色为【#DED300】。

第 3 章 添加与设置页面的内容

学习目标

在 Dreamweaver 中,可以将文字、图像、SWF 动画、视频和其他媒体内容添加到页面,并针对各自的特性进行不同的设置和应用,包括插入各种符号、制作鼠标经过图像、添加背景音乐等。本章将详细介绍在页面中添加与设置各类内容的方法。

学习重点

☑ 添加与设置文字
☑ 编排页面的段落文字
☑ 插入与编辑图像对象
☑ 插入各类媒体对象

3.1 添加与设置文字

文字内容是网页的重要组成部分,少了文字的说明,网页就少了直接明了的表达。因此,绝大多数的网页都会使用文字搭配图像来设计页面。

3.1.1 管理字体

在默认的状态下,Dreamweaver 在【字体】列表只显示部分字体,其中默认字体为中文字体"宋体",其余为英文字体。如果需要使用"楷体"、"隶书"、"黑体"或其他字体时,就需要通过【管理字体】对话框先把字体添加至 Dreamweaver 的【字体】列表中,否则无法为文字设置这些字体。

动手操作   添加字体到列表

1 打开 Dreamweaver CC 2014 程序,新建文件或打开文件,在【属性】面板左边单击【CSS】按钮,再打开【字体】下拉列表框,选择【管理字体】命令,如图 3-1 所示。

图 3-1 管理字体

2 如果是添加英文字体到列表,可以在打开【管理字体】对话框后,在【Adobe Edge Web Fonts】选项卡的列表中找到需要添加的英文字体,然后在字体缩图中单击选中字体即可,如图 3-2 所示。

3 如果是要添加中文字体到列表,则需要切换到【自定义字体堆栈】选项卡,然后选择【在以下列表中添加字体】项,接着在【可用字体】列表框中选择需要添加的字体,再单击按钮，如图3-3所示。

图3-2 添加Adobe网页字体到列表　　　　图3-3 添加中文字体到列表

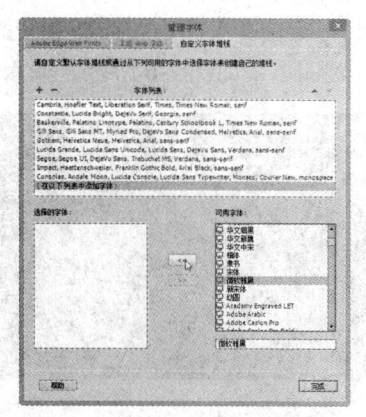

4 如果想要添加另外一个中文字体到列表，可以在【字体列表】项中单击【添加】按钮，然后在【可用字体】列表框中选择字体，再单击 << 按钮，接着单击【完成】按钮即可，如图3-4所示。

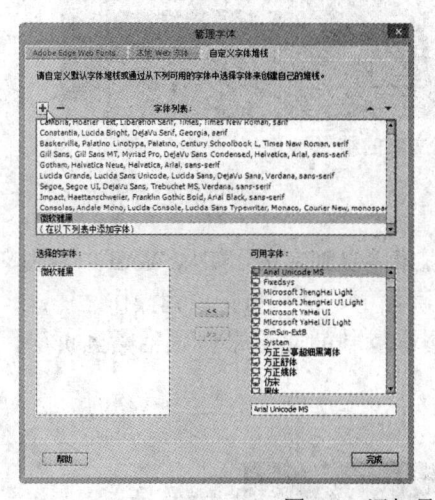

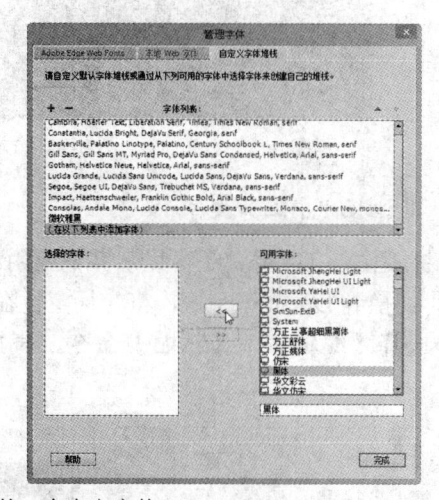

图3-4 添加另外一个中文字体

5 完成管理字体的操作后，返回【属性】面板中打开【字体】列表，即可看到添加的字体显示在列表中，如图3-5所示。

图3-5 查看管理字体的结果

3.1.2 在页面中添加文字

如果要在Dreamweaver的网页文件添加文字，可以直接在文件窗口中输入文字，也可以通过复制并粘贴的方法添加文字，还可以从其他文件中导入文字。

1. 直接输入文字

将光标定位在页面需要添加文字的地方,然后直接在文件窗口中输入文字,当需要换行时,按 Enter 键即可,如图 3-6 所示。输入文字的结果,如图 3-7 所示。

图 3-6 输入文字

图 3-7 输入文字的结果

2. 从其他程序中添加文字

除了直接输入文字外,还可以从其他应用程序中复制文字,如从 Word 中复制文字,如图 3-8 所示。切换到 Dreamweaver,将光标定位在页面中,然后执行下列操作之一:

(1)选择【编辑】|【粘贴】命令,直接将复制的文字带格式粘贴到页面,如图 3-9 所示。

图 3-8 复制文字

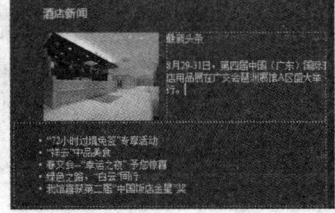

图 3-9 直接复制文字到页面

(2)选择【编辑】|【选择性粘贴】命令,可以选择若干粘贴格式设置选项,如图 3-10 所示。

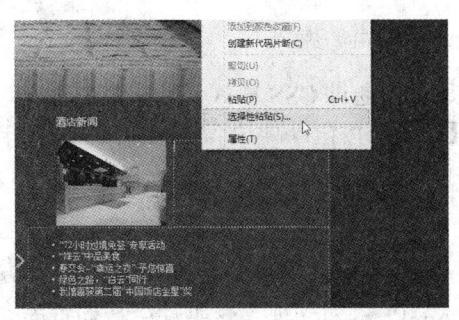

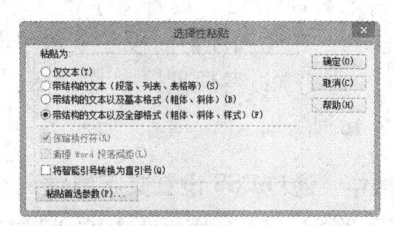

图 3-10 使用【选择性粘贴】方式复制文字到页面

> 粘贴快捷键：Ctrl+V 键。
> 选择性粘贴快捷键：Ctrl+Shift+V 键。

3.1.3 设置文字的属性

从 CS4 版本开始，Dreamweaver 的【属性】面板在操作上进行了一项重要改进，即将一些网页元素的属性设置分为【HTML】和【CSS】2 种分类。对于文字而言，可以通过 HTML 设置文字属性，也可以通过 CSS 设置文字属性。

1．通过 HTML 设置文字属性

通过【属性】面板的【HTML】选项卡可以设置文字的样式属性，包括文字的格式、粗体、斜体等字体外观设置。

其方法为：选择文字，打开【属性】面板并单击【HTML】按钮，打开【格式】列表框可以选择应用预设的格式选项，如图 3-11 所示；单击【粗体】按钮 B 和【斜体】按钮 I，可以设置文字的加粗和倾斜显示，如图 3-12 所示。

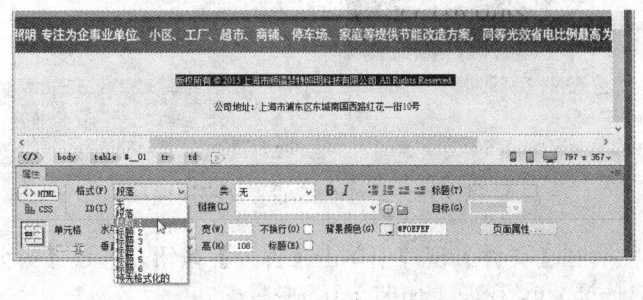

图 3-11 为文字应用预设格式

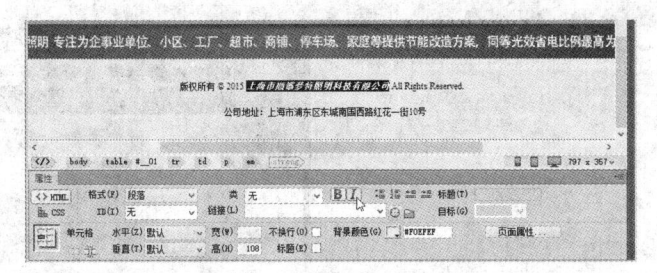

图 3-12 设置粗体和斜体格式

2．通过 CSS 设置文字属性

除了通过 HTML 语言设置文字属性外，还可以通过 CSS 样式设置文字属性。

其方法为：在【属性】面板左上角单击【CSS】按钮，切换至 CSS 选项卡，即可使用 CSS 样式为文字设置属性，包括字体、字体样式、字体粗细、大小、字体颜色、对齐方式等，如图 3-13 所示。

动手操作　通过 CSS 设置文字属性

1 打开光盘中的"..\Example\Ch03\3.1.3.html"练习文件，将光标定位在页面左上方的表格内，然后输入文字，如图 3-14 所示。

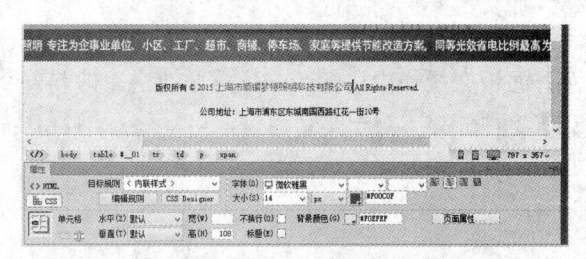

图 3-13　通过 CSS 设置文字属性　　　　　图 3-14　在表格内输入文字

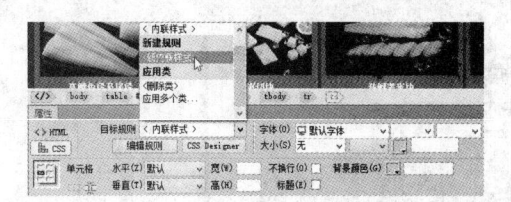

2 选择输入的文字，打开【属性】面板并单击【CSS】按钮，然后打开【目标规则】列表框，并从列表框中选择【<新内联样式>】选项，设置文字的字体、大小、颜色等属性，如图 3-15 所示。

图 3-15　通过 CSS 设置文字属性

3 选择文字，然后在【文件】窗口中单击【拆分】按钮，通过【拆分】视图的【代码】窗口即可看到文字属性的 CSS 代码，如图 3-16 所示。

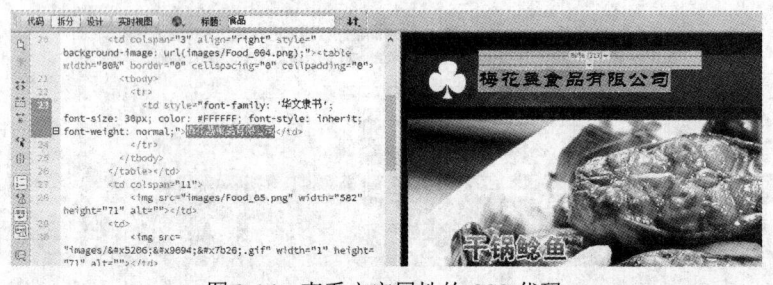

图 3-16　查看文字属性的 CSS 代码

3.1.4　设置文字 HTML 样式

文字的样式是影响文字外观的一种格式，文字的 HTML 样式包括粗体、斜体、下划线、删除线等样式。

例如，要为文字设置下划线样式，可以选择文字，然后选择【格式】|【HTML 样式】|【下划线】命令，如图 3-17 所示。

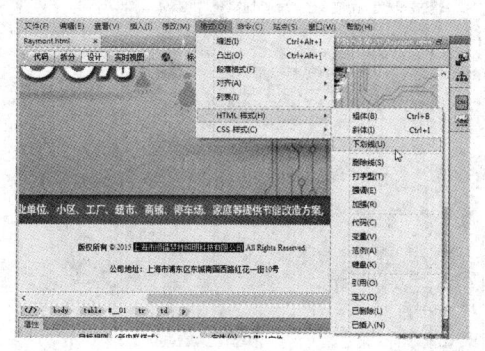

图 3-17　设置文字的下划线样式

3.2　段落文字的编排

段落文字通常以多个文字表示，而且段落由回车键来结束。同一个段落的文字，具有相同的段落格式。通常将具有大量文字的内容称为段落，不过从理论上来说，即使是只有一个文字，或者两个文字，只要它具备段落的特点，就可以称为一个段落。

3.2.1　文字的换段与换行

1．换段

通过换段的文字将另起一个段落（对应于 HTML 中的<p>标记），并且行与行之间存在较大距离。

在文字需要换段的地方按 Enter 键即可换段，如图 3-18 所示。

图 3-18　文字换行

2．换行

换行后的文字虽然另起一行显示（对应于 HTML 中的
标记），但仍与上一行同属一个落段，且行与行的间距比较小，适合在较小区域内编排大量文字。

方法 1　将光标定位好，然后按 Shift+Enter 键即可，如图 3-19 所示。

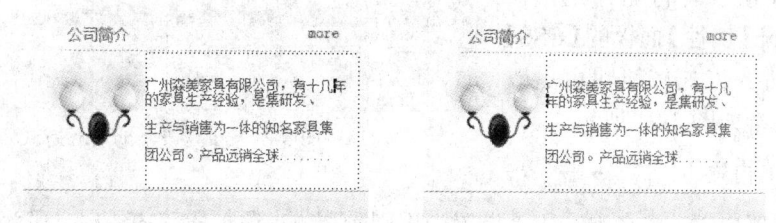

图 3-19　文字换行

方法 2 通过插入【换行符】的方法进行断行。首先将光标定位好,然后选择【插入】|【字符】|【换行符】命令即可,如图 3-20 所示。

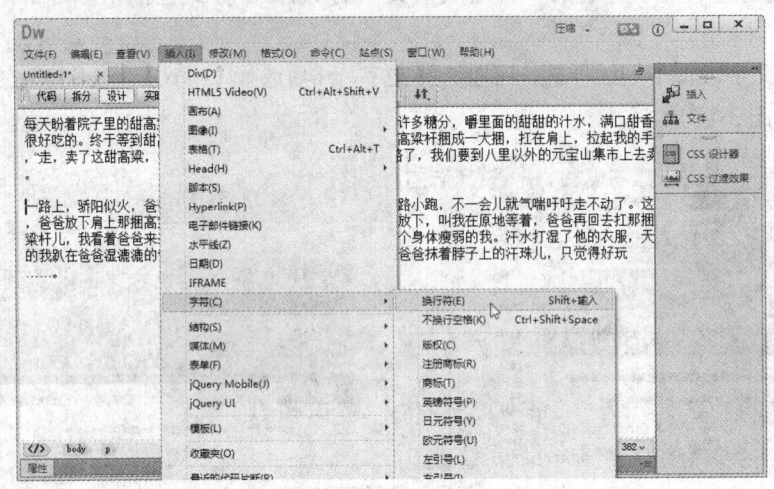

图 3-20 插入换行符

3.2.2 设置段落对齐与内缩

1. 设置对齐方式

使用 Dreamweaver 为网页输入的文字默认为左对齐。当需要为文字段落设置其他对齐方式时,可以通过【属性】面板提供的 4 种对齐方式来实现。

4 种对齐方式说明如下:

- (左对齐):使文字或段落第一行都靠左显示,左对齐是默认的文字书写和阅读惯例,设置该对齐方式的段落,可让人们方便地沿着左边垂直方向找到第一行的开头。
- (居中对齐):可使文字或段落的第一行在相应的范围内居中显示,也是一种常见的美化排版方式。
- (右对齐):右对齐的文字或段落的每一行靠右显示,一般应用在特殊环境中的文字处理。
- (两端对齐):设置该对齐方式后,文字其实仍显示为靠左对齐的效果,但对拥有大量内容的段落而言会使每一行内容都尽量对齐左右两端,因此,适用于想充分利用版面的编排。

选择文字段落或者将光标定位在段落中,然后打开【属性】面板的【CSS】选项卡再单击对齐方式按钮即可更改文字的对齐方式,如图 3-21 所示。

图 3-21 设置段落的对齐方式

2. 设置段落内缩

通过设置段落内缩,可将不同段落设置为不同阶层。当添加段落内缩时,段落中各行的靠左位置向右移；而当删除内缩时，段落中各行的靠左位置向左移。

选择文字段落或者将光标定位在段落中，然后打开【属性】面板的【HTML】选项卡，再单击【删除内缩区块】按钮或【内缩区块】按钮即可设置段落内缩，如图3-22所示。

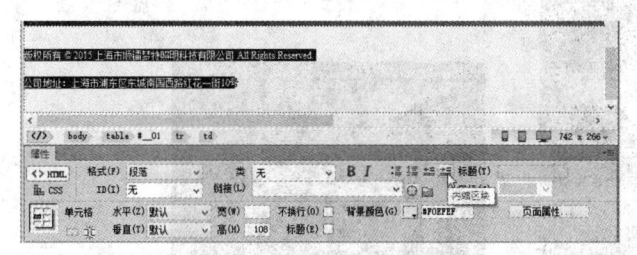

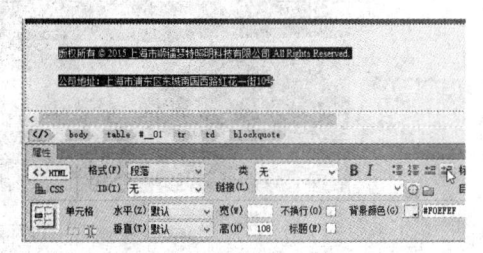

图3-22 设置段落内缩及其结果

3.2.3 制作列表式段落文字

在段落文字编排中，一些类型相同的段落文字内容或具有序列关系的文字内容可通过列表的方式来呈现，如此不仅可以使网页的文字资料显得整齐，有规则，而且便于阅读。

通常，一些具有相同或相似属性的文字内容，可以通过设置项目符号，将这些内容排列成项目，以组成一组独立的特殊文字资料；对于具有序列属性的内容（即有顺序性的内容），而且具有相同的属性，则可以制作成编号列表内容，这样不仅能够让内容更加有条理，而且便于浏览者阅读和理解文字。

1．设置项目列表

要设置项目列表，可以先选择段落文字，然后打开【属性】面板的【HTML】选项卡，再单击【项目列表】按钮，如图3-23所示。

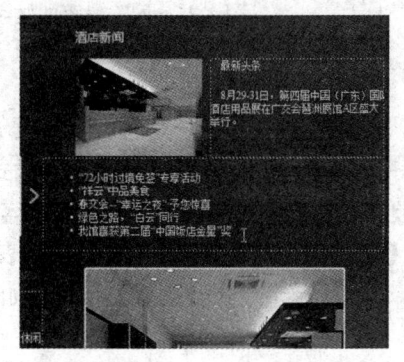

图3-23 设置项目列表

2．设置编号列表

要设置编号列表，可以先选择段落文字，然后打开【属性】面板的【HTML】选项卡，再单击【编号列表】按钮，如图3-24所示。

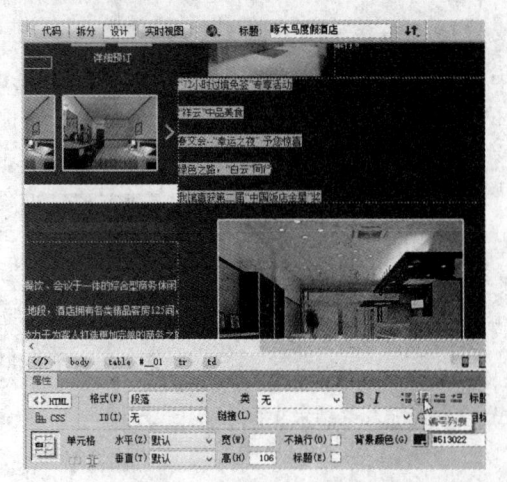

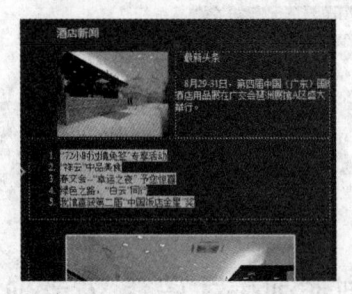

图 3-24　设置编号列表

【项目列表】和【编号列表】功能作用的对象是段落，如果多行的文字是以换行的方式编排的（即属于同一段落），那么设置项目列表后，该段落全部行都属于同一项目，即只会显示一个项目列表符号，如图 3-25 所示。

另外，无论是项目列表还是编号列表，当文字被设置列表后，都会同时进行缩进处理。

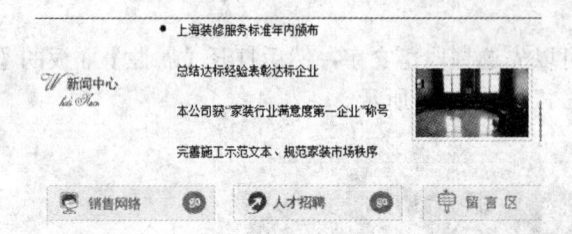

图 3-25　同一段落的文字设置列表时所有行同属一个项目或编号

3. 修改列表样式

默认使用的项目符号是"●"，编号是"1，2，3…"，为了使网页列表内容有更多的变化，Dreamweaver 提供了其他效果的列表样式，如方形、字母编号等。

要修改列表样式，可以选择列表内容或将光标定位在列表内容内，然后在菜单栏中选择【格式】|【列表】|【属性】命令，打开【列表属性】对话框后选择列表类型，再通过【样式】列表框中选择样式，接着单击【确定】按钮，如图 3-26 所示。修改编号样式的结果如图 3-27 所示。

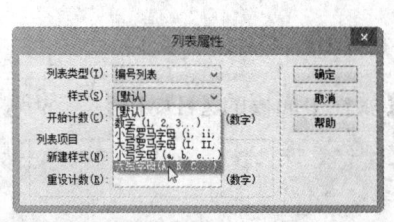

图 3-26　设置列表的样式　　　　图 3-27　修改列表样式的结果

3.2.4　内容的查找与替换

当页面段落有大量文字内容时，如果在编辑过程中发现某些内容错误，想接着查找下一处相同的错误，需要花费不少时间。遇到这些情况时，可使用 Dreamweaver 的查找功能，快速查找到指定的内容，然后通过【查找和替换】命令，将错误的内容由 Dreamweaver 自行查找并替换成正确的内容，以达到省时省力的目的。

动手操作　查找与替换内容

1 打开光盘中的 ".\Example\Ch03\3.2.4.html" 练习文件，在页面中选择需要查找的内容（本例选择"啄木鸟笼"四个字），然后选择【编辑】|【查找所选】命令或者按 Shift+F3 键，如图 3-28 所示。

2 此时在页面中自动选择其他位置与选定文字相同的内容，如图 3-29 所示。

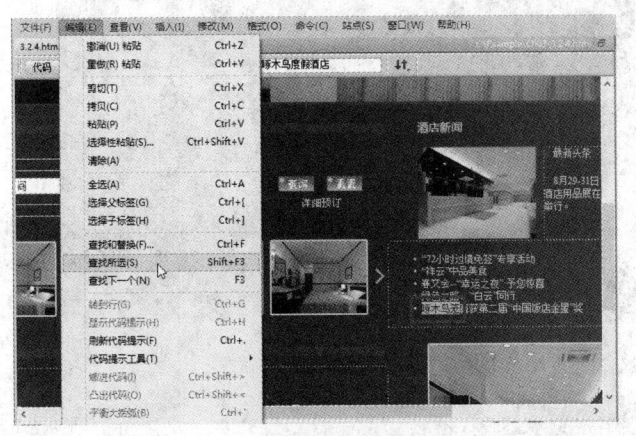

图 3-28　选择文字并查找所选文字 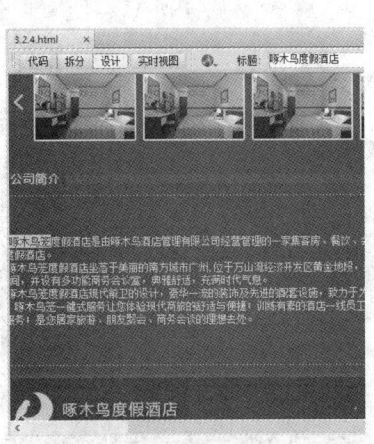　　　　图 3-29　自动查找到目标文字

3 按 Ctrl+C 键复制选择的内容，然后选择【编辑】|【查找和替换】命令，打开【查找和替换】对话框后，在【替换】栏中输入替换后的文字内容，接着单击【替换全部】按钮，如图 3-30 所示。

4 替换文字后，Dreamweaver 将替换结果显示在【搜索】面板中，如图 3-31 所示。

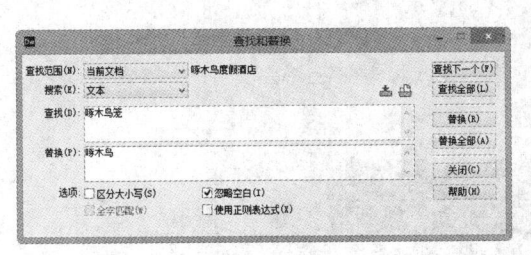

图 3-30　替换全部的文字 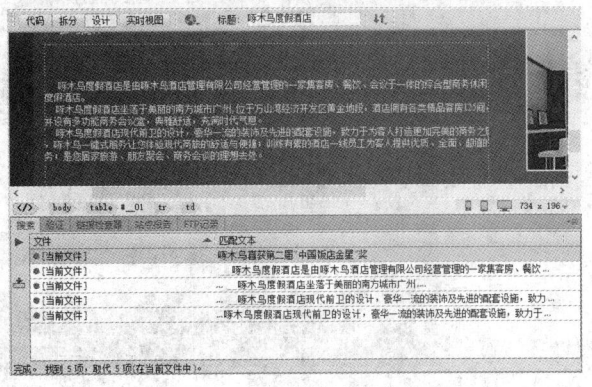　　　　图 3-31　显示替换文字的结果

3.2.5 插入文字及字符内容

1．插入日期内容

使用 Dreamweaver 的【日期】功能可快速在网页中插入当前日期和时间信息（以系统当前日期和时间为准），该功能还可以设置自动更新，当网页内容经过修改，然后再次保存时，日期内容将自动更新为当前最新日期和时间。

其方法为：将光标定位在需要插入日期的位置，然后选择【插入】|【日期】命令，或单击【插入】面板的【日期】按钮，接着在打开的【插入日期】对话框中，选择星期、日期和时间格式，最后单击【确定】按钮即可，如图 3-32 所示。

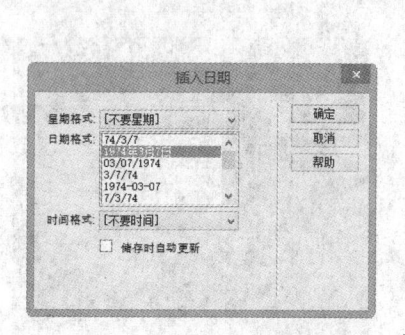

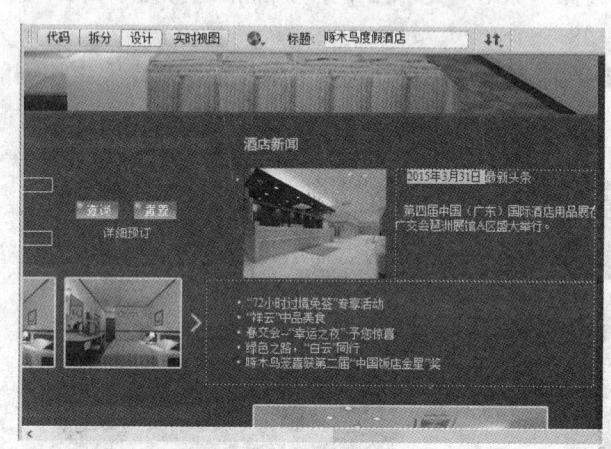

图 3-32　插入日期内容

2．插入水平线

使用水平线可分割页面以区分网页中不同的内容。Dreamweaver 提供了插入水平线的功能，可轻松为网页插入水平线。

其方法为：将光标定位在需要插入水平线的位置，然后选择【插入】|【水平线】命令，或单击【插入】面板的【水平线】按钮，如图 3-33 所示。

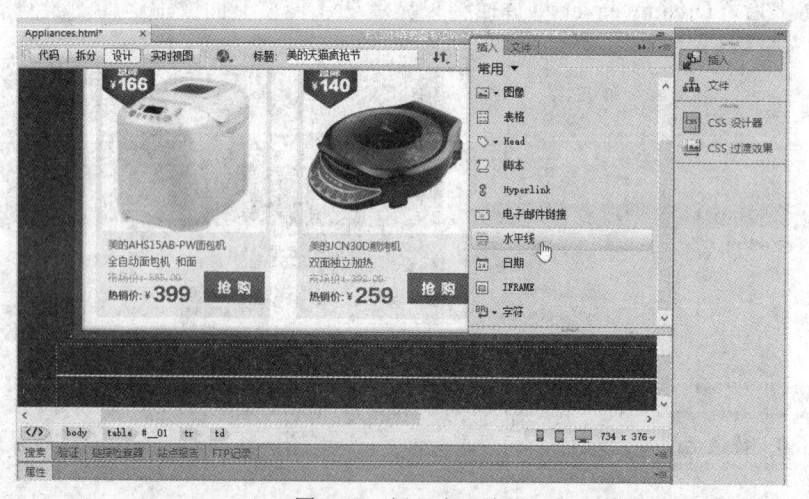

图 3-33　插入水平线

> 在网页中插入的水平线显示在光标定位点,并且自动横跨整个区块(如表格内),还可以根据浏览器窗口大小变化而自动伸缩。

3.插入特殊字符

使用 Dreamweaver 提供的【字符】功能,可以在网页中插入商标、版权、货币等特殊符号,使网页文字内容的编辑更加专业化。

其方法为:将光标定位在需要插入字符的位置,然后在【插入】面板中单击【字符】按钮,并从打开的列表框中选择需要插入的字符,如图 3-34 所示。

图 3-34 插入常用字符

如果【字符】列表框中没有需要插入的字符,可以选择【其他字符】选项,然后在【插入其他字符】对话框中选择需要插入的字符,再单击【确定】按钮,如图 3-35 所示。

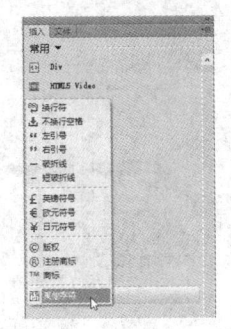

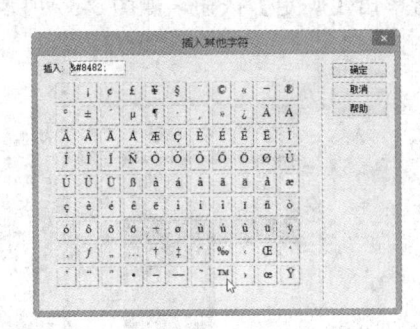

图 3-35 插入其他字符

3.3 插入与编辑图像对象

在网页设计中,除了文字之外,图像也是网页中不可缺少的内容之一,精美的图像更容易吸引浏览者的眼球。

3.3.1 插入图像并设置属性

在 Dreamweaver 中，插入图像的方法有很多种，下面列举出几种常用的插入图像方法：

方法 1 在菜单栏选择【插入】|【图像】|【图像】命令，然后通过打开的【选择图像源文件】对话框选择图像并单击【确定】按钮。

方法 2 按 Ctrl+Alt+I 键，再通过打开的【选择图像源文件】对话框选择图像，并单击【确定】按钮。

方法 3 打开【插入】面板并选择【常用】选项卡，然后单击【图像：图像】按钮，接着在打开列表框中选择【图像】选项，再通过打开的【选择图像源文件】对话框选择图像，最后单击【确定】按钮，如图 3-36 所示。

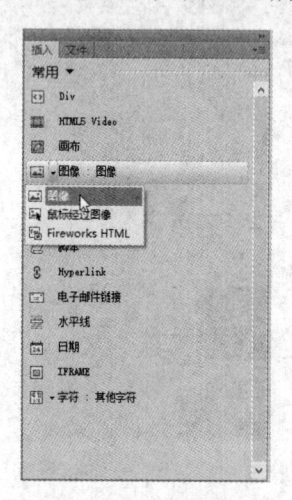

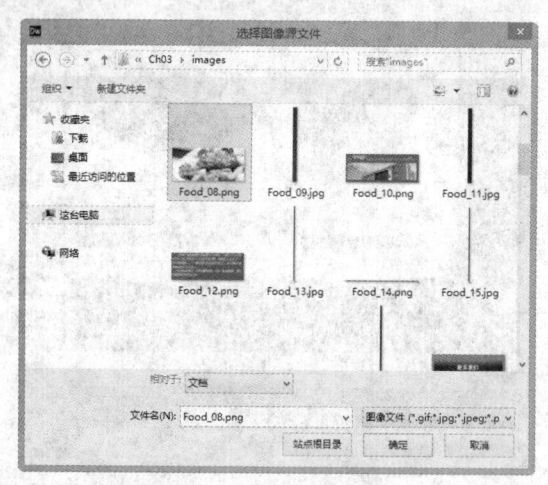

图 3-36 插入图像到网页

动手操作 插入网页横幅图像

1 打开光盘中的"..\Example\Ch03\3.3.1.html"练习文件，将光标定位在页面左上方的空单元格内，然后选择【插入】|【图像】|【图像】命令，再选择"..\Example\Ch03\images\Food_08.png"图像，接着单击【确定】按钮，如图 3-37 所示。

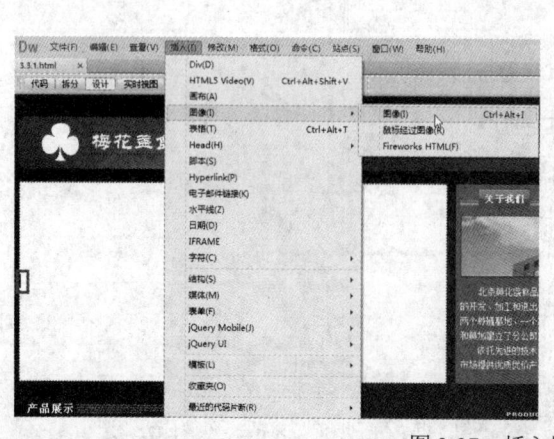

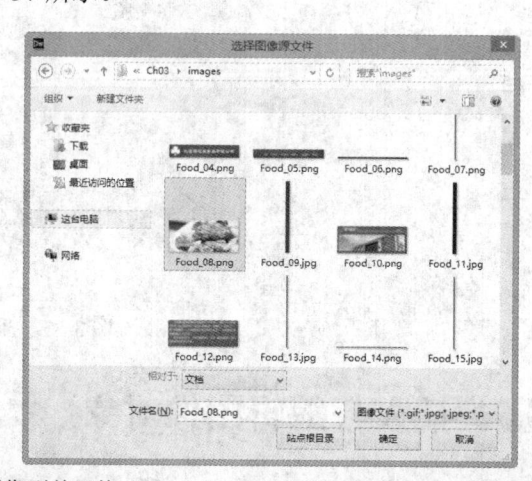

图 3-37 插入图像到单元格

2 插入图像到光标所在的单元格后，选择该图像，再打开【属性】面板，设置图像的替换文字和标题文字，如图 3-38 所示。

图 3-38　设置图像的替换文字和标题文字

> 在【替换文本】文字框中，可以为图像输入一个名称或一段简短描述，输入应限制在 50 个字符以内。

3 选择图像后，可以在【属性】面板中查看该图像的来源路径，如果需要更改图像来源，可以单击【Src】项目右侧的【浏览文件】按钮，再通过【选择图像源文件】对话框选择其他源图像，如图 3-39 所示。

图 3-39　更改图像来源

4 插入图像后，可以保存文件，然后按 F12 键，打开默认的浏览器浏览网页。当将鼠标移到图像上时，鼠标上方将出现替换文字，如图 3-40 所示。

81

图 3-40　浏览网页的效果

> 问：网页上使用的图像用什么格式好？
> 答：虽然现在有很多种图像文件格式，但 Web 页面中通常使用的只有 GIF、JPEG 和 PNG 3 种。所以，插入到页面的图像，建议只使用上述 3 种格式。

3.3.2　图像的编辑与优化

Dreamweaver 提供了基本的图像编辑和优化功能，使用户可以快捷地编辑和优化页面的图像。

Dreamweaver 提供的图像编辑功能包括编辑、编辑图像设置、从源文件更新、裁剪、重新取样、亮度和对比度、锐化，这些功能的说明如下：

1．编辑

可以启动在【编辑器】首选参数中指定的图像编辑器并打开选定的图像。如果系统安装了 Photoshop 应用程序，则默认使用 Photoshop，如图 3-41 所示。

当使用外部编辑器编辑图像后，如果在返回到 Dreamweaver 窗口后没有看到已更新的图像，则可以选择该图像，然后在【属性】面板中单击【从源文件更新】按钮。

图 3-41　使用外部编辑器编辑图像

如果想要更改主要编辑器，可以通过【首选项】对话框添加其他外部编辑器，并设置为主要编辑器，如图3-42所示。

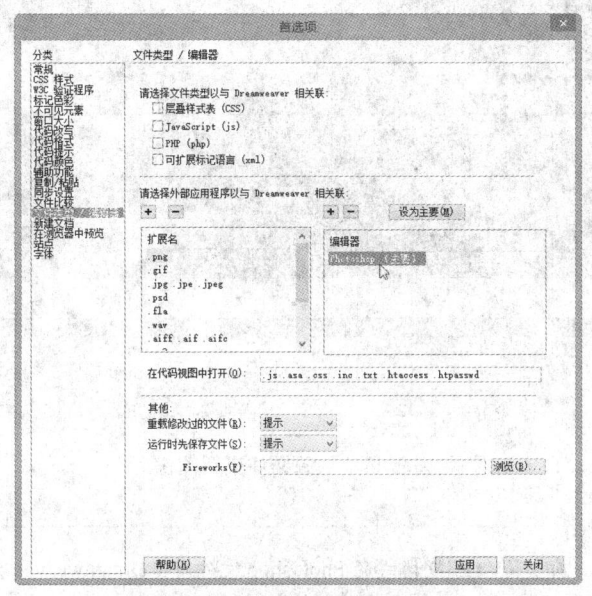

图3-42　添加其他外部编辑器

2．编辑图像设置

可以打开【图像优化】对话框并提供优化图像。

当打开【图像优化】对话框后，可以使用预设的优化方案对图像进行优化，也可以使用不同格式的优化设置，或者设置图像透明，如图3-43所示。

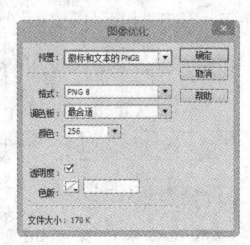

图3-43　编辑图像设置

3．从源文件更新

如果页面中的外部编辑器的图像（如Photoshop文件）经过外部编辑器编辑，但图像与外部编辑器的文件不同步，则表明Dreamweaver检测到原始文件（Photoshop文件）已经更新，Dreamweaver显示智能对象的更新图标，提示用户更新图像。此时单击【从源文件更新】按钮，图像将自动更新，以反映对原始文件所做的任何更改，如图3-44所示。

83

图 3-44　从源文件更新图像

> 当在页面中插入 PSD 格式的 Photoshop 文件时，Dreamweaver 会将该文件转换为智能对象，并显示智能对象图标。

4．裁剪

通过减小图像区域而编辑图像。

在设计网页过程中，可能需要裁剪图像以强调图像的主题，并删除图像中强调部分周围不需要的部分，此时即可使用【裁剪】功能。

在裁剪图像时，会更改磁盘上的源图像文件。因此，建议保留图像文件的一个备份副本，以便在需要恢复到原始图像时使用。

5．重新取样

可以添加或减少已调整大小的 JPEG 和 GIF 图像文件的像素，以与原始图像的外观尽可能的匹配。对图像进行重新取样会减小该图像的文件大小并提高下载性能。

在 Dreamweaver 中调整图像大小时，用户可以对图像进行重新取样，以适应其新尺寸。对位图对象进行重新取样时，会在图像中添加或删除像素，以使其变大或变小。

另外需要注意，对图像进行重新取样以取得更高的分辨率一般不会导致品质下降。但重新取样以取得较低的分辨率总会导致数据丢失，并且通常会使品质下降。

6．亮度和对比度

可以修改图像中像素的对比度或亮度，这将影响图像的高亮显示、阴影和中间色调。调整图像的亮度和对比度，会永久更改源图像文件。因此，建议保留图像文件的一个备份副本，以便在需要恢复到原始图像时使用。

图 3-45 所示为调整图像亮度和对比度的过程。

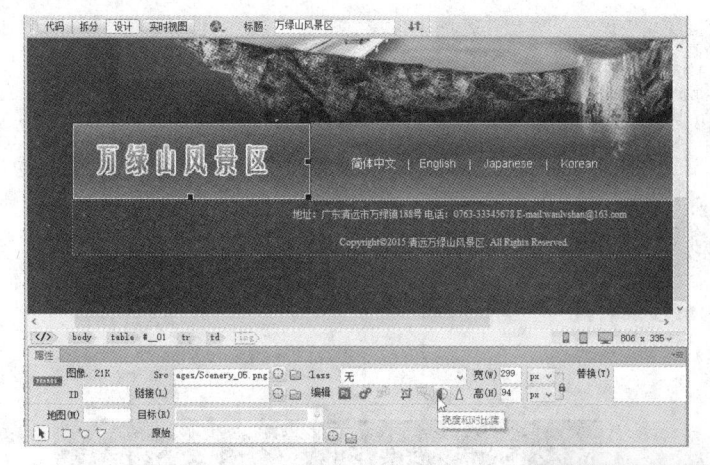

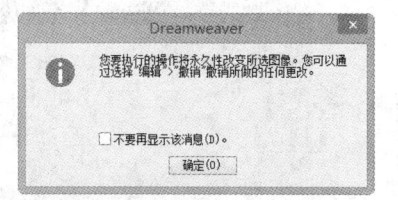

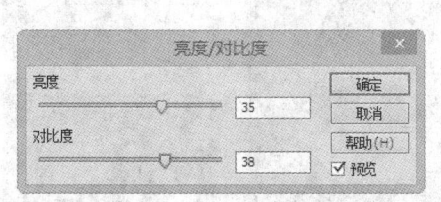

图 3-45　调整图像亮度和对比度

在使用此功能编辑图像时，会更改磁盘上的源图像文件。可以执行【编辑】|【撤销】命令撤销修改，如图 3-46 所示。

7．锐化

可以通过增加图像中边缘的对比度调整图像的焦点。

在扫描图像或拍摄数码照片时，大多数图像捕获软件的默认操作是柔化图像中各对象的边缘。这可以防止特别精细的细节从组成数码图像的像素中丢失。

图 3-46　撤销应用对比度和亮度的操作

不过，要显示数码图像文件中的细节，经常需要锐化图像，从而提高边缘的对比度，使图像更清晰。图 3-47 所示为锐化图像的过程。

85

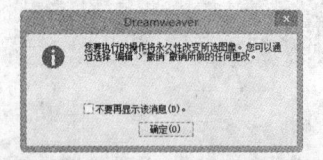

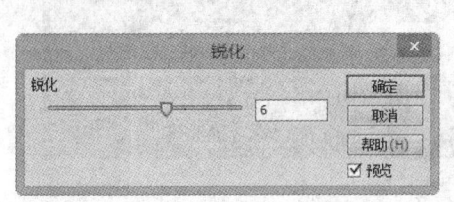

图 3-47　锐化图像

3.3.3　插入鼠标经过图像

鼠标经过图像是一种能够在浏览器中查看，并在浏览者使用鼠标指针移过它时发生变化的图像。它包括主图像（原始图像）和次图像（鼠标经过图像）两个对象，其中主图像是指首次载入页面时显示的图像；次图像是指当鼠标指针移过主图像时显示的图像。

动手操作　制作可变换的 Logo 图像

1 打开光盘中的"..\Example\Ch03\3.3.3.html"练习文件，将光标定位在需要插入鼠标经过图像的单元格内，选择【插入】|【图像】|【鼠标经过图像】命令，如图 3-48 所示。

图 3-48　插入鼠标经过图像

2 在【插入鼠标经过图像】对话框的【图像名称】文本框中输入名称，然后单击【原始图像】项目的【浏览】按钮，再指定原始图像为"..\Example\Ch03\images\Raymont_02.png"，如图 3-49 所示。

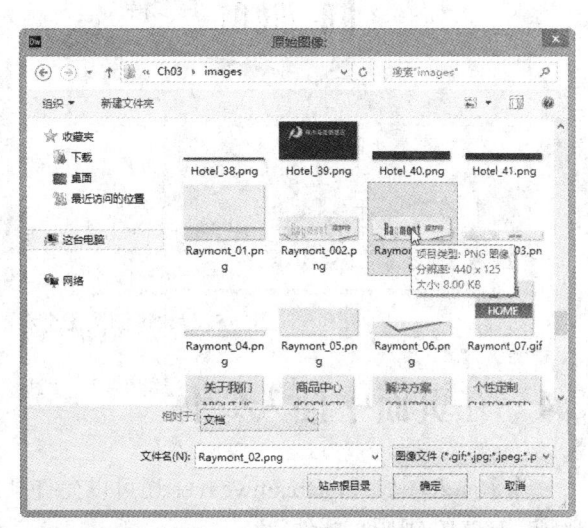

图 3-49　指定原始图像

3 返回【插入鼠标经过图像】对话框，再单击【鼠标经过图像】项目的【浏览】按钮，然后指定鼠标经过图像为"..\Example\Ch04\images\Raymont_002.png"，如图 3-50 所示。

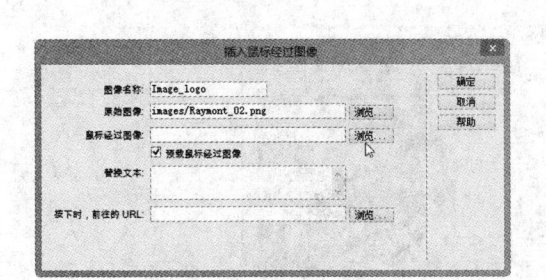

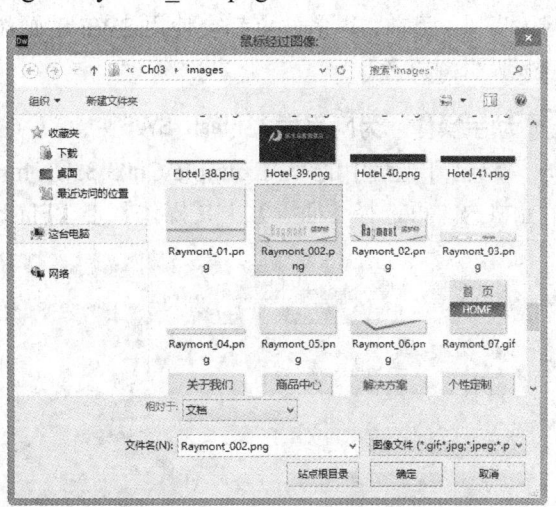

图 3-50　指定鼠标经过图像

4 返回【插入鼠标经过图像】对话框，分别输入替换文本和链接地址，然后单击【确定】按钮，如图 3-51 所示。

5 完成插入鼠标经过图像的操作后，保存网页文件并按 F12 键预览网页效果，可以看到当鼠标经过图像时，原始图像变成鼠标经过图像，如图 3-52 所示。

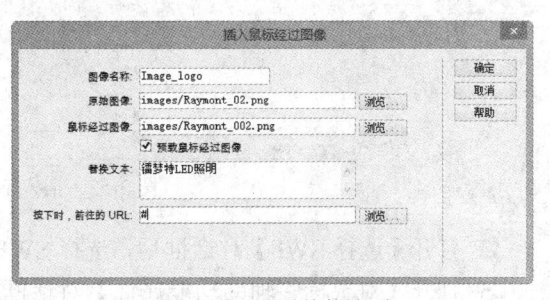

图 3-51　设置其他选项

图 3-52　通过浏览器查看鼠标经过图像的效果

3.4　在页面中插入媒体

除了插入图像外，Dreamweaver 还可以允许插入不同类型的媒体对象，如 SWF 动画、FLV 视频、HTML 视频、插件等。

3.4.1　插入 Flash SWF 动画

Flash SWF 动画是近年来网络最流行的媒体内容，它以文件容量小、效果丰富等特点深受网民喜爱。目前，很多站点都会使用 SWF 动画作为 Web 页面内容，以利用动画精彩的内容和特效吸引浏览者。

动手操作　为网页插入 Flash SWF

1 打开光盘中的"..\Example\Ch03\3.4.1.html"练习文件，将光标定位在页面左侧空白的单元格内，再选择【插入】|【媒体】|【Flash SWF】命令，如图 3-53 所示。

图 3-53　插入 Flash SWF 对象

2 打开【选择 SWF】对话框后，选择 SWF 文件，再单击【确定】按钮，如图 3-54 所示。

3 打开【对象标签辅助功能属性】对话框后，在【标题】文字框中输入标题内容，然后单击【确定】按钮，如图 3-55 所示。

图 3-54 选择 SWF 文件 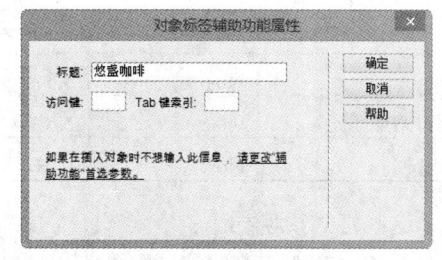　　　　　　图 3-55 设置对象的标题标签

❹ 插入 SWF 动画后，打开【属性】面板，以设置 SWF 的属性，如选择【循环】和【自动播放】复选项，可以使 SWF 动画在打开页面时自动播放并一直循环，如图 3-56 所示。

图 3-56 设置 SWF 对象的属性

❺ 选择 Flash SWF 动画，然后在【属性】面板单击【播放】按钮，以测试动画的播放效果，如图 3-57 所示。

❻ 完成上述操作后，即可保存文件。当打开【复制相关文件】对话框时，单击【确定】按钮即可，如图 3-58 所示。

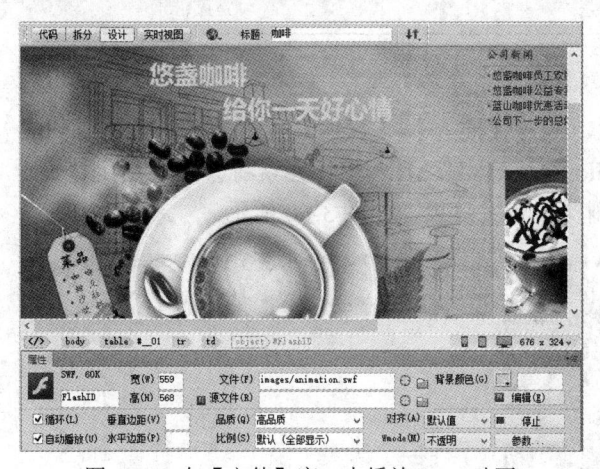

图 3-57 在【文件】窗口中播放 SWF 动画 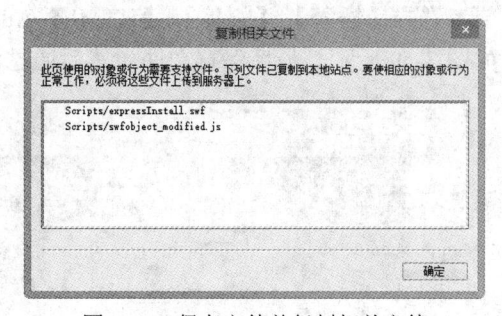　　　　图 3-58 保存文件并复制相关文件

3.4.2　插入 HTML5 媒体对象

Dreamweaver 允许在网页中插入 HTML5 视频和音频对象。

1．关于 HTML5 Video

HTML5 视频元素提供一种将电影或视频嵌入网页中的标准方式。以往大多数视频是通过

89

插件来添加到网页和显示的,但是并非所有浏览器都拥有同样的插件。因此,HTML5 规定了一种通过 video 元素来包含视频的标准方法。

当前,video 元素支持 3 种视频格式,见表 3-1。

表 3-1 video 元素支持的视频格式

格 式	IE	Firefox	Opera	Chrome	Safari
Ogg	No	3.5+	10.5+	5.0+	No
MPEG 4	9.0+	No	No	5.0+	3.0+
WebM	No	4.0+	10.6+	6.0+	No

这些格式说明如下:
- Ogg:带有 Theora 视频编码和 Vorbis 音频编码的 Ogg 文件。
- MPEG 4:带有 H.264 视频编码和 AAC 音频编码的 MPEG 4 文件。
- WebM:带有 VP8 视频编码和 Vorbis 音频编码的 WebM 文件。

2.关于 HTML5 Audio

HTML5 规定了一种通过 audio 元素来包含音频的标准方法。audio 元素能够播放声音文件或者音频流。

当前,audio 元素支持 3 种音频格式,见表 3-2。

表 3-2 audio 元素支持的音频格式

格 式	IE 9	Firefox 3.5	Opera 10.5	Chrome 3.0	Safari 3.0
Ogg Vorbis		√	√	√	
MP3	√			√	√
Wav		√	√		√

3.插入 HTML5 媒体的方法

确保光标位于要插入视频或音频的位置。选择【插入】|【媒体】|【HTML5 Video】命令或者选择【插入】|【媒体】|【HTML5 Audio】命令。HTML5 媒体元素将会插入指定位置,如图 3-59 所示。最后保存文件,然后通过浏览器查看效果,如图 3-60 所示。

图 3-59 插入 HTML5 Video 对象

在【属性】面板中，可以指定各种选项的值。
- 【源】/【Alt 源 1】/【Alt 源 2】：在【源】中，输入视频文件或音频文件的位置。或者单击文件夹图标从本地文件系统中选择视频文件或音频文件，如图 3-61 所示。对视频格式或音频格式的支持在不同浏览器上有所不同。如果【源】中的视频格式或音频格式在浏览器中不被支持，则会使用【Alt 源 1】或【Alt 源 2】中指定的视频格式或音频格式。浏览器选择第一个可识别格式来显示视频。

图 3-60 通过浏览器查看视频效果

- 标题（Title）：为媒体指定标题。
- 宽度（W）：输入媒体的宽度（像素）。
- 高度（H）：输入媒体的高度（像素）。
- 控件（Control）：选择是否要在 HTML 页面中显示媒体控件，如播放、暂停。
- 自动播放（AutoPlay）：选择是否希望视频一旦在网页上加载后便开始播放。
- 海报（Poster）：输入要在媒体完成下载后或用户单击"播放"后显示的图像的位置。当插入图像时，宽度和高度值是自动填充的。
- 循环（Loop）：如果希望媒体连续播放，直到用户停止播放媒体，可以选择此选项。
- 静音（Muted）：如果希望视频的音频部分静音，可以选择此选项。
- Flash 回退：对于不支持 HTML 5 视频的浏览器选择 SWF 文件。
- 回退文本：提供浏览器不支持 HTML5 时显示的文本。
- 预加载（Preload）：指定关于在页面加载时媒体应当如何加载的作者首选项。

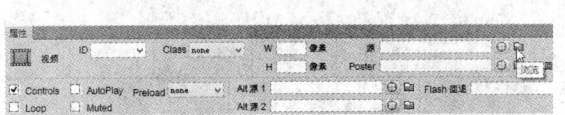

图 3-61 指定视频源文件

3.4.3 插入 Flash Video 对象

在 Dreamweaver 中，可以为网页插入 Flash 视频，可将 FLV 格式的 Flash 视频文件以如同 Flash 动画的方式添加到网页上，浏览者便可通过该多媒体对象上的控制栏控制播放的视频影片。

动手操作　插入 Flash Video 对象

1 将光标定位在要插入的页面位置，然后在【插入】面板中切换到【媒体】选项卡，单击【Flash Video】，如图 3-62 所示。

2 打开【插入 FLV】对话框，选择视频类型，然后单击【URL】文本框右侧的【浏览】按钮，打开【选择 FLV】对话框，选择 FLV 格式视频文件，再单击【确定】按钮，如图 3-63 所示。

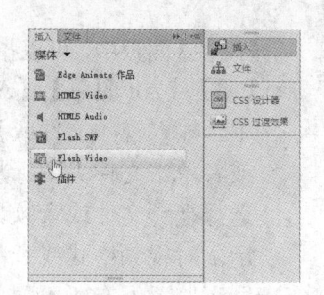

图 3-62　插入 Flash Video 对象

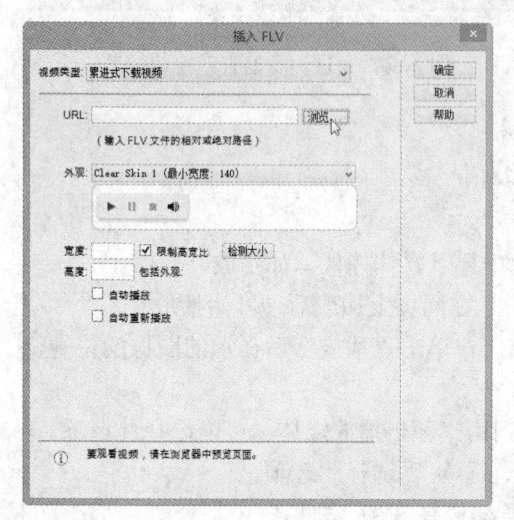

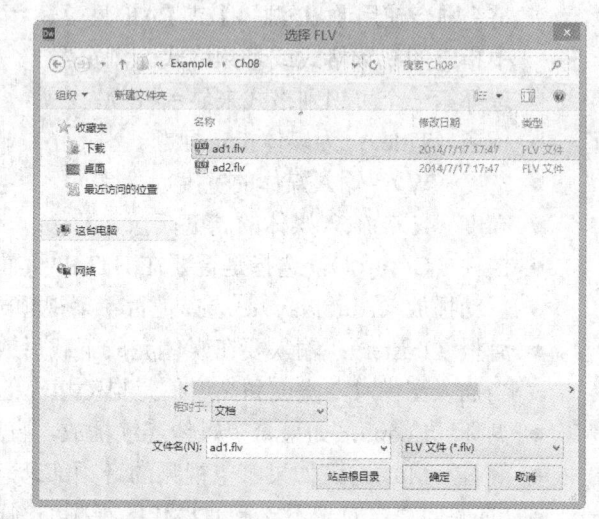

图 3-63　选择 FLV 视频文件

3 返回【插入 FLV】对话框，在【外观】栏选择一种播放器外观，然后手动设置或自动检测媒体的宽高，接着设置其他选项，最后单击【确定】按钮，如图 3-64 所示。

4 如果想要查看 Flash Video 的播放效果，可以保存文件，然后通过浏览器打开网页，播放 Flash 视频，如图 3-65 所示。

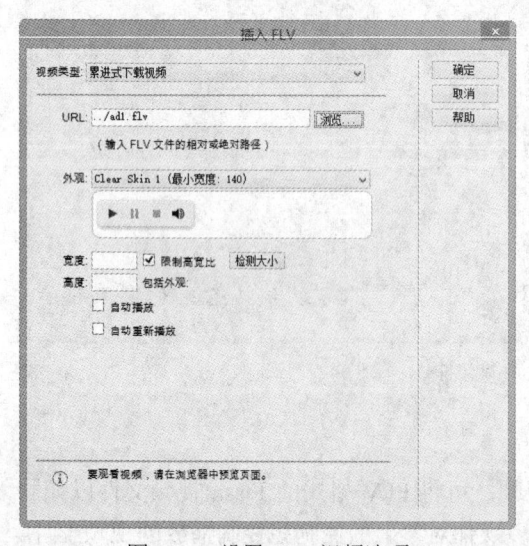

图 3-64　设置 FLV 视频选项

图 3-65　通过浏览器查看视频效果

> 如果要查看 FLV 文件，计算机上必须安装 Flash Player 10 或更高版本。如果用户没有安装所需的 Flash Player 版本，但安装了较低版本的 Flash Player，则浏览器将显示 Flash Player 快速安装程序，而非替代内容。如果拒绝快速安装，则页面会显示替代内容。

视频类型选项说明如下：

- 累进式下载视频：将 FLV 文件下载到站点访问者的硬盘上，然后进行播放。与传统的"下载并播放"视频传送方法不同，累进式下载允许在下载完成之前就开始播放视频文件。
- 流视频：对视频内容进行流式处理，并在一段可确保流畅播放的很短的缓冲时间后在网页上播放该内容。若要在网页上启用流视频，用户必须具有访问 Adobe Flash Media Server 的权限。

3.5 技能训练

下面通过多个上机练习实例，巩固所学技能。

3.5.1 上机练习 1：制作主页的投影标题

本例先通过【管理字体】对话框添加中文字体到【字体】列表，然后在页面中输入标题文字，并通过【属性】面板设置文字基本属性，接着通过【编辑规则】功能为文字定义投影的 CSS 规则，制作出具有投影的文字效果。

操作步骤

1 打开光盘中的"..\Example\Ch03\3.5.1.html"练习文件，在【属性】面板左边单击【CSS】按钮，再打开【字体】下拉列表框，选择【管理字体】命令，如图 3-66 所示。

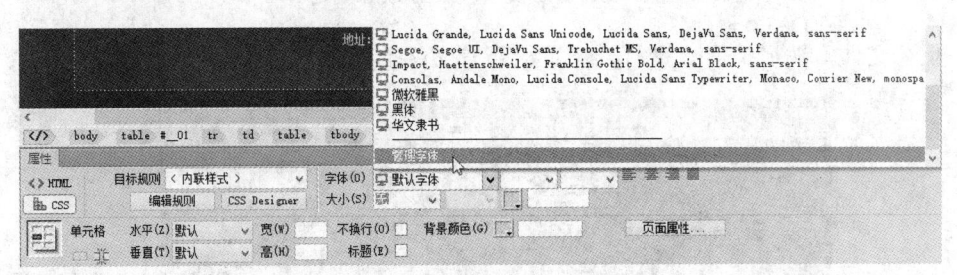

图 3-66 管理字体

2 打开【管理字体】对话框后，切换到【自定义字体堆栈】选项卡，然后选择【在以下列表中添加字体】项，在【可用字体】列表框中选择【华文琥珀】字体，再单击 << 按钮，最后单击【完成】按钮，如图 3-67 所示。

3 添加字体后，在页面左下方空白表格中输入文字，在【属性】面板的【目标规则】列表框中选择【<新内联样式>】选项，然后设置文字的字体、大小、颜色等基本属性，如图 3-68 所示。

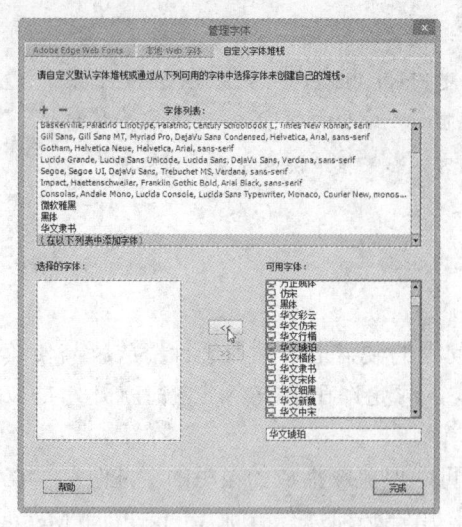

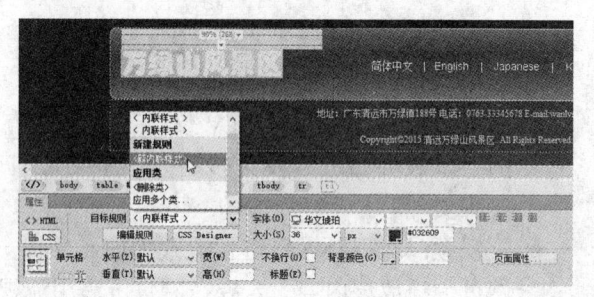

图 3-67 添加字体到列表　　　　　　　　图 3-68 设置文字的基本属性

4 选择文字，然后在【属性】面板中单击【编辑规则】按钮，打开【CSS 设计器】面板后，在【text-shadow】项中设置文字投影的参数和颜色，如图 3-69 所示。

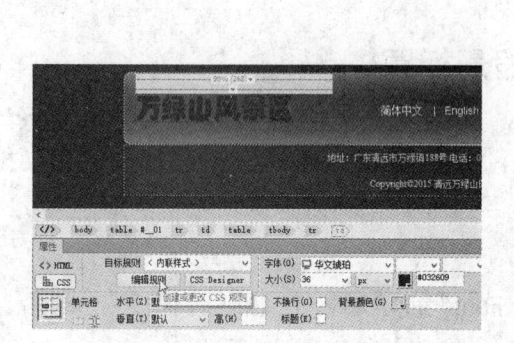

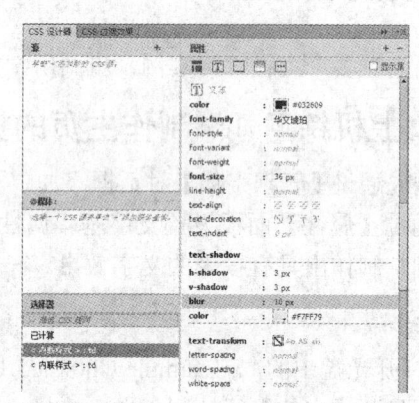

图 3-69 定义文字投影的 CSS 规则

5 保存文件，然后按 F12 键打开浏览器查看文字的效果，如图 3-70 所示。

图 3-70 通过浏览器查看文字的效果

94

3.5.2 上机练习 2：制作网页的列表内容

本例将把网页中的【买家须知】和【邮资说明】两个栏目分别制作成项目列表和编号列表内容，然后通过修改列表属性的方法改变编号样式和项目样式。

操作步骤

1 打开光盘中的 "..\Example\Ch03\3.5.2.html" 练习文件，选择【买家须知】栏目下的文字内容，然后打开【属性】面板，再单击【项目列表】按钮，如图 3-71 所示。

2 选择【邮资说明】栏目下的所有文字内容，然后打开【属性】面板并单击【编号列表】按钮，如图 3-72 所示。

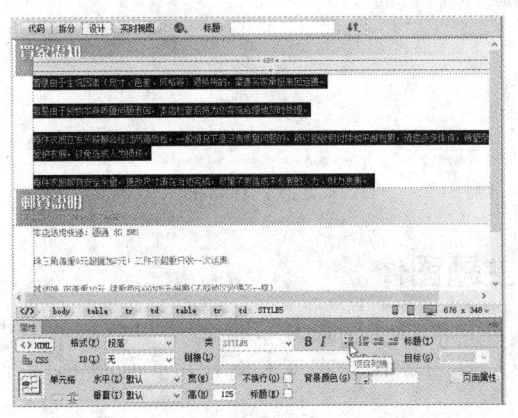

图 3-71　制作项目列表　　　　　　　图 3-72　制作编号列表

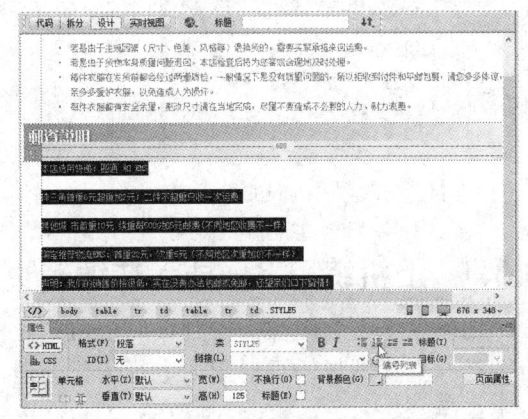

3 选择【邮资说明】栏目下的编号列表内容，然后选择【格式】|【列表】|【属性】命令，打开【列表属性】对话框后，更改编号的样式为【大写字母】，接着单击【确定】按钮，如图 3-73 所示。

4 选择【买家需知】栏目的项目列表内容，然后选择【格式】|【列表】|【属性】命令，打开【列表属性】对话框后，更改样式为【正方形】，接着单击【确定】按钮，如图 3-74 所示。

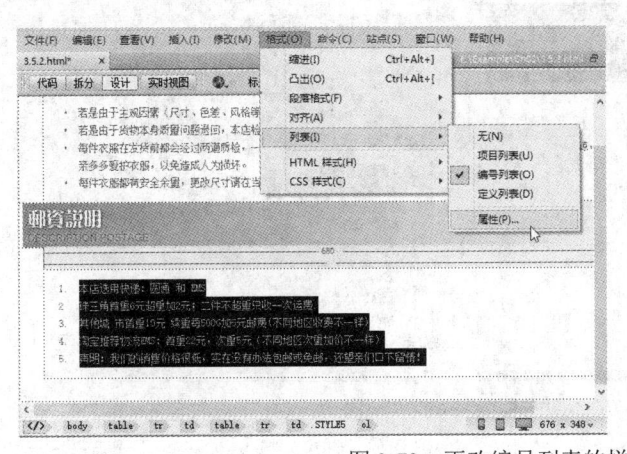

图 3-73　更改编号列表的样式

5 完成上述操作后，保存文件并按 F12 键，通过打开的浏览器查看网页中的列表内容，如图 3-75 所示。

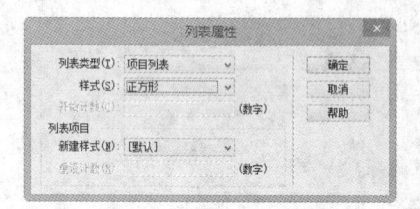

图 3-74　更改项目列表的样式 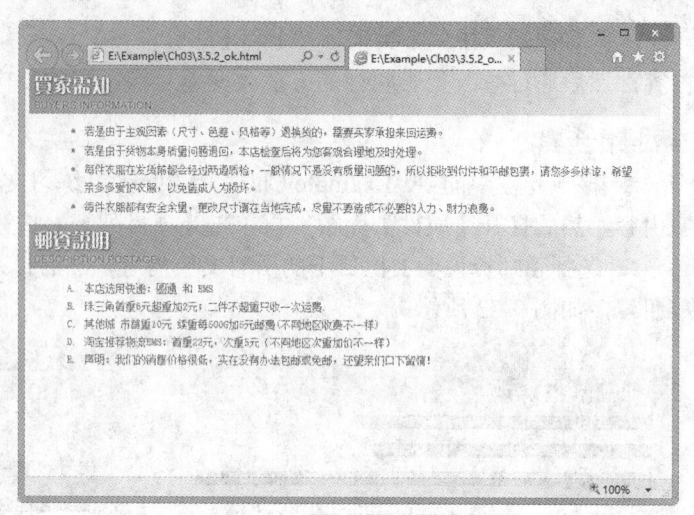　　　　　图 3-75　通过浏览器查看结果

3.5.3　上机练习 3：插入并编辑页面主题图像

本例先将主题图像插入到页面空白单元格，然后通过【编辑】功能使用 Photoshop 编辑图像并更新图像，再对图像进行优化处理，最后调整图像的亮度和对比度，以改善图像显示效果。

操作步骤

1 打开光盘中的"..\Example\Ch03\3.5.3.html"练习文件，将光标定位在页面空白单元格内，再打开【插入】面板并单击【图像】按钮，然后从打开的列表框中选择【图像】选项，如图 3-76 所示。

2 打开【选择图像源文件】对话框后，选择需要插入的主题图像，然后单击【确定】按钮，如图 3-77 所示。

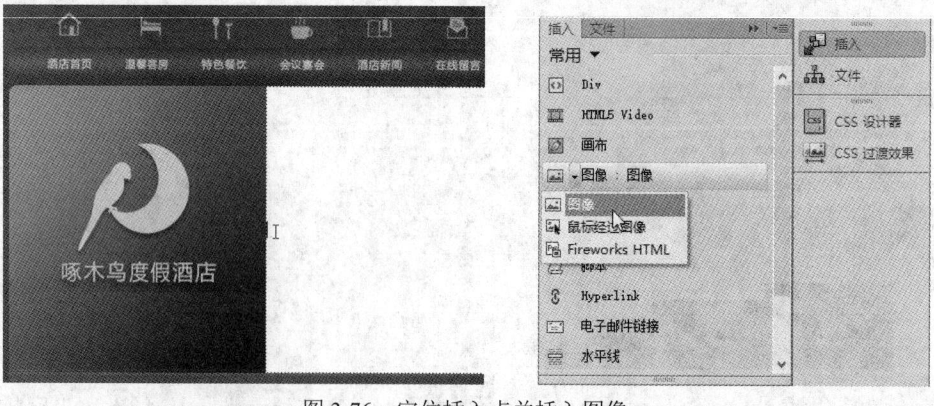

图 3-76　定位插入点并插入图像

3 在【文件】窗口中选择插入的图像，然后单击【属性】面板中的【编辑】按钮，如图 3-78 所示。

图 3-77 选择图像源文件　　　　　　　　　图 3-78 编辑图像

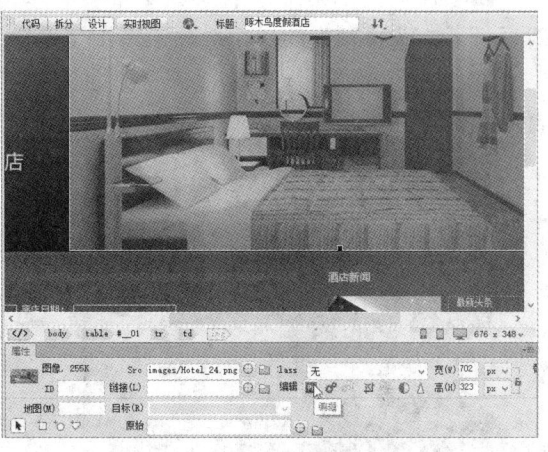

4 默认打开 Photoshop 应用程序，此时在该程序的【工具】面板中选择【横排文字工具】，然后在图像右下方输入文字并设置文字的属性，接着按 Ctrl+S 键，替换原来的图像文件，如图 3-79 所示。

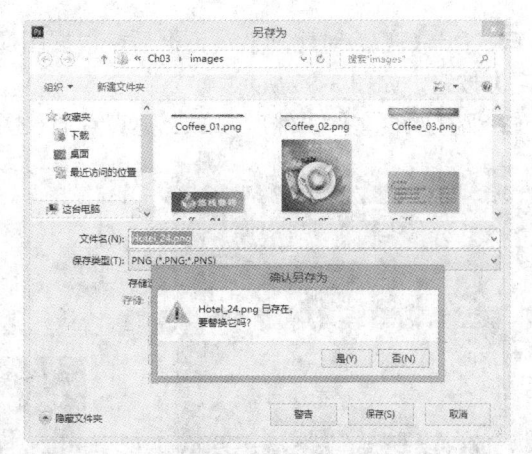

图 3-79 通过外部程序编辑图像并替换原图像

5 执行保存操作后，Photoshop 将打开【PNG 选项】对话框，设置压缩和交错选项，然后单击【确定】按钮，返回 Dreamweaver 的【文件】窗口中，查看图像编辑的结果，如图 3-80 所示。

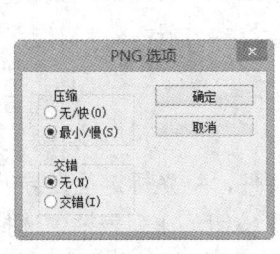

图 3-80 设置图像选项并查看编辑结果

6 选择主题图像，在【属性】面板中单击【编辑图像设置】按钮，打开【图像优化】对话框后，选择预设的优化选项，单击【确定】按钮，如图 3-81 所示。

7 选择主题图像，单击【属性】面板中的【亮度和对比度】按钮，打开提示对话框后，直接单击【确定】按钮，如图 3-82 所示。

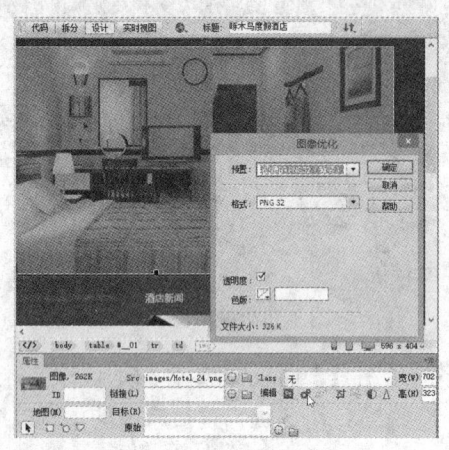

图 3-81 编辑图像设置 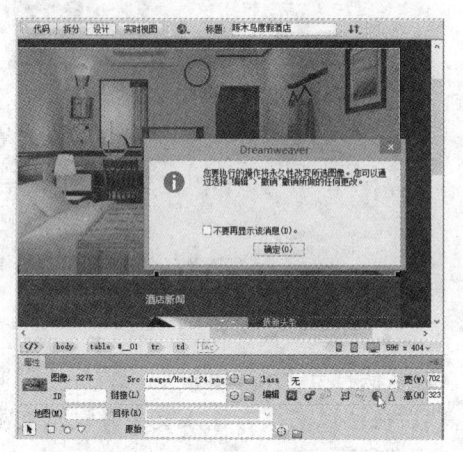　　　　　　　图 3-82 调整图像亮度和对比度

8 打开【亮度/对比度】对话框后，根据图像的效果设置亮度和对比度的参数，然后单击【确定】按钮，如图 3-83 所示。

9 保存网页文件，然后按 F12 键查看插入图像并编辑后的效果，如图 3-84 所示。

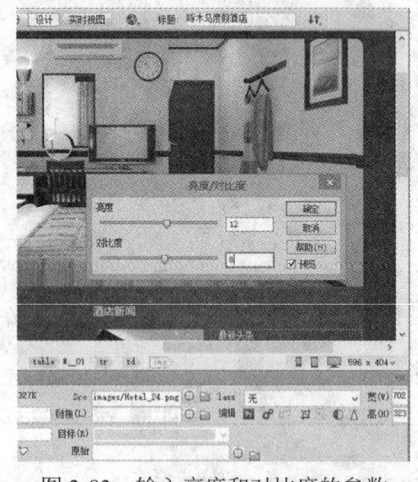

图 3-83 输入亮度和对比度的参数 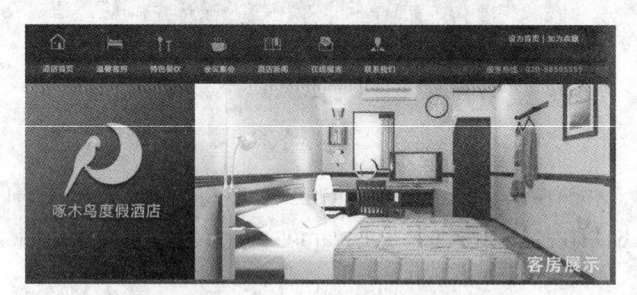　　　　　　　图 3-84 通过浏览器查看图像效果

3.5.4 上机练习 4：制作网站交换图像导航条

本例将分别在用于布局网站导航条图像的空白单元格中插入鼠标经过图像，制作出鼠标经过图像时产生变换效果的网站导航条。

操作步骤

1 打开光盘中的"..\Example\Ch03\3.5.4.html"练习文件，将光标定位在导航条位置的第一个空白单元格内，然后打开【插入】面板，单击【图像】按钮，在列表框中选择【鼠标经过图像】选项，如图 3-85 所示。

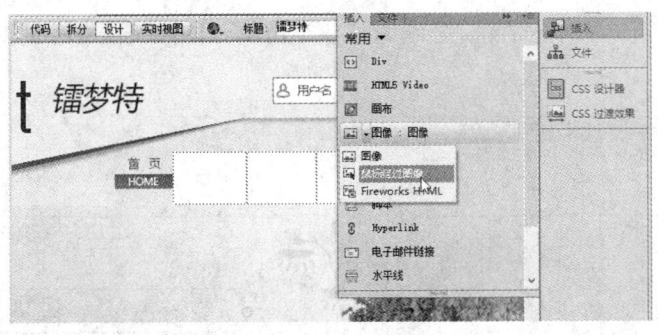

图 3-85　插入鼠标经过图像

2 在【插入鼠标经过图像】对话框的【图像名称】文本框中输入名称，单击【原始图像】项目的【浏览】按钮，指定原始图像为"..\Example\Ch03\images\Raymont_08.gif"，如图 3-86 所示。

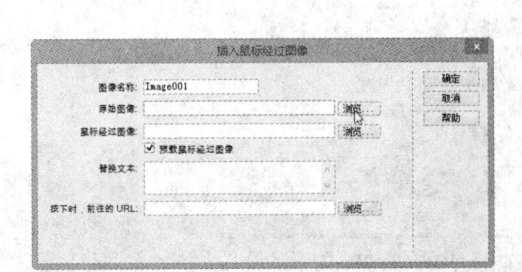

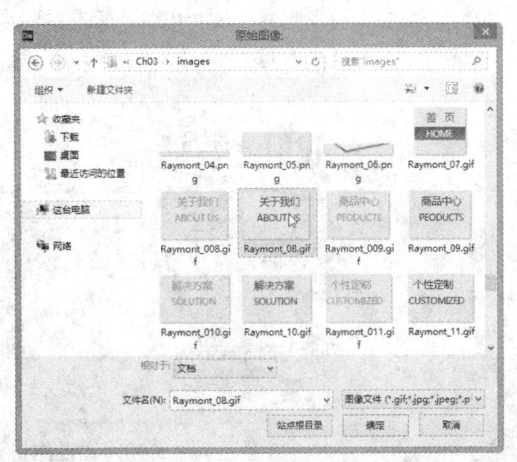

图 3-86　指定原始图像

3 返回【插入鼠标经过图像】对话框，单击【鼠标经过图像】项目的【浏览】按钮，然后指定鼠标经过图像为"..\Example\Ch04\images\Raymont_008.gif"，如图 3-87 所示。

4 返回【插入鼠标经过图像】对话框，分别输入替换文本和链接地址，然后单击【确定】按钮，如图 3-88 所示。

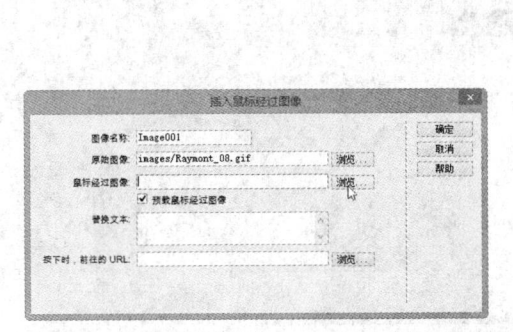

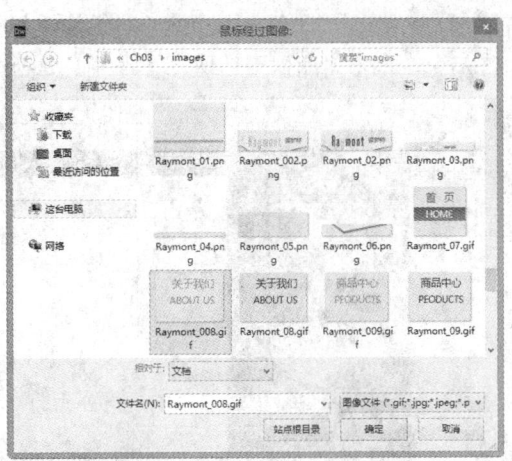

图 3-87　指定鼠标经过图像

5 使用步骤 1 到步骤 4 的方法，分别为其他空白单元格插入鼠标经过图像，结果如图 3-89 所示。

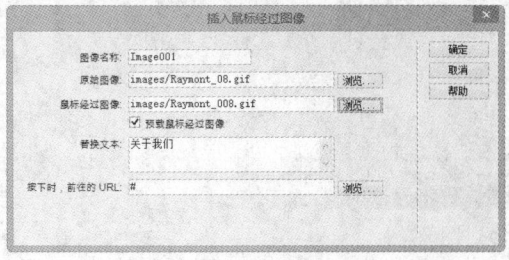

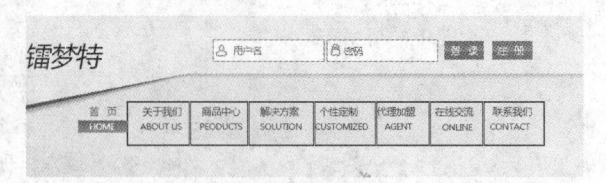

图 3-88　设置其他选项　　　　　　　　图 3-89　插入其他鼠标经过图像

6 完成插入鼠标经过图像的操作后，保存网页文件并按 F12 键预览网页效果，可以看到当鼠标经过导航条图像时，原始图像变成鼠标经过图像，如图 3-90 所示。

图 3-90　通过浏览器查看导航条效果

3.5.5　上机练习 5：制作主页的 Flash 视频广告

本例先在页面中的空白单元格中插入 Flash Video 对象，然后设置对象的外观、大小和播放选项，并根据单元格的布局修改对象的大小，最后通过浏览器预览效果。

操作步骤

1 打开光盘中的"..\Example\Ch03\3.5.5.html"练习文件，将光标定位在页面中的空白单元格，然后在【插入】面板中切换到【媒体】选项卡，再单击【Flash Video】按钮，如图 3-91 所示。

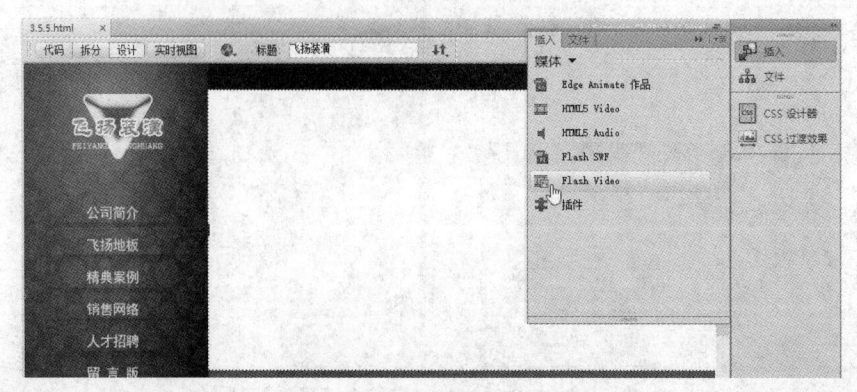

图 3-91　插入 Flash Video 对象

2 打开【插入 FLV】对话框，选择视频类型为【累进式下载视频】，然后单击【URL】文本框右侧的【浏览】按钮，打开【选择 FLV】对话框，选择 FLV 视频文件，再单击【确定】按钮，如图 3-92 所示。

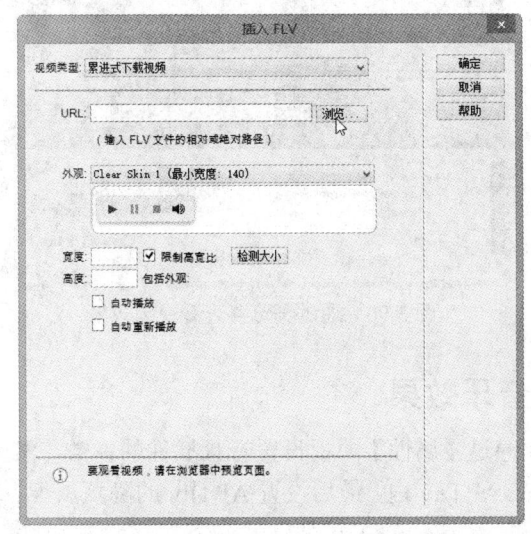

图 3-92　设置视频类型并选择视频文件

3 返回【插入 FLV】对话框，在【外观】栏选择一种播放器外观，然后单击【检查大小】按钮检测 FLV 文件的宽高，如图 3-93 所示。

4 检测到宽高后，在对话框中选择【自动播放】和【自动重新播放】复选项，接着单击【确定】按钮，如图 3-94 所示。

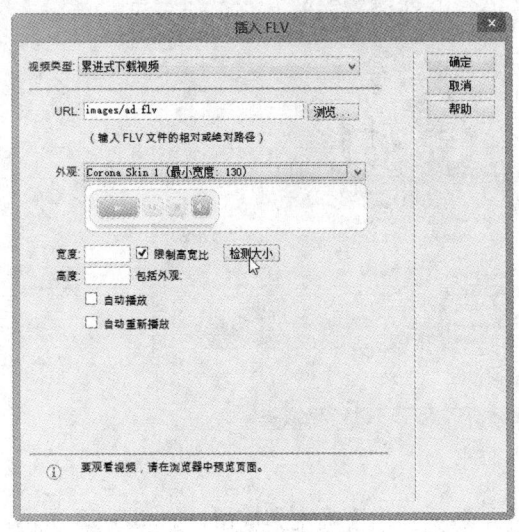

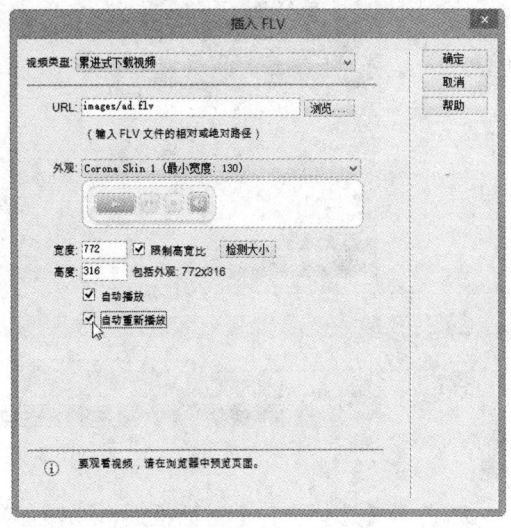

图 3-93　检测视频的尺寸　　　　　　　图 3-94　设置自动播放和自动重新播放

5 返回【文件】窗口，选择 Flash 视频对象，然后打开【属性】面板并修改对象的宽高，如图 3-95 所示。

6 保存文件并按 F12 键打开浏览器，查看视频的效果，如图 3-96 所示。

图 3-95 调整 Flash 视频对象的大小 　　　　图 3-96 通过浏览器查看视频效果

3.5.6 上机练习 6：制作主页的背景音乐效果

本例先通过【插件】功能将音频添加到网页并通过【属性】面板设置音频插件的参数，然后在页面中插入 AP Div 对象，再将音频插件放置在 AP Div 内，最后设置 AP Div 的隐藏属性。

操作步骤

1 打开光盘中的"..\Example\Ch03\3.5.6.html"练习文件，将光标定位在页面底下单元格空白处，然后选择【插入】|【媒体】|【插件】命令，如图 3-97 所示。

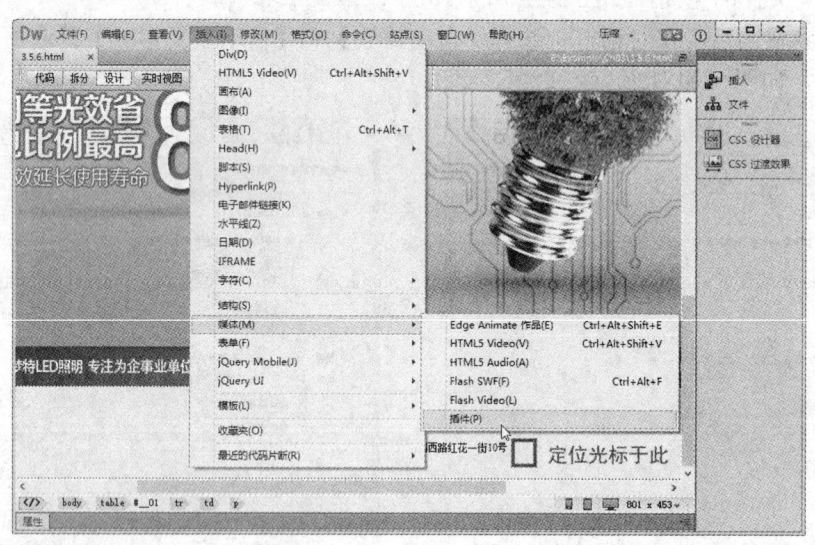

图 3-97 插入插件

2 打开【选择文件】对话框后，选择音频文件，然后单击【确定】按钮，如图 3-98 所示。

3 插入音频插件后，选择插件并打开【属性】面板，然后单击【参数】按钮，如图 3-99 所示。

第 3 章　添加与设置页面的内容

图 3-98　选择音频文件　　　　　　　图 3-99　设置插件属性

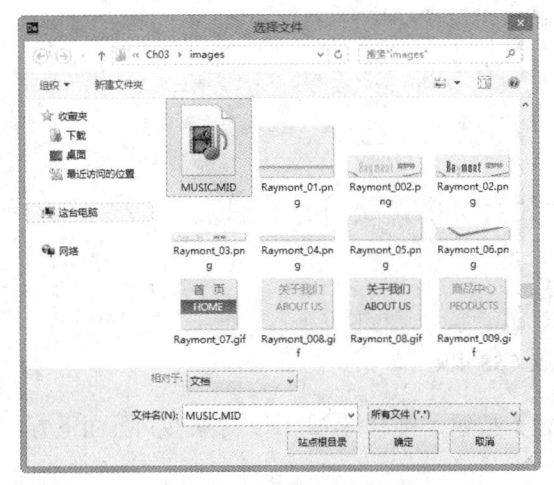

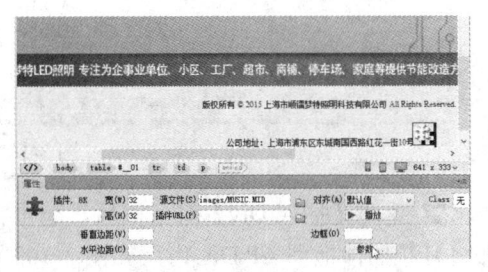

4 打开【参数】对话框后，设置第一个参数为【loop】、参数值为【true】，然后单击【添加】按钮，再设置第二个参数为【autostart】、参数为【true】，接着单击【确定】按钮，如图 3-100 所示。

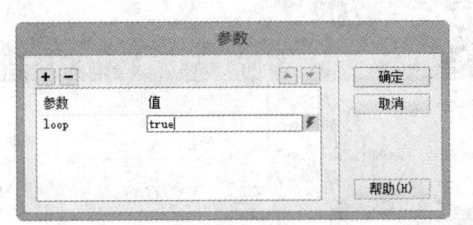

图 3-100　设置插件的参数

5 打开【插入】面板，单击【常用】选项卡的【Div】按钮，在打开的【插入 Div】对话框中设置插入的位置，然后单击【新建 CSS 规则】按钮，在打开的【新建 CSS 规则】对话框中设置选择器名称，再单击【确定】按钮，如图 3-101 所示。

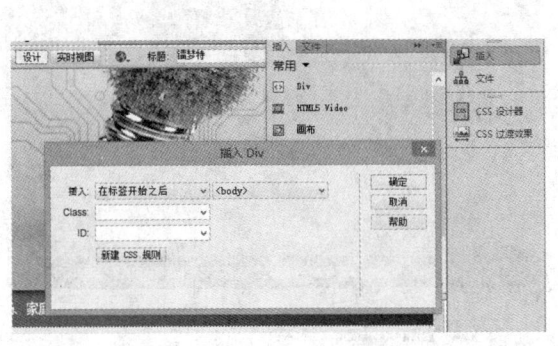

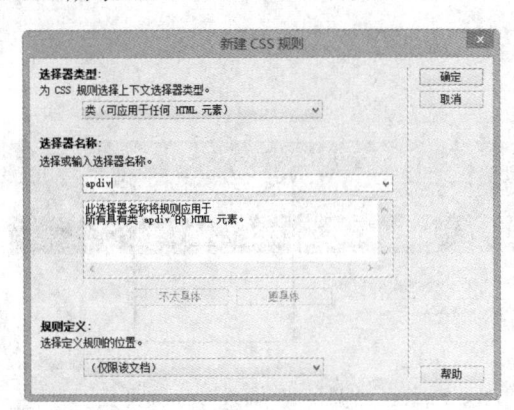

图 3-101　插入 Div 并新建 CSS 规则

6 在【*apdiv 的 CSS 规则定义】对话框中选择【方框】项目，再设置宽度和高度参数值，接着选择【定位】项目并设置【Position】为【absolute】，然后单击【确定】按钮，如图 3-102 所示。

103

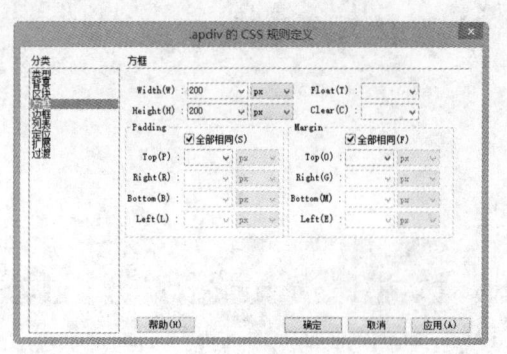

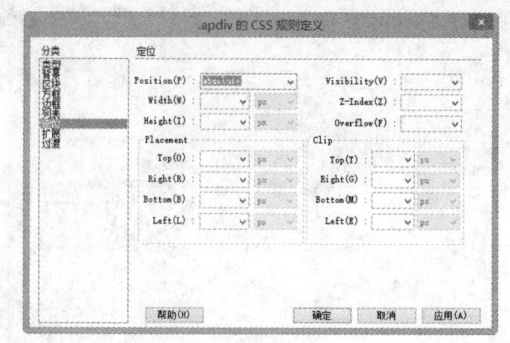

图 3-102 定义 CSS 规则

7 返回【插入 Div】对话框后，单击【确定】按钮，接着将 AP Div 对象移到页面下方，并将音频插件拖到 AP Div 内，如图 3-103 所示。

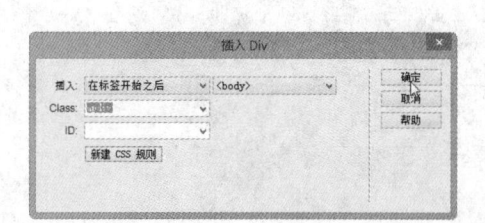

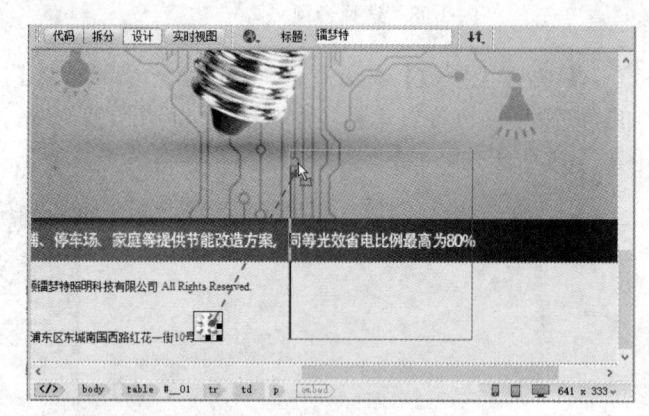

图 3-103 将插件移到 AP Div 内

8 选择 AP Div 对象，然后打开【属性】面板并设置可见性为【hidden】，隐藏 AP Div，从而实现隐藏音频插件的目的，如图 3-104 所示。

9 保存文件并按 F12 键，通过浏览器预览添加背景音乐的效果，如图 3-105 所示。

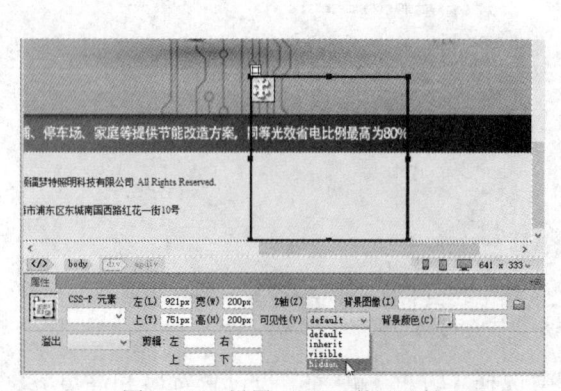

图 3-104 设置 AP Div 的可见性 　　　　图 3-105 通过浏览器预览网页效果

3.6 评测习题

1．填空题

（1）【项目列表】和【编号列表】功能作用的对象是_____。

（2）【_____】功能可以添加或减少已调整大小的 JPEG 和 GIF 图像文件的像素，以与原始图像的外观尽可能的匹配。

（3）_____是一种能够浏览器中查看，并在浏览者使用鼠标指针移过它时发生变化的图像。

（4）HTML5 的_____提供一种将电影或视频嵌入网页中的标准方式。

2．选择题

（1）【项目列表】功能作用的对象是什么？ （   ）
　　A．单个文字　　　B．段落　　　C．字符　　　D．图片

（2）请问鼠标经过图像包括以下哪组对象？ （   ）
　　A．主图像和原始图像　　　　　B．鼠标经过图像和原始图像
　　C．次图像和原始图像　　　　　D．主图像和次图像

（3）以下哪个是换行的 HTML 标签？ （   ）
　　A．<tb>　　　B．<tr>　　　C．
　　　D．<p>

（4）以下哪个是【查找所选】命令的快捷键？ （   ）
　　A．F3　　　B．Shift+Alt+F3　　　C．Ctrl+F　　　D．Shift+F3

3．判断题

（1）Dreamweaver 在【字体】列表只显示部分字体，其中默认字体为中文字体"宋体"。
（   ）

（2）Dreamweaver 为图像提供的【编辑】功能可以打开【图像优化】对话框并提供优化图像。（   ）

4．操作题

使用插入 HTML5 Audio 的方法，为练习文件添加音频，然后指定源文件为"..\Example\Ch03\ images/music.mp3"，设置音频自动播放并循环播放，结果如图 3-106 所示。

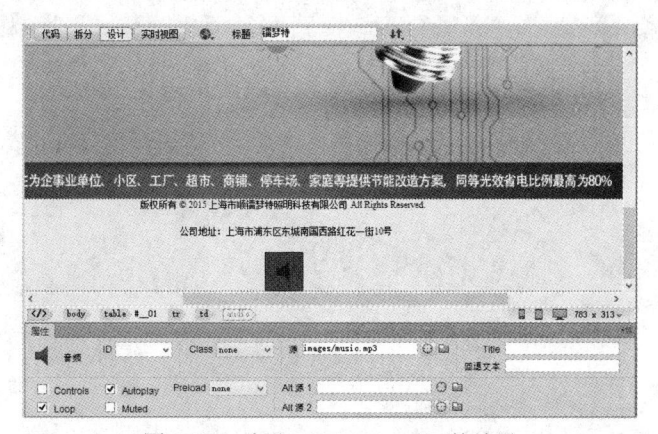

图 3-106　插入 HTML5 Audio 的结果

操作提示

（1）打开光盘中的"..\Example\Ch03\3.6.html"练习文件。

（2）将光标定位在页面底部单元格空白处，然后选择【插入】|【媒体】|【HTML5 Audio】命令。

（3）插入 HTML5 Audio 对象后，打开【属性】面板，并指定源文件。

（4）在【属性】面板中选择【Autoplay】和【Loop】两个复选框。

第 4 章　使用 CSS 规范页面外观与布局

学习目标

在 Dreamweaver CC 2014 中，使用 CSS 可以非常灵活地定位对象并控制页面的确切外观，如特定字体和字体大小、粗体、斜体、文字颜色、链接颜色、对象过渡效果等。本章将详细介绍在 Dreamweaver CC 2014 中使用 CSS 样式进行页面布局和控制页面外观的方法。

学习重点

- ☑ 了解 CSS
- ☑ 了解 CSS 设计器
- ☑ 在网页中应用 CSS 样式
- ☑ 创建与应用 CSS 过渡效果

4.1　CSS 基础知识

下面先介绍 CSS 的基础知识，包括 CSS 的概念及作用以及 CSS 规则的组成。

4.1.1　了解 CSS

1. 关于 CSS

CSS（层叠样式表）也被人称为"级联样式表"或"风格样式表"，它是一种用来表现 HTML（标准通用标记语言的一个应用）或 XML（标准通用标记语言的一个子集）等文件样式的计算机语言。简单来说，CSS 是一系列格式设置规则，用于控制网页内容的外观和布局。

2. CSS 的来源

CSS 样式表的出现填补了 HTML 语法的不足。虽然 HTML 语法是网页设计的主要语法，但是它也有不少缺点，如文字格式只默认使用标题 1~6 等级、图像不能重叠、链接文字下有下划线并且执行链接时会改变颜色等，给网页设计造成一定的局限性，CSS 样式表就是在这样的情况下应运而生的。

1994 年 W3C 组织提出"CSS（层叠样式表）"，并在 1996 年通过审核正式发表了 CSS 1.0，这是 CSS 样式表的最初版本，需要 IE 4.0 和 Netscape 4.0 以上版本的浏览器才提供支持。直至 1998 年 5 月，W3C 批准了 CSS 2.0 规范，添加了一些附加功能，并引进了定位属性，这些属性代替了表格标签普遍的用法。而全新的 CSS 3.0 发布于 2011 年 6 月，CSS 3.0 新增了丰富的定义功能，如文字阴影、对象变换、色彩渐变等技术，特别是趋向于模块化发展，使用户有更多的途径完善页面对象的美观及布局，为 Web 应用提供了更多可能。

3. CSS 的作用

使用 CSS 可以控制许多文字属性，包括特定字体和字大小；粗体、斜体、下划线和文字阴影；文字颜色和背景颜色；链接颜色和链接下划线等。通过使用 CSS 控制字体，还可以确保在多个浏览器中以更一致的方式处理页面布局和外观。图 4-1 所示为使用 CSS 规则取消链接文字下划线的效果（HTML 语法中默认链接文字呈蓝色且具有下划线）。

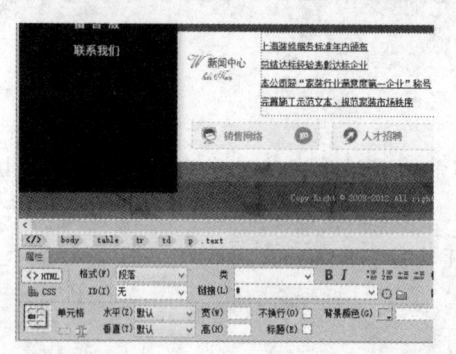

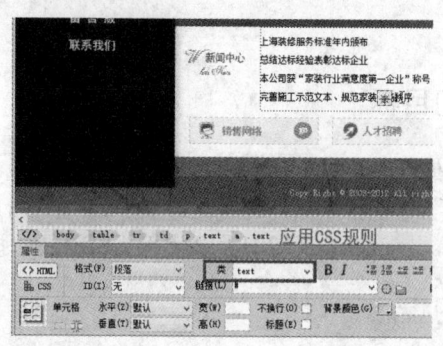

图 4-1　使用 CSS 规则控制链接文字属性

除了设置文字格式以外，还可以使用 CSS 控制页面中块级元素的格式和定位。块级元素是一段独立的内容，在 HTML 中通常由一个新行分隔，并在视觉上设置为块的格式。例如，h1 标签、p 标签和 div 标签都在页面上产生块级元素。用户可以应用 CSS 对块级元素执行以下操作：为它们设置边距和边框、将它们放置在特定位置、向它们添加背景颜色、在它们周围设置浮动文字等。图 4-2 所示为段落（p 标签包含的内容）应用设置边框的 CSS 规则的效果。

图 4-2　使用 CSS 控制块级元素的外观

4．应用 CSS 样式

页面内容（即 HTML 代码）存放在 HTML 文件中，而用于定义代码表示形式的 CSS 规则存放在另一个文件（外部样式表）或 HTML 文件的另一部分（通常为文件档头部分）中，如图 4-3 所示。此外，也有将 CSS 规定应用于正文（<body>标签）内定义指定对象规则的用法，如图 4-4 所示。

换言之，有三种方法可以在网页上使用 CSS 样式：

- 外部样式：将网页链接到外部 CSS 样式。
- 内页样式：在网页上创建嵌入的 CSS 样式。
- 行内样式：应用内嵌 CSS 样式到各个网页元素。

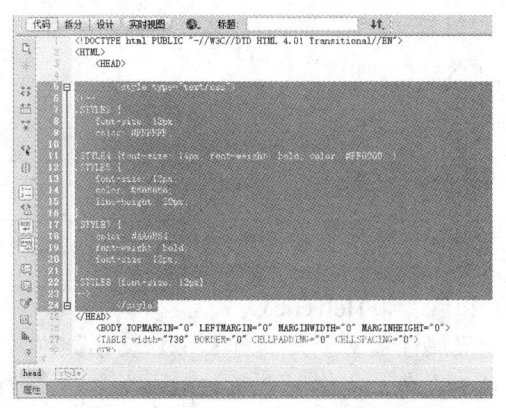

第 4 章 使用 CSS 规范页面外观与布局

图 4-3 放置在文件档头的 CSS 规则

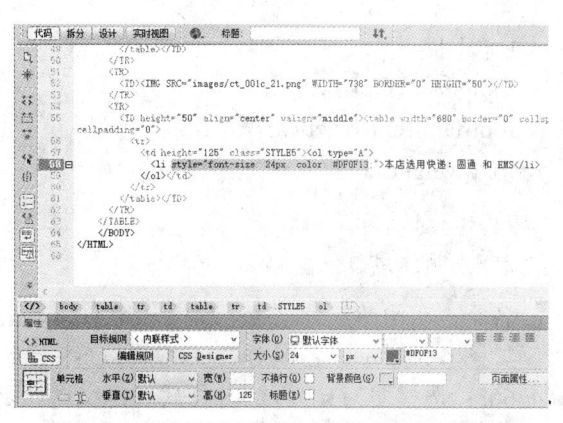

图 4-4 应用于正文指定对象外观的 CSS 规则

5．应用特点

总的来说，CSS 具有以下三个重要的应用特点：

（1）极大地补充了 HTML 语言在网页对象外观样式上的编辑效果。

（2）能够控制网页中的每一个元素（精确定位）。

（3）能够将 CSS 样式与网页对象分开处理，极大地减少了工作量。

Dreamweaver CC 2014 全面支持 CSS 3.0 规则，能够直接通过【新建文件】对话框创建 CSS 样式表文件，还可以通过【CSS 设计器】面板完成创建或附加、定义、编辑和管理 CSS 规则。图 4-5 所示为通过【新建文件】对话框创建 CSS 文件。

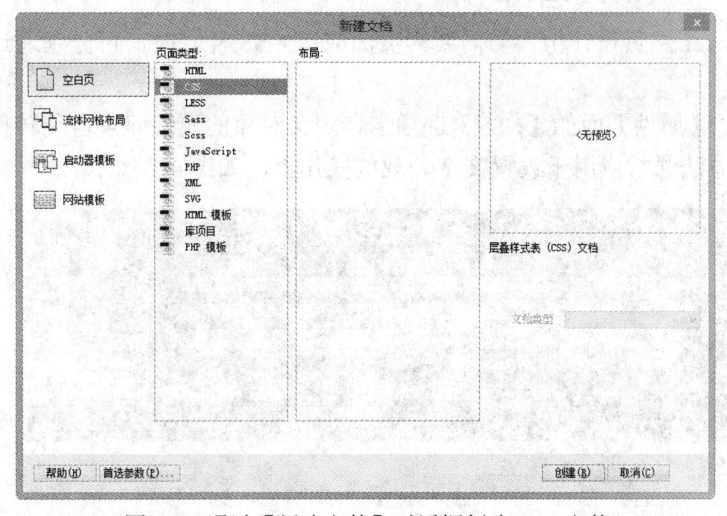

图 4-5 通过【新建文件】对话框创建 CSS 文件

4.1.2 关于 CSS 规则

1．CSS 规则组成

CSS 规则由两部分组成：选择器和声明（大多数情况下为包含多个声明的代码块）。选择器是标识已设置格式元素的术语（如 p、h1、类名称或 ID），而声明块则用于定义样式属性。

在下面的示例中，text1 是选择器，介于大括号（{}）之间的所有内容都是声明块：

109

```
text 1 {
font-size: 16 pixels;
font-family: Helvetica;
font-weight:bold;
}
```

2．声明组成

各个声明由两部分组成：属性（如 Font-family）和值（如 Helvetica）。

如图 4-6 所示，名称为".text"的 CSS 样式的定义属性是文字大小为 12px，文字颜色为 #643608；选择器为 h1 的 CSS 样式的定义属性是颜色为白色，文字大小为 12px，文字对齐方式为居中对齐。

图 4-6　驻留在档头的 CSS 样式

4.1.3　应用 CSS 的方法

在 Dreamweaver 网页设计中，当需要为页面应用 CSS 样式时，可分别通过以下几种方法完成：

方法 1　通过【属性】面的【CSS】选项卡，定义对象的属性即可自动转换成定义对象的 CSS 规则。这种方法通常应用于设置文字外观的操作上，如图 4-7 所示。

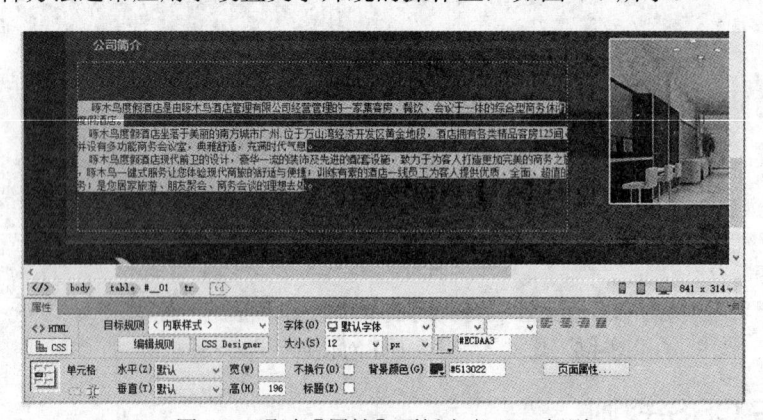

图 4-7　通过【属性】面板定义 CSS 规则

方法 2　对于某些特定对象（例如 Div），可以通过【新建 CSS 规则】对话框选择 CSS 的选择器，然后通过【CSS 规则定义】对话框定义各项规则，如图 4-8 所示。

方法 3　通过【CSS 设计器】面板，可以为所有页面可视元素定义 CSS 规则，如图 4-9 所示。

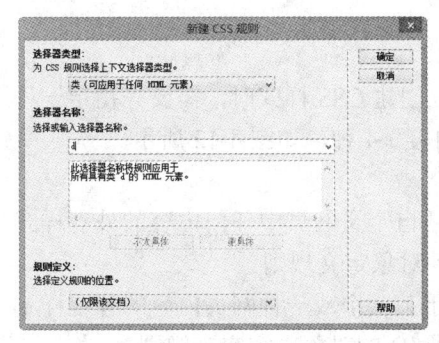

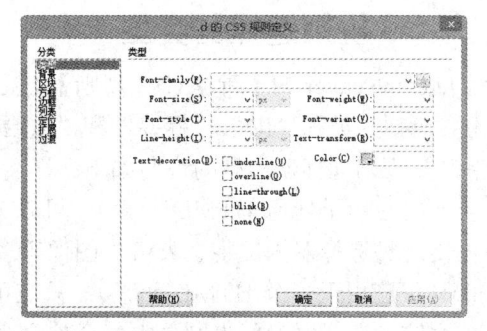

图 4-8 通过对话框定义 CSS 规则

方法 4 通过【CSS 过渡效果】面板，可以创建、修改和删除 CSS 过渡效果，如创建当鼠标移到文字上方时的过渡效果，如图 4-10 所示。

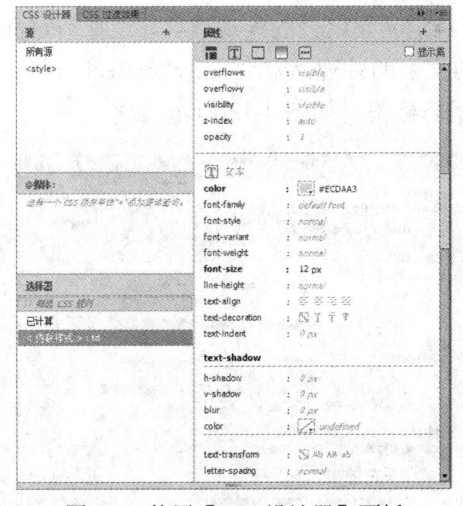

图 4-9 使用【CSS 设计器】面板 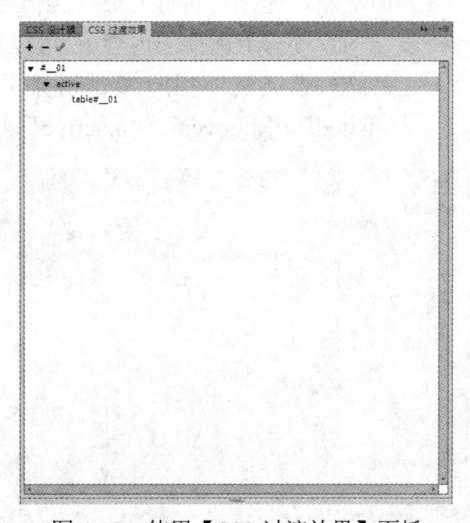　　　　图 4-10 使用【CSS 过渡效果】面板

方法 5 通过附加样式表的功能，将外部 CSS 样式表链接或导入到当前网页中，如图 4-11 所示。

方法 6 在 Dreamweaver 中切换至【代码】或【拆分】的文件窗口视图模式后，直接在代码窗口编写或添加应用 CSS 样式的代码。

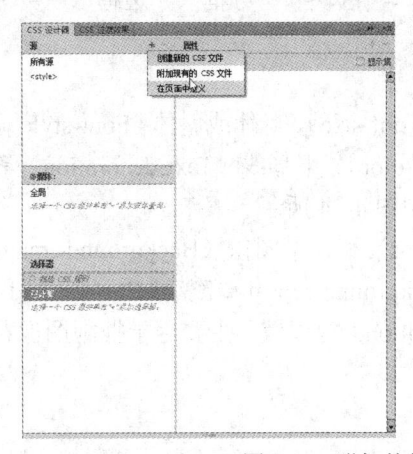

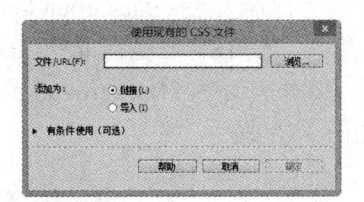

图 4-11 附加外部 CSS 样式表

111

4.1.4 CSS 规则选择器类型

通过 Dreamweaver 的【新建 CSS 规则】对话框创建 CSS 样式时，需要先指定一种选择器类型，主要包括"类"、"ID"、"标签"和"复合内容"4 种，如图 4-12 所示。

4 种 CSS 规则选择器类型的说明如下：

- 类（可应用于任何 HTML 元素）：可以灵活自定义网页中任何内容的外观样式，可以使用这种选择器为文字、表格、图像等多种对象定义规则。
- ID（仅应用于一个 HTML 元素）：只应用于某一个或一种网页内容的外观样式，可以使用这种选择器专门为网页中某个被命名了 ID 的对象内容定义规则。
- 标签（重新定义 HTML 元素）：用于重新定义 HTML 标签的特定外观样式，如 h1、font、input、table 等。当创建或更改了特定标签的 CSS 样式时，所有使用该标签的对象都会立即更新，无须再执行 CSS 规则套用设置。
- 复合内容（基于选择的内容）：可以重新定义特定元素组合的外观样式，或重新定义固定的选择器类型。常用于修改链接不同状态的文字的外观，包括"body"标签和"a:link"、"a:visited"、"a:hover"、"a:active" 4 种链接状态标签，如图 4-13 所示。

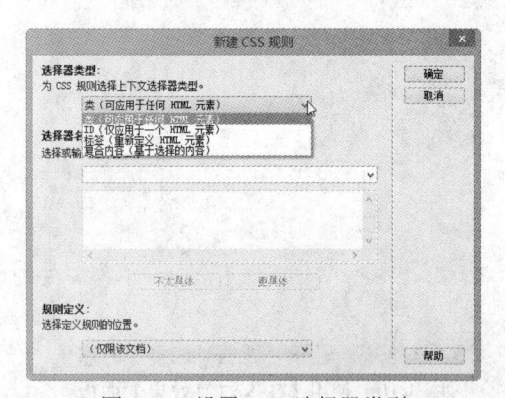

图 4-12　设置 CSS 选择器类型 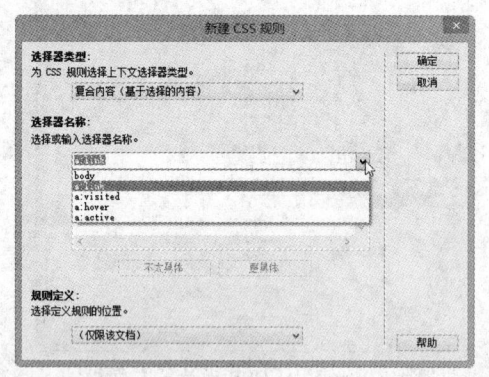　　　　图 4-13　复合内容类型默认的选择器

4.1.5 定义 CSS 规则的内容

新建 CSS 规则时，虽然可通过 4 种选择器来完成，但每一种选择器新建的 CSS 规则定义都是相同的，其定义的分类有"类型"、"背景"、"区块"、"方框"、"边框"、"列表"、"定位"、"扩展"和"过渡"共 9 个种类。

CSS 规则分类设置的说明如下：

- 类型：包含字体（Font-family）、大小（Font-size）、粗体或斜体（Font-style）、间距（Font-weight）、行高（Font-height）、颜色（Color）、下划线（Text-decoration）等基本外观定义，该类定义主要设置文字的外观，如图 4-14 所示。
- 背景：包含背景颜色（Background-color）和背景图像（Background-image）两种背景定义，其中，背景图像还包括重复（Background-repeat）、滚动（Background-attachment）、水平对齐和垂直对齐（Background-position）等设置，主要用于控制图像背景的具体外观，如图 4-15 所示。

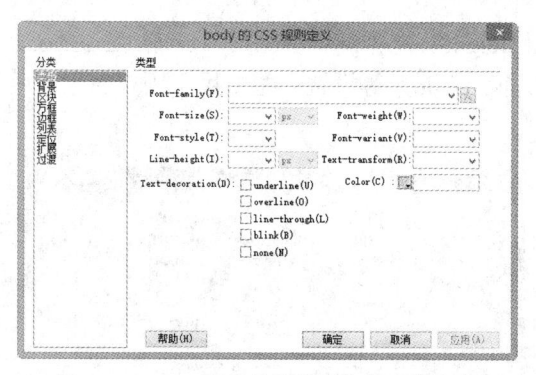

图 4-14　CSS 规则【类型】分类定义内容 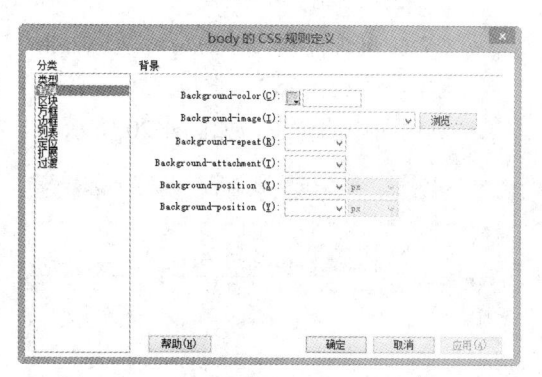　　　　图 4-15　CSS 规则【背景】分类定义内容

- 区块：包含单词间距（Word-spacing）、字母间距（Letter-spacing）、垂直对齐（Vertical-align）、文字对齐（Text-align）、文字缩进（Text-indent）、空格（White-space）和显示（Display）7 个定义项目，主要用于控制某个整体区域的内容外观，如针对段落或一组多行文字的单元格内的外观效果，如图 4-16 所示。
- 方框：包含宽（Width）、高（Height）、填充（Padding）和边界（Margin）等定义项目，主要定义对象与其所在区域边界的关系，如四周边界的间距、填充等，如图 4-17 所示。

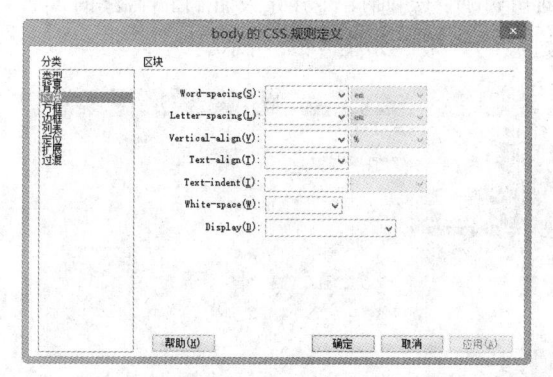

图 4-16　CSS 规则【区块】分类定义内容 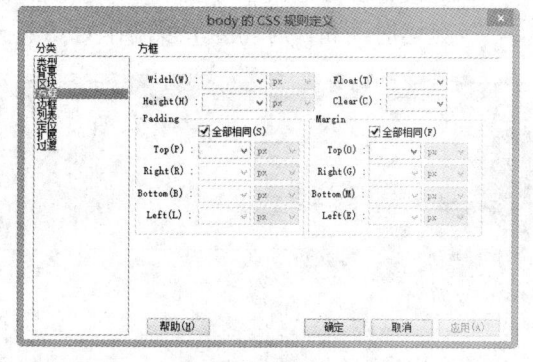　　　　图 4-17　CSS 规则【方框】分类定义内容

- 边框：包含样式（Style）、宽度（Width）和颜色（Color）三种设置。其中，样式选项有实线、虚线、双实线等线条样式；宽度则可设置线条的粗细；颜色可以为线条设置色彩。这些设置都分为上、右、下、左 4 个方向，它们主要用于定义对象的边框效果，如为文字添加边框效果，如图 4-18 所示。
- 列表：包含类型（List-style-type）、项目符号图像（List-style-image）和位置

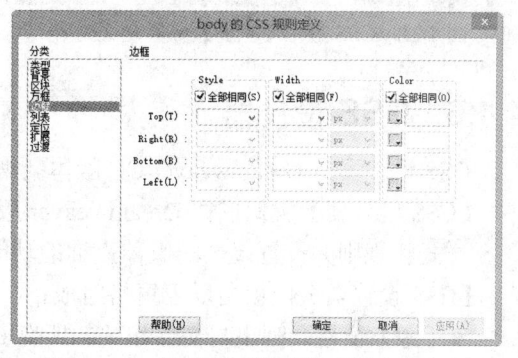

图 4-18　CSS 规则【边框】分类定义内容

（List-style-Position）三种设置，如图 4-19 所示。其中，类型中可选择圆点、圆圈、方块、数字、大小写字母、大小写罗马数字等选项；而通过项目符号图像栏可指定外部图像作为项目符号，从而达到美化网页中项目列表或项目编号的目的。

113

- 定位：包含位置（Position）、宽（Width）、高（Height）、能见度（Visibility）、Z 轴（Z-Index）、溢出（Overflow）、定位（Placement）和剪辑（Clip）等设置，主要用于固定对象在网页页面中的位置，如图 4-20 所示。

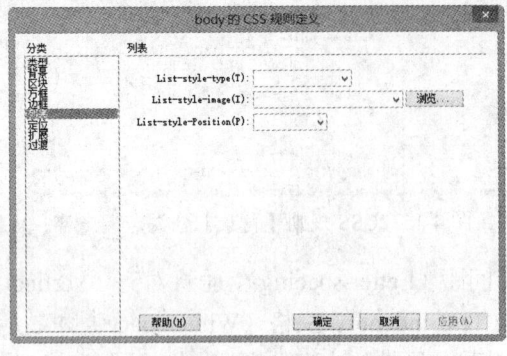

图 4-19　CSS 规则【列表】分类定义内容 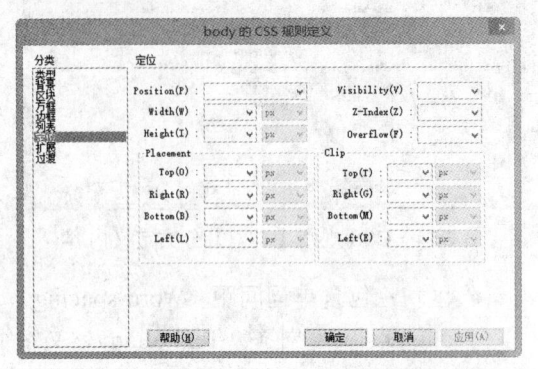　　　　图 4-20　CSS 规则【定位】分类定义内容

- 扩展：包括"分页"和"视觉效果"两种设置，如图 4-21 所示。其中，"分页"用于控制对象在网页中不同对象内的呈现形式；而"视觉效果"可通过选择过滤器（Filter）来定义外观特效，如定义具有透明效果的图像。
- 过渡：在【过渡】分类中，可以添加任何可过渡的动画属性并定义属性的持续时间、延迟时间和计时功能，以制作 CSS 样式过渡的效果，如图 4-22 所示。

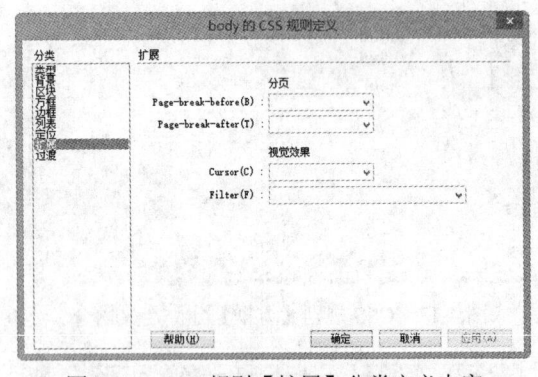

图 4-21　CSS 规则【扩展】分类定义内容 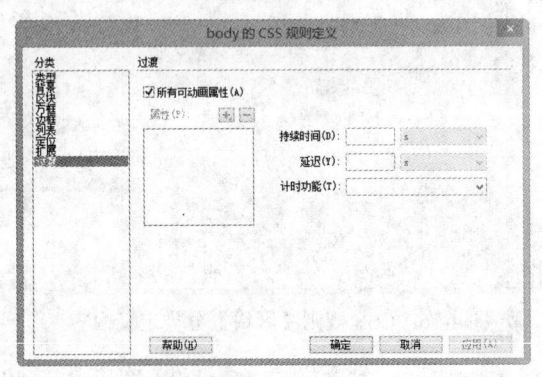　　　　图 4-22　CSS 规则【过渡】分类定义内容

4.1.6　CSS 设计器

CSS 设计器是 Dreamweaver CC 版本新增的功能，在 Dreamweaver CC 2014 中得到强化。

【CSS 设计器】类似以往 Dreamweaver 版本的【CSS 样式】面板，它提供"可视化"创建 CSS 样式和规则并设置属性和媒体查询的功能，如图 4-23 所示。

【CSS 设计器】面板由以下窗格组成：
- 【源】窗格：列出与文件相关的所有 CSS 样式表。使用此窗格，可以创建 CSS 并将其附加到文件，也可以定义文件中的样式。
- 【@媒体】窗格：在【源】窗格中列出所选源中的全部媒体查询。如果不选择特定 CSS，则此窗格将显示与文件关联的所有媒体查询。
- 【选择器】窗格：在【源】窗格中列出所选源中的全部选择器。如果同时还选择了一个媒体查询，则此窗格会为该媒体查询缩小选择器列表范围。如果没有选择 CSS 或媒体查询，则此窗格将显示文件中的所有选择器。在【@媒体】窗格中选择【全局】后，将显示对所选源的媒体查询中不包括的所有选择器。
- 【属性】窗格：显示可为指定的选择器设置的属性。

> CSS 设计器是上下文相关的。这意味着对于任何给定的上下文或选定的页面元素，都可以查看关联的选择器和属性。而且，在 CSS 设计器中选中某选择器时，关联的源和媒体查询将在各自的窗格中高亮显示，如图 4-24 所示。

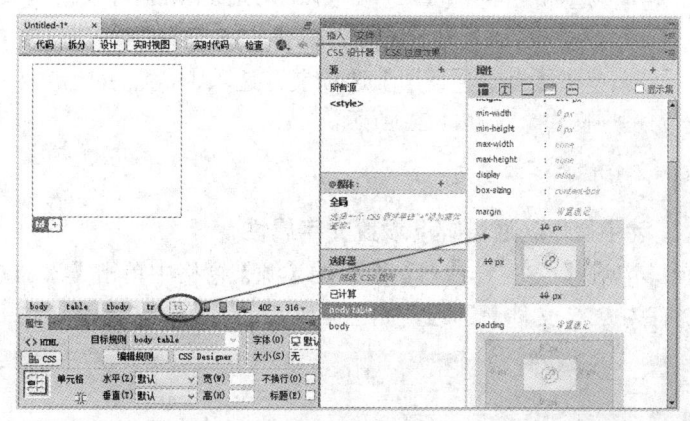

图 4-23　【CSS 设计器】面板　　　图 4-24　CSS 设计器显示在实时视图中选择对象的属性

4.2 应用 CSS 样式

下面将详细介绍 CSS 样式在制作网页时的应用。

4.2.1 创建和附加样式表

1. 创建样式表

动手操作　创建样式表

1 在【CSS 设计器】面板的【源】窗格中单击【添加 CSS 源】按钮 ，然后选择以下任意一个选项：

（1）创建新的 CSS 文件：创建新 CSS 文件并将其附加到文件。

（2）在页面中定义：在文件内定义 CSS。

2 如果选择的是【创建新的 CSS 文件】选项，将显示【创建新的 CSS 文件】对话框。

3 单击【浏览】按钮以指定 CSS 文件的名称，然后指定保存新文件的位置，接着单击【保存】按钮，如图 4-25 所示。

115

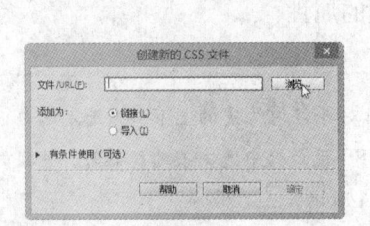

图 4-25　创建 CSS 文件

4 执行下列操作之一：

（1）选择【链接】单选项可以将 Dreamweaver 文件链接到 CSS 文件。

（2）选择【导入】单选项可以将 CSS 文件导入到当前 Dreamweaver 文件中。

5 单击【有条件使用】选项展开选项卡，然后指定要与 CSS 文件关联的媒体查询，此操作为可选操作，如图 4-26 所示。

2．附加样式表

🖉 动手操作　通过 CSS 设置文字属性

1 在【CSS 设计器】面板的【源】窗格中单击【添加 CSS 源】按钮 ➕，然后选择【附加现有的 CSS 文件】选项，如图 4-27 所示。

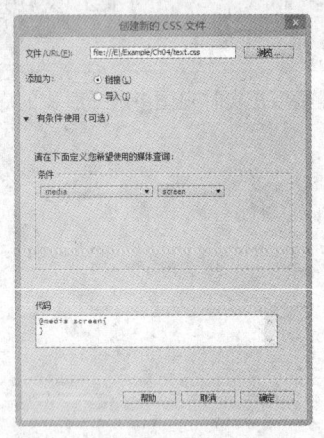

图 4-26　设置有条件使用选项 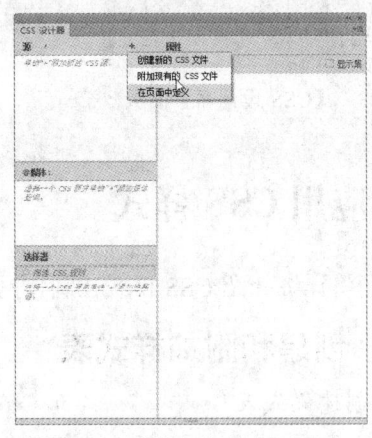　　　　图 4-27　附加现有的 CSS 文件

2 打开【使用现有的 CSS 文件】对话框，单击【浏览】按钮并从【选择样式表文件】对话框中选择 CSS 文件，如图 4-28 所示。

3 选择【链接】CSS 文件或【导入】CSS 文件，再根据需要设置【有条件使用】选项，接着单击【确定】按钮。

3．定义 CSS 选择器

🖉 动手操作　定义 CSS 选择器

1 在【CSS 设计器】中，选择【源】窗格中的某个 CSS 源或【@媒体】窗格中的某个媒体查询。

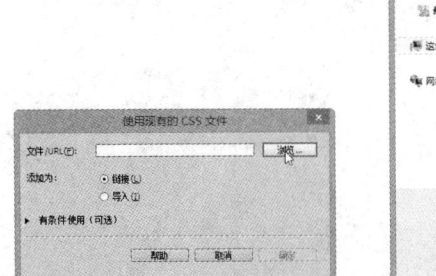

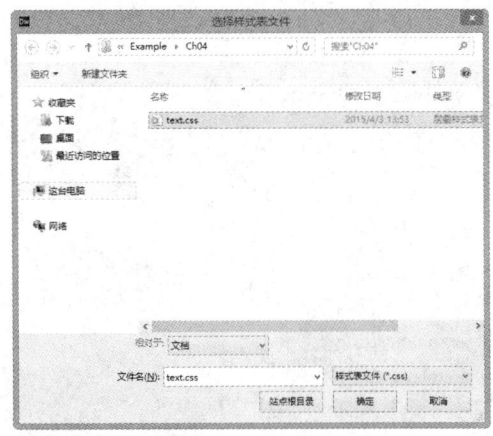

图 4-28　选择现有的 CSS 文件

2 在【选择器】窗格中，单击【添加选择器】按钮 ，根据在文件中选择的元素，CSS 设计器会智能确定并提示使用相关选择器（最多三条规则）。图 4-29 所示为选择页面的表格对象，添加选择器时智能确定为【body table】。

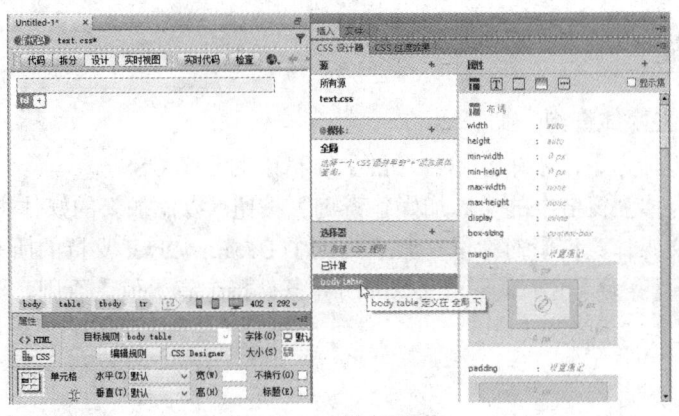

图 4-29　添加选择器

3 可执行下列一个或多个操作：
（1）使用向上或向下箭头键可为建议的选择器调整具体程度。
（2）删除建议的规则并键入所需的选择器。确保键入了选择器名称以及【选择器类型】的指示符。例如，如果要指定 ID，可以在选择器名称之前添加前缀"#"（目的是避免与 HTML 标签的选择器名称相同），如图 4-30 所示。
（3）如果要搜索特定选择器，可使用窗格顶部的搜索框。
（4）如果要重命名选择器，可单击该选择器，然后键入所需的名称。
（5）如果要重新整理选择器，可将选择器拖至所需位置。
（6）如果要将选择器从一个源移至另一个源，可将该选择器拖至【源】窗格中所需的源上，如图 4-31 所示。
（7）如果要复制所选源中的选择器，可以鼠标右键单击该选择器，然后选择【复制】命令。
（8）如果要复制选择器并将其添加到媒体查询中，可右击该选择器，将鼠标悬停在【复制到媒体查询中】上，然后选择该媒体查询。

117

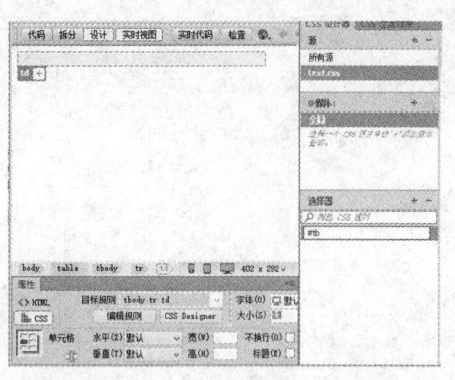

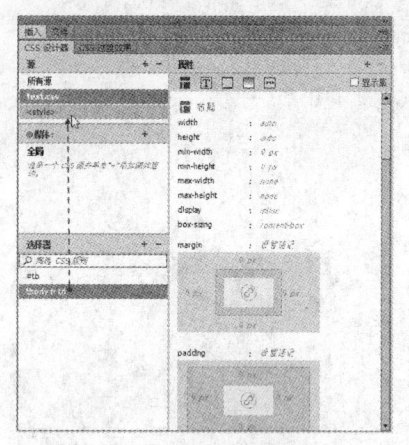

图 4-30　键入选择器名称　　　　　　　　图 4-31　移动选择器到目标源

> 只有选定的选择器的源包含媒体查询时，【复制到媒体查询中】选项才可用。另外，无法从一个源将选择器复制到另一个源的媒体查询中。

4．定义媒体查询

动手操作　定义媒体查询

1 在【CSS 设计器】面板中，单击【源】窗格中的某个 CSS 源。

2 单击【@媒体】窗格中的【添加媒体查询】按钮 以添加新的媒体查询。

3 打开【定义媒体查询】对话框，其中列出了 Dreamweaver 支持的所有媒体查询条件。此时根据需要选择【条件】，并确保为选择的所有条件指定有效值。否则，无法成功创建相应的媒体查询，如图 4-32 所示。

> 如果通过代码添加媒体查询条件，则只会将受支持的条件填入【定义媒体查询】对话框中。然而，该对话框中的【代码】文本框会完整地显示代码（包括不支持的条件）。

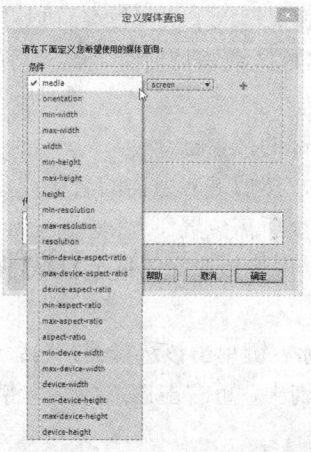

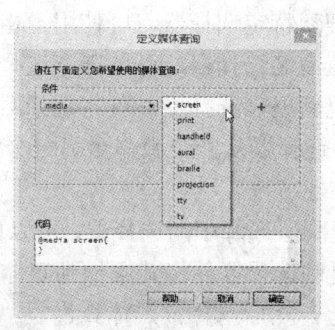

图 4-32　定义媒体查询

4.2.2 设置 CSS 属性

1．显示属性

【CSS 设计器】面板的属性分为以下几个类别，并由【属性】窗格顶部的不同图标表示：布局、文本、边框、背景、其他（自定义）。如果选择【显示集合】复选框可仅查看集合属性。如果要查看为选择器指定的所有属性，则可以取消选择【显示集合】复选框，如图 4-33 所示。

图 4-33　显示所有属性和仅限属性设置

2．设置基本属性

如果要设置基本属性（如宽度、字体大小或边框合并），可以单击【属性】窗格中的属性旁边显示的所需选项，然后输入数值，如图 4-34 所示。

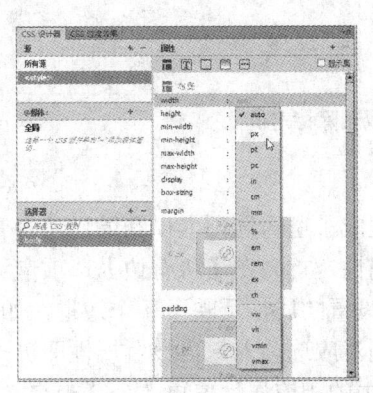

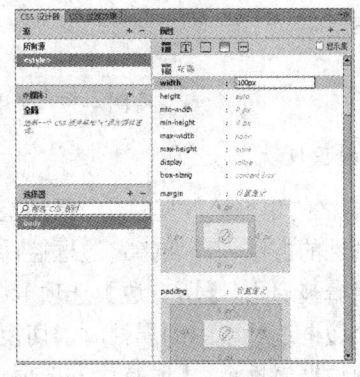

图 4-34　设置属性

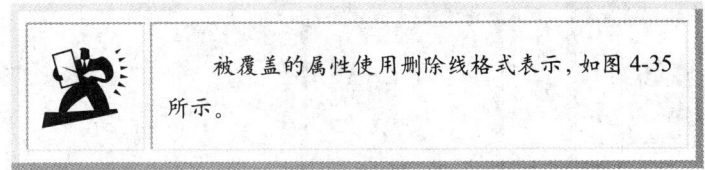

> 被覆盖的属性使用删除线格式表示，如图 4-35 所示。

3．设置边距、填充和位置

使用 CSS 设计器【属性】窗格中的框控件，可以快速设置边距、填充和位置属性。如果偏好使用代码，则可以在快速编辑框中为边距和填充指定速记代码。

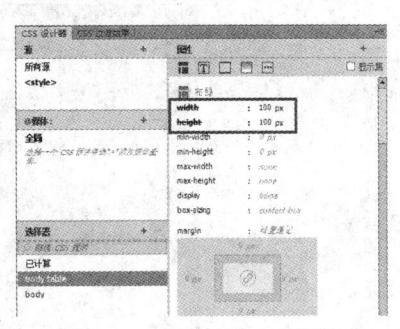

图 4-35　表示被覆盖的属性

其设置边距、填充和位置的方法为：单击值并键入所需值，如图 4-36 所示。如果想让所有 4 个值相同并同时更改，可以单击中心位置的链接图标。此外，可以随时禁用或删除特定值，如删除左侧外边距值，同时保留右侧、顶部和底部外边距值，如图 4-37 所示。

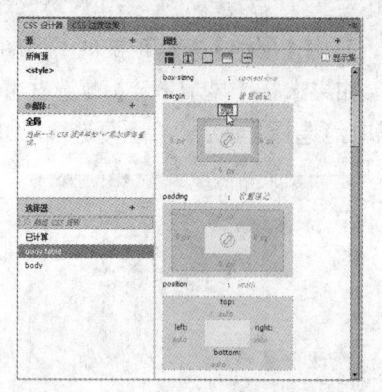

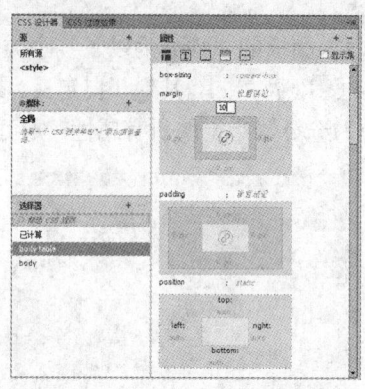

图 4-36　键入属性值

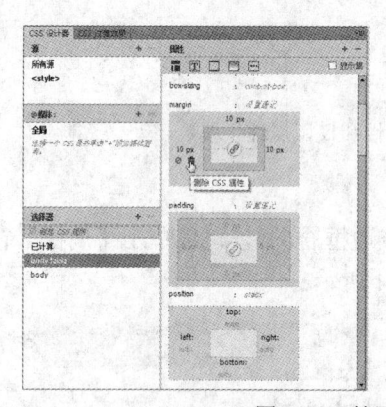

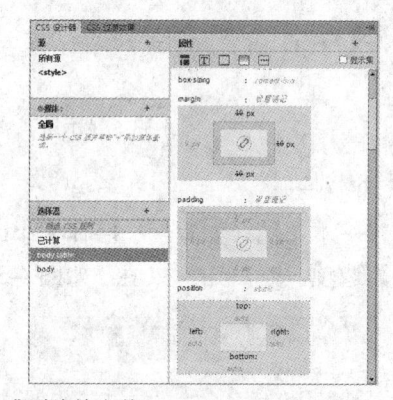

图 4-37　禁用或删除特定值

4．设置边框属性

在【属性】窗格的边框控件属性中，已经整理成了逻辑选项卡以帮助迅速查看或修改属性。

设置边框属性的方法为：要指定边框控件属性，首先在【所有边】选项卡中设置属性。其他选项卡也接着被启用，【所有边】选项卡中设置的属性反映于各个边框，如图 4-38 所示。当需要更改各个边框选项卡中的属性时，切换到对应选项卡，再设置属性即可，如图 4-39 所示。当设置其他边框属性后，【所有边】选项卡中的相应属性值更改为【未定义】（默认值）。

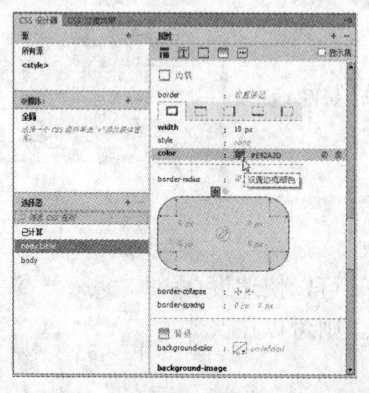

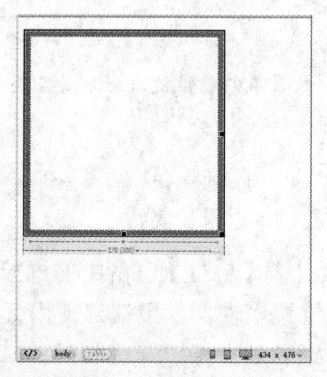

图 4-38　设置所有边的属性

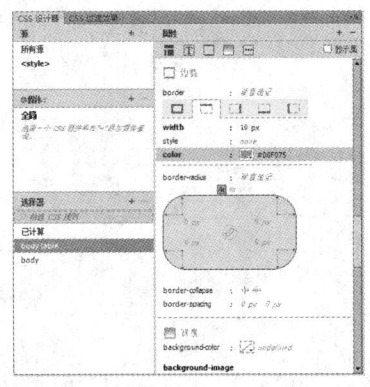

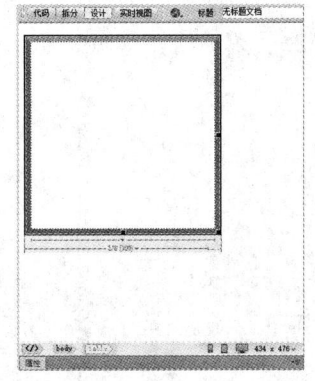

图 4-39　更改其他边框属性

5．禁用或删除属性

【CSS 设计器】面板可用来禁用或删除每个属性。

禁用或删除属性的方法为：当将鼠标悬停在属性上时，就会显示【禁用】按钮◎或【删除】按钮🗑，单击按钮即可禁用或删除属性，如图 4-40 所示。

如果是使用 Dreamweaver CC 2014 版本的用户，还可以在边框控件组级别使用删除和禁用控件，并将这些操作应用于所有属性，如图 4-41 所示。

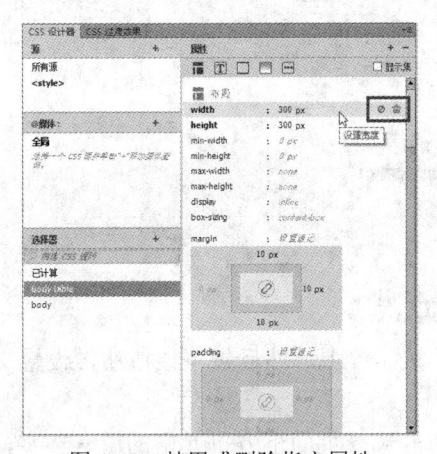

图 4-40　禁用或删除指定属性 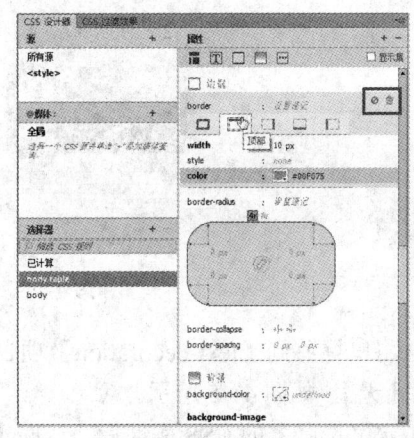　　　　图 4-41　删除或禁用整个控件组级别的属性

4.2.3　应用类选择器

CSS 样式有 4 种类型的选择器，其中"类"选择器应用较为广泛，因为这种类型选择器的 CSS 规则可以应用于任何 HTML 元素。

要新建类选择器的 CSS 规则，名称必须以句点开头，并且可以包含任何字母和数字组合（如 webhead1）。

动手操作　使用类选择器 CSS 设置文字

1 打开光盘中的"..\Example\Ch04\4.2.3.html"练习文件，打开【CSS 设计器】面板，在【源】窗格中单击【添加 CSS 源】按钮➕，然后选择【在页面中定义】选项，如图 4-42 所示。

2 在【源】窗格中选择步骤 1 添加的 CSS 源，然后在【选择器】窗格中单击【添加选择器】按钮➕，在文本框中输入【.text1】作为名称，如图 4-43 所示。

121

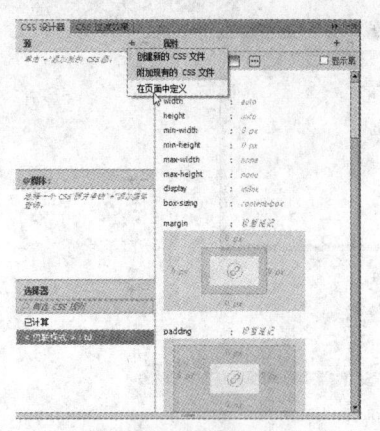

图 4-42 添加 CSS 源

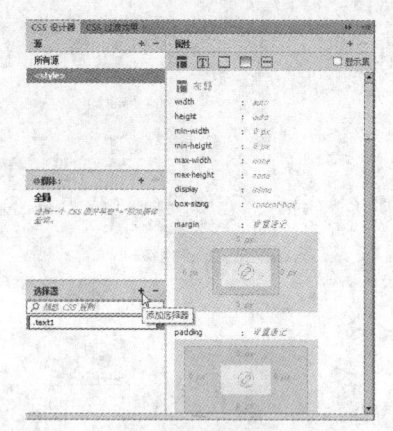

图 4-43 添加选择器

3 在【属性】窗格中单击【文本】按钮 T，转到【文本】框后设置文字颜色，再设置文字的字体和大小，如图 4-44 所示。

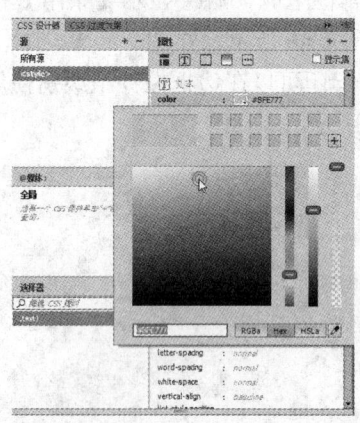

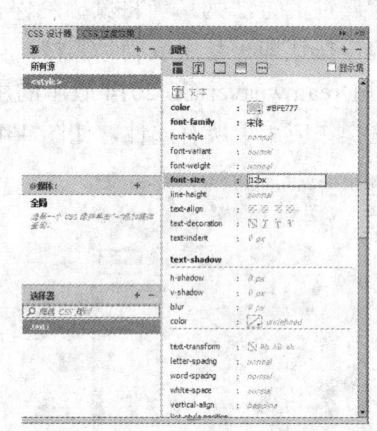

图 4-44 设置文字的基本属性

4 将鼠标移到【text-decoration】项目的【none】按钮上，然后按下该按钮，设置文字装饰为【无】，如图 4-45 所示。

5 定义选择器的 CSS 属性后，返回【文件】窗口并选择页面下方单元格的所有文字，再打开【属性】面板并应用【text1】类，如图 4-46 所示。

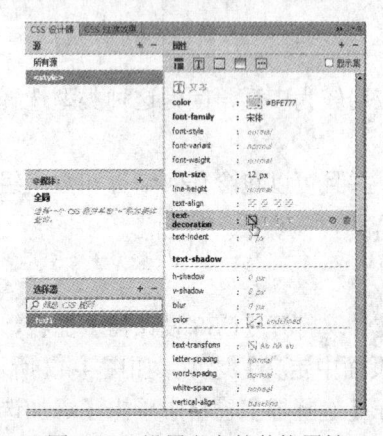

图 4-45 设置文字的装饰属性

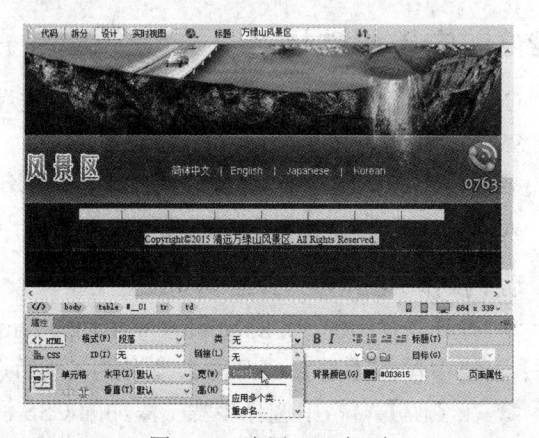

图 4-46 应用 CSS 规则

⑥ 此时单元格中的链接文字还没有应用装饰属性，因此选择第一个链接文字，然后通过【属性】面板应用【text1】类，接着使用相同的方法，为其他链接文件应用类，以便使链接文字应用【text1】的 CSS 规则，如图 4-47 所示。

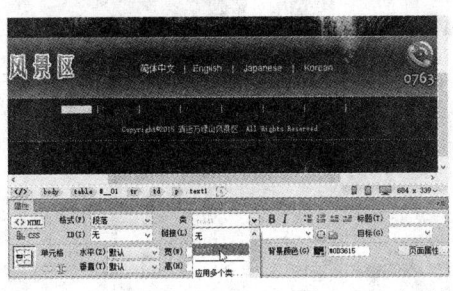

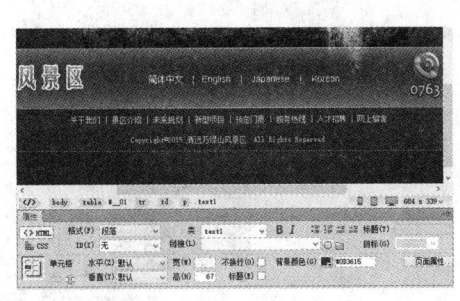

图 4-47　为链接文字应用 CSS 规则

4.2.4　应用 ID 选择器

ID 选择器类型的 CSS 规则，可以应用于某一个或一种网页内容的外观设置。在应用这种选择器类型的 CSS 规则时，需要为页面的某个对象命名与 CSS 规则选择器名称一样的 ID，否则 CSS 规则无法应用到页面的对象。

动手操作　使用 ID 选择器设置文字

❶ 打开光盘中的 "..\Example\Ch04\4.2.4.html" 练习文件，选择页面下方的表格，再打开【属性】面板并设置表格 ID 为【table1】，如图 4-48 所示。

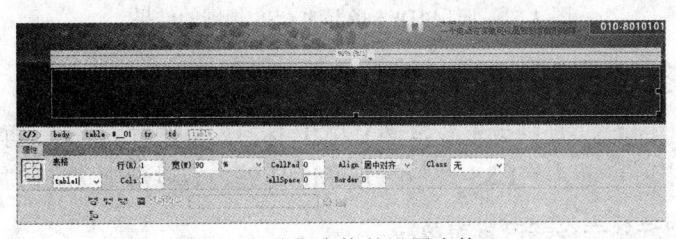

图 4-48　选择表格并设置表格 ID

❷ 打开【CSS 设计器】面板，在【源】窗格中单击【添加 CSS 源】按钮，然后选择【在页面中定义】选项，接着在【选择器】窗格中单击【添加选择器】按钮，并在文本框中输入选择器名称【#table1】，或者在输入【#】后选择【#table1】作为选择器，如图 4-49 所示。

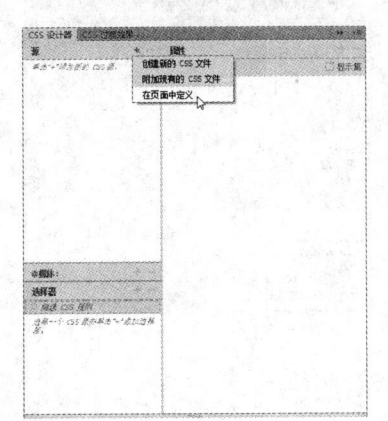

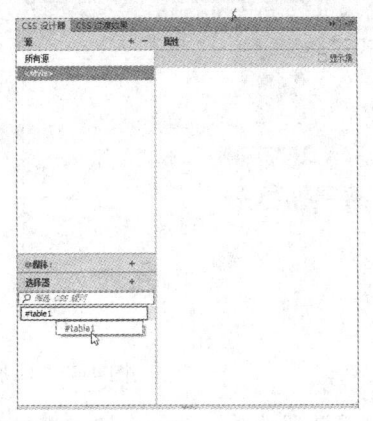

图 4-49　添加 CSS 源并设置 ID 选择器

3 在【属性】窗格中单击【文本】按钮，转到【文本】框后设置文字颜色，再设置文字的大小和对齐方式，如图4-50所示。

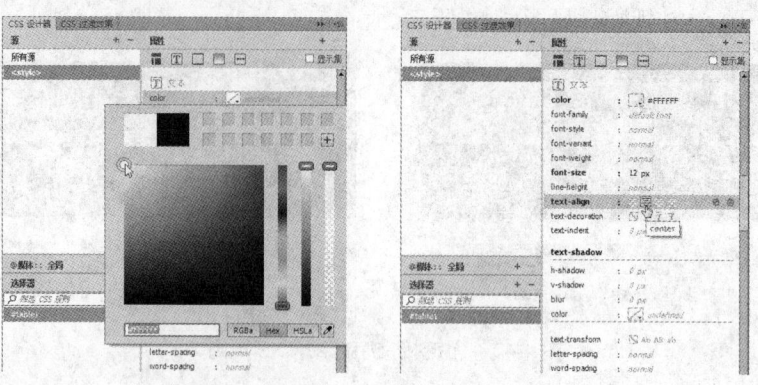

图4-50 设置CSS规则中的文字属性

4 设置文字属性后，由于添加的CSS选择器关联了【table1】ID，因此在设置属性后即可实时反映在关联的表格中，不需要通过【属性】面板执行应用CSS规则的操作，如图4-51所示。

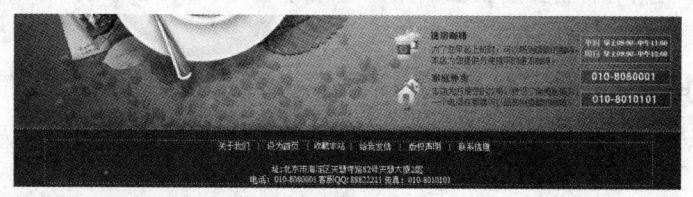

图4-51 应用ID选择器的CSS规则的结果

4.2.5 应用标签选择器

标签选择器类型的CSS规则可重新定义HTML标签的外观样式。无须再进行套用CSS的操作，即可使页面中所有定义了CSS规则的HTML标签内容以规则定义的属性显示外观。

动手操作　使用标签选择器设置表单

1 打开光盘中的"..\Example\Ch04\4.2.5.html"练习文件，打开【CSS设计器】面板，【源】窗格中选择【<style>】项，然后在【选择器】窗格中单击【添加选择器】按钮，输入 in，待弹出提示后，选择【input】标签项，如图4-52所示。

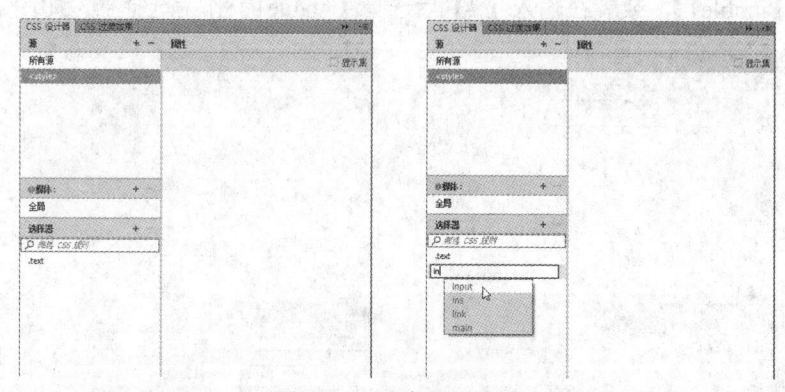

图4-52 添加标签选择器

2 在CSS设计器的【属性】窗格中切换到【文本】属性栏，然后设置颜色为【白色】、字体大小为【12px】，如图 4-53 所示。

3 在 CSS 设计器的【属性】窗格中切换到【背景】属性栏，然后设置背景颜色为【#3b4d60】，如图 4-54 所示。

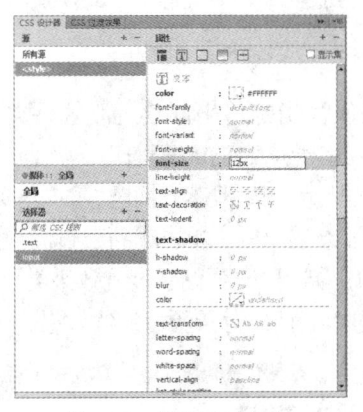

图 4-53　设置文本属性　　　　　　　　图 4-54　设置背景颜色

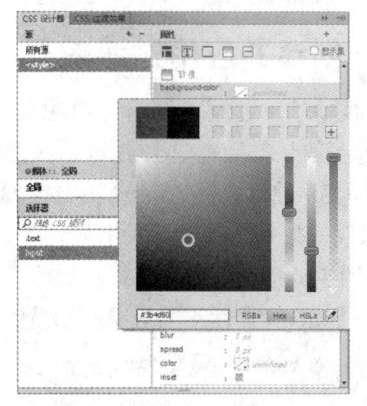

4 在 CSS 设计器的【属性】窗格中切换到【边框】属性栏，然后设置所有边框的样式为【实线】、大小为【1px】、颜色为【白色】，如图 4-55 所示。

5 完成上述操作后，可以将文件保存为新文件，如图 4-56 所示。

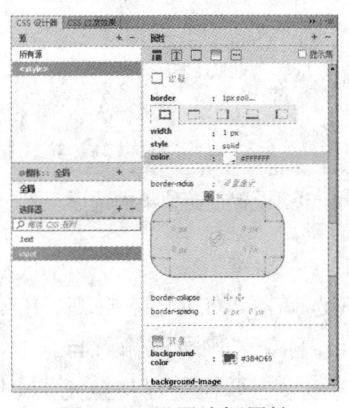

图 4-55　设置边框属性　　　　　　　　图 4-56　保存为新文件

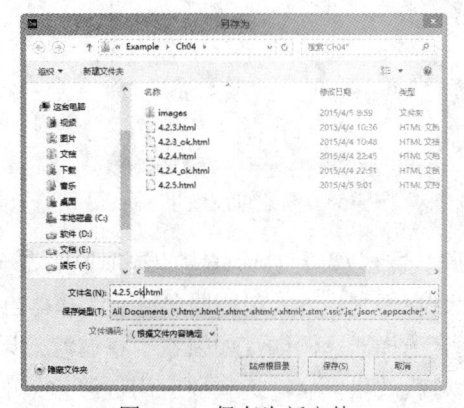

6 设置 CSS 规则后，标签为【input】的表单对象将实时反映出结果。可以通过浏览器查看应用 CSS 规则后的表单效果，如图 4-57 所示。

图 4-57　通过浏览器查看应用 input 标签选择器的结果

4.3 应用 CSS 过渡效果

在 Dreamweaver 中，可以使用【CSS 过渡效果】面板创建、修改和删除 CSS 的过渡效果。

4.3.1 创建并应用过渡效果

要创建 CSS 过渡效果，可以通过为元素的过渡效果属性指定值来创建过渡效果类。如果在创建过渡效果类之前选择元素，则过渡效果类会自动应用于选定的元素。

创建 CSS 过渡效果的方法为：选择想要应用过渡效果的元素（如段落、标题、Div 等）。也可以创建过渡效果并稍后将其应用到元素。打开【CSS 过渡效果】面板，单击【新建过渡效果】按钮，如图 4-58 所示。打开【新建过渡效果】对话框后，使用对话框选项创建过渡效果类。图 4-59 所示为对【#apdiv】标签的对象应用持续时间和延迟时间均为 1 秒的背景颜色过渡效果。

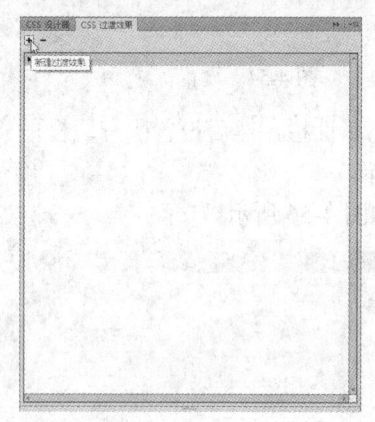

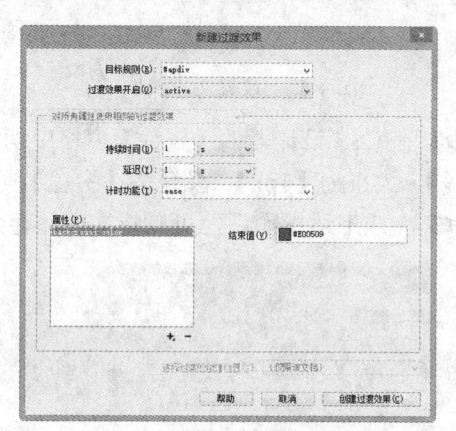

图 4-58 新建过渡效果　　　　　　　　　图 4-59 设置过渡效果的选项

【新建过渡效果】对话框中的选项说明如下：

- 目标规则：输入选择器名称。选择器可以是任意 CSS 选择器，如标签、规则、ID 或复合选择器。例如，如果希望将过渡效果添加到所有<hr>标记，则可以输入 hr。
- 过渡效果开启：选择要应用过渡效果的状态。例如，如果想要在鼠标移至元素上时应用过渡效果，则使用【hover】选项。
- 对所有属性使用相同的过渡效果：如果希望为要过渡的所有 CSS 属性指定相同的【持续时间】、【延迟】和【计时功能】，则选择此选项。
- 对每个属性使用不同的过渡效果：如果希望为要过渡的每个 CSS 属性指定不同的【持续时间】、【延迟】和【计时功能】，则选择此选项。
- 属性：单击 + 按钮以向过渡效果添加 CSS 属性。
- 持续时间：以秒（s）或毫秒（ms）为单位输入过渡效果的持续时间。
- 延迟：指时间，以秒或毫秒为单位，在过渡效果开始之前。
- 计时功能：从可用选项中选择过渡效果样式。
- 结束值：过渡效果的结果值。例如，如果想要字体大小在过渡效果的结尾增加到 40px，可以为字体大小属性指定 40px。
- 选择过渡的创建位置：如果要在当前文档中嵌入样式，可以选择【仅对该文档】选项。如果希望为 CSS 代码创建外部样式表，则可以选择【新建样式表文件】选项。

动手操作 制作 Div 的背景过渡效果

1 打开光盘中的"..\Example\Ch04\4.3.1.html"练习文件，选择【文件】窗口上的 AP Div 对象，然后在【属性】面板中设置 ID 为【apdiv】，如图 4-60 所示。

2 打开【CSS 过渡效果】面板，然后单击【新建过渡效果】按钮，如图 4-61 所示。

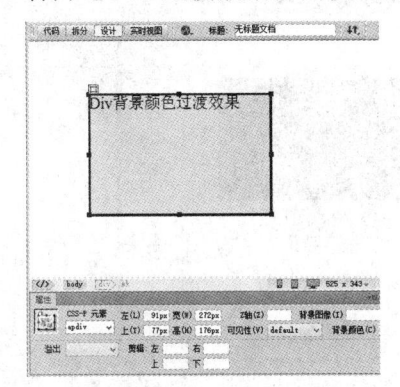

图 4-60 设置 AP Div 的 ID　　　　图 4-61 新建过渡效果

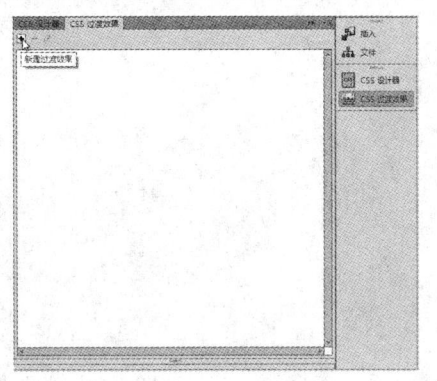

3 打开【新建过渡效果】对话框后，选择目标规则为【#apdiv】，再选择过渡效果开启为【hover】，如图 4-62 所示。

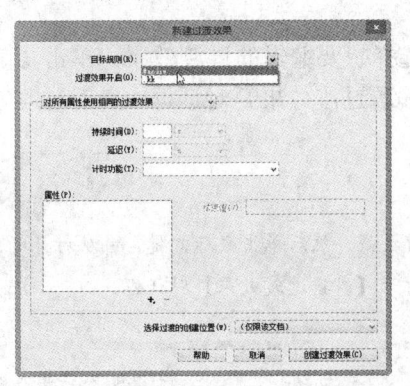

图 4-62 设置目标规则和过渡效果的状态

4 选择【对所有属性使用相同的过渡效果】选项，再设置持续时间、延迟时间和计时功能，接着在【属性】列表框中单击 + 按钮并选择【background-color】属性，然后设置结束值为【#FF0000】，最后单击【创建过渡效果】按钮，如图 4-63 所示。

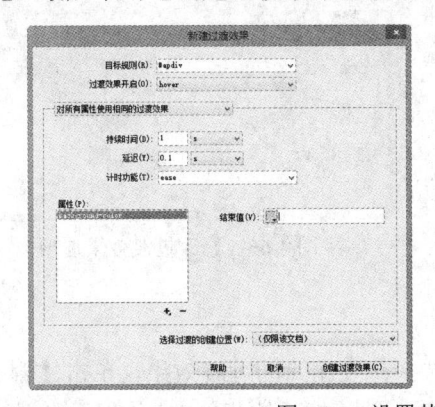

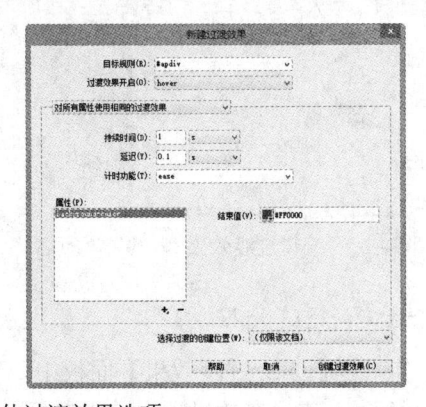

图 4-63 设置其他过渡效果选项

5 创建过渡效果后，可以从【CSS 过渡效果】面板中查看过渡效果项。此时可以保存文件，再按 F12 键打开浏览器。当将鼠标移到 AP Div 上时，原来黄色的背景将变成红色，如图 4-64 所示。

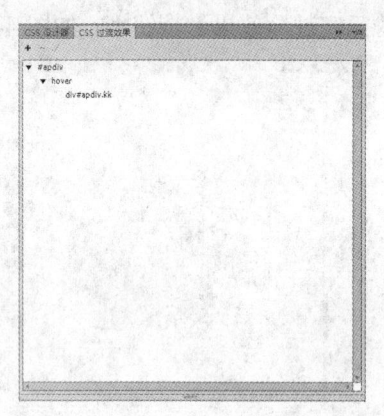

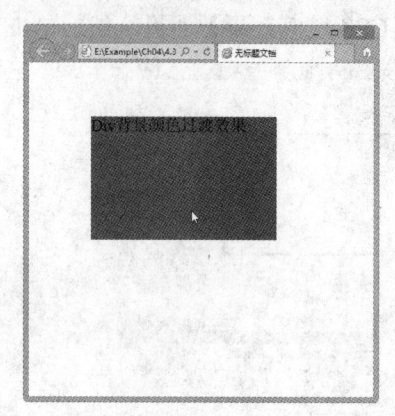

图 4-64　查看过渡效果项并浏览过渡效果

4.3.2　编辑与删除 CSS 过渡效果

1．编辑所选过渡效果

其方法为：在【CSS 过渡效果】面板中，选择想要编辑的过渡效果。单击【编辑所选过渡效果】按钮，如图 4-65 所示。在打开的【编辑过渡效果】对话框中针对过渡效果选项进行修改，如图 4-66 所示。

> 在【CSS 过渡效果】面板中选择过渡效果，然后单击鼠标右键，并从打开的菜单中选择【编辑所选过渡效果】命令，也可以打开【编辑过渡效果】对话框。

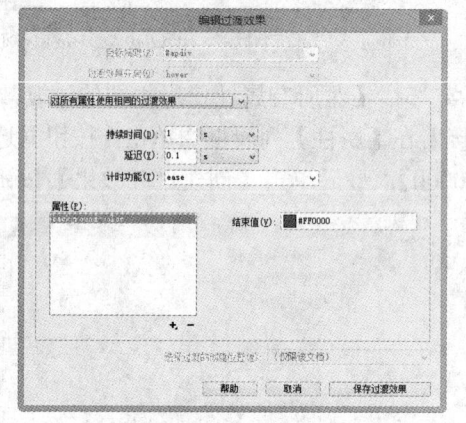

图 4-65　编辑过渡效果　　　　　图 4-66　修改过渡效果选项

2．删除选定的过渡效果

其方法为：在【CSS 过渡效果】面板中，选择想要删除的过渡效果。单击【删除选定的过渡效果】按钮，或者在效果项上单击鼠标右键，并从打开的菜单中选择【删除选定的过渡效果】命令,如图 4-67 所示。在打开的【删除过渡效果】对话框中选择要删除的部分,然后单击【删除】按钮即可,如图 4-68 所示。

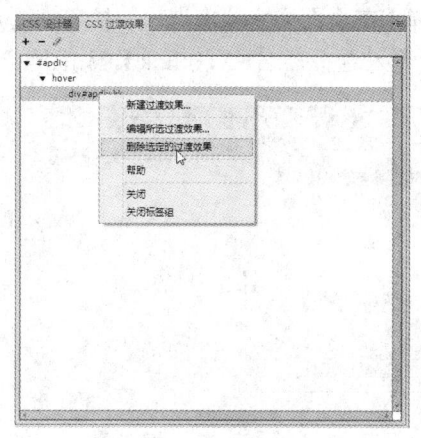

图 4-67 删除选定的过渡效果 　　　　图 4-68 选择要删除过渡的部分

3. 对过渡效果禁用 CSS 速记

其方法为:选择【编辑】|【首选项】命令,打开【首选项】对话框后,在右侧选择【CSS 样式】分类。在【使用速记】项中取消选择【过渡效果】复选框,然后单击【应用】按钮,如图 4-69 所示。

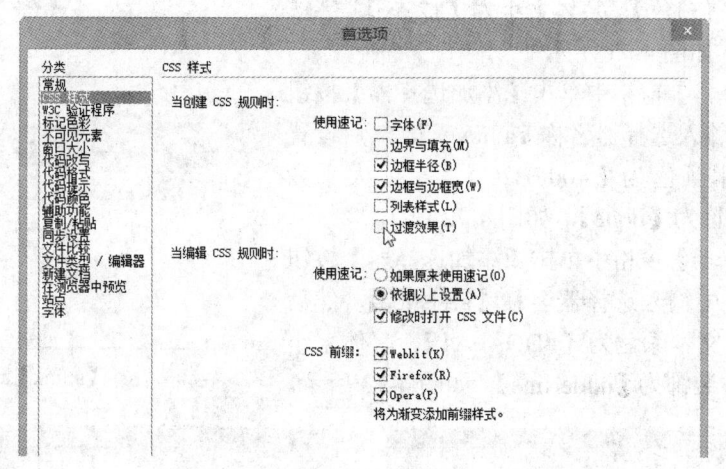

图 4-69 取消使用过渡效果的 CSS 速记

4.4 技能训练

下面通过多个上机练习实例,巩固所学技能。

4.4.1 上机练习 1:制作网页链接文字样式

本例将分别通过【CSS 设计器】面板新建选择器为【a:link】、【a:hover】、【a:visited】的复合内容类型的 CSS 规则,然后分别设置各个选择器的属性,以制作出网页中链接文字的正常、鼠标经过和已访问状态下的样式。

操作步骤

1 打开光盘中的"..\Example\Ch04\4.4.1.html"练习文件，打开【CSS 设计器】面板，在【源】窗格中单击【添加 CSS 源】按钮，然后选择【在页面中定义】选项，接着在【选择器】窗格中单击【添加选择器】按钮，并在文本框中输入选择器名称【a:link】，如图 4-70 所示。

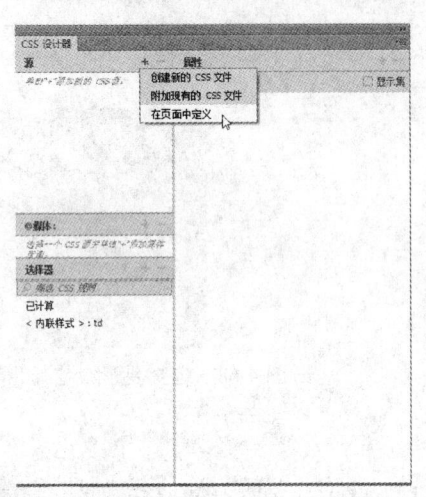

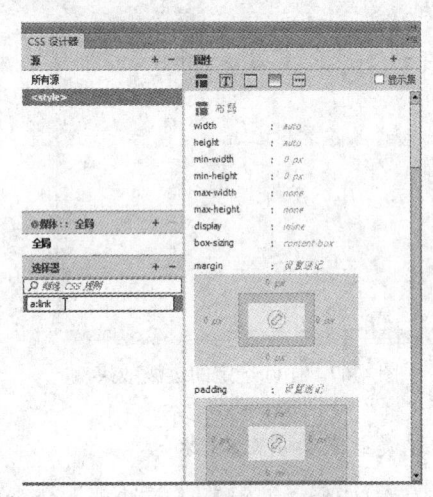

图 4-70 创建 CSS 规则

2 选择【a:link】选择器，然后在【属性】窗格中设置文本颜色为【白色】、字体大小为【12.px】、字体装饰为【none】，如图 4-71 所示。

3 在【选择器】窗格中单击【添加选择器】按钮，在文本框中输入选择器名称【a:hover】，然后设置该选择器的文本颜色为【#00FB2C】、字体大小为【12px】、字体装饰为【none】，如图 4-72 所示。

4 在【选择器】窗格中单击【添加选择器】按钮，并在文本框中输入选择器名称【a:visiter】，然后设置该选择器的文本颜色为【#DDA0A1】、字体大小为【12px】、字体装饰为【underline】，如图 4-73 所示。

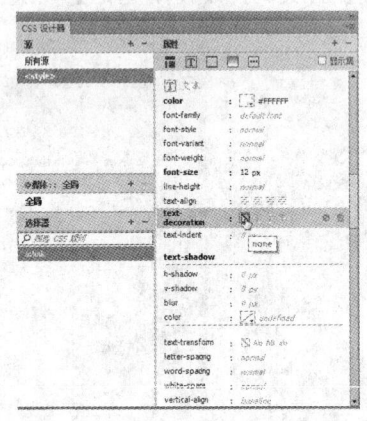

图 4-71 设置【a:link】选择器的文本属性

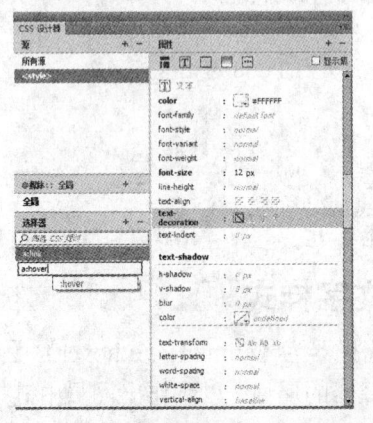

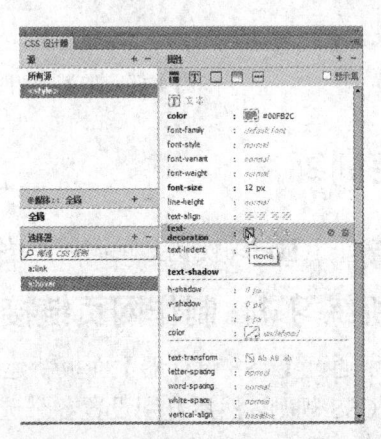

图 4-72 新建【a:hover】规则并设置属性

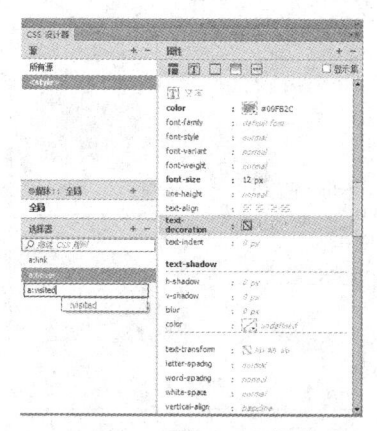

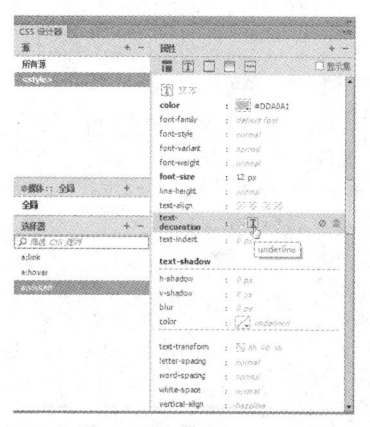

图 4-73　新建【a:visiter】规则并设置属性

5 完成上述操作后，即可保存网页文件，然后按 F12 键，通过浏览器查看链接文字的效果。在默认状况下，链接文字以白色显示，将鼠标移到链接文字上时，文字变成绿色，而被访问过的链接文字，则显示为另一种颜色，如图 4-74 所示。

图 4-74　通过浏览器查看链接文字的效果

4.4.2　上机练习 2：美化网页新闻栏目表格

本例先通过【属性】面板设置新闻栏目的表格 ID，然后通过 ID 类型选择器的 CSS 规则，设置规则中的文本和边框属性，使用 CSS 样式适当美化表格。

操作步骤

1 打开光盘中的"..\Example\Ch04\4.4.2.html"练习文件，选择新闻栏目的表格对象，再打开【属性】面板并设置表格 ID 为【newstable】，如图 4-75 所示。

2 打开【CSS 设计器】面板，在【源】窗格中选择【<style>】项，然后在【选择器】窗格中单击【添加选择器】按钮，再输入选择器名称【#newstable】，如图 4-76 所示。

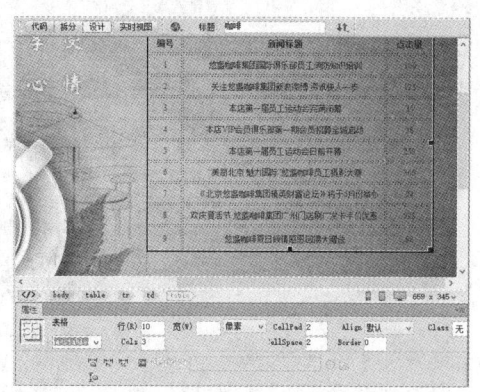

图 4-75　设置表格的 ID

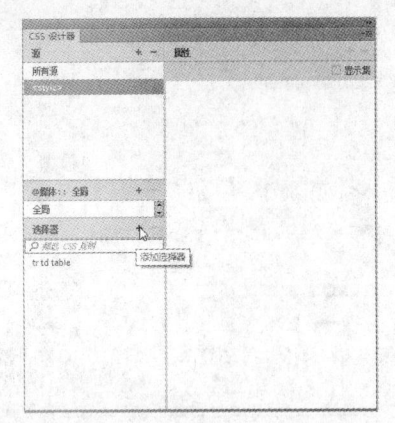

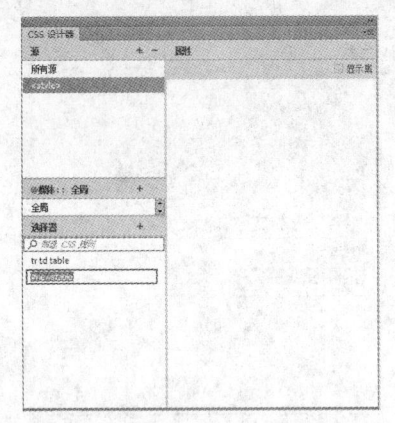

图 4-76 新建 ID 类型选择器的 CSS 规则

3 选择【#newstable】选择器，然后在【属性】窗格中设置文本颜色为【#360800】、字体大小为【12px】，如图 4-77 所示。

4 在【属性】窗格中单击【边框】按钮，跳转到【边框】项后，设置边框的大小、样式和颜色，如图 4-78 所示。

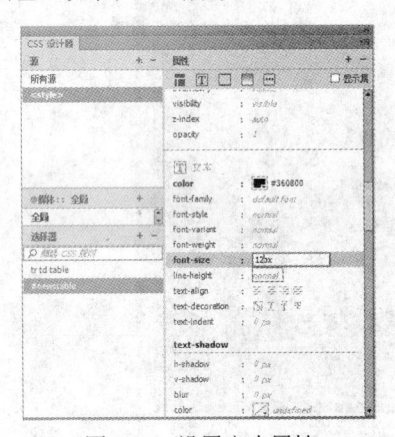

图 4-77 设置文本属性　　　　图 4-78 设置边框属性

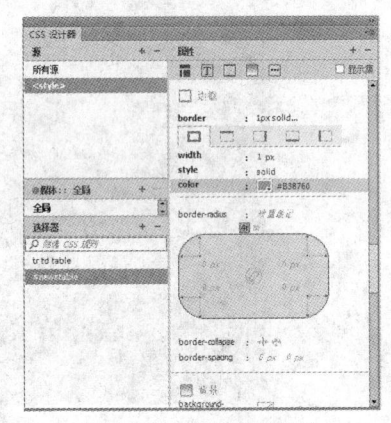

5 设置 CSS 规则的属性后，效果实时反映在【设计】视图中，此时可以通过【文件】窗口查看表格应用 CSS 规则的结果，如图 4-79 所示。

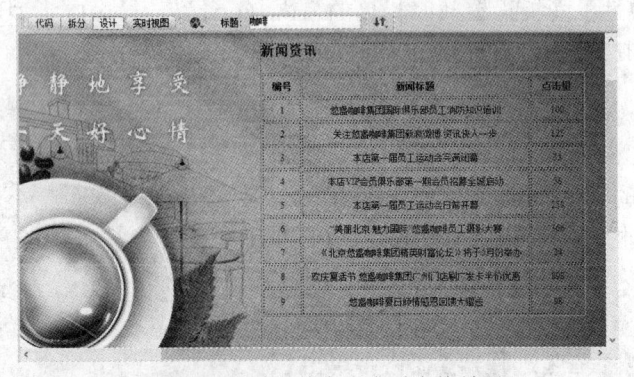

图 4-79 通过文件窗口查看表格效果

6 如果想要更真实地查看美化表格的效果，则可以保存网页文件，再按 F12 键打开浏览器查看表格，如图 4-80 所示。

图 4-80　通过浏览器查看表格效果

4.4.3　上机练习 3：制作圆角矩形的横幅图像

本例先在页面的空白单元格中插入 Div 标签并为 Div 新建 CSS 规则，以设置其大小和边框效果，接着在 Div 内插入横幅图像，通过【CSS 设计器】面板修改应用于 Div 的 CSS 规则的边框半径属性，然后添加【overflow】属性项，以设置横幅图像超过 Div 边框部分将被隐藏，从而制作出具有圆角矩形边框效果的横幅图像效果。

操作步骤

1 打开光盘中的"..\Example\Ch04\4.4.3.html"练习文件，将光标定位在页面上的空白单元格内，打开【插入】面板并单击【Div】按钮，打开【插入 Div】对话框后设置插入点，接着单击【新建 CSS 规则】按钮，如图 4-81 所示。

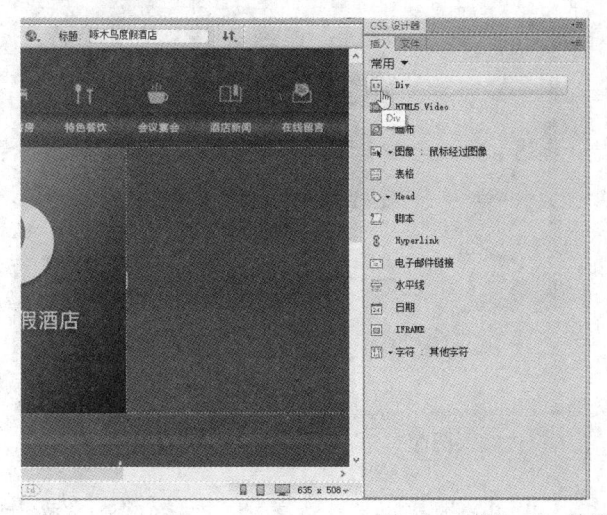

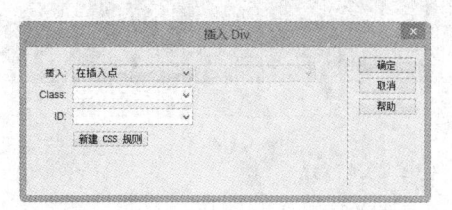

图 4-81　插入 Div 并设置插入点

2 打开【新建 CSS 规则】对话框后，选择选择器类型为【类】，再输入选择器名称【divsss】，

133

然后单击【确定】按钮，如图4-82所示。

3 打开【CSS规则定义】对话框后，选择【方框】项目，然后设置宽度和高度的参数值，如图4-83所示。

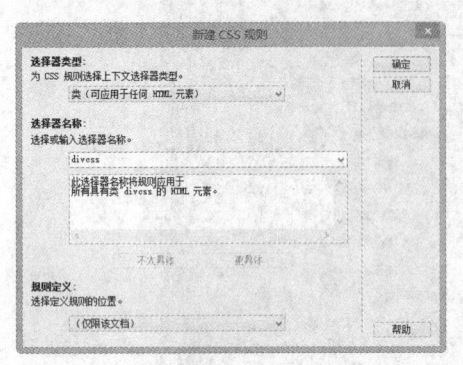

图4-82 新建CSS规则

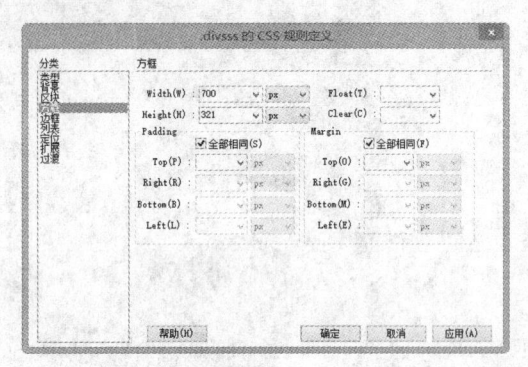

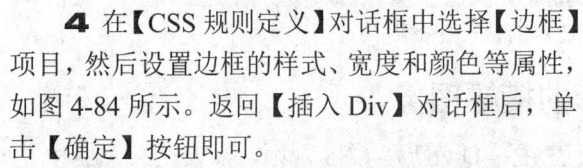

图4-83 设置方框属性

4 在【CSS规则定义】对话框中选择【边框】项目，然后设置边框的样式、宽度和颜色等属性，如图4-84所示。返回【插入Div】对话框后，单击【确定】按钮即可。

5 插入Div后，将光标定位在Div对象上，然后按Ctrl+Alt+I键插入图像，打开【选择图像源文件】对话框后，选择【Hotel_024.png】图像，再单击【确定】按钮，如图4-85所示。

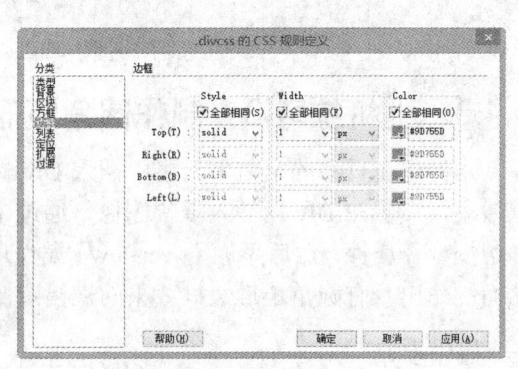

图4-84 设置边框属性

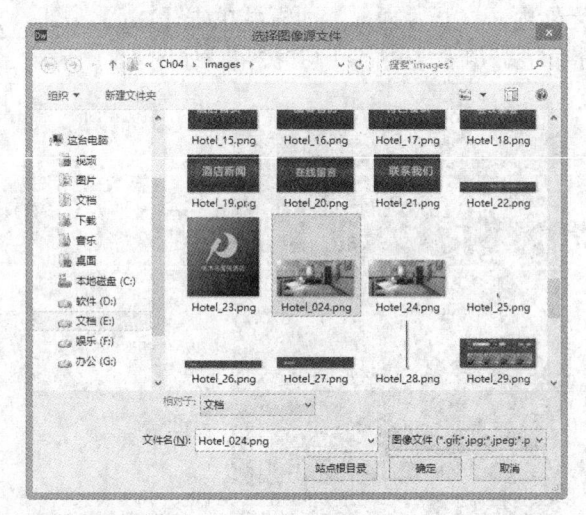

图4-85 在Div内插入图像

6 选择插入的图像，再单击状态栏上的【div divcss】标签，选择Div标签对象，然后单击【属性】面板的【CSS Designer】按钮，打开【CSS设计器】面板后，设置所有边框半径为10px，如图4-86所示。

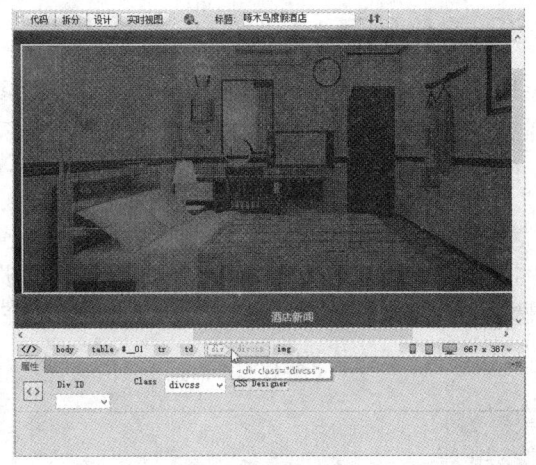

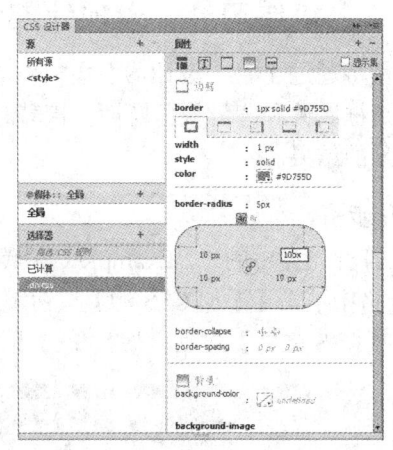

图 4-86 设置边框圆角半径属性

7 在【CSS 设计器】面板上单击【自定义】按钮，然后添加【overflow】属性项，再设置属性为【hidden】，如图 4-87 所示。

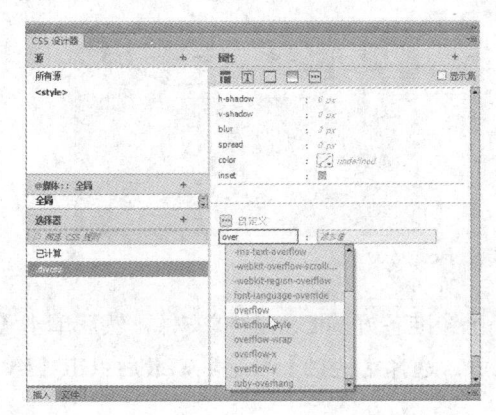

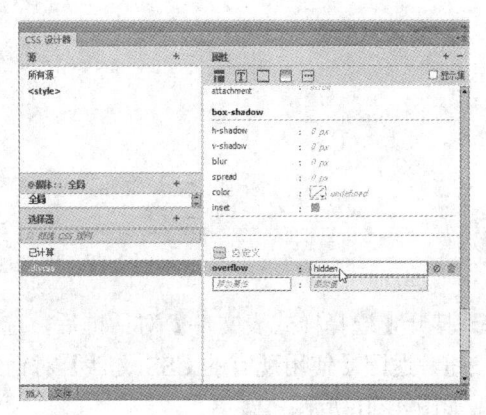

图 4-87 自定义属性

8 完成上述操作后，保存网页文件，再按 F12 键打开浏览器后查看横幅图像的效果，如图 4-88 所示。

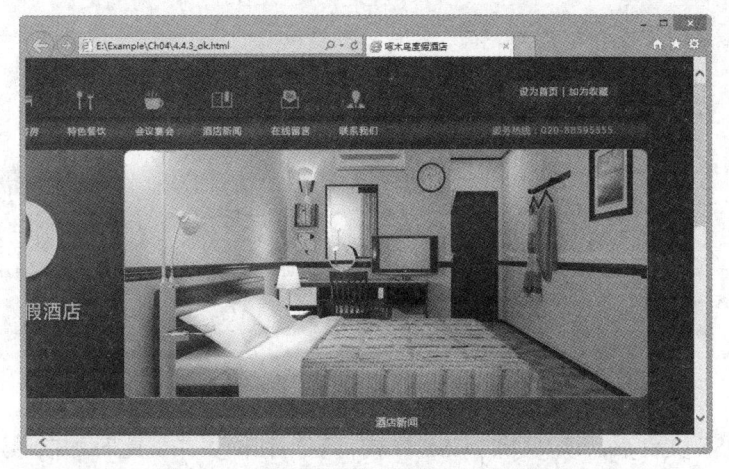

图 4-88 通过浏览器查看横幅图像的效果

4.4.4 上机练习4：附加外部CSS美化网页

本例将通过【CSS 设计器】面板以"链接"的方式附加外部 CSS 文件，然后适当修改样式中的边框属性和背景颜色属性，接着分别保存 CSS 文件和网页文件，最后通过网页查看网页美化后的结果。

操作步骤

1 打开光盘中的"..\Example\Ch04\4.4.4.html"练习文件，打开【CSS 设计器】面板，在【源】窗格中单击【添加 CSS 源】按钮，然后选择【附加现有的 CSS 文件】选项，打开【使用现有的 CSS 文件】对话框后，单击【浏览】按钮，如图 4-89 所示。

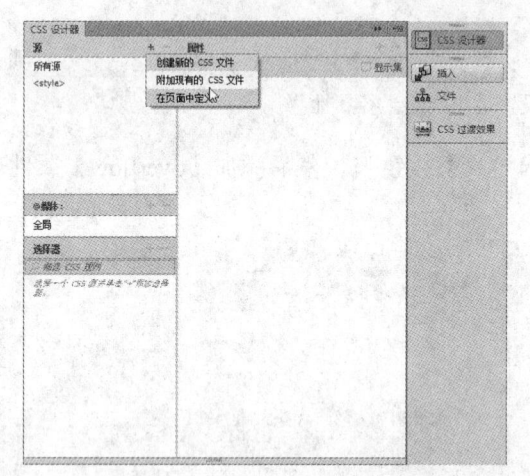

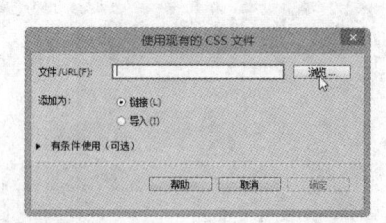

图 4-89 附加现有的 CSS 文件

2 打开【选择样式表文件】对话框后，选择已经准备好的 CSS 样式文件，然后单击【确定】按钮，返回【使用现有的 CSS 文件】对话框后，选择【链接】单选项，最后单击【确定】按钮，如图 4-90 所示。

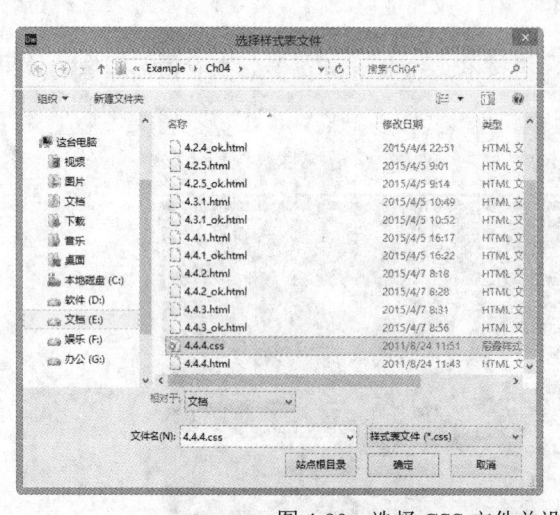

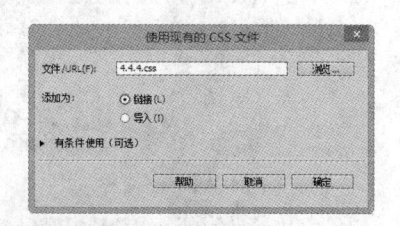

图 4-90 选择 CSS 文件并设置添加方式

3 当附加 CSS 文件后，该文件的 CSS 样式将应用在网页中。此时可以通过【文件】窗口查看网页应用 CSS 样式的结果，如图 4-91 所示。

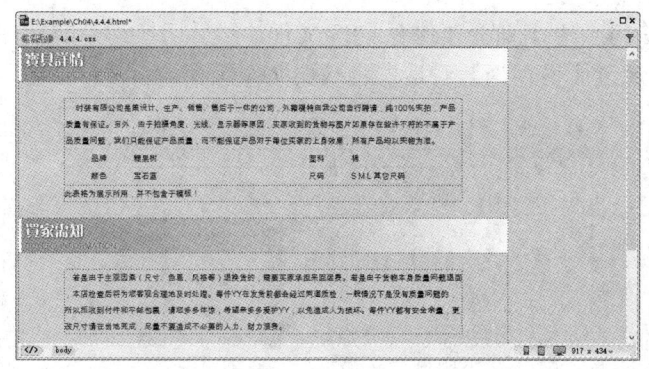

第 4 章 使用 CSS 规范页面外观与布局

图 4-91 通过文件窗口查看页面结果

4 打开【CSS 设计器】面板，在【源】窗格中选择【4.4.4.css】项目，在【选择器】窗格中可以看到该 CSS 样式源的所有选择器。选择【td,th】选择器项目，接着通过【属性】窗格设置边框的属性，如图 4-92 所示。

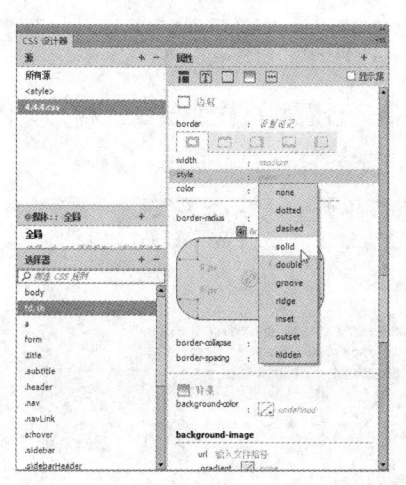

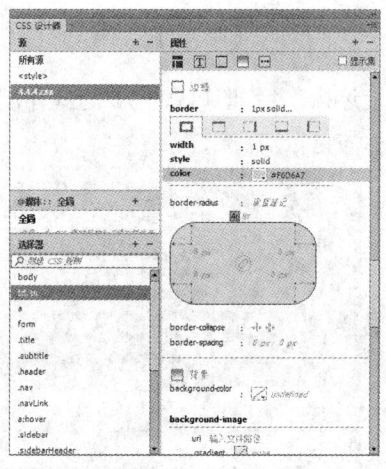

图 4-92 设置 CSS 样式的边框属性

5 修改 CSS 样式的属性后，可以在【文件】窗口的文件名称下方看到 CSS 样式名称出现一个星号。单击 CSS 文件名称，即可切换到该文件的视图，然后通过【代码】窗格修改 CSS 样式中的背景颜色属性，如图 4-93 所示。

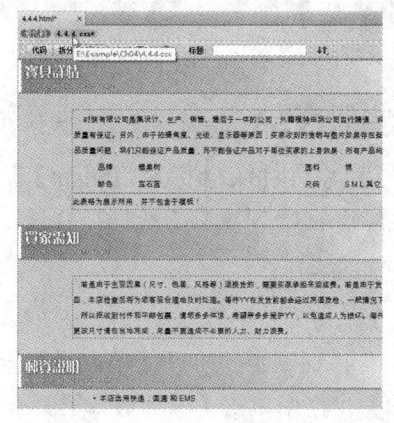

图 4-93 修改 CSS 样式的背景颜色属性

6 选择【文件】|【保存】命令，保存 CSS 文件，然后切换到当前文件的源代码窗格，再按 Ctrl+Shift+S 键，通过【另存为】对话框将网页文件保存为新文件，如图 4-94 所示。

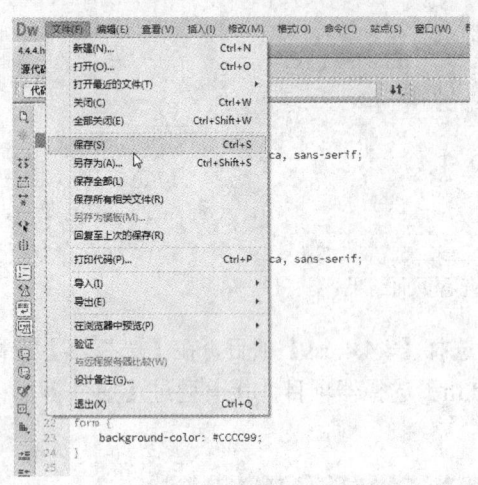

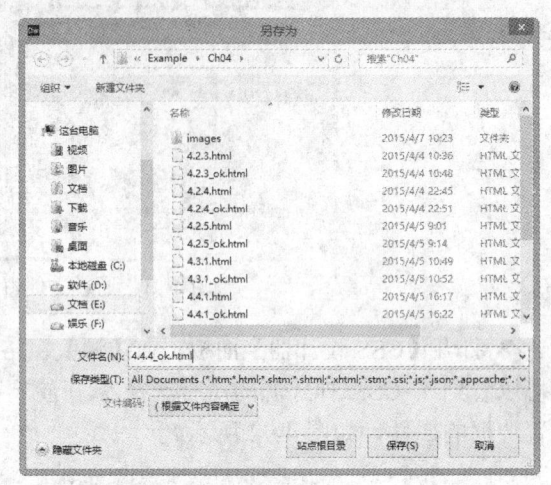

图 4-94 保存 CSS 文件和网页文件

7 完成上述操作后，即可按 F12 键打开浏览器后查看网页被外部 CSS 样式美化后的效果，如图 4-95 所示。

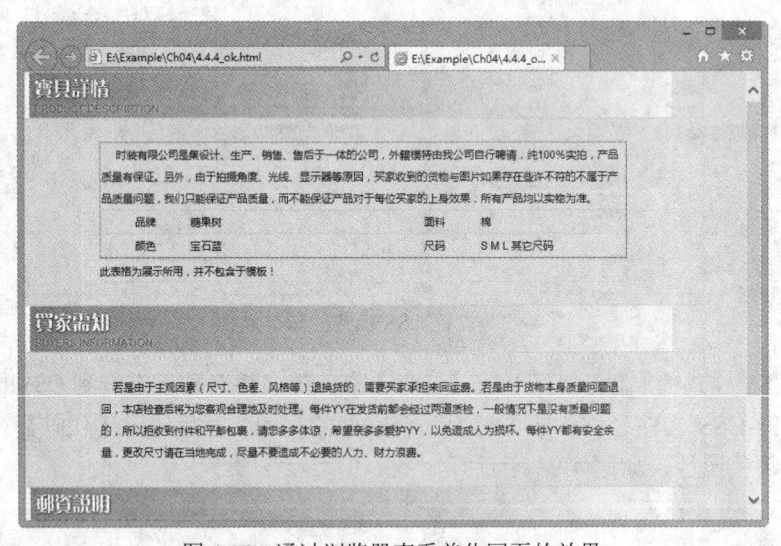

图 4-95 通过浏览器查看美化网页的效果

4.4.5 上机练习 5：使用 CSS 美化注册表单

本例将通过【CSS 设计器】面板分别新建选择器为【fieldset】标签、【input】标签、【select】标签、【textarea】标签的 CSS 规则，然后分别设置各个 CSS 规则的边框、背景颜色等属性，从而对网页中的表单组件进行美化处理。

操作步骤

1 打开光盘中的"..\Example\Ch04\4.4.5.html"练习文件，打开【CSS 设计器】面板，在【源】窗格中选择【<style>】项，然后在【选择器】窗格中单击【添加选择器】按钮，并在文本框中输入选择器名称为【fieldset】，如图 4-96 所示。

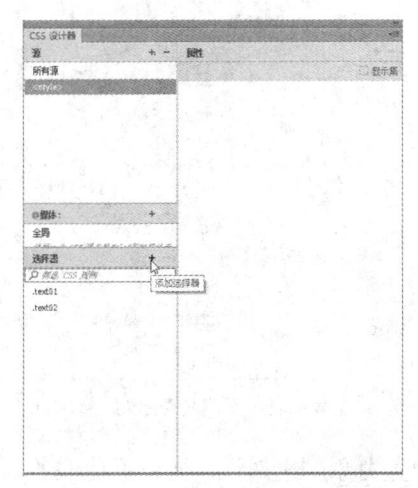

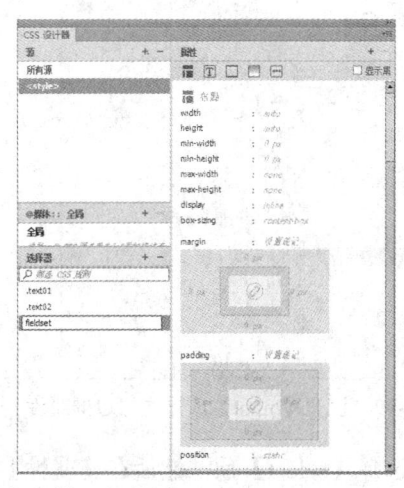

图 4-96　新建【fieldset】选择器的 CSS 规则

2 选择【fieldset】项，然后在【属性】窗格中设置边框的各项属性，如图 4-97 所示。

3 在【选择器】窗格中单击【添加选择器】按钮，并在文本框中输入选择器名称为【input】，接着在【属性】窗格中设置背景颜色的属性，如图 4-98 所示。

4 在【属性】窗格中单击【边框】按钮，跳转到【边框】项目后，设置边框的宽度、样式和颜色等属性，如图 4-99 所示。

5 在【选择器】窗格中单击【添加选择器】按钮，并在文本框中输入选择器名称为【select】，如图 4-100 所示。

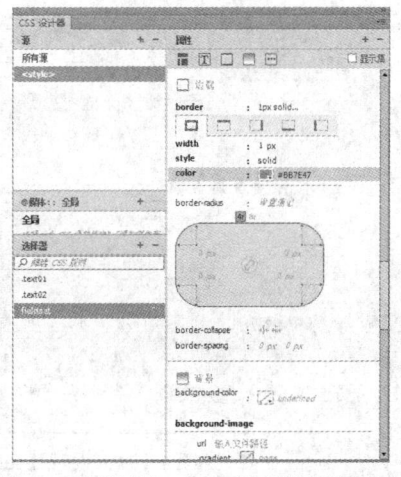

图 4-97　设置【fieldset】选择器的边框属性

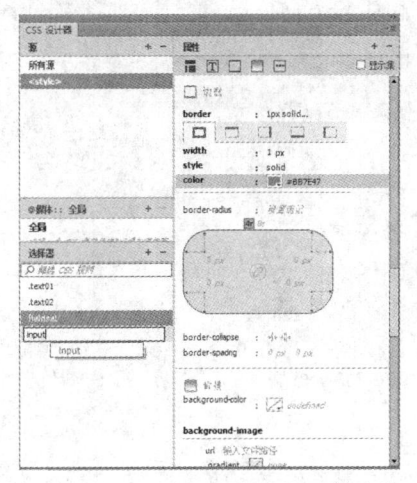

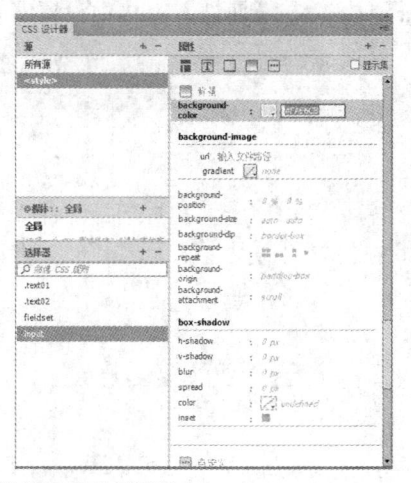

图 4-98　新建【input】选择器并设置背景属性

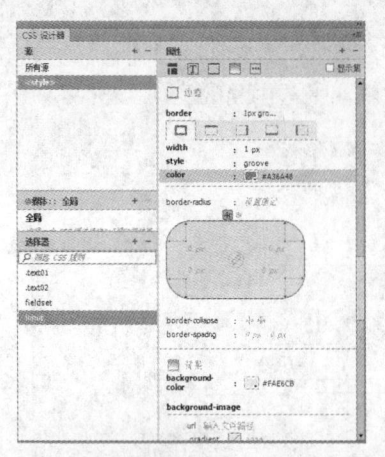

图 4-99 设置【input】选择器的边框属性 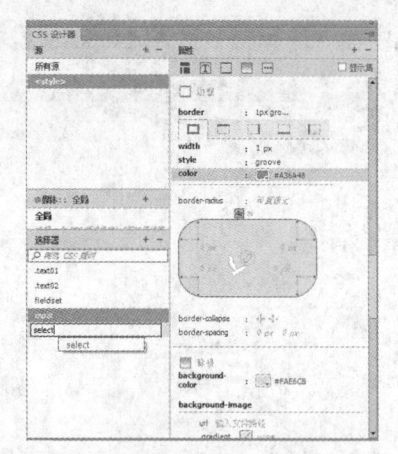　　　　图 4-100 新建【select】选择器

6 选择【select】项，然后在【属性】窗格中设置背景颜色属性，再设置边框各项属性，如图 4-101 所示。

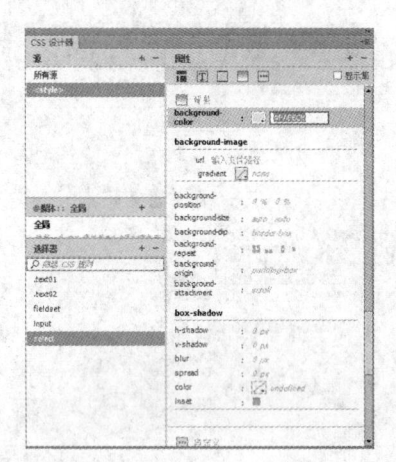

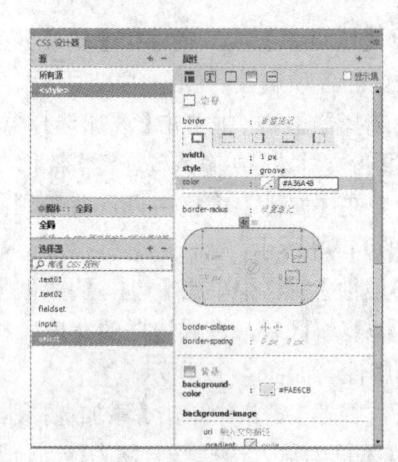

图 4-101 设置【select】选择器的背景和边框属性

7 在【选择器】窗格中单击【添加选择器】按钮 +，并在文本框中输入选择器名称为【textarea】，然后在【属性】窗格中设置背景颜色，如图 4-102 所示。

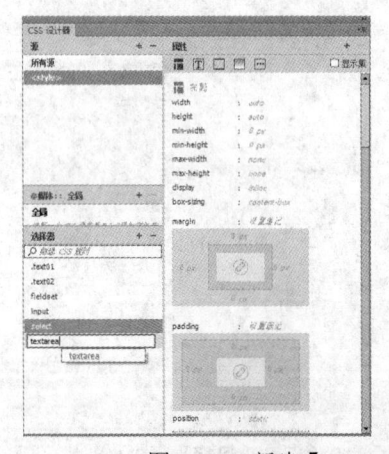

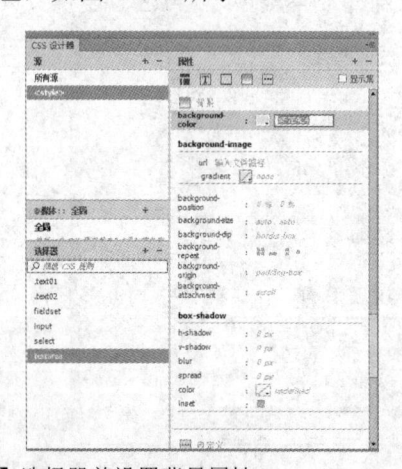

图 4-102 新建【textarea】选择器并设置背景属性

8 在【属性】窗格中单击【边框】按钮，跳转到【边框】项目后，设置边框的宽度和颜色属性，如图 4-103 所示。

9 完成上述操作后，即可保存网页文件，再按 F12 键，通过浏览器查看表单的效果，如图 4-104 所示。

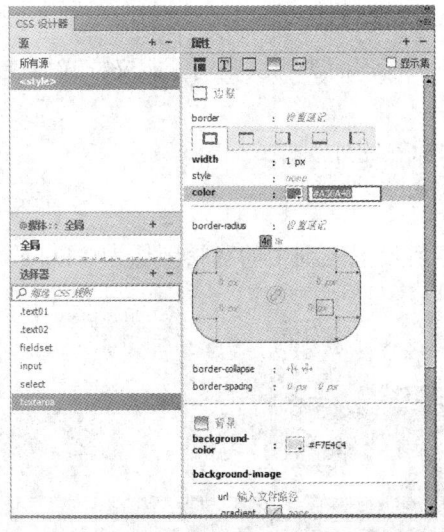

图 4-103　设置【textarea】选择器的边框属性 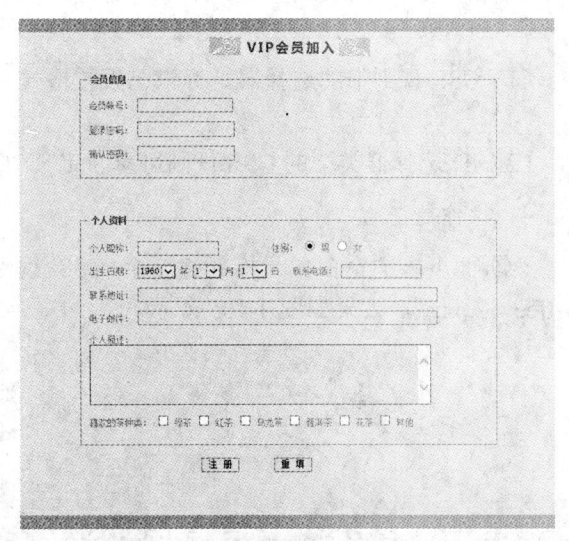　　　图 4-104　通过浏览器查看表单的效果

4.5　评测习题

1．填空题

（1）_____ 也被人称之为"级联样式表"或"风格样式表"，它是一种用来表现 HTML 或 XML 等文件样式的计算机语言。

（2）CSS 格式设置规则由_____和声明两部分组成。

（3）在 Dreamweaver 中，可以使用【_____】面板创建、修改和删除 CSS 3.0 的过渡效果。

（4）_____选择器类型的 CSS 规则，可应用于某一个或一种网页内容的外观设置。

2．选择题

（1）关于 CSS 的应用特点，以下说法哪个是错误的？　　　　　　　　　　　　（　　）

　　A．极大地补充了 HTML 语言在网页对象外观样式上的编辑。

　　B．用法和功能与 HTML 语言一样。

　　C．能够控制网页中的每一个元素（精确定位）。

　　D．能够将 CSS 样式与网页对象分开处理，极大地减少了工作量。

（2）创建 CSS 样式时，需要先指定一种选择器类型，以下哪个不是 CSS 提供的选择器类型？　　　　　　　　　　　　　　　　　　　　　　　　　　　　　　　　　　　（　　）

　　A．ID　　　　　　B．类　　　　　　C．链接　　　　　　D．复合内容

（3）CSS 规则中的声明由以下哪两部分组成？　　　　　　　　　　　　　　　（　　）

141

A．属性和值　　　　　　　　　B．属性和选择器
C．选择器和 CSS 源　　　　　　D．属性和 CSS 源

（4）按下以下哪个快捷键可以打开【CSS 设计器】面板？　　　　　　（　　）

A．Ctrl+F1　　　B．Ctrl+Alt+F3　　　C．Shift+F11　　　D．Shift+F3

3．判断题

（1）CSS 规则中的选择器是标识已设置格式元素的术语，而声明块则用于定义样式属性。
（　　）

（2）ID 选择器类型的 CSS 规则可重新定义 HTML 标签的外观样式。　　（　　）

4．操作题

为页面下方的空白单元格新建一个 CSS 规则，然后设置规则中的背景图像为"images/Coffee_12.png"，效果如图 4-105 所示。

图 4-105　本章操作题绘图的效果

操作提示

（1）打开光盘中的"..\Example\Ch04\4.5.html"练习文件，将光标定位在页面下方的空白单元格中。

（2）打开【CSS 设计器】面板，在【源】窗格中单击【添加 CSS 源】按钮，然后选择【在页面中定义】选项，接着在【选择器】窗格中单击【添加选择器】按钮，此时程序会根据光标所定位的对象命名选择器。

（3）在【CSS 设计器】面板的【属性】窗格中设置背景图像为"images/Coffee_12.png"。

第 5 章　创建链接与应用 jQuery UI

学习目标

Dreamweaver CC 2014 提供了多种创建链接的方法，包括创建文字到文件、图像到文件、下载文件以及脚本类型等链接。另外，使用 jQuery UI 的部件，可以制作用于导航链接和其他用途的页面功能。本章将详细介绍使用 Dreamweaver 为网页创建各种链接和使用 jQuery UI 部件设计页面的方法。

学习重点

- ☑ 链接的基础知识
- ☑ 创建各种类型的链接
- ☑ 创建图像地图链接
- ☑ 了解 jQuery UI
- ☑ 使用和修改 jQuery UI 部件

5.1　链接的基础知识

在学习创建和管理链接时，需要掌握链接的相关知识，以便可以更准确和有效地使用链接组织 Web 站点内和站点外的关联。

5.1.1　文件位置和路径

链接的创建，必然会联系到作为链接起点和作为链接目标文件的位置和路径，所以了解这两者的关系相当重要。

在 Internet 中，每个网页都有唯一的一个地址，称为统一资源定位器，即 URL。但用户在创建本地链接（即从一个文件到同一站点上另一个文件的链接）时，通常不指定要链接到的文件的完整 URL，而是指定一个始于当前文件或站点根文件夹的相对路径。

对于网页设计而言，路径有"绝对路径"和"相对路径"两种，而相对路径又可细分为"文件相对路径"和"站点根目录相对路径"两种，它们的路径示例如下：

（1）绝对路径：http://www.google.com/support/user/contents.html。
（2）文件相对路径：user/contents.html。
（3）站点根目录相对路径：/support/user/contents.html。

5.1.2　绝对路径

对于 Internet 而言，绝对路径就是提供所链接文件的完整 URL，而且包括所使用的协议（如对于 Web 页，通常使用 http://），如"http://www.google.com/support/user/contents.html"就是一个绝对路径。

对于本地链接（即到同一站点内文件的链接）而言，绝对路径就是按驱动器、文件夹和文件名来指明所链接文件的确切位置。如"C:/Example/images/pic.jpg"就是一个本地链接的绝对路径。这种情况通常是在站点内链接一个处于站点外的目标文件时出现，如图 5-1 所示。

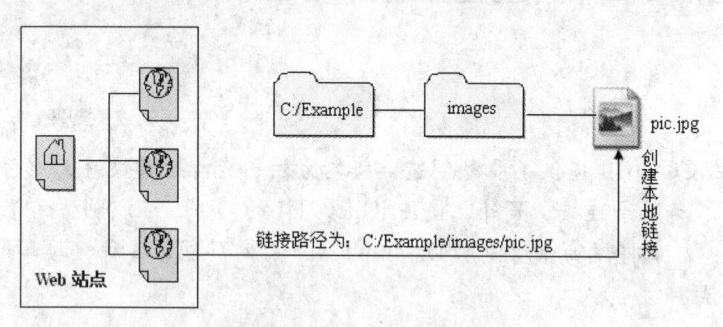

图 5-1　创建绝对路径的链接

虽然在本地链接也可以使用绝对路径链接，但不建议采用这种方式，因为一旦将此站点移动到其他域或其他位置，则所有本地绝对路径链接都将断开。

5.1.3　文件相对路径

文件相对路径对于大多数 Web 站点的本地链接来说是最适用的路径。在当前文件与所链接的文件处于同一文件夹内，而且可能保持这种状态的情况下，相对路径就特别有用。因为文件相对路径的基本思想是省略对于当前文件和所链接的文件都相同的绝对 URL 部分，而只提供不同的路径部分。

文件相对路径还可用来链接其他文件夹中的文件，方法是利用文件夹层次结构，指定从当前文件到所链接的文件的路径。

以如图 5-2 所示的站点结构为例，不同的链接就有不同的相对路径：

（1）如果从 text.html 链接到 pic2.jpg，那么它的相对路径就是"pic2.jpg"，即文件名。

（2）如果从 text.html 链接到 pic1.jpg，那么它的相对路径就是"chinese/pic1.jpg"，其中每个正斜杠（/）表示在文件夹层次结构中下移一级。

（3）如果从 text.html 链接到 index.html（在父文件夹中，text.html 向上一级），那么它的相对路径就是"../index.html"，其中每个"../"表示在文件夹层次结构中上移一级。

（4）如果从 text.html 链接到 pic3.jpg（在父文件夹的其他子文件夹中），那么它的相对路径就是"../images/pic3.jpg"，其中"../"向上移至父文件夹，"images/"向下移至 images 子文件夹中。

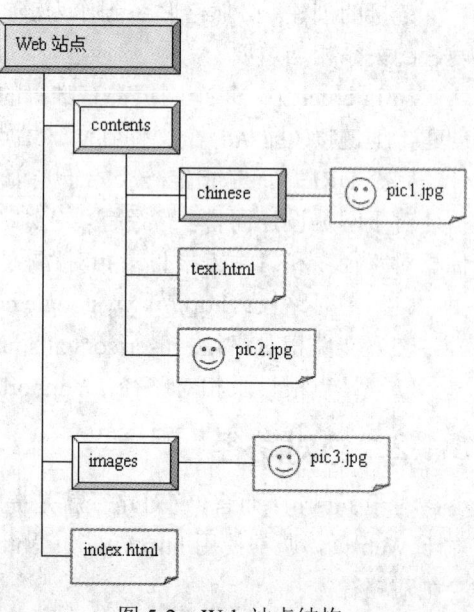

图 5-2　Web 站点结构

当使用文件相对路径后，如果成组地移动文件，如移动整个文件夹时，该文件夹内所有文件保持彼此间的相对路径不变，此时不需要更新这些文件间的文件相对链接。

但是，在移动包含文件相对链接的单个文件，或移动由文件相对链接确定目标的单个文件时，则必须更新这些链接。

在 Dreamweaver 的站点中，当通过【文件】面板移动或重命名文件时，Dreamweaver 将自动更新所有相关链接，如图 5-3 所示。

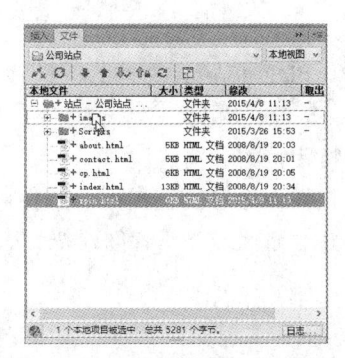

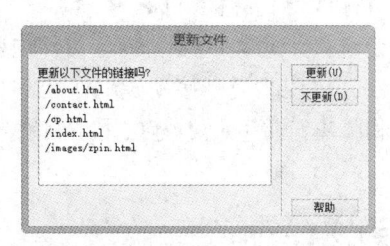

图 5-3　移动文件时提示更新文件

5.1.4　站点根目录相对路径

站点根目录相对路径是描述从站点的根文件夹到文件的路径。如果在处理使用多个服务器的大型 Web 站点，或者在使用承载多个站点的服务器时，则可能需要使用这些路径。

站点根目录相对路径以一个正斜杠开始，该正斜杠表示站点根文件夹。如 "/support/text.html" 是文件 text.html 的站点根目录相对路径，该文件位于站点根文件夹的 support 子文件夹中。

在 Web 站点的资源移动处理中，站点根目录相对路径非常有用，因为当移动含有根目录相对链接的文件时，不需要更改这些链接，如此可以有效避免用户在移动文件后遗失链接的问题。

但是，如果移动或重命名由站点根目录相对链接所指向的文件，则即使文件之间的相对路径没有改变，也必须更新这些链接。例如，如果移动某个文件夹，则必须更新指向该文件夹中文件的所有站点根目录相对链接。同样，在 Dreamweaver 的站点中，当使用了站点根目录相对链接指向文件时，如果使用【文件】面板移动或重命名文件，则 Dreamweaver 将自动更新所有相关链接，如图 5-4 所示。

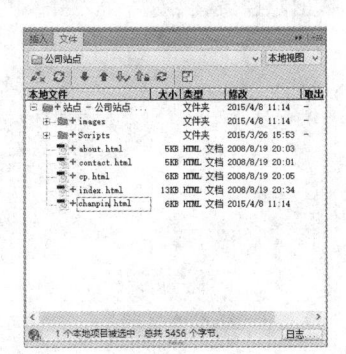

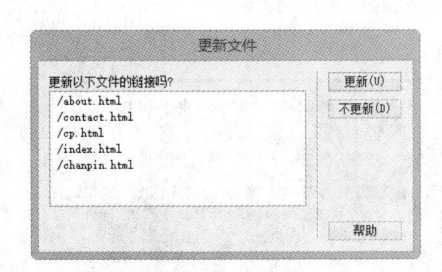

图 5-4　重命名文件时提示更新链接

5.2 创建站点的链接

Dreamweaver 默认使用文件相对路径创建指向站点中其他页面的链接，可以通过 Dreamweaver 使用站点根目录相对路径创建新链接。

5.2.1 站点链接的类型

在一个站点中一般可以创建几种类型的链接：

（1）链接网页文件或其他文件（如图像、影片、PDF 或声音文件）的链接，此类链接通常用于查看链接目标或下载链接目标。

（2）命名锚记链接，此类链接跳转至文件内的特定位置。

（3）电子邮件链接，此类链接新建一个已填好收件人地址的空白电子邮件。

（4）空链接和脚本链接，此类链接用于在对象上附加行为，或者创建执行 JavaScript 代码的链接。

5.2.2 创建到文件的链接

1．重要事项

在创建文件链接时，切记以下事项：应始终先保存新文件，然后再创建文档相对路径，因为如果没有一个确切起点，文件相对路径无效。如果在保存文件之前创建文档相对路径，Dreamweaver 将临时使用以"file://"开头的绝对路径，直至该文件被保存。当保存该文件时，Dreamweaver 将"file://"路径转换为相对路径。

2．使用【属性】面板创建链接

在 Dreamweaver 中，可以使用【属性】面板中【链接】项的【浏览文件】按钮或【链接】文本框创建从图像、对象或文本到其他文件的链接。

其方法为：在【文件】窗口的【设计】视图中选择文本或图像。然后打开【属性】面板，执行下列操作之一：

（1）单击【链接】项右侧【浏览文件】按钮，浏览并选择文件，如图 5-5 所示。

（2）在【链接】框中输入文件的路径和文件名。若要链接站点内的文件，可以输入文件相对路径或站点根目录相对路径。若要链接站点外的文件，则需要输入包含协议（如 http://）的绝对路径。此种方法可用于输入尚未创建的文件的链接。

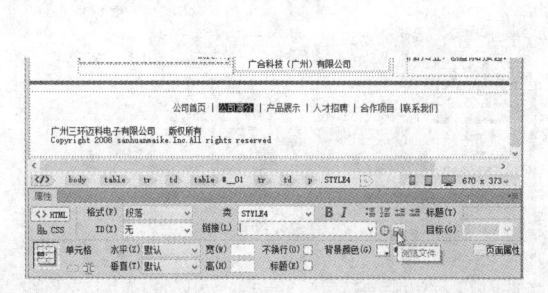

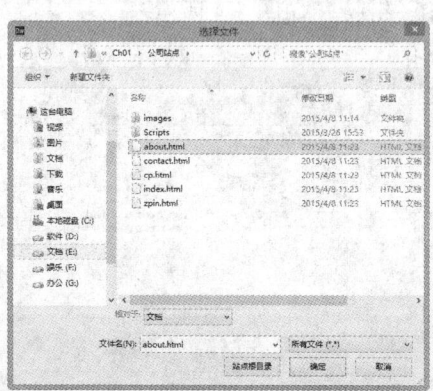

图 5-5　通过浏览文件创建链接

> 在【选择文件】对话框选择文件时，可以使用【相对于】选项菜单，使路径成为文件相对路径或根目录相对路径，然后选择文件并单击【确定】按钮即可。指向所链接的文件的路径显示在 URL 框中。

在创建链接后，可以在【属性】面板的【目标】下拉列表框中选择文件的打开位置，如图 5-6 所示，其中各选项说明如下：

- _blank：将链接的文件载入一个新的、未命名的浏览器窗口。
- _parent：将链接的文件加载到该链接所在框架的父框架或父窗口。如果包含链接的框架不是嵌套框架，则所链接的文件加载整个浏览器窗口。
- _self：将链接的文件载入链接所在的同一框架或窗口。此目标是默认的，所以通常不需要指定它。
- _top：将链接的文件载入整个浏览器窗口，从而删除所有框架。
- new：将链接的文件载入新启动的浏览器窗口。

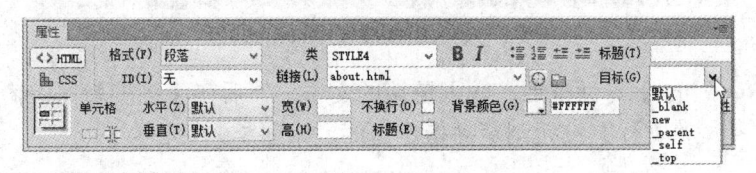

图 5-6 设置链接目标

3．使用指向文件图标创建链接

其方法为：在【文件】窗口的【设计】视图中选择文本或图像。拖动【属性】面板中【链接】框右侧的【指向文件】图标，指向以下元素：

（1）当前文件中的可见锚记。
（2）另一个打开文件中的可见锚记。
（3）分配有唯一 ID 的元素。
（4）【文件】面板中的文件，如图 5-7 所示。

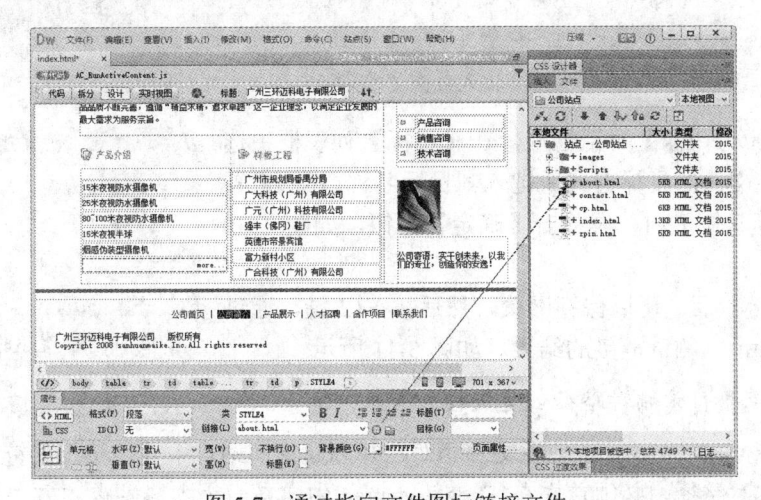

图 5-7 通过指向文件图标链接文件

动手操作　为页面插入超链接

1 打开光盘中的"..\Example\Ch05\5.2.2.html"练习文件，将光标定位在文件下方的【合作项目】右侧，然后选择【插入】|【Hyperlink】命令，如图5-8所示。

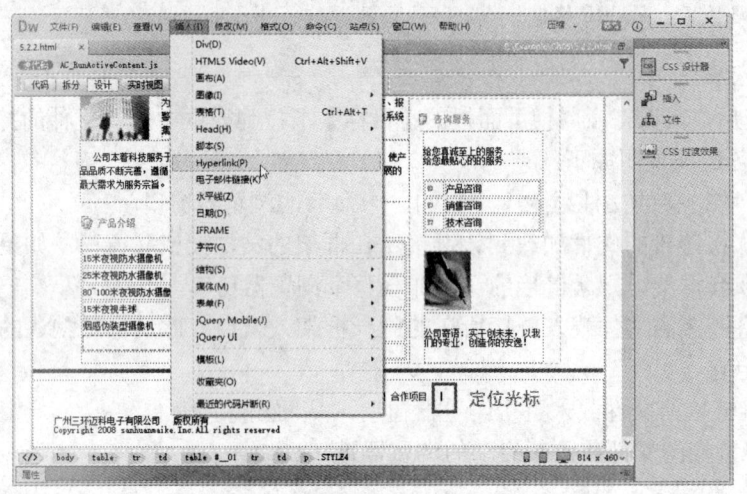

图5-8　插入超链接（Hyperlink）

2 打开【Hyperlink】对话框后，输入链接的文本，然后在【链接】框中输入要链接的文件名称，或单击【浏览文件】按钮浏览并指定文件，如图5-9所示。

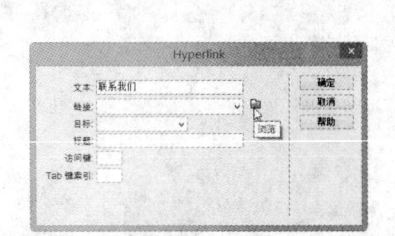

图5-9　输入链接文本并指定链接文件

3 返回【Hyperlink】对话框后，在【目标】列表框中选择一个打开链接文件的目标方式或键入其目标名称，然后设置标题、访问键等其他选项，再单击【确定】按钮，如图5-10所示。

4 插入超链接后，可以保存网页，然后按F12键，通过浏览器访问链接，以测试链接的结果，如图5-11所示。

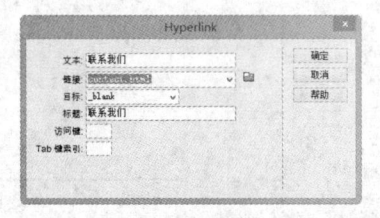

图5-10　设置超链接其他选项

4．使用站点根目录相对路径创建链接

默认情况下，Dreamweaver使用文件相对路径创建指向站点中其他页面的链接。如果要使用站点根目录相对路径，必须首先在Dreamweaver中定义一个本地站点，方法是选择一个本

148

地根文件夹，作为服务器上文件根目录的等效目录。

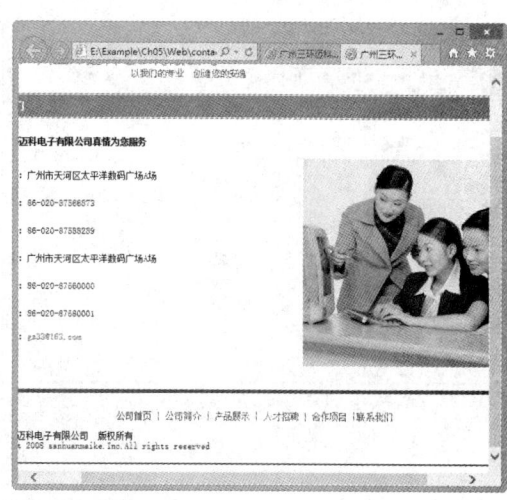

图 5-11　通过浏览器访问链接

创建站点后，Dreamweaver 可以使用该文件夹确定文件的站点根目录相对路径。此时，还需要通过【站点设置】对话框设置新链接的相对路径，如图 5-12 所示。

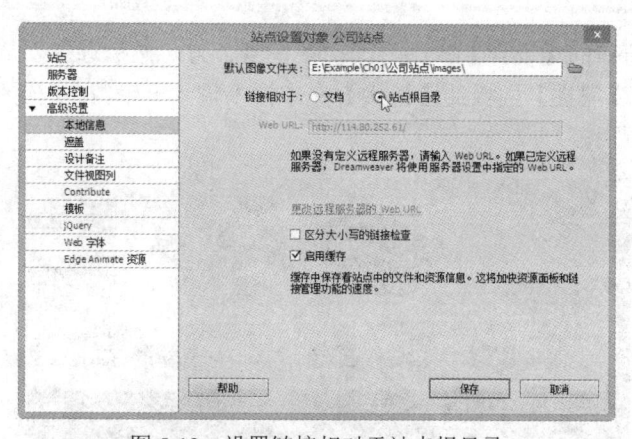

图 5-12　设置链接相对于站点根目录

5.2.3　创建命名锚记的链接

命名锚记可以在文件中设置标记，这些标记通常放在文件的特定主题处或顶部。通过创建命名锚记链接，可以将访问者快速带到指定位置。

创建到命名锚记的链接的过程分为两步。首先创建命名锚记，然后创建该命名锚记的链接。

动手操作　创建命名锚记的链接

1 打开光盘中的"..\Example\Ch05\5.2.3.html"练习文件，将光标定位在页面顶端的空白单元格中，然后切换到【代码】视图，在代码的光标处输入命名锚记链接代码，如图 5-13 所示。

2 加入代码后，切换到【设计】视图。此时可以看到空白单元格上出现了命名锚记对象，选择该对象并打开【属性】面板，可以更改其属性，如图 5-14 所示。

149

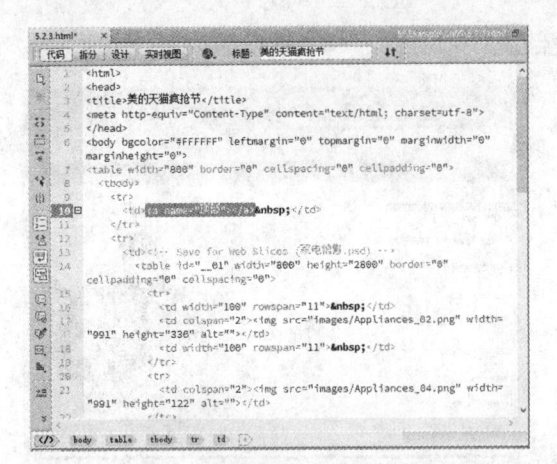

图 5-13　添加命名锚记代码　　　　　　　　　图 5-14　查看命名锚记的属性

> 问：为什么添加命名锚记代码后，页面中看不到命名锚记对象？
> 答：如果看不到锚记标记，可选择【查看】｜【可视化助理】｜【不可见元素】命令，以显示命名锚记的标记。

3 在【文件】窗口的【设计】视图将滚动条拖到下方，然后选择要从其创建链接的文本【返回顶端】，然后在【属性】面板的【链接】文本框中输入一个数字符号（#）并接着输入锚记名称，如图 5-15 所示。

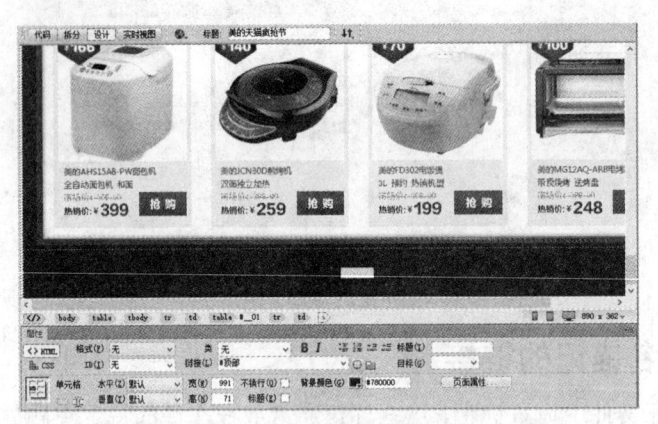

图 5-15　设置到命名锚记的链接

4 完成上述操作后，即可保存文件，然后按 F12 键，通过打开的浏览器测试命名锚记链接的结果，如图 5-16 所示。

> 如果要创建链接同一文件夹内其他文件命名锚记的链接，则可以打开需要创建链接的文件，然后选择要创建链接的文本或图像，在【属性】面板的【链接】文本框中输入以形式"目标文件名称+数字符号（#）+命名锚记名称"的锚记链接。如"index.html#顶部"链接的含义是为当前对象创建 index.html 文件中命名锚记名称为"顶部"的链接。

图 5-16　在浏览器中单击链接文字即可跳转到页面顶端

5.2.4　创建电子邮件链接

在 Dreamweaver 中，可以为文本或图像创建电子邮件链接。通过电子邮件链接可以使浏览者快速打开电子邮件程序并发送邮件。

当浏览者单击电子邮件链接时，该链接将打开一个新的空白信息窗口（其程序是与用户浏览器相关联的邮件程序）。在电子邮件消息窗口中，【收件人】框自动更新为显示电子邮件链接中指定的地址。

电子邮件链接的对象可以是文本也可以是图像等媒体对象，其链接 URL 格式为："mailto:" +"电子邮件地址"。

动手操作　创建电子邮件链接

1 打开光盘中的 "..\Example\Ch05\5.2.4.html" 练习文件，将光标定位在页面底端【电子邮件：】文字右侧，然后打开【插入】面板，再单击【电子邮件链接】按钮，如图 5-17 所示。

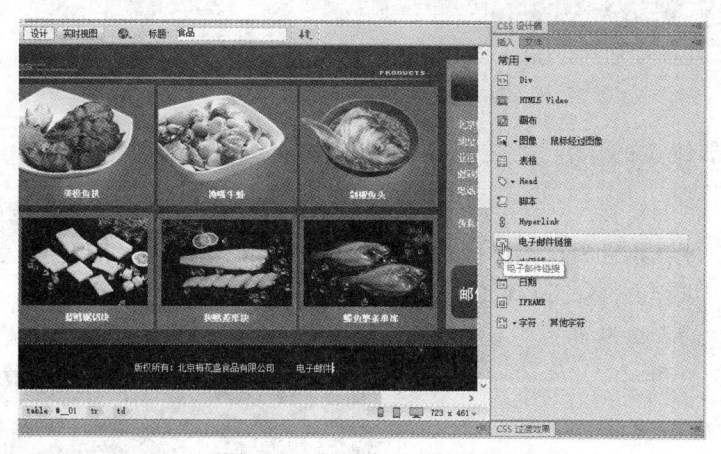

图 5-17　插入电子邮件链接

2 打开【电子邮件链接】对话框后，分别输入链接的文本和电子邮件地址，然后单击【确定】按钮，如图 5-18 所示。

3 返回 Dreamweaver 的【文件】窗口，选择页面右下方的【邮件留言】图像，然后在【属性】面板【链接】文本框中输入电子邮件链接 "mailto:manhuazhan@163.com"，如图 5-19 所示。

图 5-18 设置电子邮件链接　　　　　　　　图 5-19 为图像创建电子邮件链接

4 创建电子邮件链接并保存文件后，按 F12 键打开浏览器测试链接效果。当单击网页中的电子邮件链接时，将打开一个新的邮件发送窗口（系统的邮件发送客户端口程序）。在该窗口中的【收件人】文本框自动载入电子邮件链接中设置的地址，如图 5-20 所示。

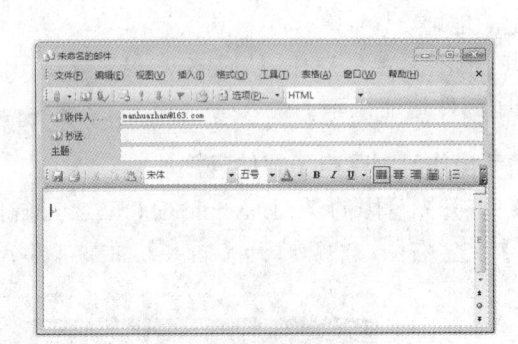

图 5-20 执行电子邮件链接

5.2.5 创建空链接和脚本链接

空链接是未指派的链接。空链接用于向页面上的对象或文本附加行为。例如，可向空链接附加一个行为，以便在指针滑过该链接时会交换图像或显示绝对定位的元素（AP 元素）。

脚本链接用于执行 JavaScript 代码或调用 JavaScript 函数。这种链接能够在不离开当前 Web 页面的情况下为访问者提供有关某项的附加信息。脚本链接还可用于在访问者单击特定项时，执行计算、验证表单和完成其他处理任务。

1．创建空链接

其方法为：在【文件】窗口的【设计】视图中选择文本、图像或可创建链接的对象。然后在【属性】面板的【链接】框中输入【javascript:;】（javascript 一词后依次接一个冒号和一个分号），如图 5-21 所示。

图 5-21 创建空链接

2. 创建脚本链接

其方法为：在【文件】窗口的【设计】视图中选择文本、图像或可创建链接的对象。在【属性】面板的【链接】框中输入【javascript:】，然后输入一些 JavaScript 代码或一个函数调用。在冒号与代码或调用之间不能键入空格。例如，本例创建一个将网页添加到收藏夹的脚本链接，在【链接】文本框中输入 javascript:window.external.AddFavorite('http://www.meihuazhan.com', '梅花盏食品')，如图 5-22 所示。

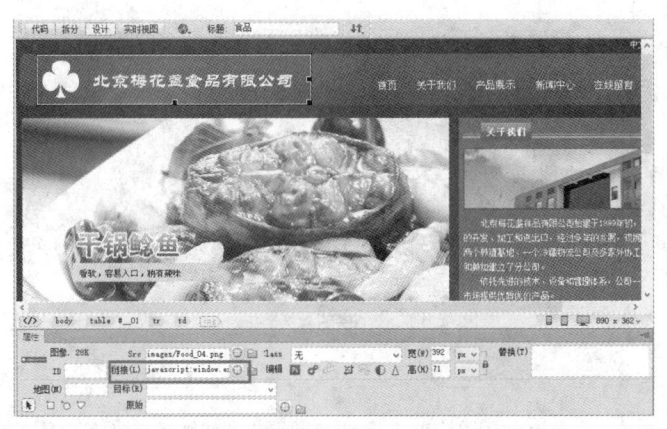

图 5-22 创建脚本链接

保存网页后按 F12 键，然后单击脚本链接的文本，即可执行脚本链接，运行将网页添加到浏览器收藏夹的脚本，如图 5-23 所示。

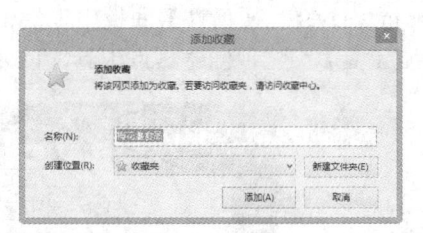

图 5-23 通过浏览器测试脚本链接

5.3 创建图像地图链接

图像地图链接可以实现在一个图像上创建多个链接的目的。

5.3.1 关于图像地图

图像地图指已被分为多个区域（或称"热点"）的图像，当单击某个热点时，即会发生某种操作（如打开一个新文件）。它就好像一个地区划分了各个省份一样，所以被称为图像地图。

图像地图链接就是图像中的热点被设置了 URL 的链接。一般的图像链接是以整个图像作为创建链接的对象，而图像地图则可以在图像上划分多个区域，每个区域都可以设置不同的链接，如此可以使浏览者通过同一个图像进入不同的链接目标，如图 5-24 所示。

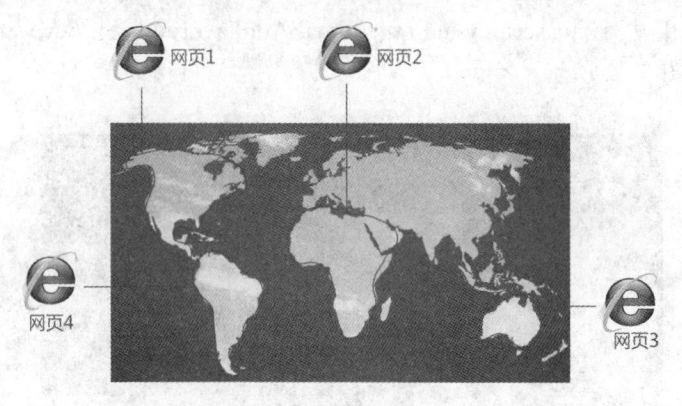

图 5-24　图像地图的示意图

> 客户端（浏览者的浏览器）图像地图将超链接信息存储在 HTML 文件中，并非像服务器端图像地图那样，存储在单独的地图文件中。
>
> 因为当站点浏览者单击图像中的热点时，相关 URL 被直接发送到服务器，使得服务器不必解释浏览者的单击位置，所以客户端图像地图链接执行起来比服务器图像地图要快。

5.3.2　创建图像地图链接

在制作图像地图时，必须先创建一个热点（也就是链接区域），然后再定义单击此热点时所打开的链接。

Dreamweaver 在【属性】面板中提供了【矩形热点工具】、【椭圆形热点工具】、【多边形热点工具】三种创建热点工具，以便在图像上绘制各种形状的热点，如图 5-25 所示。

图 5-25　创建各种形状的热点

这三种工具的使用方法如下：

（1）选择【矩形热点工具】并将鼠标指针移到图像上，拖动即可创建一个矩形或正方形热点。

（2）选择【椭圆形热点工具】并将鼠标指针移到图像上，拖动即可创建一个圆形或椭圆形热点。

（3）选择【多边形热点工具】并将鼠标指针移到图像上，在不同位置上多次单击，即可创建一个不规则形状的热点。

动手操作　创建图像地图链接

1 打开光盘中的"..\Example\Ch05\5.3.2.html"练习文件，选择页面上的横幅图像，然后在【属性】面板中单击【多边形热点工具】按钮，接着在图像右侧的家电图像上绘制多边形热点，如图 5-26 所示。

图 5-26　创建图像上的热点

2 在【属性】面板中单击【指针热点工具】按钮，然后使用该工具选择热点，并适当调整热点的位置，如图 5-27 所示。

图 5-27　调整热点的位置

3 在【属性】面板中单击【链接】项的【浏览文件】按钮，打开【选择文件】对话框后，选择【5.3.2_link.html】文件，再单击【确定】按钮，如图 5-28 所示。

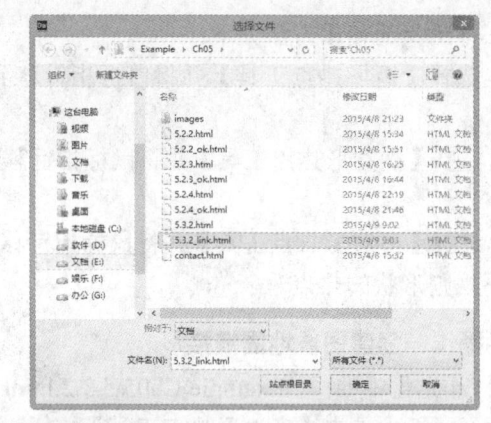

图 5-28 指定链接的文件

4 指定链接文件后，在【属性】面板中设置链接的目标和替换文字，如图 5-29 所示。

图 5-29 设置链接的目标和替换文字

5 保存网页文件，再按 F12 键打开浏览器，然后单击图像上的家电图形，执行图像地图链接，如图 5-30 所示。

图 5-30 通过浏览器测试图像地图链接效果

5.3.3 编辑图像地图热点技巧

出于设计的需要，可以对在图像地图中创建的热点进行编辑，如选择热点、移动热点、调整热点大小，或者在热点层（即热点区域重叠）之间向上或向下移动热点等。下面将介绍常用于编辑图像地图热点的方法和技巧。

1. 选择热点

（1）如果需要选择一个热点，可以先打开【属性】面板，然后单击【指针热点工具】按钮，接着单击热点。

（2）如果需要选择多个热点，可以先按住 Shift 键，然后使用【指针热点工具】单击需要选择的热点，如图 5-31 所示。

（3）如果需要选择全部热点，可以先使用【指针热点工具】选择一个热点，然后按 Ctrl+A 键，选择所有的热点。

图 5-31　选择多个图像地图热点

2. 移动热点

如果需要移动图像地图上的热点，可以先使用【指针热点工具】选择热点，然后拖动热点至合适的位置。

（1）选择热点后，可以使用 Shift + 箭头键将热点向选定方向一次移动 10 个像素。

（2）选择热点后，可以使用箭头键将热点向选定方向一次移动 1 个像素。

3. 调整热点大小或形状

如果需要调整图像地图热点的大小，可以使用【指针热点工具】选择热点，然后拖动热点选择器手柄（即热点四角或四周的控制点）更改热点大小或形状，如图 5-32 所示。

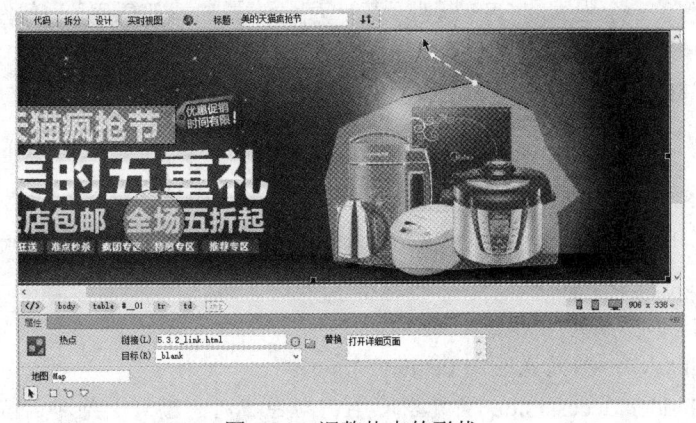

图 5-32　调整热点的形状

5.4 使用 jQuery UI 设计页面

jQuery UI 是 Dreamweaver CC 版本增加的功能，通过使用 jQuery UI 部件，可以创建完美的 Web 用户界面。

> 旧版本 Dreamweaver 中的 Spry Widget 在 Dreamweaver CC 及 Dreamweaver CC 2014 版本中由 jQuery UI 取代。

5.4.1 关于 jQuery UI

jQuery UI 是以 jQuery 为基础的开源 JavaScript 网页用户界面代码库。它包含底层用户交互、动画、特效和可更换主题的可视控件。

jQuery UI 包含了许多维持状态的小部件（Widget），所有的 jQuery UI 小部件（Widget）使用相同的模式，所以只要学会使用其中一个，就知道如何使用其他的小部件（Widget）。

Dreamweaver 将 jQuery UI 的相关组件集合在【插入】面板，可以直接使用这些组件来构建具有很好交互性的 Web 应用程序和页面，如图 5-33 所示。

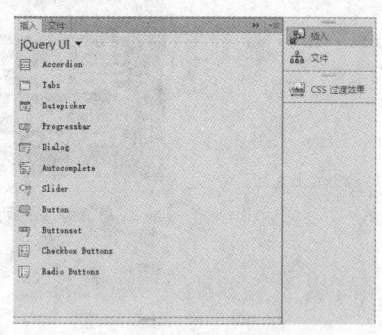

图 5-33　jQuery UI 部件

5.4.2 jQuery UI CSS 框架

所有的 jQuery UI 插件都允许开发人员无缝集成 UI 小部件到网站或应用程序外观等主题化的设计上。每个插件通过 CSS 定义样式，且包含了两层样式信息：标准的 jQuery UI CSS 框架样式和具体的插件样式。

在 jQuery UI 中可以使用 ThemeRoller、jQuery UI CSS 框架及设计自定义主题这三种方式主题化 jQuery UI 插件。在 Dreamweaver 中，主要使用 jQuery UI CSS 框架这种方式。

1．关于 jQuery UI CSS 框架

jQuery UI 包含了一个强大的 CSS 框架，其是为了创建自定义 jQuery 小部件而设计的。框架包含了通用的用户界面所需的类，且可使用 jQuery UI ThemeRoller 进行维护。当在 Dreamweaver 中添加 jQuery UI 部件后，这些 CSS 框架样式将显示在【属性】面板中，如图 5-34 所示。

2．框架类

jQuery UI CSS 框架的 CSS 类根据样式是否为固定的结构化的，或者是否为可主题化的（颜色、字体、背景等），分别定义在两个文件中。这些类被设计用于用户界面元素，以便获得整个应用程序的视觉一致性。框架类 CSS 样式说明如下：

（1）布局助手

- .ui-helper-hidden：对元素应用 display: none。
- .ui-helper-hidden-accessible：对元素应用访问隐藏（通过页面绝对定位）。

- .ui-helper-reset：UI 元素的基本样式重置。重置的元素如 padding、margin、text-decoration、list-style 等。
- .ui-helper-clearfix：对父元素应用浮动包装属性。
- .ui-helper-zfix：对<iframe>元素应用 iframe "fix" CSS。

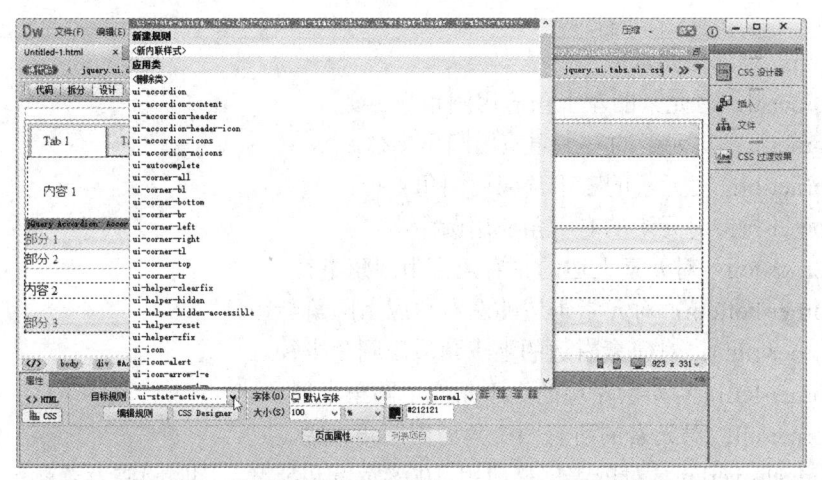

图 5-34　通过【属性】面板应用 jQuery UI CSS 框架样式

（2）小部件容器
- .ui-widget：对所有小部件的外部容器应用的类。对小部件应用字体和字体尺寸，同时也对表单元素应用相同的字体和 1em 的字体尺寸，以应对 Windows 浏览器中的继承问题。
- .ui-widget-header：对标题容器应用的类。对元素及其子元素的文本、链接、图标应用标题容器样式。
- .ui-widget-content：对内容容器应用的类。对元素及其子元素的文本、链接、图标应用内容容器样式（可应用到标题的父元素或者同级元素）。

（3）交互状态
- .ui-state-default：对可点击按钮元素应用的类。对元素及其子元素的文本、链接、图标应用"clickable default"容器样式。
- .ui-state-hover：当鼠标悬浮在可点击按钮元素上时应用的类。对元素及其子元素的文本、链接、图标应用"clickable hover"容器样式。
- .ui-state-focus：当键盘聚焦在可点击按钮元素上时应用的类。对元素及其子元素的文本、链接、图标应用"clickable hover"容器样式。
- .ui-state-active：当鼠标点击可点击按钮元素上时应用的类。对元素及其子元素的文本、链接、图标应用"clickable active"容器样式。

（4）交互提示 Cues
- .ui-state-highlight：对高亮或者选中元素应用的类。对元素及其子元素的文本、链接、图标应用"highlight"容器样式。
- .ui-state-error：对错误消息容器元素应用的类。对元素及其子元素的文本、链接、图标应用"error"容器样式。
- .ui-state-error-text：对只有无背景的错误文本颜色应用的类。可用于表单标签，也可以对子图标应用错误图标颜色。

- .ui-state-disabled：对禁用的 UI 元素应用一个暗淡的不透明度。
- .ui-priority-primary：对第一优先权的按钮应用的类。应用粗体文本。
- .ui-priority-secondary：对第二优先权的按钮应用的类。应用正常粗细的文本，对元素应用轻微的透明度。

（5）其他

- .ui-icon：对图标元素应用的基本类。
- .ui-corner-tl：对元素的左上角应用圆角半径。
- .ui-corner-tr：对元素的右上角应用圆角半径。
- .ui-corner-bl：对元素的左下角应用圆角半径。
- .ui-corner-br：对元素的右下角应用圆角半径。
- .ui-corner-top：对元素上边的左右角应用圆角半径。
- .ui-corner-bottom：对元素下边的左右角应用圆角半径。
- .ui-corner-right：对元素右边的上下角应用圆角半径。
- .ui-corner-left：对元素左边的上下角应用圆角半径。
- .ui-corner-all：对元素的所有四个角应用圆角半径。
- .ui-widget-overlay：对覆盖屏幕应用 100%宽度和高度，同时设置背景颜色、纹理和屏幕不透明度。
- .ui-widget-shadow：对覆盖应用的类，设置了不透明度、上偏移、左偏移，以及阴影的"厚度"。厚度是通过对阴影所有边设置内边距（Padding）进行应用的。偏移是通过设置上外边距（Margin）和左外边距（Margin）进行应用的（可以是正数，也可以是负数）。

5.4.3 插入 jQuery UI 部件

1．插入 jQuery UI 部件

其方法为：将光标置于页面中要插入 jQuery UI 部件的位置。打开【插入】|【jQuery UI】子菜单，然后选择要插入部件对应的命名，如图 5-35 所示。如果要使用【插入】面板，则可以打开【插入】面板并切换到【jQuery UI】选项卡，然后单击对应部件的按钮，如图 5-36 所示。

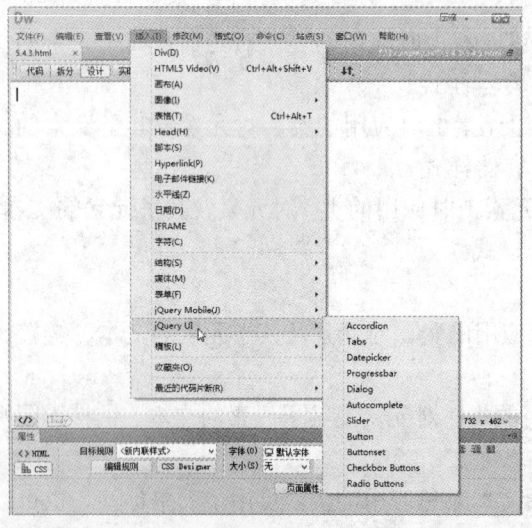

图 5-35　通过菜单插入 jQuery UI 部件 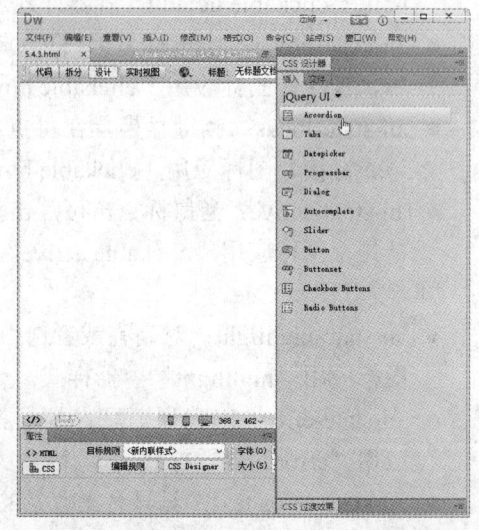　　　　图 5-36　通过面板插入 jQuery UI 部件

在插入 jQuery UI 部件后，可以通过【实时视图】模式查看效果，如图 5-37 所示。

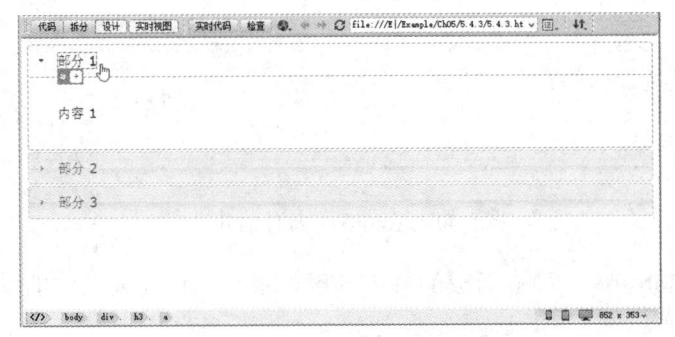

图 5-37　通过实时视图查看 jQuery UI 部件效果

2．修改 jQuery UI 部件

其方法为：在【文件】窗口的设计视图中选择 jQuery UI 部件。打开【属性】对话框，根据各个项目修改 jQuery UI 部件的属性。如为 Accordion 部件添加面板，可以在【属性】面板的【面板】项中单击【添加面板】按钮，如图 5-38 所示。对于部件上的文字内容，可以直接在【文件】窗口中修改，如图 5-39 所示。

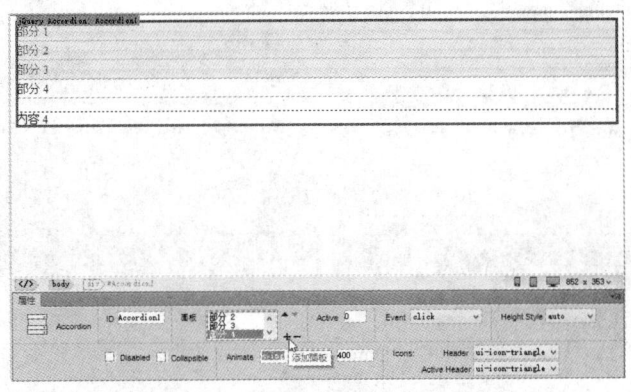

图 5-38　为 Accordion 部件添加面板

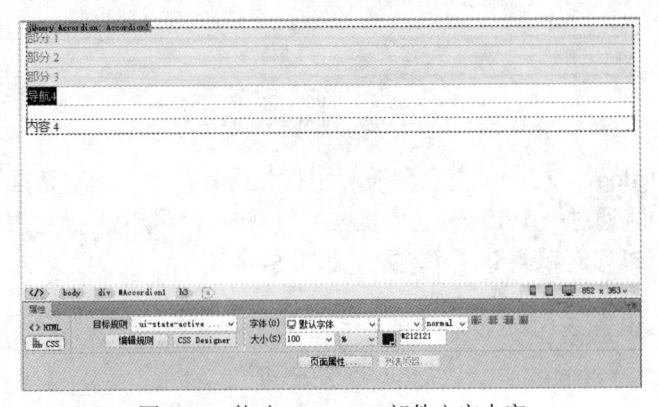

图 5-39　修改 jQuery UI 部件文字内容

5.4.4　jQuery UI 部件效果

（1）折叠面板（Accordion）：在一个有限的空间内显示用于呈现信息的可折叠的内容面板，

效果如图 5-40 所示。

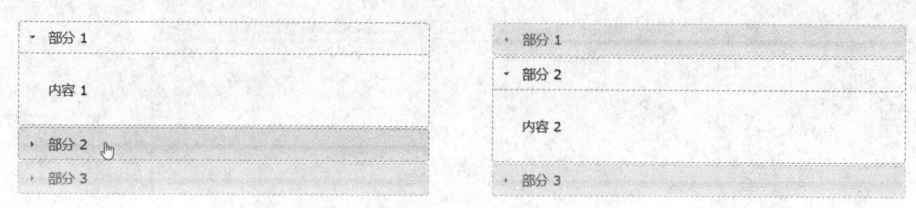

图 5-40 Accordion 部件的效果

（2）标签页（Tabs）：一种多面板的单内容区，每个面板与列表中的标题相关，效果如图 5-41 所示。

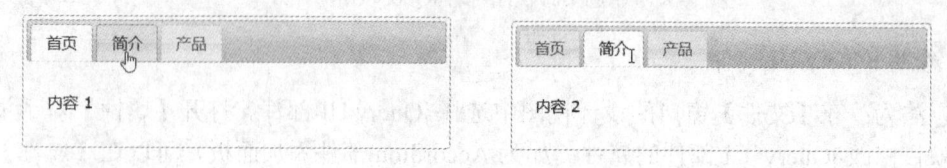

图 5-41 Tabs 部件的效果

（3）日期选择器（Datepicker）：从弹出框或内联日历中选择一个日期，效果如图 5-42 所示。

图 5-42 Datepicker 部件的效果

（4）进度条（Progressbar）：显示一个确定的或不确定的进程状态，效果如图 5-43 所示。

图 5-43 Progressbar 部件的效果

（5）对话框（Dialog）：在一个交互覆盖层中打开内容。基本的对话框窗口是一个定位于视区中的覆盖层，同时通过一个 iframe（内框架）与页面内容分隔开。它由一个标题栏和一个内容区域组成，且可以移动和调整尺寸，效果如图 5-44 所示。

图 5-44 Dialog 部件的效果

（6）自动完成（Autocomplete）：根据输入值进行搜索和过滤，让用户快速找到并从预设值列表中选择，效果如图 5-45 所示。

（7）滑块（Slider）：拖动手柄来选择一个数值。基本的滑块是水平的，有一个单一的手柄，可以用鼠标或箭头键进行移动，效果如图 5-46 所示。

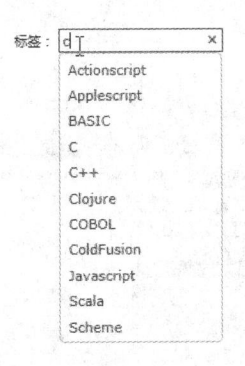

图 5-45 Autocomplete 部件的效果   图 5-46 Slider 部件的效果

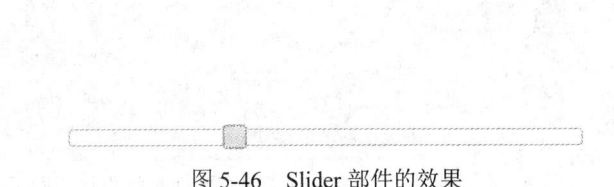

（8）按钮（Button）：用带有适当的悬停（Hover）和激活（Active）的样式的可主题化按钮来加强标准表单元素（如按钮、输入框）的功能，效果如图 5-47 所示。

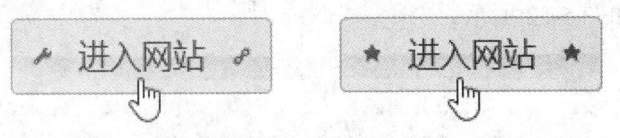

图 5-47 Button 部件的效果

（9）按钮组（Buttonset）：通过选择一个容器元素（包含单选按钮）并调用.buttonset()来使用。Buttonset 也提供了可视化分组，因此当有一组按钮时都可考虑使用它，效果如图 5-48 所示。

（10）多选按钮（Checkbox Buttons）：提供多个可复选的选项按钮，被选选项的按钮显示为按下状态，效果如图 5-49 所示。

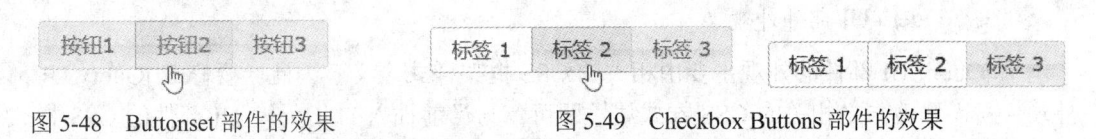

图 5-48 Buttonset 部件的效果   图 5-49 Checkbox Buttons 部件的效果

（11）单选按钮（Radio Buttons）：单选按钮与复选按钮相似，只是单选按钮是分组的，在一组中只有一个处于选中（按下）状态，效果如图 5-50 所示。

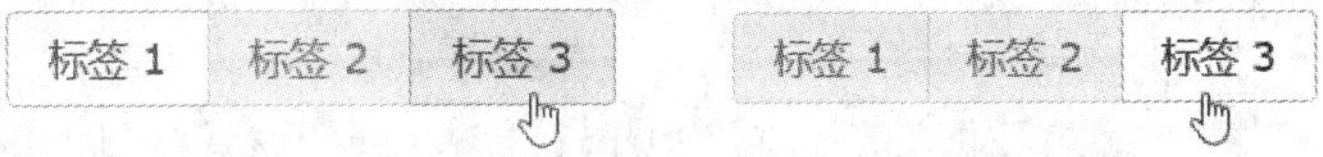

图 5-50 Radio Buttons 部件的效果

5.4.5 修改 jQuery UI 部件外观

1. 保存附加的相关文件

当在页面上插入 jQuery UI 部件时，程序会通过链接方式将定义 jQuery UI 部件外观和效果的 CSS 文件和 JavaScript 文件附加到网页。因此，在保存文件时，程序会提示连同相关文件保存到网页文件目录，如图 5-51 所示。

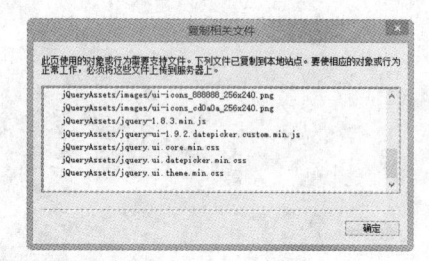

图 5-51　保存文件时将附加于网页的相关文件一并保存

保存相关文件后，在网页文件的同一目录下，将会新建一个名为【jQueryAssets】的文件夹，该文件夹就放置了与插入的 jQuery UI 部件相关的文件（插入不同 jQuery UI 部件，相关的文件可能不同），如图 5-52 所示。

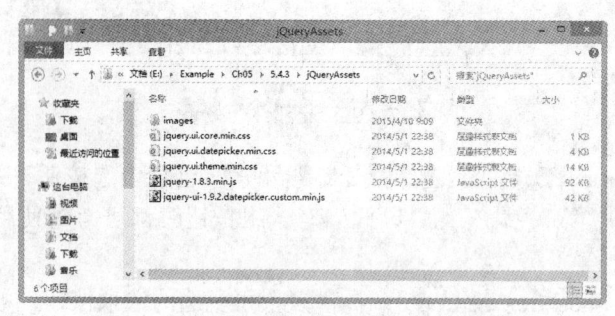

图 5-52　查看与 jQuery UI 部件相关的文件

2．修改 jQuery UI 部件外观

由于 jQuery UI 部件的外观主要由相关的 CSS 框架样式定义。因此，要修改 jQuery UI 部件外观，只需修改与之相关的 CSS 样式属性即可。与当前插入的 jQuery UI 部件的 CSS 样式将显示在【文件】窗口的文件名称下方，如图 5-53 所示。

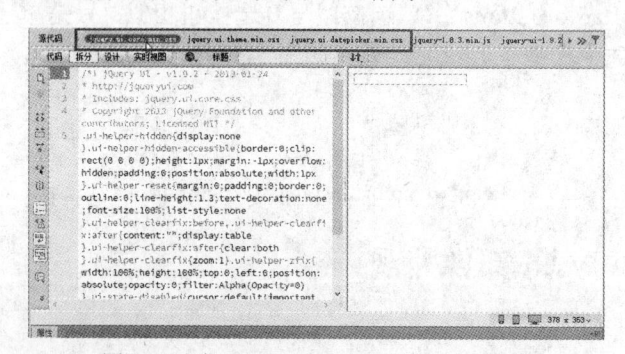

图 5-53　在 Dreamweaver 中打开 CSS 文件

方法 1 在【文件】窗口中切换到对应 CSS 样式的代码窗格，然后修改相关属性的参数。图 5-54 所示为修改折叠面板背景的效果。

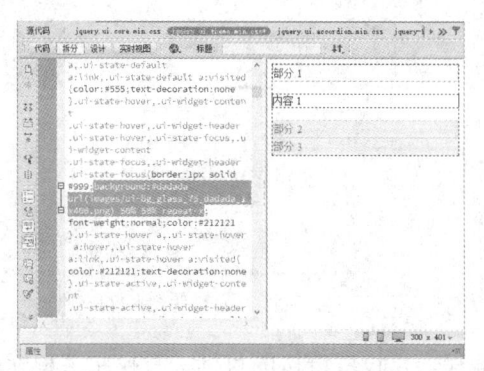

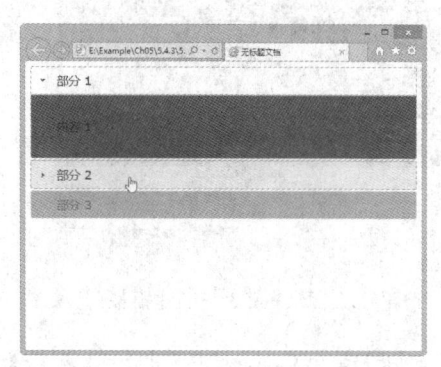

图 5-54 通过代码窗格修改部件外观

方法 2 将光标定位在 jQuery UI 部件要修改外观的对象上，然后打开【属性】面板并单击【编辑规则】按钮，通过【CSS 规则定义】对话框修改 CSS 的属性，如图 5-55 所示。

方法 3 打开【CSS 设计器】面板，然后在【源】窗格中选择 CSS 源，接着在【选择器】窗格中选择选择器，最后通过【属性】面板修改 CSS 属性即可，如图 5-56 所示。

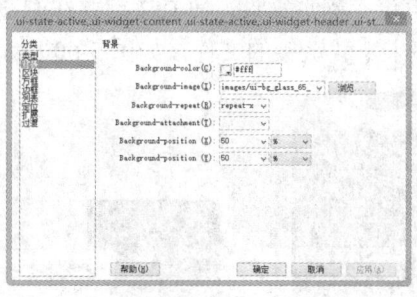

图 5-55 通过【CSS 规则定义】对话框修改部件外观

图 5-56 通过 CSS 设计器修改部件外观

5.5 技能训练

下面通过多个上机练习实例，巩固所学技能。

5.5.1 上机练习 1：制作用于下载文件的链接

本例先为网页上的图像创建到非网页格式文件的链接，然后设置链接的目标和替换文字等属性，以提供浏览器通过链接下载文件。

操作步骤

1 打开光盘中的"..\Example\Ch05\5.5.1.html"练习文件，选择页面右下方的【下载食谱】图像，再打开【属性】面板，然后单击【链接】项右侧的【浏览文件】按钮，如图 5-57 所示。

2 打开【选择文件】对话框后，选择"images"文件夹内的"跟大师学做海河鲜.rar"文件，然后单击【确定】按钮，如图 5-58 所示。

165

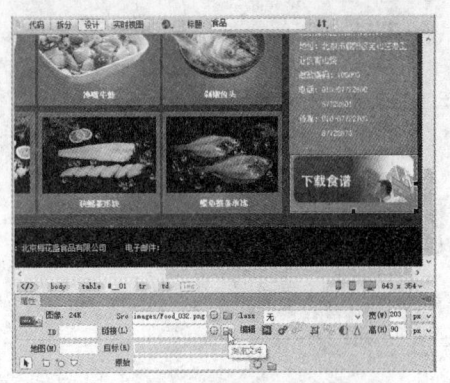

图 5-57 选择图像并创建链接

图 5-58 选择要链接的文件

3 返回 Dreamweaver 中，打开【属性】面板，再设置链接的目标、替换文字和标题，如图 5-59 所示。

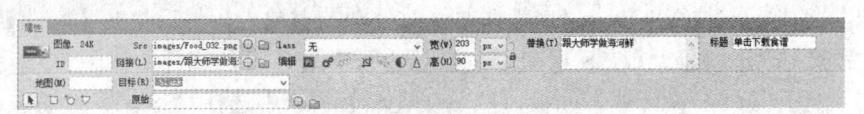

图 5-59 设置链接的属性

4 完成上述操作后，即可保存网页文件，按 F12 键并在浏览器中单击【下载食谱】图像，此时系统将打开默认下载程序来下载链接的文件，如图 5-60 所示。

图 5-60 执行浏览来下载文件

5.5.2 上机练习 2：制作跳转的命名锚记链接

本例先在页面中的第一个栏目右侧的单元格内添加命名锚记并设置命名锚记的属性，然后通过复制和粘贴的方式，为其他栏目添加对应名称的命名锚记，最后在页面顶端图像的按钮图形上分别创建矩形热点，并设置到对应命名锚记的链接。

操作步骤

1 打开光盘中的 "..\Example\Ch05\5.5.2.html" 练习文件，将光标定位在【VIP 狂送】栏目右侧的单元格内，再切换到【拆分】视图，然后在光标处添加名称为【VIP】的命名锚记，如图 5-61 所示。

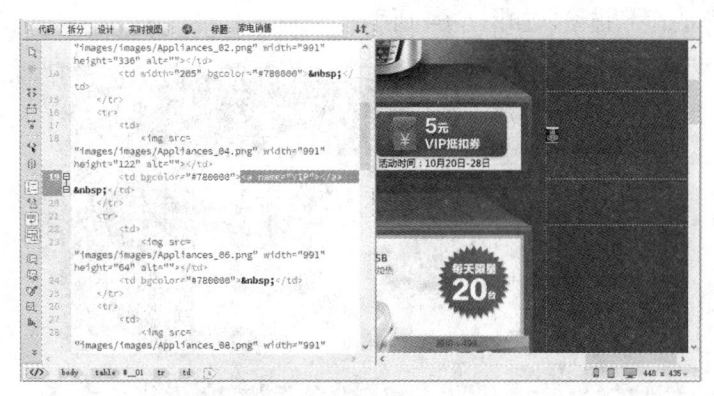

图 5-61　添加第一个命名锚记

2 切换到【设计】视图，然后选择命名锚记对象，再打开【属性】面板并设置标题属性，如图 5-62 所示。

图 5-62　设置命名锚记的属性

3 选择第一个命名锚记对象，再单击鼠标右键并选择【拷贝】命令，然后将光标定位在【准点秒杀】栏目右侧的单元格中并按 Ctrl+V 键粘贴命名锚记，接着通过【属性】面板修改命名锚记名称和标题均为【准点秒杀】，如图 5-63 所示。

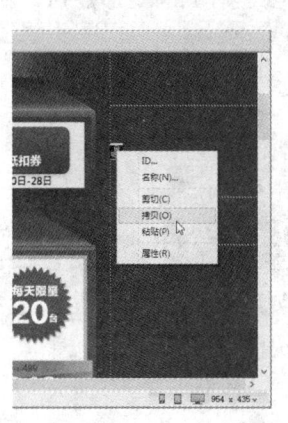

图 5-63　通过复制和粘贴创建第二个命名锚记

167

4 使用步骤 3 的方法，通过复制和粘贴的方式为【疯团专区】、【特惠专区】、【推荐专区】栏目创建相同名称的命名锚记，如图 5-64 所示。

图 5-64 创建其他栏目对应的命名锚记

5 选择页面顶端的图像，打开【属性】面板并单击【矩形热点工具】，接着在图像的【VIP 狂送】按钮图形上绘制出矩形热点，然后设置到【VIP】命名锚记的链接，如图 5-65 所示。

图 5-65 绘制第一个矩形热点并设置链接

6 使用步骤 5 的方法，为页面顶端图像的其他按钮图形创建对应的矩形热点，然后为图像地图热点设置对应的命名锚记链接，如图 5-66 所示。

图 5-66 制作其他图像地图的命名锚记链接

7 完成上述操作后,即可保存网页文件并按 F12 键,在浏览器中单击图像上位于按钮图形的热点,以跳转到链接命名锚记的位置,如图 5-67 所示。

图 5-67 通过浏览器测试链接的效果

5.5.3 上机练习 3:制作以框架为目标的链接

本例先在页面中央空白单元格中插入 IFRAME(嵌套框架)标签,然后通过【代码】窗格指定框架的源文件和框架的大小、名称等属性,最后为页面中一个图像创建链接并指定链接目标为嵌套框架,以制作执行链接时通过嵌套框架显示网页的功能。

操作步骤

1 打开光盘中的"..\Example\Ch05\5.5.3.html"练习文件,将光标定位在页面的空白单元格中,然后选择【插入】|【IFRAME】命令,插入嵌套框架标签,如图 5-68 所示。

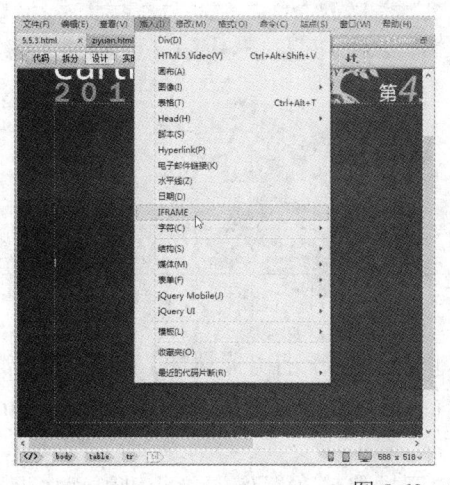

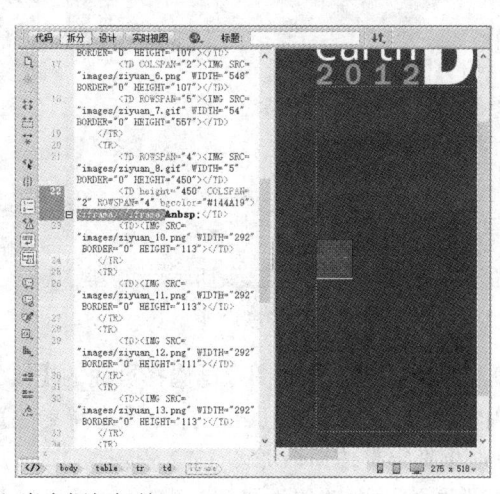

图 5-68 插入嵌套框架标签

2 切换到【代码】视图,然后在嵌套框架标签<iframe>的"e"右侧输入一个空格,再输入"src",此时出现代码提示,选择【src】标签,接着在另一个代码提示中选择【浏览】选项,如图 5-69 所示。

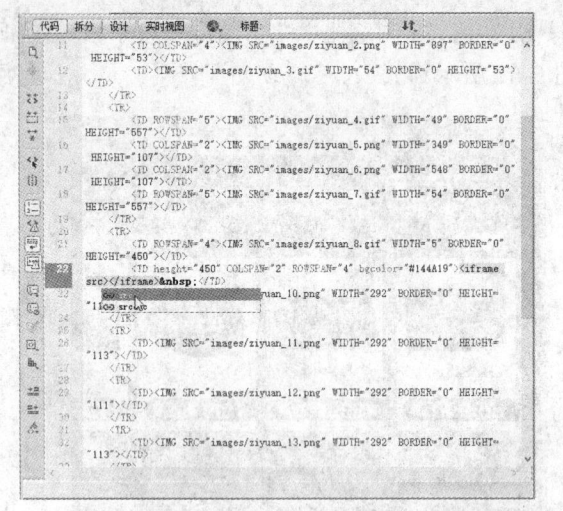

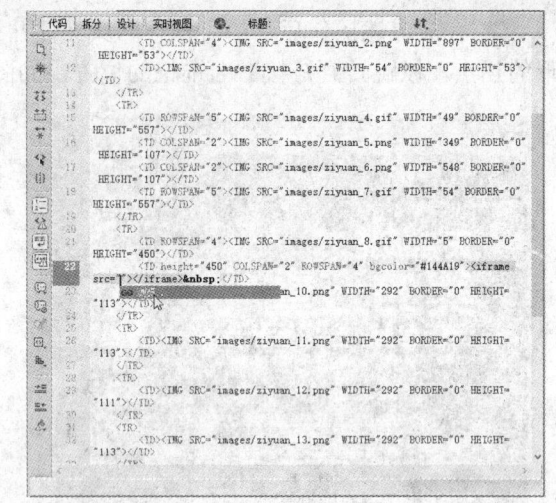

图 5-69 添加指定源文件的代码

3 打开【选择文件】对话框后，选择框架的源文件为"..\Example\Ch05\image.html"，然后单击【确定】按钮，如图 5-70 所示。

4 在【代码】视图的嵌套框架标签中输入设置框架大小、滚动条、名称（名称为"view_iframe"，后续将使用名称指定链接目标）等属性的代码，如图 5-71 所示。

图 5-70 指定框架源文件　　　　　图 5-71 设置框架的各项属性

5 切换到【设计】视图，再选择页面的【认识地球】图像，打开【属性】面板并单击【链接】项的【浏览文件】按钮，打开【选择文件】对话框后，选择链接文件为"iframe.html"，最后单击【确定】按钮，如图 5-72 所示。

6 为图像指定链接文件后，切换到【拆分】视图，然后在图像链接代码中添加设置目标为"view_iframe"的代码，接着切换到【设计】视图，即可看到设置链接目标的属性，如图 5-73 所示。

7 完成上述操作后，即可保存网页文件并按 F12 键，然后在浏览器中单击【认识地球】图像，此时链接的文件将显示在嵌套框架中，如图 5-74 所示。

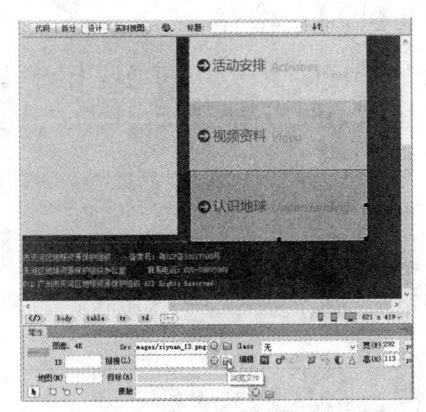

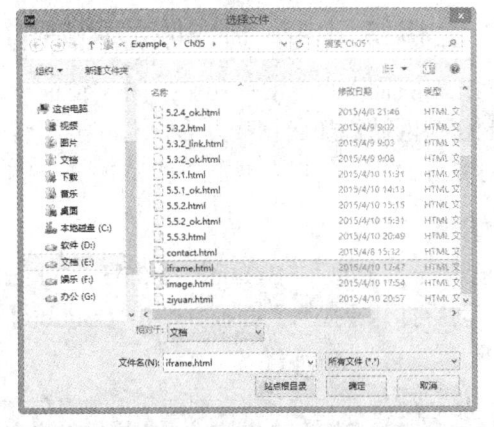

图 5-72 为图像设置链接

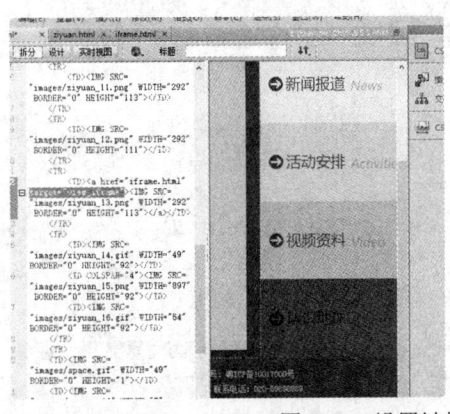

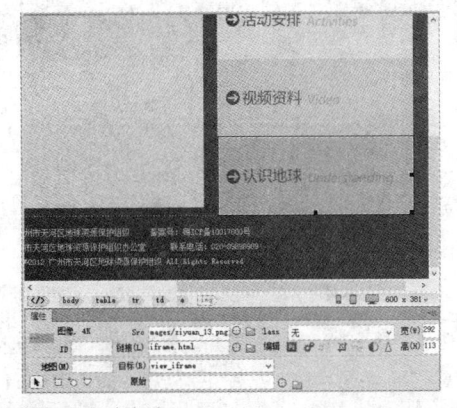

图 5-73 设置链接的目标为嵌套框架

图 5-74 通过浏览器测试链接的效果

问：什么是框架，它是文件吗？

答：框架不是文件，很多用户可能会以为当前显示在框架中的文件是构成框架的一部分，但该文件实际上并不是框架的一部分。框架是存放文件的容器。

简单来说，框架是浏览器窗口中的一个区域，它可以显示与浏览器窗口的其余部分中所显示内容无关的 HTML 文件。它提供将一个浏览器窗口划分为多个区域，每个区域都可以显示不同 HTML 文件的方法。

5.5.4 上机练习 4：制作收藏网站的 jQuery UI 按钮

本例先在页面右上方的单元格中插入 jQuery UI 的【Button】部件，再通过【代码】视图为部件制作将网站添加到收藏夹的脚本链接，然后通过【CSS 设计器】面板设置部件所在单元格的对齐方式，最后保存网页文件和 jQuery UI 的相关文件。

操作步骤

1 打开光盘中的"..\Example\Ch05\5.5.4\.html"练习文件，将光标定位在页面右上方的单元格中，然后打开【插入】面板并单击【Button】按钮，插入 jQueryUI 的【Button】部件，如图 5-75 所示。

图 5-75　插入 jQuery UI 的【Button】部件

2 选择【Button】部件中的文字，然后修改文字为【加为收藏】，如图 5-76 所示。

3 切换文件窗口到【代码】视图，然后在【Button】部件中添加收藏网站的脚本链接，如图 5-77 所示。

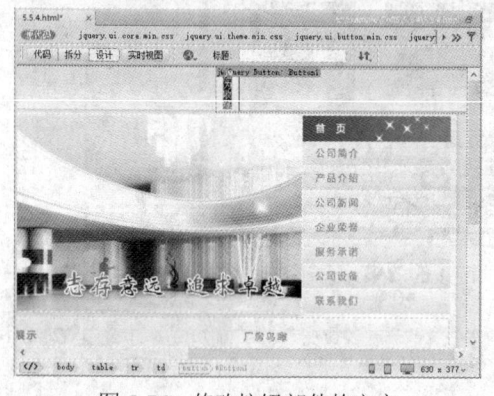

图 5-76　修改按钮部件的文字 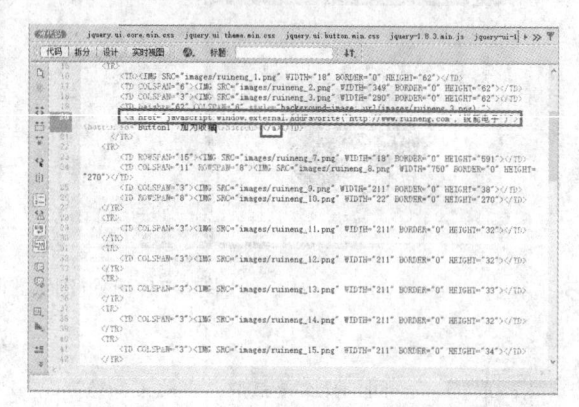　　　　　图 5-77　为按钮部件添加脚本链接

4 将光标定位在【Button】部件所在的单元格，再打开【属性】面板并单击【CSS Designer】按钮，然后通过【CSS 设计器】面板的【属性】窗格设置对齐方式为【right】，如图 5-78 所示。

图 5-78　设置单元格的对齐方式

5 完成上述操作后，按 Ctrl+Shift+S 键将网页保存为新文件，然后在打开的【复制相关文件】对话框中单击【确定】按钮，保存 jQuery UI 的相关文件，如图 5-79 所示。

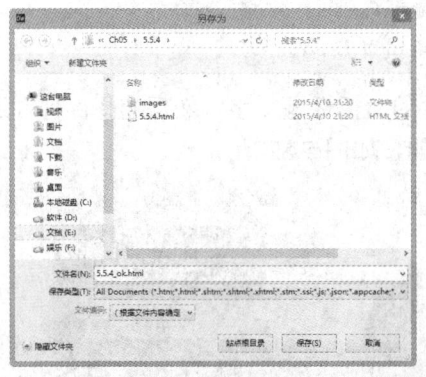

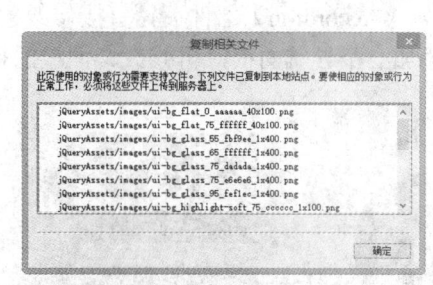

图 5-79　保存网页文件和相关文件

6 保存网页文件后，按 F12 键打开浏览器，然后单击【加为收藏】按钮，即可打开【添加收藏】对话框，将已经设置的网站添加到浏览器的收藏夹，如图 5-80 所示。

图 5-80　通过浏览器测试按钮的效果

5.5.5　上机练习 5：使用 jQuery UI 制作折叠导航板

本例先在页面右侧的单元格内插入【Accordion】部件并修改部件的标题和增加面板，然后在部件的内容 Div 对象中添加导航内容并制成项目列表格式，接着通过部件相关的 CSS 样式，修改【Accordion】部件中的标题和内容文字大小，以及部件的背景属性，最后为导航版的内容设置空链接并保存文件。

操作步骤

1 打开光盘中的"..\Example\Ch05\5.5.5.html"练习文件,将光标定位在页面右侧的单元格,然后打开【插入】面板并单击【Accordion】按钮,如图 5-81 所示。

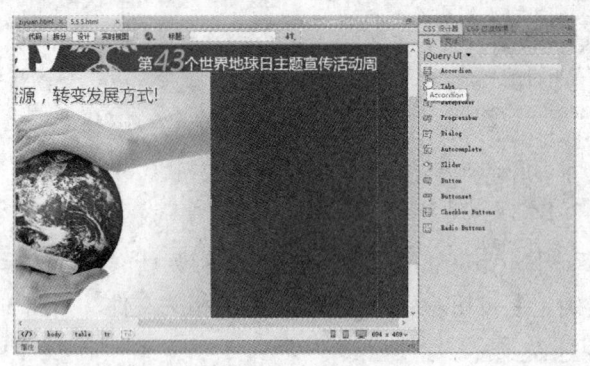

图 5-81　插入【Accordion】部件

2 插入【Accordion】部件后,直接修改部件的面板标题文字,然后选择部件并通过【属性】面板添加一个导航面板,再修改该面板的标题,如图 5-82 所示。

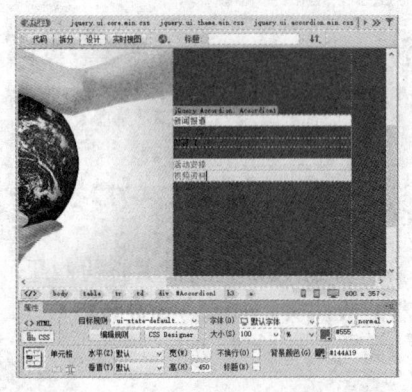

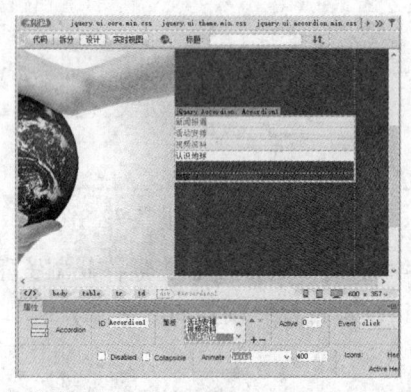

图 5-82　编辑部件的面板

3 选择部件中【新闻报道】面板的内容,然后输入新的导航内容文字,选择这些内容并单击【属性】面板的【项目列表】按钮,如图 5-83 所示。

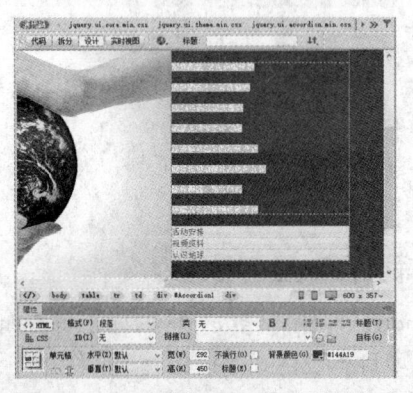

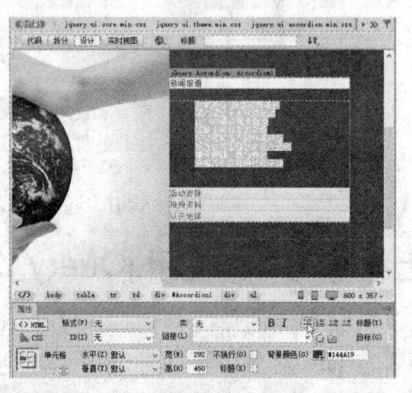

图 5-83　修改面板的内容文字并应用项目列表格式

4 选择【Accordion】部件，打开【CSS 设计器】面板，在【源】窗格中选择【jquery.ui.theme. min.css】项，再选择【.ui-widget-content】选择器，然后在【属性】窗格中修改文字大小为 15px，接着选择【.ui-widget】选择器，并修改文字大小为 1.45em，以修改导航面板标题和内容的文字大小，如图 5-84 所示。

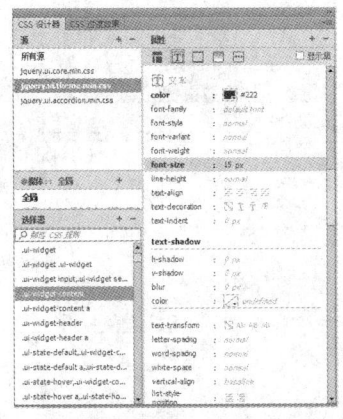

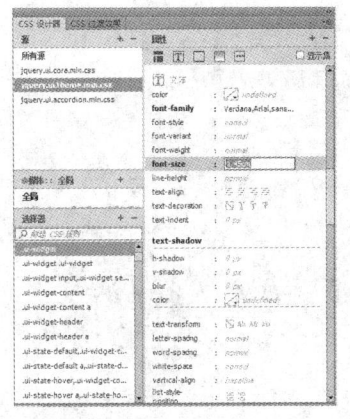

图 5-84　修改导航面板标题和内容的文字大小

5 在【CSS 设计器】面板的【选择器】窗格中选择【.ui-state-default,.ui-widget-content.ui-state-default,.ui-widget-header .ui-state-default】选择器，然后在【属性】窗格中选择背景图像的 URL 参数并按 Delete 键删除，接着更改背景颜色为【#A5BF46】，以修改导航面板默认状态下的背景颜色，如图 5-85 所示。

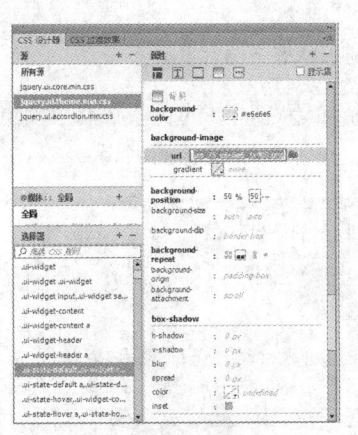

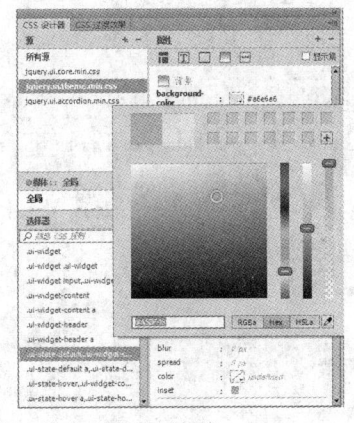

图 5-85　修改导航面板默认状态下的背景颜色

6 选择【.ui-state-hover,.ui-widget-content .ui-state-hover,.ui-widget-header .ui-state-hover,.ui-state-focus,.ui-widget-content .ui-state-focus,.ui-widget-header .ui-state-focus】选择器，然后删除该选择器的背景图像参数，再修改背景颜色为【#F2F5C0】，以修改导航面板在鼠标悬浮状态下的背景颜色，如图 5-86 所示。

7 选择【.ui-state-active,.ui-widget-content.ui-state-active,.ui-widget-header .ui-state-active】选择器，然后删除该选择器的背景图像参数，再修改背景颜色为【#F8E378】，以修改导航面板在打开状态下的背景颜色，如图 5-87 所示。

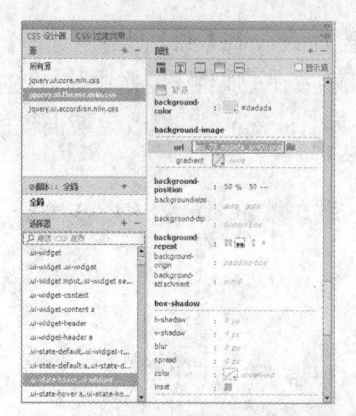

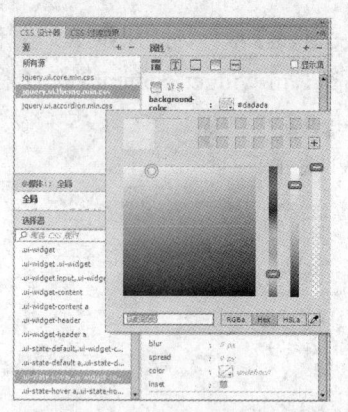

图 5-86　修改导航面板在鼠标悬浮状态下的背景颜色

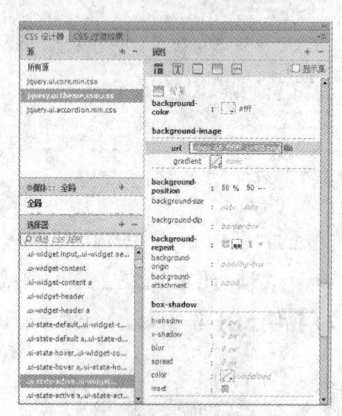

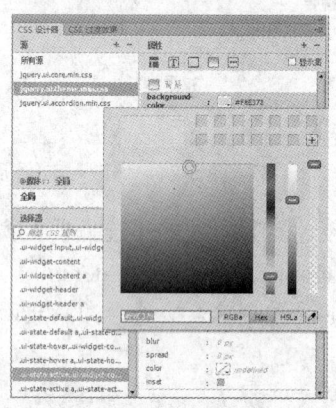

图 5-87　修改导航面板在打开状态下的背景颜色

8 选择【.ui-widget-content】选择器，然后删除该选择器的背景图像参数，再修改背景颜色为【#F0FBD0】，以修改导航面板内容区的背景颜色，如图 5-88 所示。

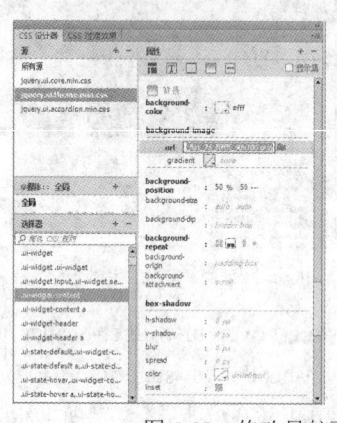

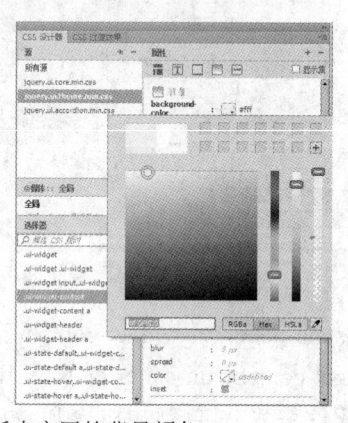

图 5-88　修改导航面板内容区的背景颜色

9 返回【文件】窗口中，可以为导航面板的内容文字设置到详细页面的链接。如果暂时没有详细页面，可以为内容文字设置空链接，然后通过【CSS 设计器】面板，设置内容文字链接的格式为【none】，如图 5-89 所示。

10 选择【Accordion】部件，然后在【属性】面板中选择第二个面板标题，切换到第二个面板编辑，接着修改该面板的内容并设置空链接，最后使用相同的方法，为其他面板添加内容并设置空链接,如图 5-90 所示。

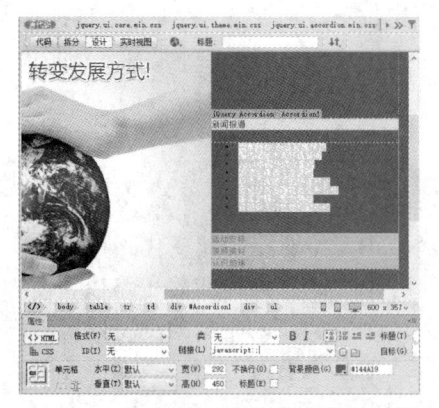

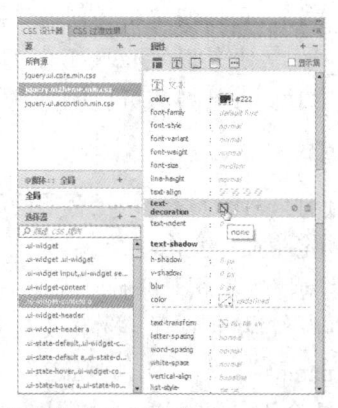

图 5-89　设置内容的空链接并修改链接文字格式

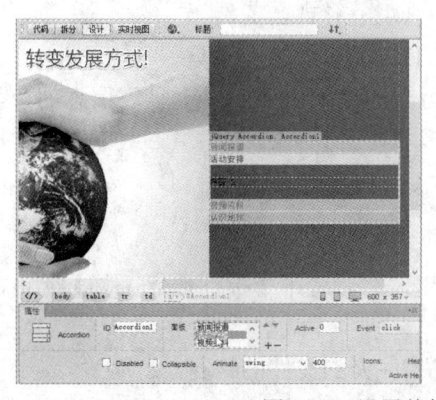

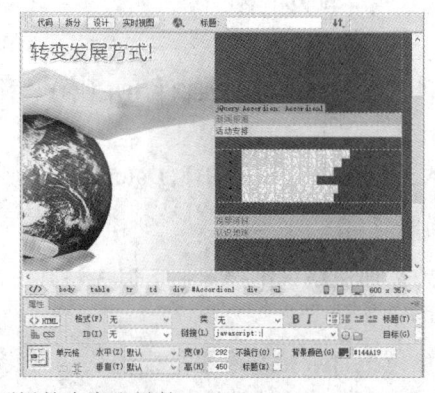

图 5-90　设置其他面板的内容和链接

11 完成上述操作后,即可保存网页文件,然后在打开的【复制相关文件】对话框中单击【确定】按钮,接着按 F12 键,通过浏览器查看折叠导航面板的效果,如图 5-91 所示。

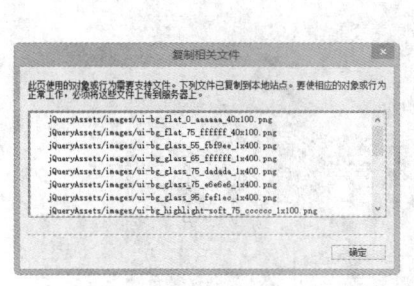

图 5-91　保存文件并预览折叠导航面板的效果

5.6 评测习题

1．填空题

（1）＿＿＿＿＿＿可细分为"文件相对路径"和"站点根目录相对路径"两种。

177

（2）_____可以在文件中设置标记，这些标记通常放在文件的特定主题处或顶部。通过创建这种链接，可以快速将访问者带到指定位置。

（3）_____是以 jQuery UI 为基础的开源 JavaScript 网页用户界面代码库。它包含底层用户交互、动画、特效和可更换主题的可视控件。

2．选择题

（1）对于网页设计而言，路径有哪两种类型？　　　　　　　　　　　　（　　）
  A．固定路径和变化路径　　　　　　B．绝对路径和变化路径
  C．绝对路径和相对路径　　　　　　D．动态路径和静止路径

（2）以下哪个链接目标是将链接文件载入一个新的、未命名的浏览器窗口？（　　）
  A．_parent　　　B．_blank　　　C．_self　　　D．_top

（3）以下哪个工具不可以在图像上创建热点？　　　　　　　　　　　　（　　）
  A．指针热点工具　　　　　　　　　B．矩形热点工具
  C．椭圆形热点工具　　　　　　　　D．多边形热点工具

（4）以下哪个 jQuery UI 部件用于制作一个有限的空间内显示用于呈现信息的可折叠的内容面板？　　　　　　　　　　　　　　　　　　　　　　　　　　　　　　（　　）
  A．Tabs　　　B．Datepicker　　　C．Progressbar　　　D．Accordion

3．判断题

（1）若需要选择多个热点，可以先按住 Alt 键，然后使用【指针热点工具】单击需要选择的热点即可。　　　　　　　　　　　　　　　　　　　　　　　　　　　　　（　　）

（2）站点根目录相对路径是描述从站点的根文件夹到文件的路径。　　　　（　　）

（3）创建到命名锚记的链接的过程分为两步。首先，创建命名锚记，然后创建到该命名锚记的链接。　　　　　　　　　　　　　　　　　　　　　　　　　　　　　（　　）

4．操作题

为练习文件中顶端的图像创建一个矩形热点的图像地图链接，并设置将链接的文件载入练习文件所在的同一窗口中打开，效果如图 5-92 所示。

图 5-92　本章操作题的效果

操作提示

（1）打开光盘中的"..\Example\Ch05\5.6.html"练习文件，选择页面顶端上的图像。

（2）在【属性】面板中单击【矩形热点工具】按钮，然后在图像左侧的标题内容上绘制矩形热点。

（3）在【属性】面板中单击【指针热点工具】按钮，然后使用该工具选择热点，并适当调整热点的大小和位置。

（4）在【属性】面板中单击【链接】项的【浏览文件】按钮，打开【选择文件】对话框后，选择【5.6_link.html】文件，再单击【确定】按钮。

（5）指定链接文件后，在【属性】面板中设置链接的目标为【_self】。

第 6 章　应用行为与 jQuery UI 特效

学习目标

Dreamweaver CC 2014 提供了【行为】的功能，允许用户快速制作各种网页效果。另外，Dreamweaver CC 2014 将部分 jQuery UI 特效集合在【行为】面板中，可以制作震动、淡出、滑出、百叶窗等各种特殊的效果。本章将详细讲解在 Dreamweaver 中应用行为和 jQuery UI 特效设计网页效果的方法。

学习重点

- ☑ 了解行为
- ☑ 使用【行为】面板
- ☑ 应用与编辑行为
- ☑ 了解 jQuery UI 特效
- ☑ 应用 jQuery UI 特效

6.1　应用行为的基础

Dreamweaver 的【行为】功能允许用户通过便利的方式将 JavaScript 代码添加到文件，使浏览者可以通过多种方式更改网页效果或者启动某些任务，如弹出指定内容的窗口。

6.1.1　关于行为

行为是某个事件和由该事件触发的动作的组合。Dreamweaver 允许通过【行为】面板先指定一个动作，然后指定触发该动作的事件，以此将行为添加到页面中。图 6-1 所示为【行为】面板提供的动作及动作组。

> 行为代码是客户端 JavaScript 代码，即它运行在浏览器中，而不是在服务器上。

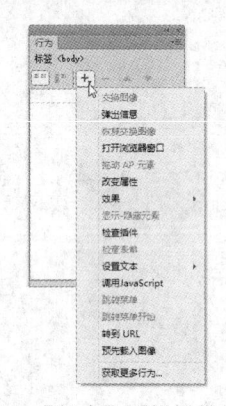

图 6-1　【行为】面板提供的动作

1．事件

事件是浏览器生成的一种讯息，它指示该页的访问者已执行了某种操作。例如，当访问者将鼠标指针移到某个链接上时，浏览器将为该链接生成一个 onMouseOver 事件，然后浏览器查看 Web 页是否存在为该链接的事件设置响应的 JavaScript 代码，如果有，则触发该代码，如变化链接文本的颜色。

2．动作

动作实际是一段预先编写的 JavaScript 代码，可用于执行以下任务：打开浏览器窗口、显示或隐藏元素、播放声音或停止播放等。在将行为附加到某个页面元素后，每当该对象的某个事件发生时，行为即会调用与这一事件关联的动作（JavaScript 代码）。

3．行为的用途

对于一般用户而言，通过编写 JavaScript 代码的方法制作页面效果，需要具有较高的程序编写能力，所以会给网页设计带来障碍。为此，Dreamweaver 将一些常用的 JavaScript 代码，以菜单命令的方式安排在【行为】面板上，只需经过选择、设置命令的简单操作，即可完成很多原来需要编写代码的页面效果。即使是从来没有接触过 JavaScript 程序的初学者，也可以通过添加行为的简单操作制作出很炫的页面效果。例如，要在网页状态栏上添加文本内容，如果编写代码的话，就输入添加【"MM_displayStatusMsg('欢迎光临本站');return document.MM_returnValue"】代码；如果使用【行为】功能的话，则只需添加【设置状态栏文本】行为，并输入文本内容即可，无须编写任何 JavaScript 代码，如图 6-2 所示。

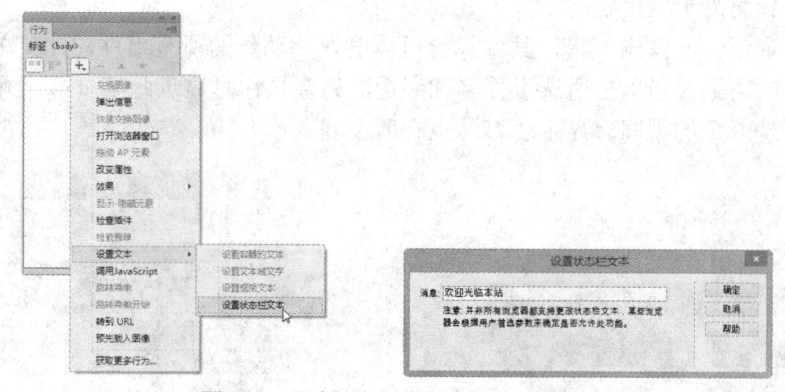

图 6-2　通过行为制作状态栏文本效果

6.1.2　使用【行为】面板

在 Dreamweaver 中，可以使用【行为】面板将行为附加到页面元素（更具体地说是附加到标签），并可以修改以前所附加行为的参数。这样，只需通过该面板进行简单的选择、设置等操作，即可完成很多原来需要编写代码的页面效果和功能。

1．打开【行为】面板

方法 1　选择【窗口】|【行为】命令。
方法 2　按 Shift+F4 键。

2．查看事件与动作

当通过【行为】面板为页面元素添加行为后，面板中会显示该行为的事件与动作，如图 6-3 所示。

已附加到当前所选页面元素的行为显示在行为列表中（面板的主区域），并按事件以字母顺序列出。如果针对同一个事件列有多个动作，则会按在列表中出现的顺序执行这些动作。如果行为列表中没有显示任何行

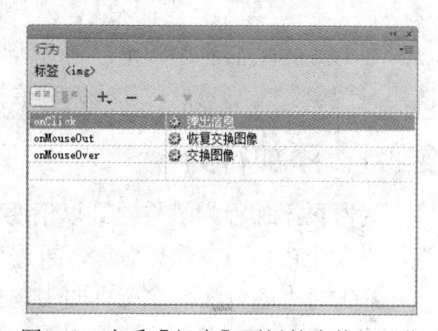

图 6-3　查看【行为】面板的事件与动作

为，则表示没有行为附加到当前所选的页面元素。

3．【行为】面板选项说明

- 显示设置事件 ：仅显示附加到当前文档的那些事件。事件被分别划归到客户端或服务器端类别中，每个类别的事件都包含在可折叠的列表中。【显示设置事件】是面板默认的视图。
- 显示所有事件 ：按字母顺序显示属于特定类别的所有事件，如图 6-4 所示。
- 添加行为 ：显示特定菜单，其中包含可以附加到当前选定元素的动作。当从该列表中选择一个动作时，将出现一个对话框，用户可以在此对话框中指定该动作的参数。如果菜单上的所有动作都处于灰显状态，则表示选定的元素无法生成任何事件。
- 删除事件 ：从行为列表中删除所选的事件和动作。
- 向上箭头 和向下箭头 按钮：在行为列表中上下移动特定事件的选定动作。只能更改特定事件的动作顺序，例如，可以更改 onLoad 事件中发生的几个动作的顺序，但是所有 onLoad 动作在行为列表中都会放置在一起。对于不能在列表中上下移动的动作，箭头按钮将处于禁用状态。
- 事件：显示一个弹出菜单，其中包含可以触发该动作的所有事件，此菜单仅在选中某个事件时可见（当单击所选事件名称旁边的箭头按钮时显示此菜单），如图 6-5 所示。根据所选对象的不同，显示的事件也有所不同。

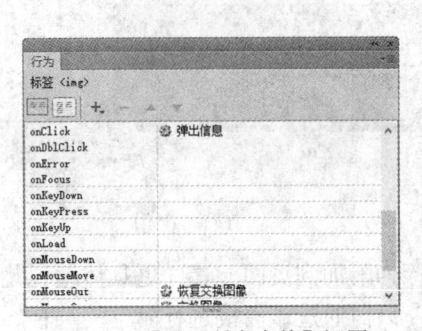

图 6-4 【显示所有事件】视图　　　　图 6-5 查看所有事件

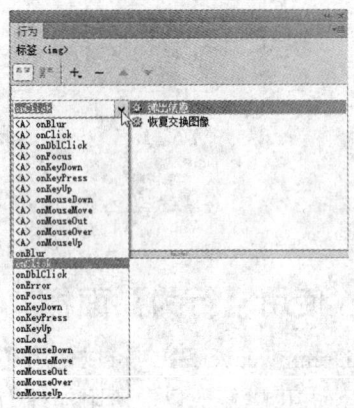

6.2 应用与编辑行为

在 Dreamweaver 中，可以将行为附加到整个文件（即附加到<body>标签），还可以附加到链接、图像、表单元素和其他多种 HTML 元素。

6.2.1 添加行为

为网页添加行为时将遇到以下两种情况，分别是在不选择任何对象的情况下直接添加行为，以及先在页面中选择对象，再为所选对象添加行为。

添加行为的方法为：在页面中选择一种元素（如图像或文本），若直接为网页添加行为，则无须选择页面元素。然后，按 Shift+F4 键打开【行为】面板，单击面板上方的【添加行为】

按钮 ，从打开的菜单中选择所需添加的行为，并从打开的对话框中设置动作参数即可。图 6-6 所示为图像添加【弹出信息】行为。

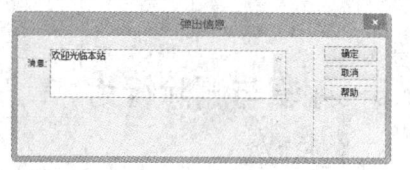

图 6-6　添加【弹出信息】行为

添加行为后，可以通过浏览器测试行为的效果，如图 6-7 所示。

图 6-7　通过浏览器测试效果

6.2.2　修改行为的事件

1．默认事件

通过【行为】面板添加行为后，行为具有默认的事件。一般来说，如果直接为整个网页添加行为，则默认的事件为"onLoad"；如果在网页中选择某个对象而添加的行为，其默认的事件则通常为"onClick"、"onBeforeUnload"等。

2．更改事件

触发动作的默认事件显示在【事件】列中，如果默认事件不是所需的触发事件，可以从【事件】菜单中选择其他事件。

其方法为：在【行为】面板中选择一个事件或动作，然后单击显示在事件名称和动作名称之间的向下指向的黑色箭头，接着从打开的下拉列表框中选择合适的事件即可，如图 6-8 所示。

183

图 6-8　更改行为的事件

6.2.3　编辑与删除行为

1．编辑行为

方法 1　如果要编辑动作的参数，可以双击动作的名称或将其选中并按 Enter 键，然后更改对话框中的设置并单击【确定】按钮。

方法 2　选择要编辑行为的动作项，然后在【行为】面板中打开面板菜单，再选择【编辑行为】命令，更改打开对话框中的设置，并单击【确定】按钮即可，如图 6-9 所示。

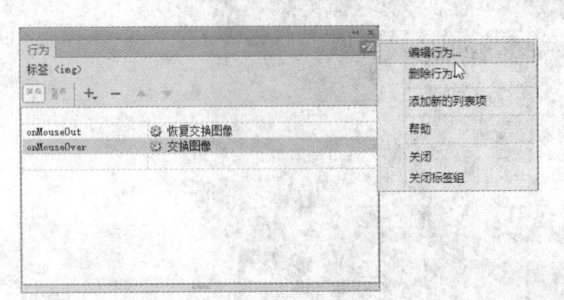

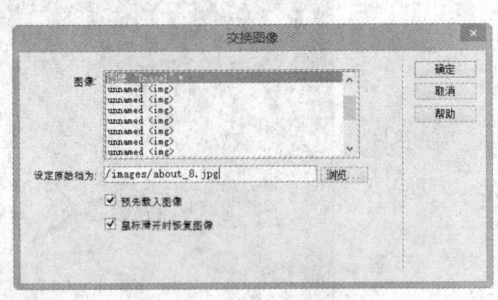

图 6-9　编辑行为

2．调整动作的顺序

如果要更改给定事件的多个动作的顺序，可以选择某个动作，然后单击上下箭头，或者选择该动作，将其剪切并粘贴到其他动作之间的合适位置，如图 6-10 所示。

3．删除行为

如果要删除某个行为，可以将其选中，然后单击【删除事件】按钮 ，或直接按 Delete 键，如图 6-11 所示。

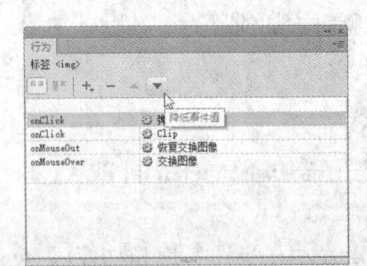

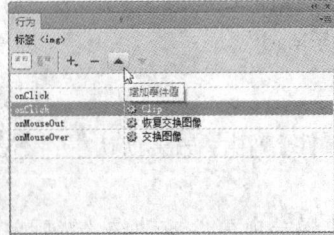

图 6-10　调整动作的顺序　　　　　　　　图 6-11　删除行为

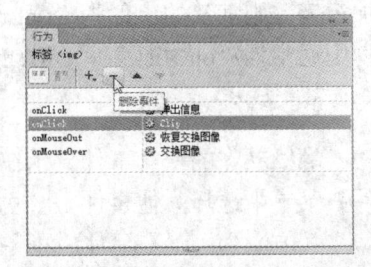

6.3 应用 jQuery UI 特效

在【行为】面板中有一个【效果】的行为，它是基于 jQuery UI 程序而开发的用于设计网页特效的功能。

6.3.1 关于 jQuery UI 特效

1. 认识 jQuery UI 特效

对于 Dreamweaver 来说，jQuery UI 特效是视觉增强功能，可以将它们应用于使用 JavaScript 的 HTML 页面上几乎所有的元素。jQuery UI 特效通常用于在一段时间内高亮显示信息，创建动画过渡或者以可视方式修改页面元素。

jQuery UI 特效可以修改页面元素的不透明度、缩放比例、位置和样式属性（如背景颜色），也可以组合两个或多个属性来创建有趣的视觉效果。由于这些效果都基于 jQuery UI 对象，因此在对应用了效果的元素执行事件时，仅会动态更新该元素，不会刷新整个 HTML 页面。

2. jQuery UI 特效说明

在【行为】面板的【效果】菜单中，包含了多种 jQuery UI 特效，如图 6-12 所示。
jQuery UI 特效的说明如下：

- Blind（百叶窗）：通过将元素包裹在一个容器内，采用"拉百叶窗"的效果来隐藏或显示元素。
- Bounce（反弹）：反弹一个元素。当与隐藏或显示一起使用时，最后一次或第一次反弹会呈现淡入/淡出效果。
- Clip（剪辑）：通过垂直或水平方向夹剪元素来隐藏或显示一个元素。
- Drop（降落）：通过单个方向滑动的淡入淡出来隐藏或显示一个元素。
- Fade（淡入/淡出）：通过淡入淡出元素来隐藏或显示一个元素。
- Fold（折叠）：通过折叠元素来隐藏或显示一个元素。
- Highlight（高亮）：通过首先改变背景颜色来隐藏或显示一个元素。
- Puff（膨胀）：通过在缩放元素的同时隐藏元素来创建膨胀特效。
- Pulsate（跳动）：通过跳动来隐藏或显示一个元素。
- Scale（缩放）：按照某个百分比缩放元素。
- Shake（震动）：垂直或水平方向多次震动元素。
- Slide（滑动）：把元素滑动出视区。

图 6-12 查看 jQuery UI 特效

6.3.2 应用 jQuery UI 特效

1. 选定目标对象

当要向某个元素应用 jQuery UI 特效时，该元素当前必须处于选定状态，或者它必须具有一个 ID。

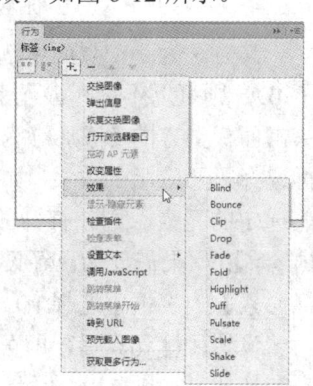

例如，如果要向当前未选定的 Div 对象应用高亮显示效果，该 Div 对象必须具有一个有效的 ID 值。如果该对象没有有效的 ID 值，可以通过【属性】面板为对象添加一个 ID 值，如图 6-13 所示。

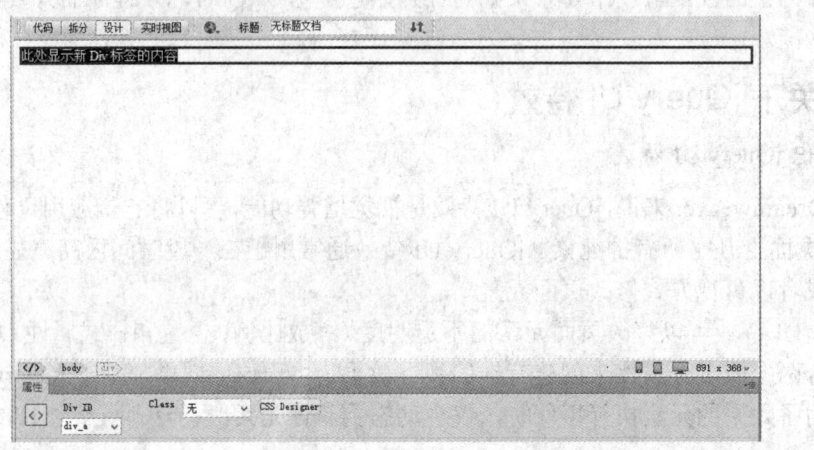

图 6-13　为对象设置 ID

2．添加 jQuery UI 特效

其方法为：在页面中选择一种元素，如果目标元素已经设置了 ID，则可以不选择该元素。按 Shift+F4 键打开【行为】面板，单击面板上方的【添加行为】按钮，然后打开【效果】子菜单，再选择需要应用的效果，如图 6-14 所示。如果要将特效应用于当前选定的元素，则在打开的对话框设置目标元素为【<当前选定内容>】；如果需要为已经设置 ID 的元素应用特效，则可以在【目标元素】列表框中选择 ID，如图 6-15 所示。

设置目标元素后，即可设置特效的其他选项，然后单击【确定】按钮，如图 6-16 所示。

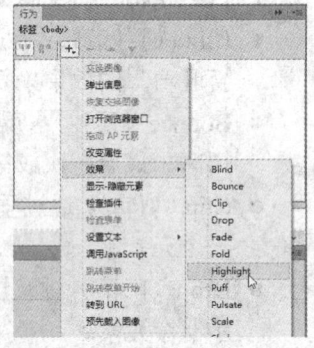

图 6-14　添加 jQuery UI 特效

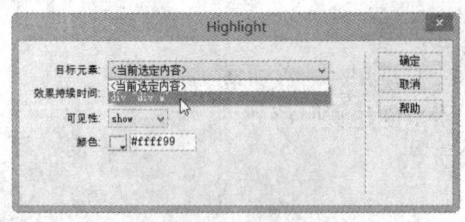

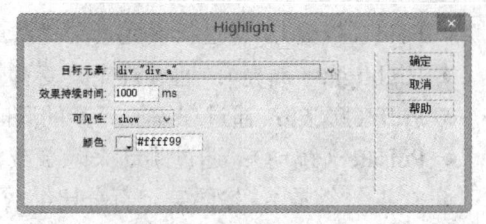

图 6-15　设置目标元素　　　　图 6-16　设置特效的其他选项

动手操作　制作用于 Div 的 Clip 特效

1 打开光盘中的 "..\Example\Ch06\6.3.2\6.3.2.html" 练习文件，选择页面左下方的 AP Div 对象，然后通过【行为】面板添加【Clip】特效，如图 6-17 所示。

2 打开【Clip】对话框后，设置目标元素为【<当前选定内容>】，然后设置特效的其他选项，接着单击【确定】按钮，如图 6-18 所示。

图 6-17 添加【Clip】特效

3 在【行为】面板中打开【事件】列表框，然后更改事件为【onDblClick】，设置让浏览者双击 Div 元素即执行【Clip】特效，如图 6-19 所示。

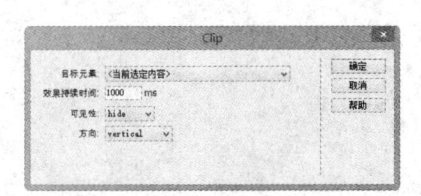

图 6-18 设置【Clip】特效

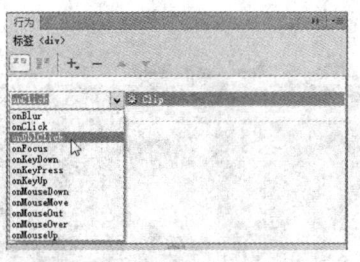

图 6-19 更改行为的事件

4 完成上述操作后，即可保存网页文件，然后在打开的【复制相关文件】对话框中单击【确定】按钮，保存 jQuery UI 的相关文件，如图 6-20 所示。

5 按 F12 键，然后在浏览器中双击页面左下方的图像，即可产生垂直夹剪图像并使之隐藏的效果，如图 6-21 所示。

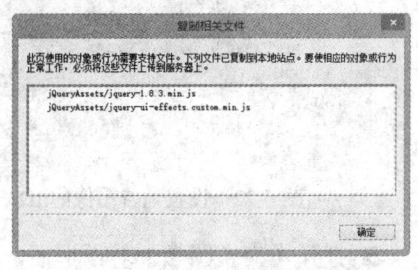

图 6-20 保存文件并复制相关文件

图 6-21 通过浏览器查看 Clip 特效

6.4 技能训练

下面通过多个上机练习实例,巩固所学技能。

6.4.1 上机练习 1:制作交换效果的通告图像

本例预先制作好一个和页面原通告图像颜色效果不一样的图像,然后通过 Dreamweaver 为通告图像设置 ID,添加【交换图像】行为,再设置原始图像为准备好的通告图像并修改行为的事件,制作通告图像的交换效果。

操作步骤

1 打开光盘中的"..\Example\Ch06\6.4.1.html"练习文件,选择页面右侧的通告图像,然后打开【属性】面板并设置图像的 ID 为【AD】,如图 6-22 所示。

2 打开【行为】面板,然后单击【添加行为】按钮,再选择【交换图像】命令,如图 6-23 所示。

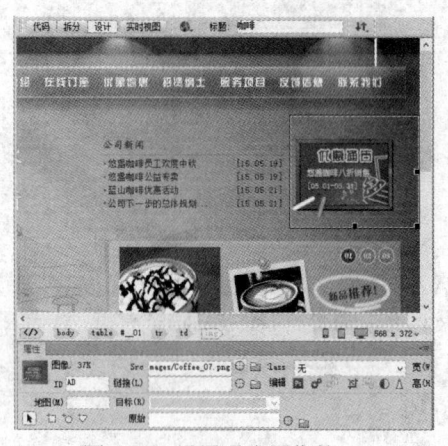

图 6-22 设置通告图像的 ID   图 6-23 添加【交换图像】行为

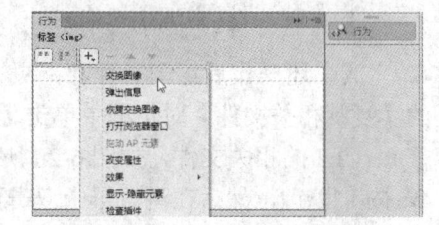

3 打开【交换图像】对话框后,选择 ID 为【AD】的图像对象,然后在【设定原始档】项中单击【浏览】按钮,打开【选择图像源文件】对话框后,选择"Coffee_007.png"图像,接着单击【确定】按钮,如图 6-24 所示。

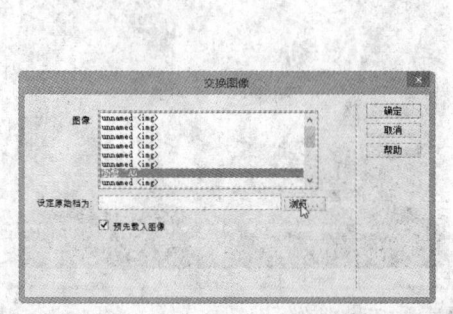

图 6-24 指定交换图像的原始档

4 返回【交换图像】对话框后，选择【预先载入图像】复选框，再单击【确定】按钮，然后在【行为】面板中打开【事件】列表框，接着更改事件为【onMouseOver】，如图 6-25 所示。

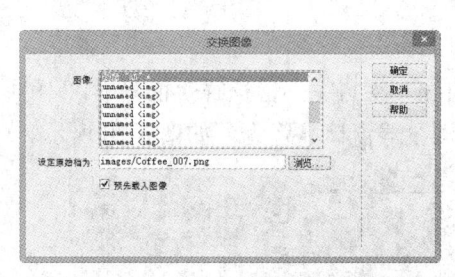

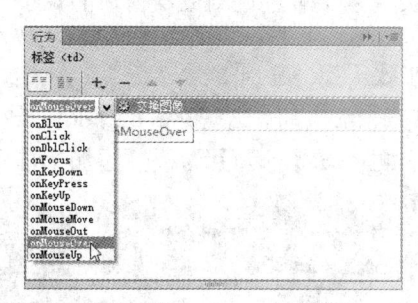

图 6-25 设置预先载入图像并更改事件

5 完成上述操作后，即可保存网页文件并按 F12 键，打开浏览器后将鼠标移到通告图像上时，通告图像即产生交换效果，如图 6-26 所示。

图 6-26 通过浏览器查看交换图像的效果

> 在上例中，当浏览者的鼠标移到通告图像时，即可使通告图像产生变换。但是鼠标移开后，通告图像不会恢复原图像。如果需要在移开鼠标时恢复原图像，可以为通告图像再添加【恢复交换图像】行为，如图 6-27 所示。

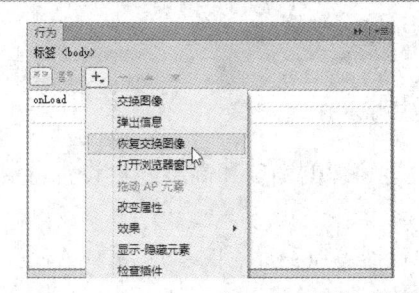

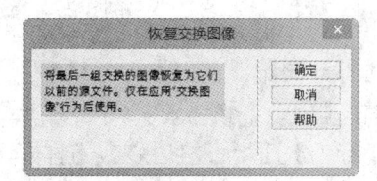

图 6-27 添加【恢复交换图像】行为

6.4.2 上机练习 2：制作打开浏览器窗口效果

本例先为页面上的【关于我们】图像添加【打开浏览器窗口】行为，并指定浏览器中要显示的网页文件，接着设置浏览器窗口的大小、属性和窗口名称，最后更改行为的事件。

操作步骤

1 打开光盘中的"..\Example\Ch06\6.4.2.html"练习文件，选择页面导航区中的【关于我们】图像，再打开【行为】面板并添加【打开浏览器窗口】行为，如图 6-28 所示。

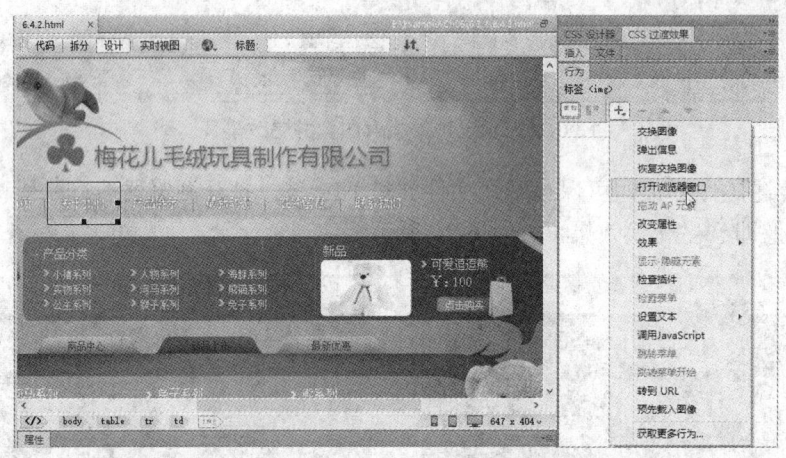

图 6-28　为图像添加【打开浏览器窗口】行为

2 打开【打开浏览器窗口】对话框后，单击【浏览】按钮，然后在【选择文件】对话框中选择浏览器窗口要打开的文件，接着单击【确定】按钮，如图 6-29 所示。

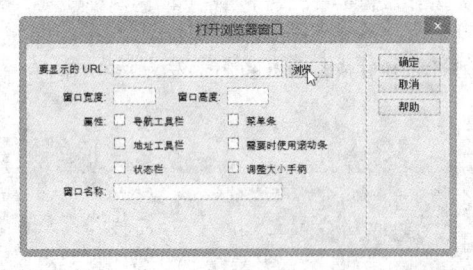

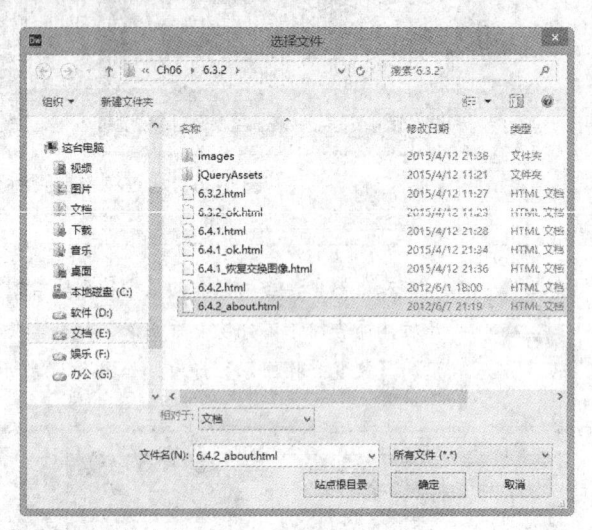

图 6-29　指定要显示的文件

3 返回【打开浏览器窗口】对话框后，设置窗口的宽度和高度，再设置窗口属性和窗口名称，接着单击【确定】按钮，如图 6-30 所示。

4 打开【行为】面板，然后修改【打开浏览器窗口】行为的事件为【<A>onClick】，如图 6-31 所示。

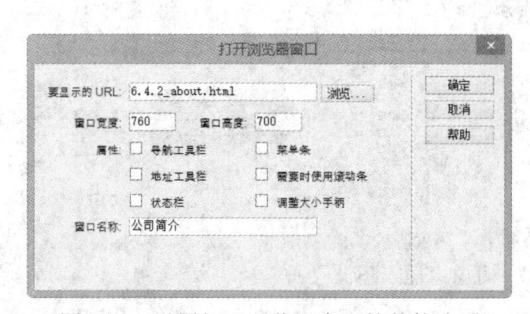

图 6-30 设置打开浏览器窗口的其他选项　　　　图 6-31 更改行为的事件

5 完成上述操作后，即可保存网页文件，再按 F12 键，然后在浏览器中单击【关于我们】图像，此时将打开指定大小的浏览器窗口显示链接的网页，如图 6-32 所示。

图 6-32 通过浏览器测试行为的效果

6.4.3　上机练习 3：制作可以自由拖动的图像

本例先在页面的 AP Div 对象上插入图像，再更改 AP Div 的 ID，然后在页面正文中添加【拖动 AP 元素】行为并指定 AP 元素和设置行为的选项，最后通过浏览器测试拖动图像的效果。

操作步骤

1 打开光盘中的"..\Example\Ch06\6.4.3.html"练习文件，将光标定位在页面的 AP Div 对象内，然后通过【插入】面板插入图像并选择图像的源文件，如图 6-33 所示。

191

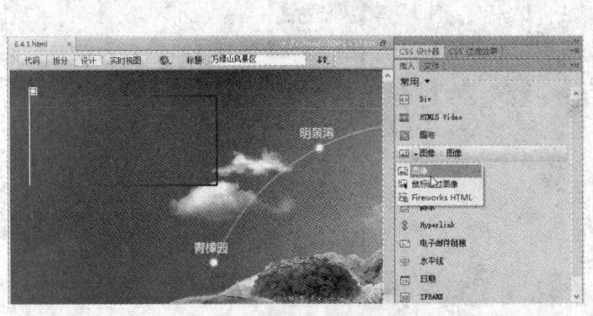

图 6-33 在 AP Div 对象内插入图像

2 选择 AP Div 对象，打开【属性】面板，更改 ID 为【code】，如图 6-34 所示。

3 在【文件】窗口的状态栏中单击【<body>】标签以将该标签选中，然后打开【行为】面板并添加【拖动 AP 元素】行为，如图 6-35 所示。此步骤需要注意，必须选择<body>标签才可以添加【拖动 AP 元素】行为。

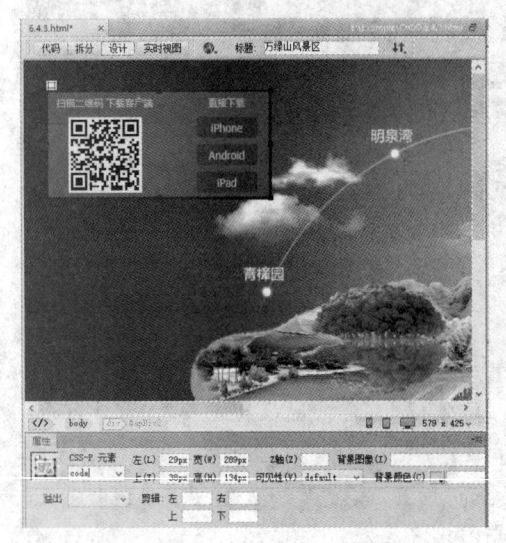

图 6-34 更改 AP Div 的 ID

图 6-35 添加【拖动 AP 元素】行为

4 打开【拖动 AP 元素】对话框后，指定 AP 元素为【div"code"】，再设置不限制移动，然后切换到【高级】选项卡并设置各个高级选项，接着单击【确定】按钮，如图 6-36 所示。

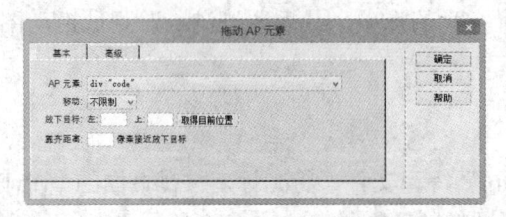

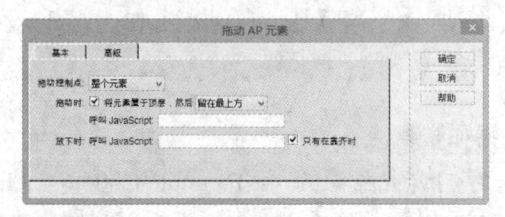

图 6-36 设置行为的选项

5 完成上述操作后，保存网页文件并按 F12 键，打开浏览器窗口后，使用鼠标按住 AP Div 内的图像并移动，即可拖动图像调整其位置，如图 6-37 所示。

图 6-37 通过浏览器测试拖动图像的效果

6.4.4 上机练习 4：制作缩小隐藏的欢迎图像

本例先在页面的 AP Div 对象上插入欢迎图像，再设置 AP Div 的 ID 和大小，然后为 AP Div 对象添加【Scale】效果行为并设置效果的选项，最后保存网页文件和复制相关文件即可。

操作步骤

1 打开光盘中的 "..\Example\Ch06\6.4.4.html" 练习文件，将光标定位在页面的 AP Div 对象内，然后选择【插入】|【图像】|【图像】命令并选择图像的源文件，如图 6-38 所示。

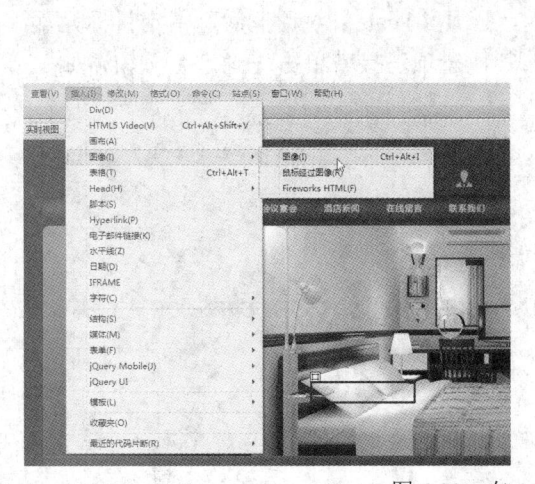

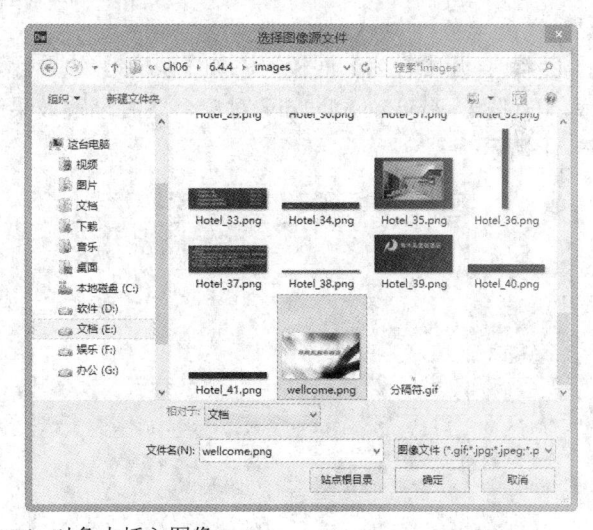

图 6-38 在 AP Div 对象内插入图像

2 在 AP Div 对象内插入图像后，拖动 AP Div 对象调整其位置，使之位于页面的中央，如图 6-39 所示。

193

图 6-39 调整 AP Div 对象的位置

3 选择 AP Div 对象并打开【属性】面板，设置对象的 ID 为【welcome】，然后更改 AP Div 对象的大小为 740×416px，如图 6-40 所示。

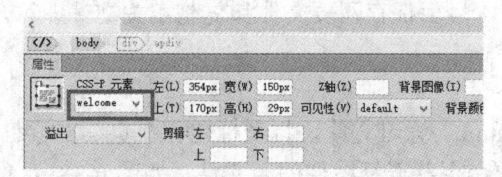

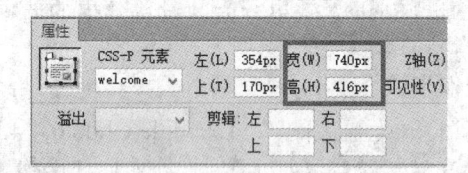

图 6-40 设置 AP Div 的属性

4 打开【行为】面板，添加【Scale】效果行为，打开【Scale】对话框后，指定目标元素为 ID 是【welcome】的 div 对象，然后设置效果的其他选项，接着单击【确定】按钮，如图 6-41 所示。

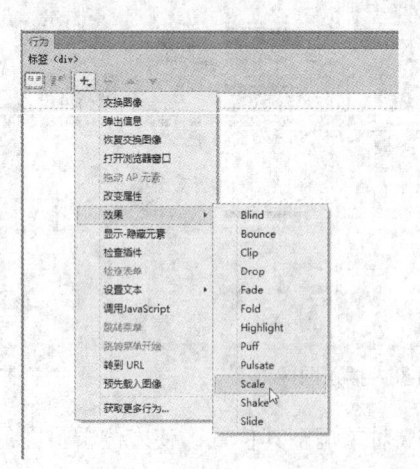

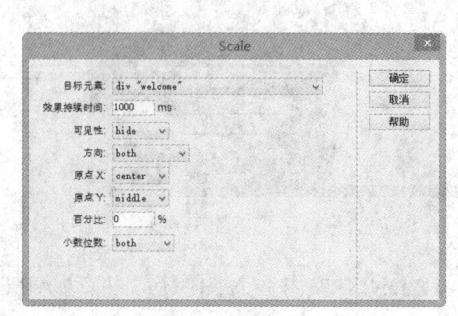

图 6-41 添加【Scale】效果行为

5 完成上述操作后，即可将网页文件保存为新文件，然后在【复制相关文件】对话框中单击【确定】按钮，如图 6-42 所示。

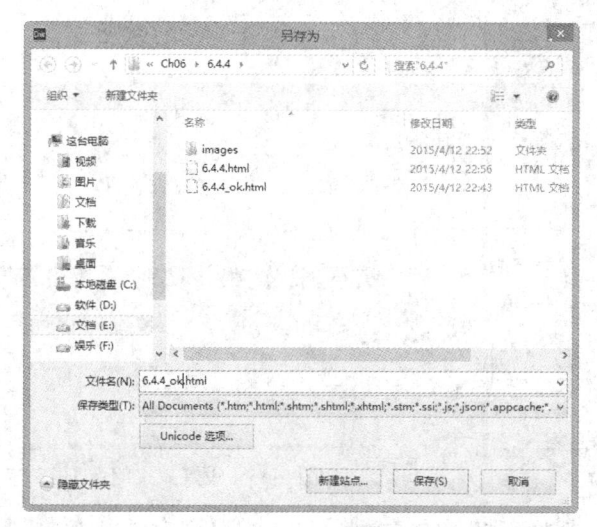

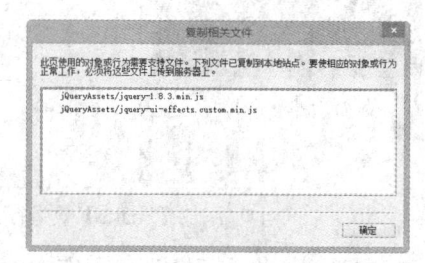

图 6-42　保存文件并复制相关文件

6 按 F12 键，在浏览器窗口中单击欢迎图像，即可看到该图像产生缩小并消失的效果，如图 6-43 所示。

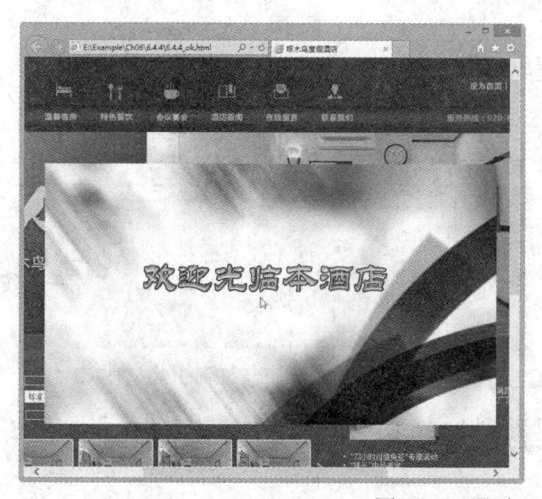

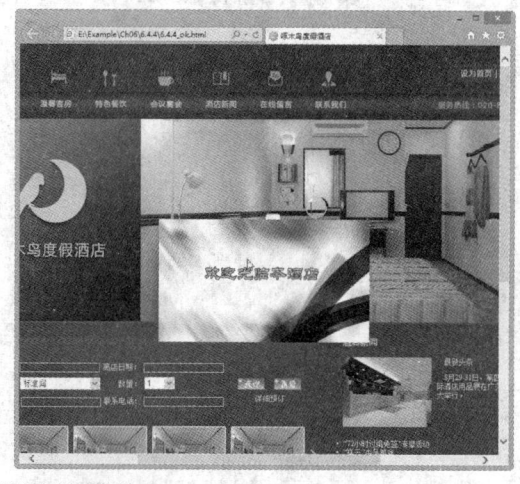

图 6-43　通过浏览器测试图像效果

6.4.5　上机练习 5：制作震动的 Logo 图像效果

本例先为页面的 Logo 图像添加【Shake】效果行为并设置效果的各个选项，然后更改行为的事件并保存文件，制作出将鼠标移到 Logo 图像上时 Logo 图像产生震动的效果。

操作步骤

1 打开光盘中的"..\Example\Ch06\6.4.5.html"练习文件，选择页面上的 Logo 图像，然后通过【行为】面板添加【Shake】效果行为，如图 6-44 所示。

2 打开【Shake】对话框后，设置目标元素为【<当前选定内容>】，接着设置效果的各项参数，再单击【确定】按钮，如图 6-45 所示。

3 添加行为后，在【行为】面板中打开【事件】列表框，选择事件为【onMouseOver】，如图 6-46 所示。

图 6-44 添加【Shake】效果行为　　　　　　图 6-45 设置效果的选项

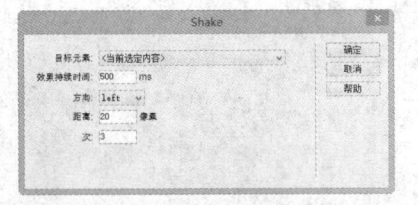

4 完成上述操作后，即可保存文件，然后在打开的【复制相关文件】对话框确定复制文件，如图 6-47 所示。

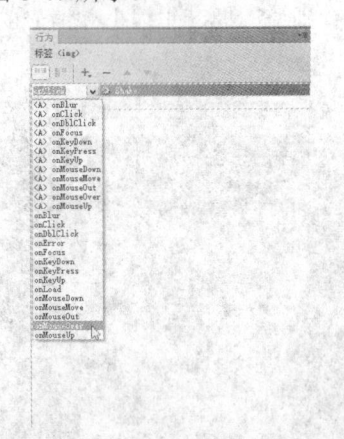

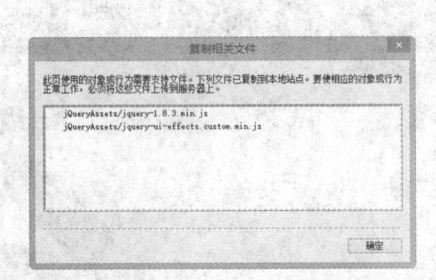

图 6-46 更改行为的事件　　　　　　图 6-47 保存文件并复制相关文件

5 按 F12 键，在打开的浏览器窗口中将鼠标移到 Logo 图像上，即可看到 Logo 图像产生震动的效果，如图 6-48 所示。

图 6-48 通过浏览器测试图像震动效果

6.4.6 上机练习6：制作膨胀消失的图像效果

本例先参考页面上原主题图像的大小来调整 AP Div 对象的宽高，然后在 AP Div 对象内插入主题图像，接着为 AP Div 添加【Puff】效果行为并设置效果的选项，最后更改行为的事件并保存文件即可。

操作步骤

1 打开光盘中的"..\Example\Ch06\6.4.6.html"练习文件，选择页面上右侧的主题图像，通过【属性】面板查看图像的大小，然后选择 AP Div 对象并设置相同的大小，如图 6-49 所示。

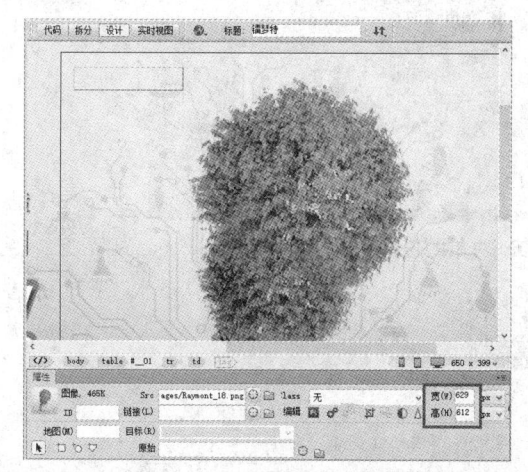

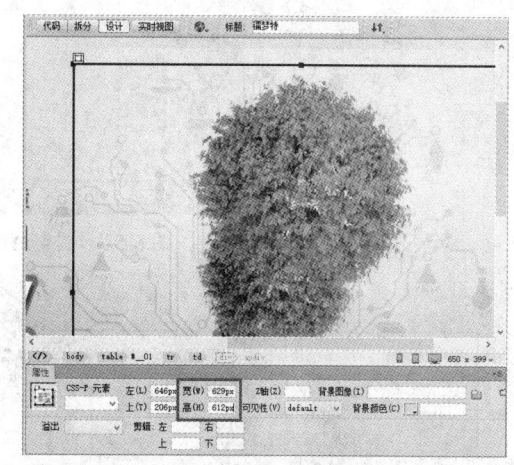

图 6-49　参考主题图像大小并设置 AP Div 对象的大小

2 将光标定位在 AP Div 对象内，然后选择【插入】|【图像】|【图像】命令，在【选择图像源文件】对话框中选择相同的主题图像文件，如图 6-50 所示。

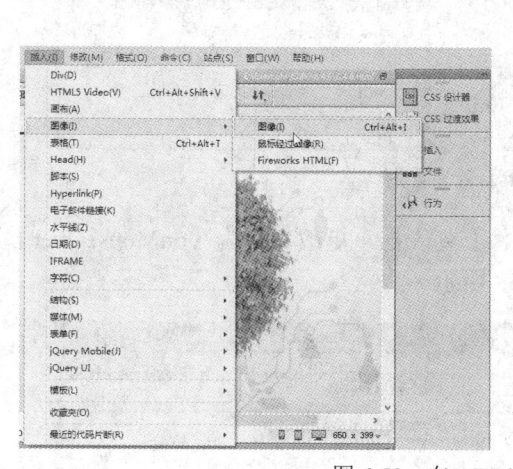

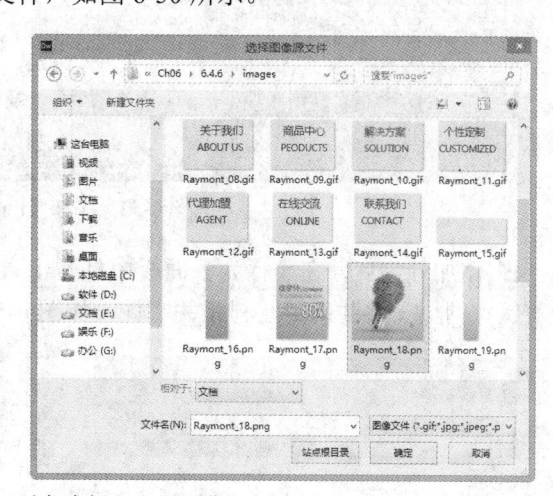

图 6-50　在 AP Div 对象内插入主题图像

3 在页面选择 AP Div 对象，根据页面原来的主题图像位置调整 AP Div 对象的位置，使 AP Div 内的图像与页面主题图像完全重合，如图 6-51 所示。

4 选择 AP Div 对象，通过【行为】面板添加【Puff】效果行为，打开【Puff】对话框后，设置目标元素和其他选项的参数，接着单击【确定】按钮，如图 6-52 所示。

图 6-51 调整 AP Div 对象的位置

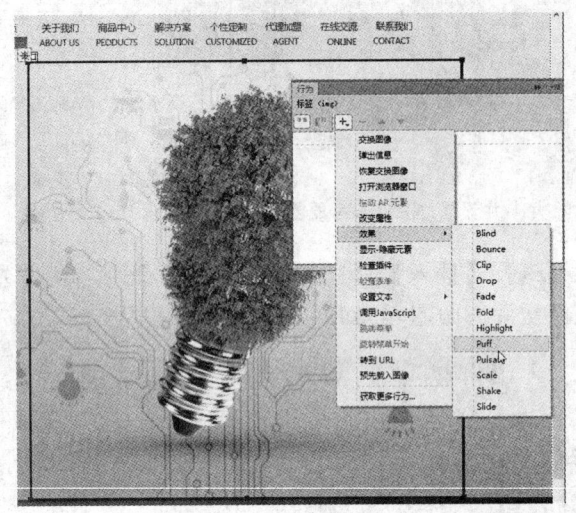

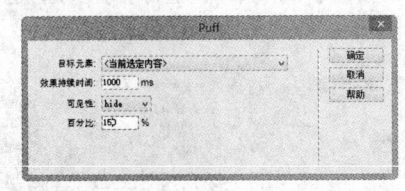

图 6-52 添加【Puff】效果行为

5 添加行为后，在【行为】面板中打开【事件】列表框，更改事件为【onMouseOver】，接着保存网页文件并确定复制相关文件，如图 6-53 所示。

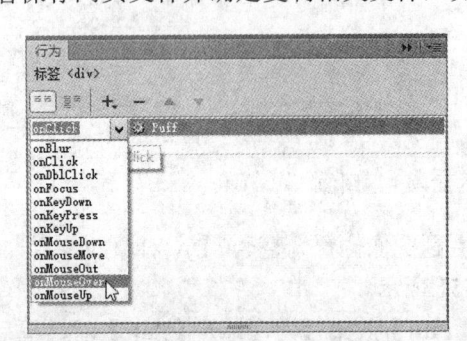

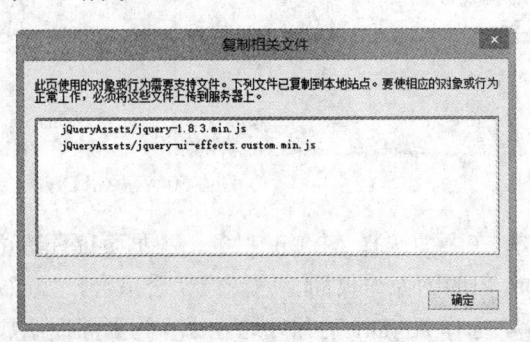

图 6-53 更改行为事件并复制相关文件

6 按 F12 键，在打开的浏览器窗口中将鼠标移到主题图像上，查看图像膨胀并消失的效果，如图 6-54 所示。

图 6-54 通过浏览器查看图像效果

6.5 评测习题

1．填空题

（1）_____是某个事件和由该事件触发的动作的组合。

（2）Dreamweaver 允许通过【行为】面板先指定一个动作，然后指定触发该动作的_____，以此将行为添加到页面中。

（3）在【行为】面板中有一个【效果】的行为，它是基于_____程序而开发的用于设计网页特效的功能。

2．选择题

（1）请问行为由以下哪一项组成？ （ ）
　　A．事件与动作　　B．代码与动作　　C．事件与代码　　D．属性与事件

（2）使用以下哪个命令可以对图形执行缩放的操作？ （ ）
　　A．Puff　　　　　B．Clip　　　　　C．Drop　　　　　D．Fade

（3）按以下哪个快捷键可以打开【行为】面板？ （ ）
　　A．Ctrl+F1　　　 B．Shift+F1　　　C．Shift+F4　　　D．Ctrl+F4

3．判断题

（1）事件是浏览器生成的一种讯息，它指示该页的访问者已执行了某种操作。 （ ）

（2）当要向某个元素应用 jQuery UI 特效时，该元素当前必须处于选定状态，或者它必须具有一个 ID。 （ ）

（3）【行为】面板中的【Clip】效果可以通过垂直或水平方向夹剪元素来隐藏或显示一个元素。 （ ）

（4）通过【行为】面板添加行为后，行为具有默认的事件，且默认事件不可改。 （ ）

4．操作题

在为 AP Div 对象应用【Pulsate】效果行为并适当设置效果的参数,制作出 AP Div 内图像跳动隐藏的效果,如图 6-55 所示。

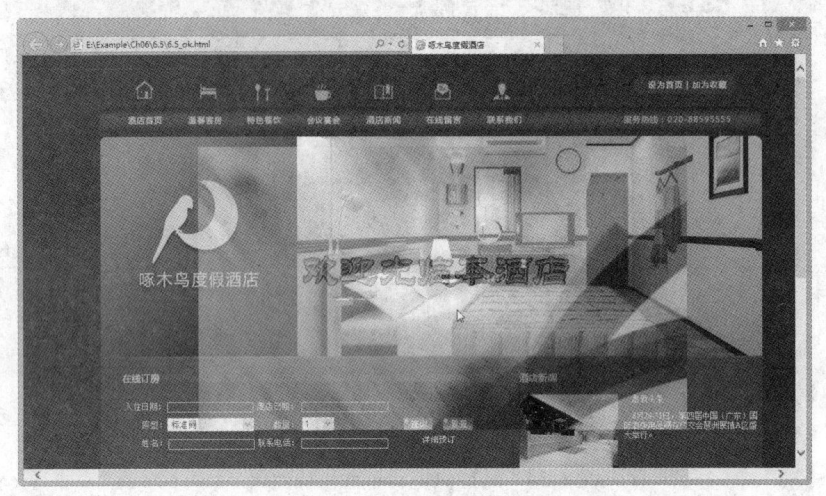

图 6-55　本章操作题的效果

操作提示

（1）打开光盘中的"..\Example\Ch06\6.5.html"练习文件,选择页面中的 AP Div 对象。

（2）打开【行为】面板,添加【Pulsate】效果行为。

（3）打开【Pulsate】对话框后,设置目标元素为【<当前选定内容>】,再设置如图 6-56 所示的效果选项。

（4）保存网页文件并确定复制相关文件。

图 6-56　设置效果选项

第 7 章　设计表单与 jQuery Mobile 页面

学习目标

通过网页表单，可以使站点收集到访问者提交的信息。在很多站点中，会提供专门的栏目通过表单收集访问者的信息，如留言区、加入会员等。而对于使用手机和平板电脑的用户，则可以通过 jQuery Mobile 的部件设计出类似网页表单的页面效果。本章将详细介绍在 Dreamweaver 中创建与设计表单以及应用 jQuery Mobile 设计页面的方法。

学习重点

- ☑ 表单和表单对象
- ☑ 创建与插件表单
- ☑ 为表单对象应用 CSS 样式
- ☑ 创建 jQuery Mobile 页面
- ☑ 在 jQuery Mobile 页面添加部件

7.1　表单的基础

下面介绍表单的概念、表单所包含的对象及其在表单中的作用。

7.1.1　关于表单

表单是实现网站与浏览者信息传递、互动交流的重要工具。

表单的基本原理是：当浏览者在浏览器中显示的表单中输入信息，然后单击提交按钮时，这些信息将被发送到服务器，服务器中的服务器端脚本或应用程序会对这些信息进行处理，服务器根据所处理的信息内容，将反馈信息以另一个页面传回给浏览者，从而达到浏览者与网站交流的目的。图 7-1 所示为表单实现人站交流的示意图。

> 用户可以创建将数据提交到大多数应用程序服务器的表单，包括 PHP、ASP 和 ColdFusion。如果使用 ColdFusion，还可以在表单中添加特定于 ColdFusion 的表单控件。

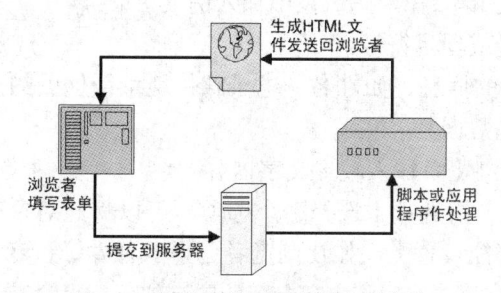

图 7-1　利用表单可以实现人站交流

表单本身并不能输入信息，它只是一个引用与提交信息的载体，所以每个表单都需要依靠不同的表单对象来完成收集信息的作用，如图7-2所示。

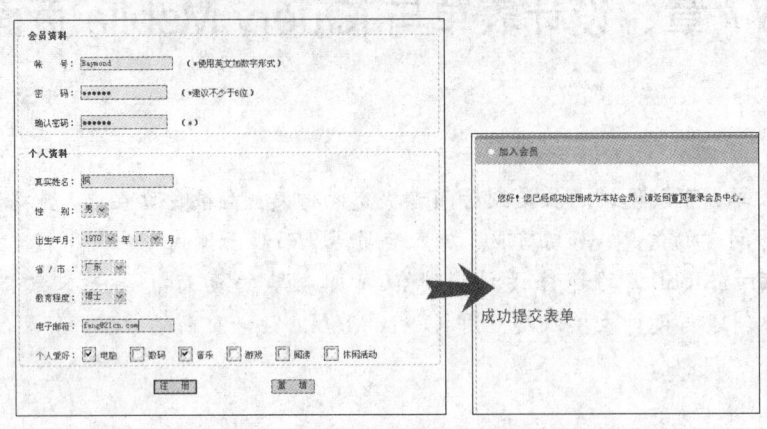

图7-2 表单依靠表单对象收集信息

7.1.2 关于表单对象

1．认识表单对象

在Dreamweaver中，表单输入类型统称为表单对象。Dreamweaver CC 2014不仅沿用了旧版本提供的表单对象（包括文本对象、选择对象、菜单对象、按钮对象、标签和域集对象等类型），还按照Dreamweaver中对HTML5的持续支持，引进了多个新的HTML5表单对象，并且为某些表单对象引进了新属性。

所有的表单对象都可以通过【插入】面板的【表单】选项卡插入到表单，如图7-3所示。

2．表单对象说明

表单用于创建包含文本对象、密码字段、单选按钮、复选框、选择对象、按钮以及其他表单对象的范围。以下分别介绍各个表单对象的用途。

（1）传统表单对象

- 文本：可以接受任何类型的字母、数字、文本内容。
- 密码：可以设置密码。在密码对象中输入的文本将被替换为星号或项目符号。

图7-3 显示在【插入】面板的表单对象

- 隐藏：存储输入的信息，如姓名、电子邮件地址或偏爱的查看方式，并在下次访问此网站时使用这些数据。
- 文本区域：提供浏览者输入较多文字内容。
- 复选框：允许在一组选项中选择多个选项，可以将此对象应用在需要选择任意多个适用选项的表单功能设置上，如让浏览者选择多种爱好、专长等。
- 复选框组：此对象将多个复选框按一定顺序排列在一起构成一组，功能和复选框相同。

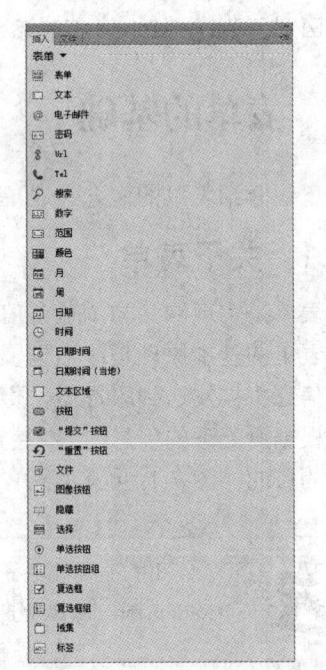

- 单选按钮：当在一组选项中只需要选择单一个选项时，可以使用此表单元件。它可以在浏览者选择某个单选按钮组（由两个或多个共享同一名称的按钮组成）的其中一个选项时，就取消选择该组中的所有其他选项。
- 单选按钮组：此对象将多个单选按钮按一定顺序排列在一起构成一组，功能和单选按钮相同。
- 选择：此对象提供一个滚动列表，浏览者可以从该列表中选择项值。
- 图像按钮：此对象可以在表单中插入一个图像，常用于制作图形化按钮。如果使用图像来执行任务而不是提交数据，则需要将某种行为附加到表单元件。
- 文件：此对象使浏览者可以浏览到计算机上的某个文件，并将该文件作为表单数据上传。
- 按钮：此对象不自设动作，可以使用服务器行为设置提交表单数据。
- "提交"按钮：此对象包含"提交表单"动作类型。"提交表单"动作是指将表单数据提交到服务器或其他用户指定的目标位置。
- "重置"按钮：此对象包含"重置表单"动作类型。"重置表单"动作是指清除当前表单中已填写的数据，并将表单回复到初始状态。
- 标签：在网页中插入<label></label>标签。
- 域集：提供一个区域放置表单元件。

（2）HTML5 表单对象
- 电子邮件：用于编辑在对象值中给出的电子邮件地址的列表。
- Url：用于编辑在对象值中给出的绝对 URL。
- Tel：是指一个单行纯文本编辑控件，用于输入电话号码。
- 搜索：是指一个单行纯文本编辑控件，用于输入一个或多个搜索词。
- 数字：适用于仅包含数字的字段。
- 范围：适用于包含某个数字范围内值的字段。
- 颜色：适用于包含颜色的输入字段。
- 月：可以选择月和年。
- 周：可以选择周和年。
- 日期：可以选择日期。
- 时间：可以选择时间。
- 日期时间：可以选择日期和时间（带时区）。
- 日期时间（当地）：可以选择日期和时间（无时区）。

7.1.3 表单对象的属性

1. 表单对象共有的新属性

下列新属性为所有表单对象共有：
- Disabled：如果想要浏览器禁用对象，可以选择此选项。
- Required：如果想要浏览器检查是否已指定值，可以选择此选项。
- Auto complete：选择此选项后，在浏览器中输入信息时将自动填充值。
- Auto focus：如果想要此对象在浏览器加载页面的时候获得焦点，可以选择此选项。
- Read only：选择此选项，可以将对象的值设置为只读。

- Form：指定<input>对象所属的一个或多个表单。
- Name：用来引用代码中的对象的唯一名称。
- Place holder：描述输入字段的预期值的提示。
- Pattern：与之比对以验证对象值的正则表达式。
- Title：有关对象的额外信息。显示为工具提示。
- Tab Index：指定当前对象在当前文档的 Tab 键顺序中的位置。

2．具有修改属性的表单对象

- Form No Validate：选择此选项可禁用表单验证。此选择项在表单级别忽略 No Validate 属性。
- Form Enc Type：一种 MIM 类型，用户代理会将其与此对象关联以进行表单提交。
- Form Target：一个表示控制目标的浏览上下文名或关键字。
- Accept charset：指定用于表单提交的字符编码。

> 并非所有上述属性都存在于【属性】面板中。可以使用【代码】视图来添加不存在于面板中的属性。

7.2 创建与检查表单

在 Dreamweaver 中，表单对象是允许浏览者输入数据的一种机制，设计人员可以在表单中添加各种表单对象。适应不同方面信息收集之用。

7.2.1 创建表单

表单是表单对象的容器，在页面中插入表单对象前，一般会先创建表单，以便表单对象位于表单范围内。

动手操作　创建表单

1 打开一个页面，将插入点放在希望表单出现的位置。

2 选择【插入】|【表单】|【表单】命令，或选择【插入】面板中的【表单】选项卡，然后单击【表单】按钮，如图 7-4 所示。

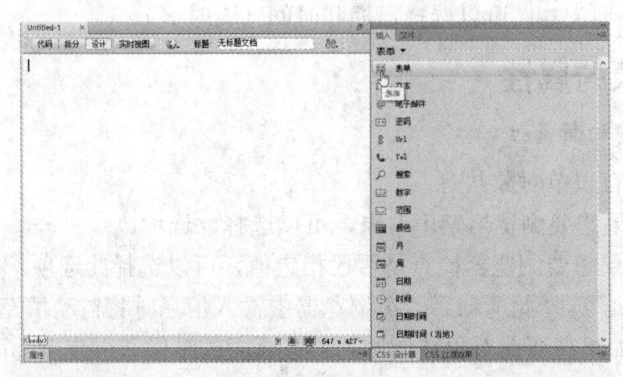

图 7-4　插入表单

3 在【设计】视图中，表单以红色的虚轮廓线指示。如果看不到这个轮廓线，可以选择【查看】|【可视化助理】|【不可见元素】命令，如图7-5所示。

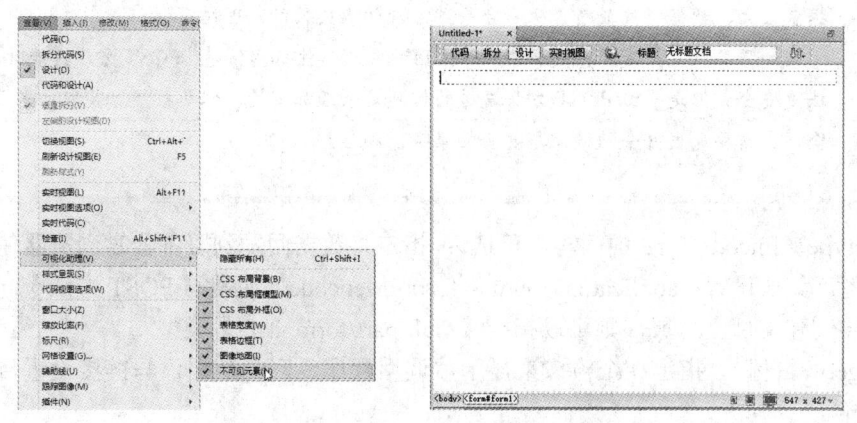

图7-5 显示不可见元素并查看创建表单的结果

4 在【文件】窗口中，单击表单轮廓以将其选定，然后打开【属性】面板，设置表单的各项属性，如图7-6所示。

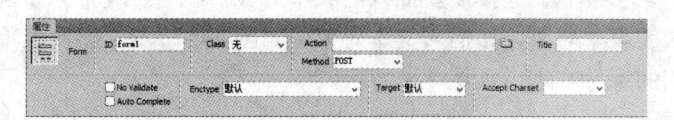

图7-6 选中表单并设置属性

【表单】中的选项说明如下：
- ID（名称）：在【ID】框中输入标识该表单的唯一名称。命名表单后，就可以使用脚本语言（如JavaScript或VBScript）引用或控制该表单。如果不命名表单，Dreamweaver将使用语法"form+n"生成一个名称，并为添加到页面中的每个表单递增n的值。
- Action（动作）：在【Action】框中，输入路径或者单击【浏览文件】按钮导航到相应的页面或脚本，以指定将处理表单数据的页面或脚本。
- Method（方法）：在【Method】列表中指定将表单数据传输到服务器的方法。设置以下任一选项：
  - 默认值：使用浏览器的默认设置将表单数据发送到服务器。通常，默认值为GET方法。
  - GET：将值附加到请求该页面的URL中。
  - POST：在HTTP请求中嵌入表单数据。

> 不要使用 GET 方法发送长表单。URL 的长度限制在 8192 个字符以内。如果发送的数据量太大，数据将被截断，从而会导致意外的或失败的处理结果。
>
> 如果要收集机密用户名和密码、信用卡号或其他机密信息，POST 方法可能比 GET 方法更安全。但是，由 POST 方法发送的信息是未经加密的，容易被黑客获取。若要确保安全性，需要通过安全的链接与安全的服务器相连。

- Enctype（Encode Type 的简写，可选）：指定将数据回发到服务器时浏览器使用的编码类型。默认设置：application/x-www-form-urlencode，通常与 POST 方法一起使用。如果要创建文件上传域，则可以指定【multipart/form-data】类型。
- Target（目标）：指定一个窗口来显示被调用程序返回的数据，与链接设置目标的用途一样。
- Accept Charset（接受字符集）：指定服务器处理表单数据所接受的字符集。
- No Validate（不验证）：指定当提交表单时不对其进行验证。
- Auto Complete（自动完成）：指定表单是否应该启用自动完成功能。自动完成功能允许浏览器预测对字段的输入。当在字段开始键入时，浏览器基于之前键入过的值，应该显示出在字段中填写的选项。

7.2.2 插入表单对象

插入表单对象的方法为：将插入点置于表单中显示该表单对象的位置。在【插入】|【表单】子菜单中选择需要插入的表单对象，或者在【插入】面板的【表单】选项卡中选择需要插入的表单对象，如插入文本对象，如图 7-7 所示。插入表单对象后，可以根据实际修改对象左侧的标签文本，如图 7-8 所示。

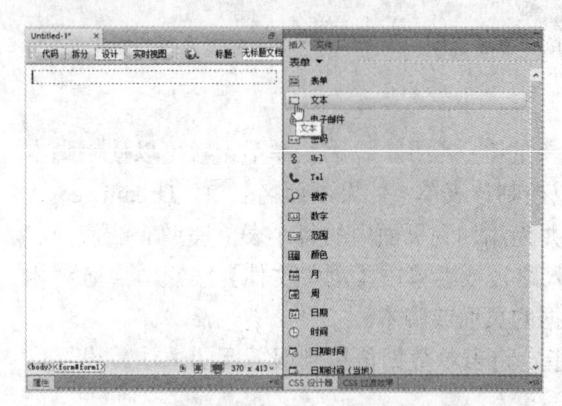

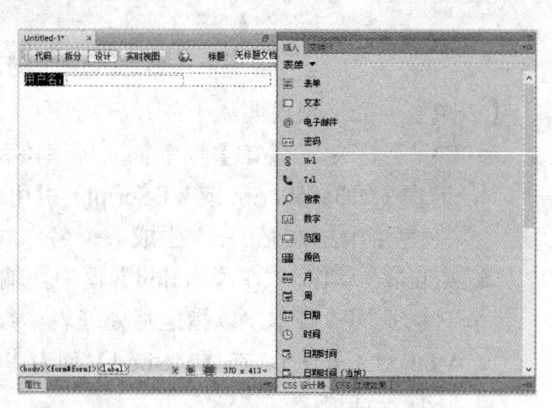

图 7-7 插入文本对象　　　　图 7-8 修改对象的标签文本

选择插入的表单对象，通过【属性】面板可以设置对象名称和其他属性，如图 7-9 所示。

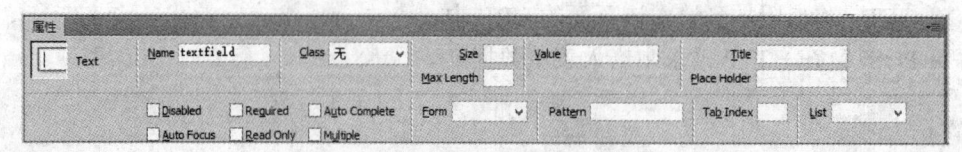

图 7-9 设置表单对象的属性

> 每个文本对象、隐藏对象、复选框和选择对象必须具有可在表单中标识其自身的唯一名称。表单对象名称不能包含空格或特殊字符，可以使用字母数字字符和下划线（_）的任意组合。
>
> 另外，同一组中的所有单选按钮都必须具有相同的名称。

动手操作　设计简单的登录表单

1 打开光盘中的"..\Example\Ch07\7.2.2.html"练习文件，将光标定位在页面右上方的表格内，然后打开【插入】面板并切换到【表单】选项卡，再单击【表单】按钮，如图 7-10 所示。

2 选择到表单，然后打开【属性】面板，设置表单 ID 为【login】，再设置表单的其他属性，如图 7-11 所示。

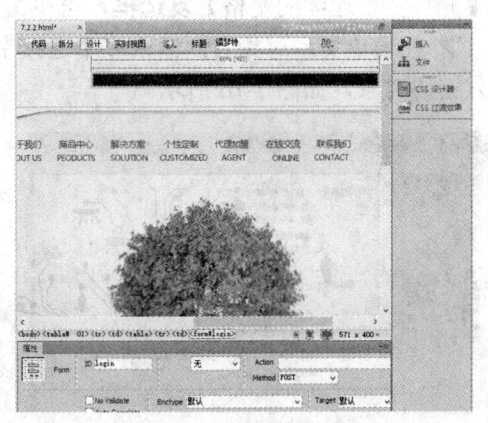

图 7-10　插入表单　　　　　　　　图 7-11　设置表单的属性

3 将光标定位在表单内，然后单击【插入】面板中的【文本】按钮，插入文本对象，如图 7-12 所示。

4 选择文本对象左侧的标签内容，然后修改标签的文字为【用户名：】，如图 7-13 所示。

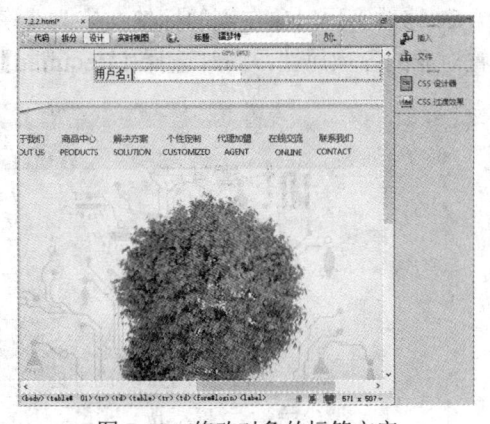

图 7-12　插入文本对象　　　　　　图 7-13　修改对象的标签文字

5 选择文本表单对象，再打开【属性】面板，然后设置对象的名称、大小、允许的最大字符数等相关属性，接着选择【Required】复选框，此设置必需在提交之前填写数据，如图 7-14 所示。

207

图 7-14 设置文本对象的属性

6 选择【编辑】|【首选项】命令,打开【首选项】对话框后选择【常规】项目,然后选择【允许多个连续的空格】复选框,再单击【确定】按钮,如图 7-15 所示。

7 在表单文本对象右侧输入多个连续空格,然后在【插入】面板中单击【密码】按钮 ,插入密码对象,如图 7-16 所示。

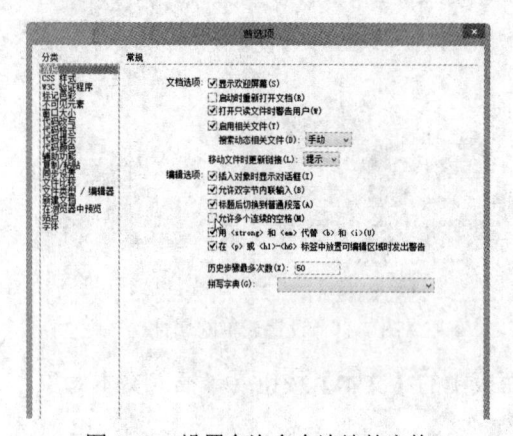

图 7-15 设置允许多个连续的空格

图 7-16 输入空格并插入密码对象

8 修改密码对象左侧的标签文字为【密码:】,然后选择密码对象,再通过【属性】面板设置对象的各项属性,同时选择【Required】复选框,如图 7-17 所示。

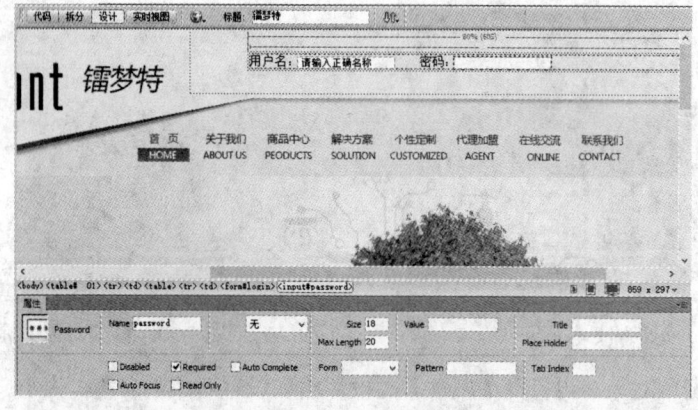

图 7-17 修改标签文字并设置密码对象的属性

9 在密码对象右侧输入多个连续空格,再单击【插入】面板中的【"提交"按钮】按钮,然后打开【属性】面板并设置对象的名称、值(按钮标签)等各项属性,如图 7-18 所示。

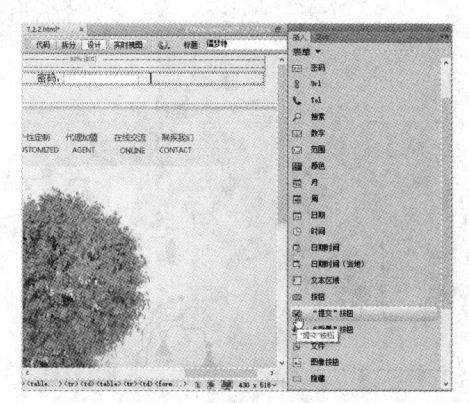

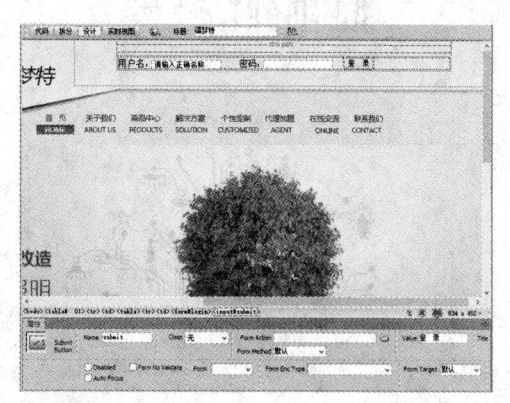

图 7-18 插入"提交"按钮对象并设置属性

10 在按钮对象输入连续空格,再通过【插入】面板插入【按钮】对象,然后打开【属性】面板并设置按钮对象的属性,如图 7-19 所示。

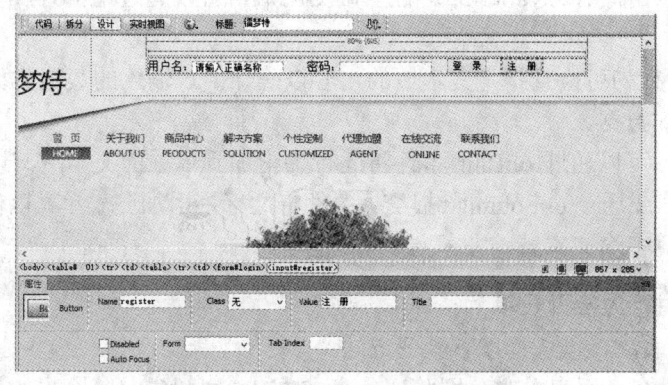

图 7-19 插入按钮对象并设置属性

11 在表单内拖动鼠标选择表单所有内容,然后打开【属性】面板并切换到【CSS】选项卡,再设置字体大小为 12px,如图 7-20 所示。

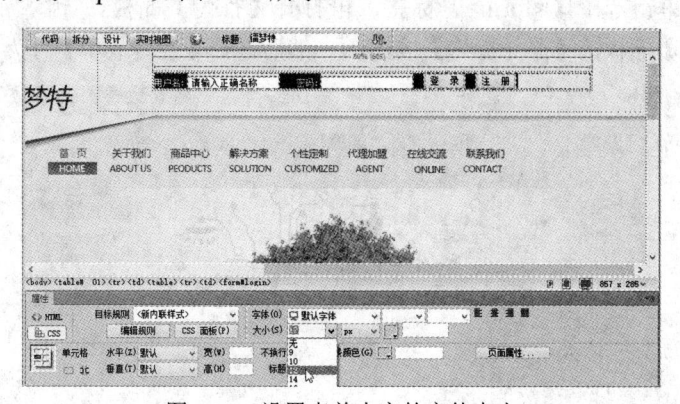

图 7-20 设置表单内容的字体大小

12 完成上述操作后,即可保存网页文件,按 F12 键,通过打开的浏览器窗口查看表单设计效果,如图 7-21 所示。

图 7-21　查看表单的设计效果

7.2.3　利用行为检查表单

Dreamweaver 可添加用于检查指定文本域中内容的 JavaScript 代码，以确保浏览者输入了正确的数据类型。对于没有 JavaScript 编程基础的用户，可以通过【检查表单】行为来添加用于检查表单的代码。

"检查表单"行为可检查指定文本域的内容以确保用户输入的数据类型正确，以防止在提交表单时出现无效数据。

应用该行为时，可以通过 onBlur 事件将此行为附加到单独的文本域，以便在用户填写表单时验证这些字段；或通过 onSubmit（提交）事件将此行为附加到表单，以便在用户单击【提交】按钮时同时计算多个文本域。

动手操作　利用行为检查表单

1 在页面创建表单，再选择以下验证方法：

（1）如果要在用户填写表单时分别验证各个文本域，可以选择一个文本域对象并打开【行为】面板。

（2）如果要在用户提交表单时检查多个文本域，可以选择表单，或者在【文件】窗口左下角的标签选择器中单击选中【<form>】标签，再打开【行为】面板，如图 7-22 所示。

2 单击【行为】面板的【添加行为】按钮，然后选择【检查表单】行为，如图 7-23 所示。

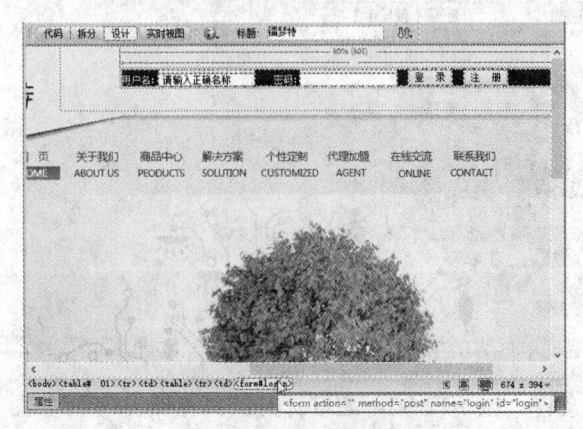

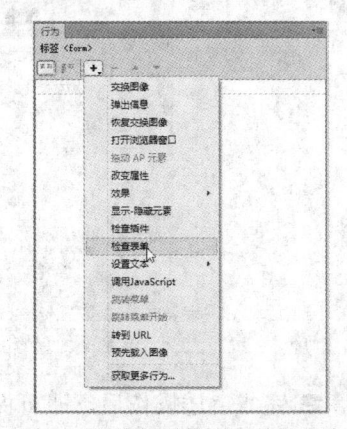

图 7-22　选择表单标签　　　　　图 7-23　添加【检查表单】行为

3 执行下列操作之一：

（1）如果要验证单个域，可以从【域】列表中选择已在【文件】窗口中选择的相同文本域。

（2）如果要验证多个域，可以从【域】列表中选择某个文本域。

4 在【检查表单】对话框中设置各个选项，如图 7-24 所示。

（1）如果该域必须包含某种数据，则选择【必需】复选框。

（2）选择【任何东西】单选项，设置检查必需域中包含有数据；数据类型不限。

（3）选择【电子邮件地址】单选项，设置检查域中包含一个@符号。

（4）选择【数字】单选项，设置检查域中只包含数字。

（5）选择【数字从】单选项，设置检查域中包含特定范围的数字。

5 查看行为的事件，如图 7-25 所示。

（1）如果在用户提交表单时检查多个域，则自动设置为【onSubmit】事件。

（2）如果要分别验证各个域，则检查默认事件是否是【onBlur】或【onChange】。如果不是，则需要选择其中一个事件。

> 当用户从该域移开焦点时，上述两个事件都会触发"检查表单"行为。不同之处在于：无论用户是否在字段中键入内容，onBlur 都会发生，而 onChange 仅在用户更改了字段的内容时才会发生。如果需要该域，最好使用 onBlur 事件。

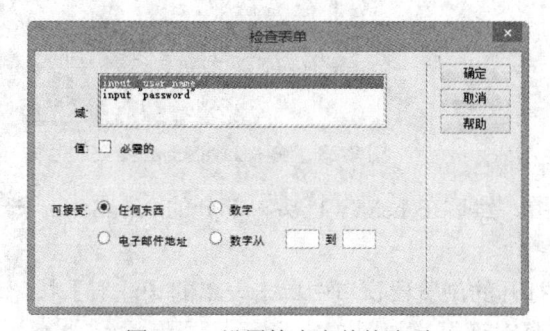

图 7-24 设置检查表单的选项

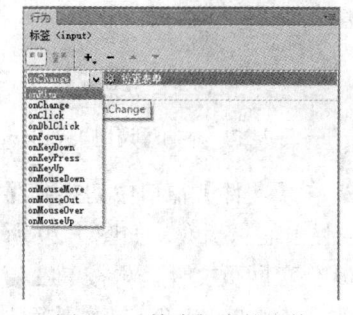

图 7-25 检查行为的事件

7.2.4 为表单对象附加行为

1．将行为附加到表单对象

在 Dreamweaver 中，可以将行为附加到按钮等其他表单对象中。

其方法为：选择该表单对象，在【行为】面板中，单击【添加行为】按钮，然后从列表中选择一个行为即可。

2．将脚本附加到表单按钮

有些表单使用 JavaScript 或 VBScript 在客户端执行表单处理或其他操作，这与将表单数据发送到服务器进行处理相反。用户可以使用 Dreamweaver 的脚本来配置表单按钮，以便当浏览者单击按钮时运行特定的客户端脚本。

其方法为：选择表单中的按钮对象，在【行为】面板中，单击【添加行为】按钮，然后从列表中选择【调用 JavaScript】命令。在【调用 JavaScript】对话框中，输入当浏览者单击该按钮时所运行的 JavaScript 函数的名称，然后单击【确定】按钮，如图 7-26 所示。

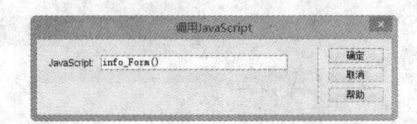

图 7-26　输入 JavaScript 函数的名称

如果文件的 head（档头）部分中不存在上步指定的 JavaScript 函数，则添加该函数。

动手操作　将弹出信息脚本附加到表单按钮

1 打开光盘中的"..\Example\Ch07\7.2.4.html"练习文件，选择表单中的【注册】按钮，然后在【行为】面板中单击【添加行为】按钮，从列表中选择【调用 JavaScript】命令，如图 7-27 所示。

2 打开【调用 JavaScript】对话框后，输入运行的 JavaScript 函数名称为【info_Form()】，然后单击【确定】按钮，如图 7-28 所示。

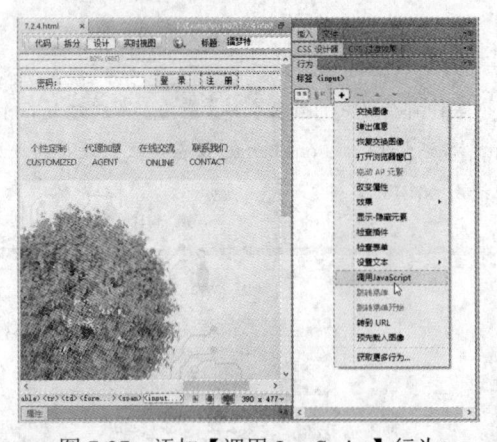

图 7-27　添加【调用 JavaScript】行为

图 7-28　输入 JavaScript 函数的名称

3 在【文件】窗口中切换到【代码】视图，然后在 head（档头）部分的 JavaScript 脚本内添加弹出信息函数，如图 7-29 所示。

4 保存网页文件，再按 F12 键，然后在打开的浏览器窗口中单击表单的【注册】按钮，此时即可调用 JavaScript 函数从而显示弹出信息对话框，如图 7-30 所示。

图 7-29　添加 JavaScript 脚本代码

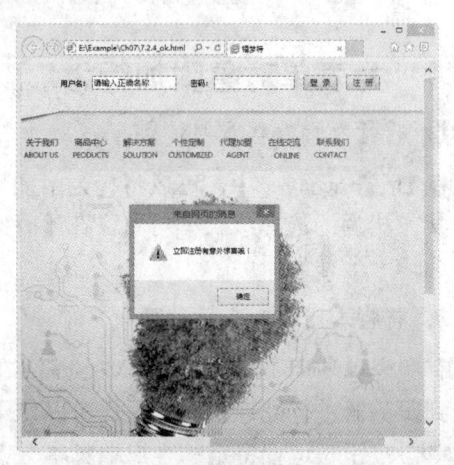

图 7-30　通过浏览器测试效果

7.3 使用 CSS 美化表单

将表单对象添加到页面后，都拥有默认的外观。如果想要自定义表单对象的外观，可以通过 CSS 样式设置规则属性并应用于对象上。

7.3.1 为表单对象应用类选择器 CSS

通过创建【类】选择器类型的 CSS 规则，然后应用到表单对象上，可以自由地为指定的表单对象应用 CSS 规则的属性，而不影响到其他相同类型表单对象的外观，使美化表单的处理更加自由与丰富。

动手操作　为表单对象应用类选择器 CSS

1 打开【CSS 设计器】面板，在【源】窗格中单击【添加 CSS 源】按钮，并选择添加 CSS 源的方式，或者在【源】窗格中选择已经存在的 CSS 源。

2 在【选择器】窗格中单击【添加选择器】按钮，然后在出现的文本框中输入选择器名称（【类】选择器名称输入规则为：点+名称），如图 7-31 所示。

3 在【CSS 设计器】面板的【属性】窗格中设置 CSS 规则的属性。

4 返回【文件】窗口，然后选择要应用 CSS 样式的表单对象，再打开【属性】面板的【Class】列表框并选择 CSS 类选项，如图 7-32 所示。

5 如果要为其他表单对象应用 ID 类 CSS 样式，依照同样的方法操作即可。没有应用 CSS 样式的表单对象不会受到影响。

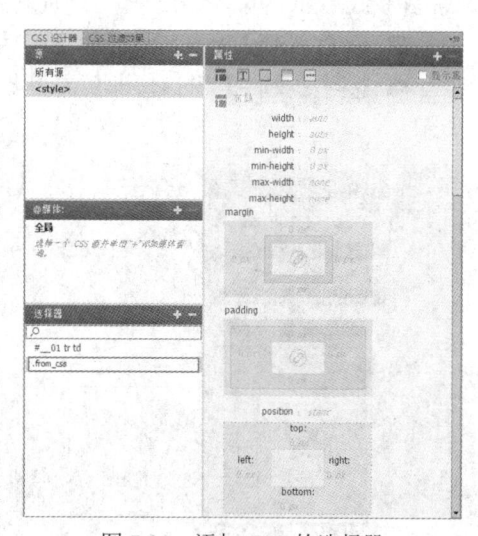

图 7-31　添加 CSS 的选择器

6 为表单对象应用 CSS 样式后，可以通过浏览器查看效果，如图 7-33 所示。

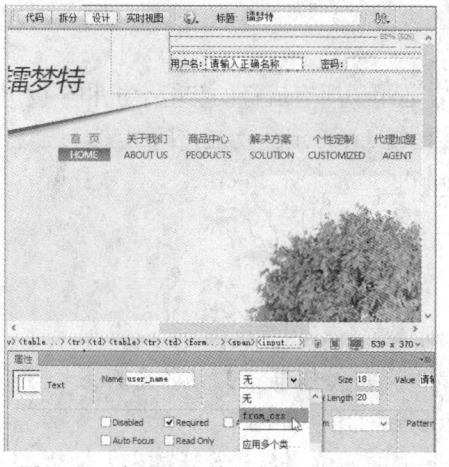

图 7-32　为选定表单对象应用 CSS 样式

图 7-33　通过浏览器查看效果

7.3.2 为表单对象应用标签选择器 CSS

【标签】选择器类型的 CSS 规则可重新定义 HTML 标签的外观样式。通过创建【标签】选择器的 CSS 规则，然后应用到表单对象上，可以统一为指定标签的表单对象应用属性设置，统一对表单对象进行美化处理，而不需要为表单对象逐个应用 CSS 样式。

动手操作　为表单对象应用标签选择器 CSS

1 打开【CSS 设计器】面板，在【源】窗格中单击【添加 CSS 源】按钮 并选择添加 CSS 源的方式，或者在【源】窗格中选择已经存在的 CSS 源。

2 在【选择器】窗格中单击【添加选择器】按钮 ，然后在出现的文本框中输入选择器名称。输入的名称需要是 HTML 标签，当输入名称的起始英文字母后，Dreamweaver 将出现代码提示，此时从提示中选择合适的标签即可，如图 7-34 所示。

3 在【CSS 设计器】面板的【属性】窗格中设置 CSS 规则的属性。

4 返回【文件】窗口，即可看到指定标签对应的对象已经应用了 CSS 样式，如图 7-35 所示。

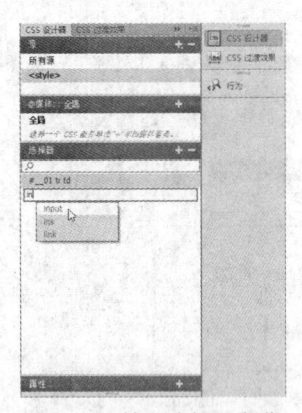

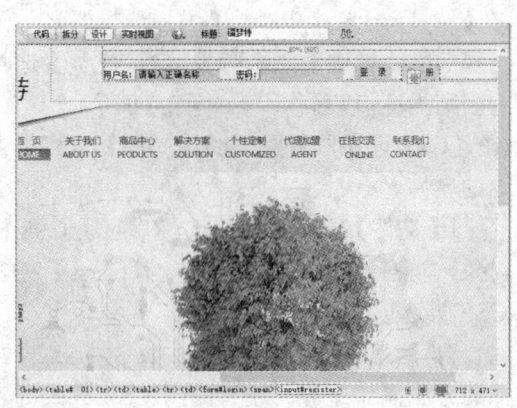

图 7-34　输入选择器名称　　　　　　图 7-35　查看设置 CSS 规则属性的结果

7.4　设计 jQuery Mobile 页面

jQuery Mobile 是创建移动 Web 应用程序的框架，它适用于所有流行的智能手机和平板电脑。

jQuery Mobile 的目标是在一个统一的 UI 中交互超级 JavaScript 功能，跨最流行的智能手机和平板电脑设备工作。与 jQuery 一样，jQuery Mobile 是一个在 Internet 上直接托管、免费可用的开源代码基础。

7.4.1　创建 jQuery Mobile 页面

使用 jQuery Mobile，可以在单个 HTML 文件中创建多个不同的页面。

Dreamweaver 为 jQuery Mobile 提供了强大的支持，可以通过【插入】面板的【jQuery Mobile】选项卡中插入 jQuery Mobile 页面以及其他 jQuery Mobile 对象，如图 7-36 所示。

其方法为：将光标定位在需要插入 jQuery Mobile 页面的位置。打开【插入】面板的【页面】按钮 ，然后在打开的【页面】对话框中设置页面属性，再单击【确定】按钮即可，如图 7-37 所示。

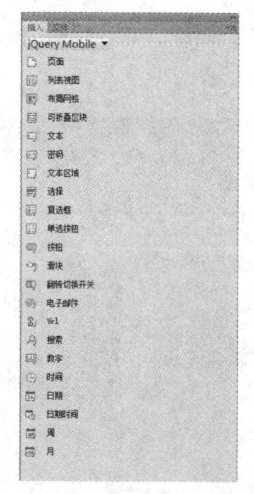

第 7 章　设计表单与 jQuery Mobile 页面

图 7-36　jQuery Mobile 的对象 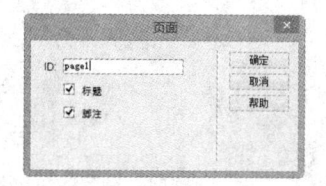　　　　　图 7-37　插入 jQuery Mobile 页面

◎ 动手操作　制作个人 jQuery Mobile 页面

1 在 Dreamweaver 中选择【文件】|【新建】命令，打开【新建文档】对话框后，选择【流体网格布局】项目，然后选择一种流体网格布局并单击【创建】按钮，接着在打开的【另存为】对话框中保存关联的 CSS 文件，如图 7-38 所示。

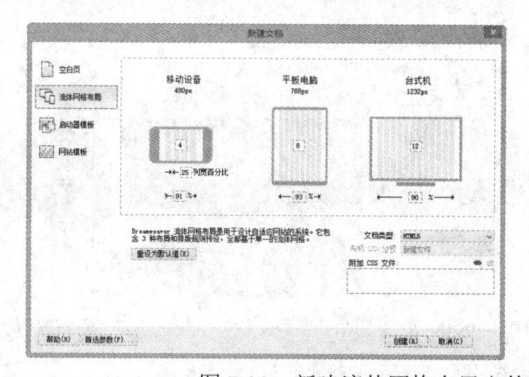

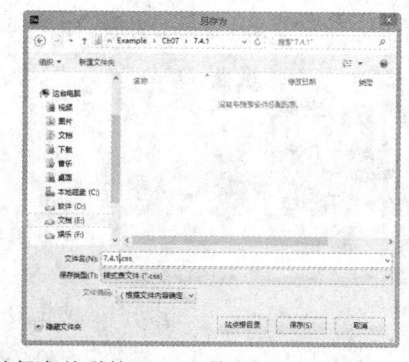

图 7-38　新建流体网格布局文件并保存关联的 CSS 文件

2 按 Ctrl+S 键，在【另存为】对话框中保存新建的文件，接着在弹出的提示对话框中单击【确定】按钮，如图 7-39 所示。

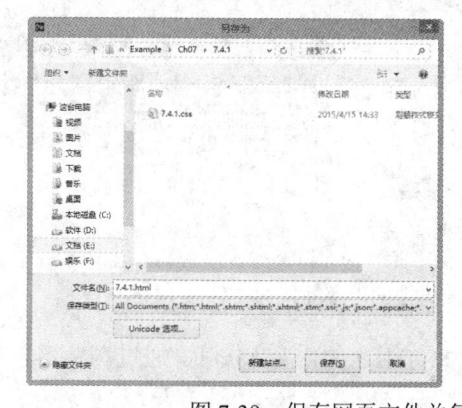

图 7-39　保存网页文件并复制相关文件

215

3 在【文件】窗口中选择 Div 标签内的文字，并将文字删除，然后将光标定位在 Div 标签内，再单击【插入】面板的【页面】按钮，如图 7-40 所示。

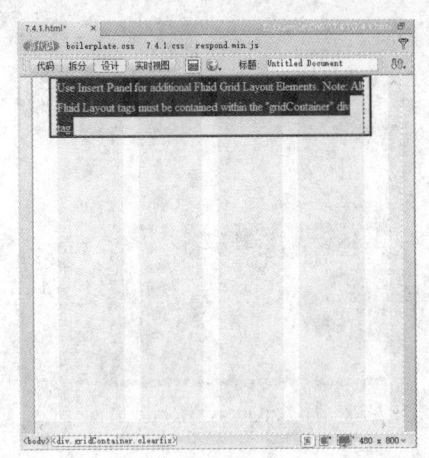

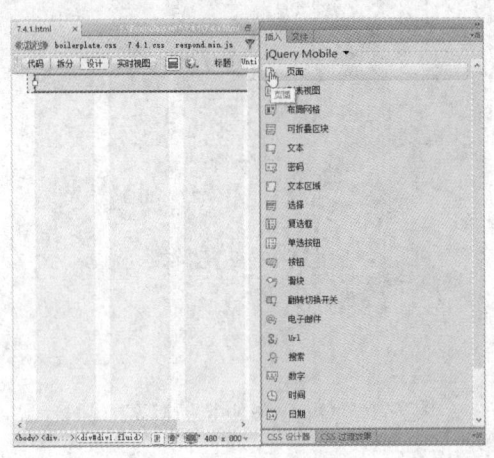

图 7-40 删除 Div 标签内的文字并插入页面

4 打开【jQuery Mobile 文件】对话框后，选择【链接类型】和【CSS 类型】的选项，然后单击【确定】按钮，打开【页面】对话框后，设置页面的 ID 和其他选项，接着单击【确定】按钮，如图 7-41 所示。

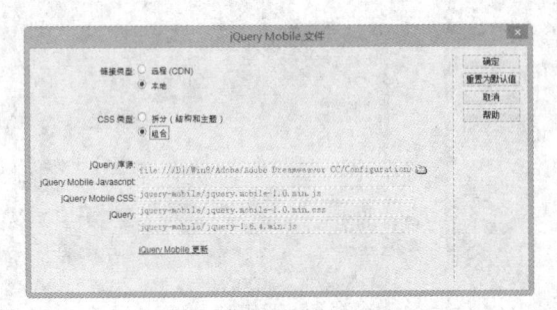

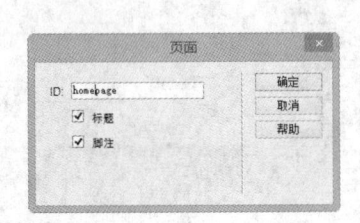

图 7-41 设置 jQuery Mobile 文件和页面选项

5 插入 jQuery Mobile 页面后，修改标题、脚注和内容的文字，再设置文件的标题为【欢迎来到我的主页】，然后保存网页文件并确定复制相关文件，如图 7-42 所示。

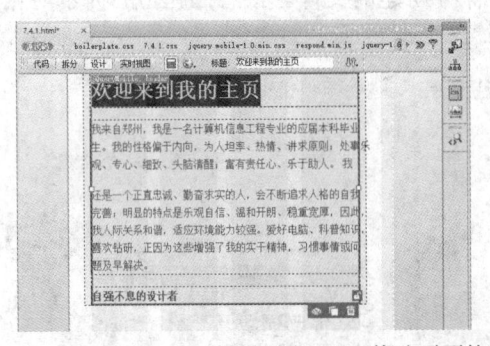

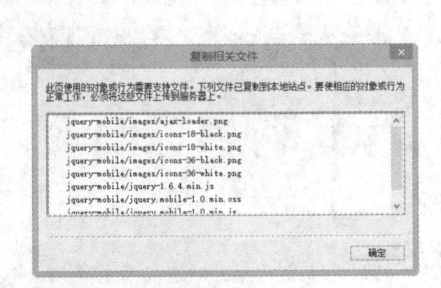

图 7-42 修改页面的内容并保存文件

6 按 F12 键打开浏览器，然后单击【允许阻止的内容】按钮，通过浏览器查看个人 jQuery Mobile 页面的效果，如图 7-43 所示。

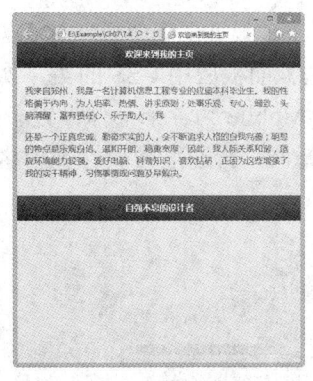

图 7-43　通过浏览器查看 jQuery Mobile 页面的效果

7.4.2　为 jQuery Mobile 页面添加部件

在 Dreamweaver 的【插入】面板中，提供了多种用于设计 jQuery Mobile 应用程序的部件，包括文本输入、选择菜单、复选框、电子邮件、日期等，它们的作用与表单中的相关对象一样。

在使用 jQuery Mobile 部件前，先要插入 jQuery Mobile 页面部件。可以将光标定位在 jQuery Mobile 页面中（可以定位在标题、脚注和内容区域），然后在【插入】面板的【jQuery Mobile】选项卡中单击要插入部件对应的按钮，如插入【文本输入】部件，如图 7-44 所示。

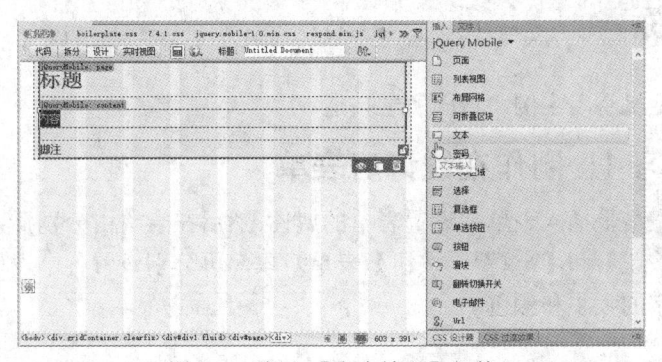

图 7-44　插入【文本输入】部件

在插入部件后，可以修改部件左侧的标签文字，然后打开【属性】面板设置部件的属性（操作方法如同设置表单对象属性一样），如图 7-45 所示。

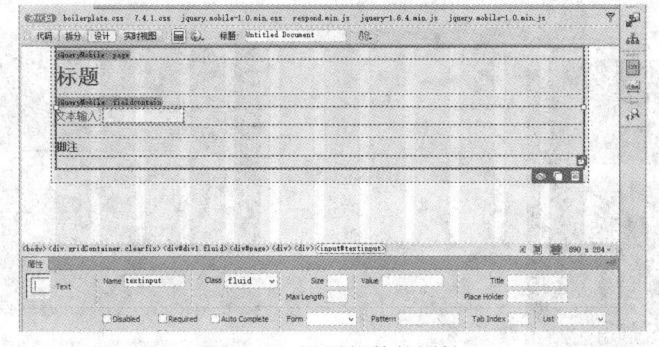

图 7-45　设置部件的属性

jQuery Mobile 部件与 jQuery UI 部件一样，可以使用 CSS 框架样式来设置外观。可以使用下面两种方法来设置 jQuery Mobile 部件外观。

217

方法 1　通过【CSS 设计器】面板新建【类】选择器的 CSS 样式，然后选择 jQuery Mobile 部件，再通过【属性】面板应用 CSS 的类，如图 7-46 所示。

方法 2　jQuery Mobile 为各个部件设置了默认 CSS 样式，可以通过【CSS 设计器】面板，选择对应的 CSS 选择器，再通过【属性】窗格修改属性，自定义 jQuery Mobile 部件的外观，如图 7-47 所示。

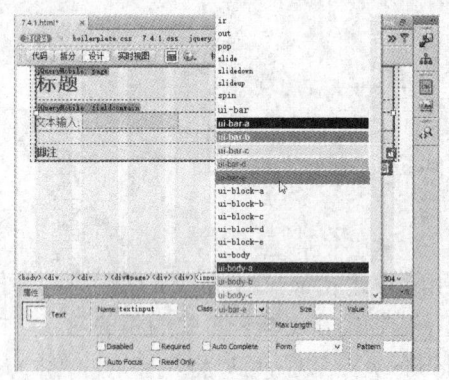

图 7-46　新建 CSS 样式并应用到部件 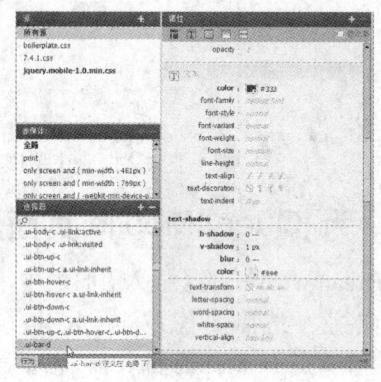　　　　图 7-47　修改默认的 CSS 样式属性

7.5　技能训练

下面通过多个上机练习实例，巩固所学技能。

7.5.1　上机练习 1：制作在线订房表单

本例先在页面表格上插入表单并设置表单的属性，然后在表单内分别插入【日期】、【选择】、【文本】、【"提交"按钮】和【"重置"按钮】表单对象，再分别设置各个表单对象的属性，最后设置表单标签文字的大小和颜色。

操作步骤

1 打开光盘中的 "..\Example\Ch07\7.5.1.html" 练习文件，将光标定位在空白表格内，打开【插入】面板并切换到【表单】选项卡，然后单击【表单】按钮，选择表单并设置【属性】面板，设置表单的 ID，如图 7-48 所示。

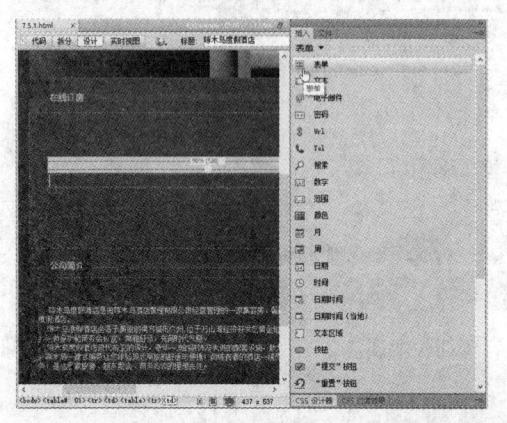

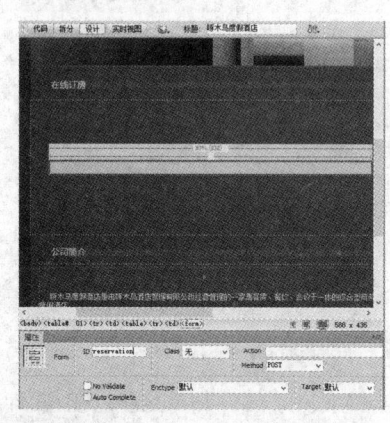

图 7-48　插入表单并设置表单属性

2 将光标定位在表单内,在【插入】面板中单击【日期】按钮,修改【日期】对象的标签为【入住日期:】,接着设置对象的属性,如图 7-49 所示。

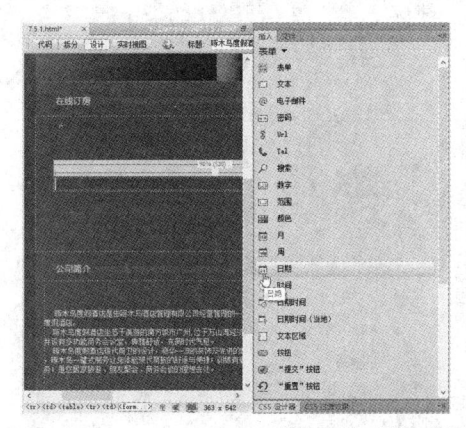

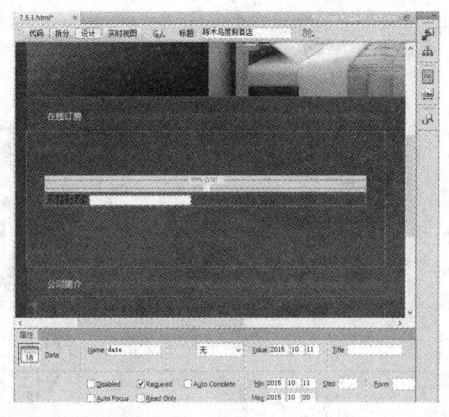

图 7-49 插入【日期】对象并设置对象

3 在【日期】对象右侧连续输入多个空格,然后单击【插入】面板的【日期】按钮,修改对象的标签为【离店日期:】,接着设置【日期】对象的属性,如图 7-50 所示。

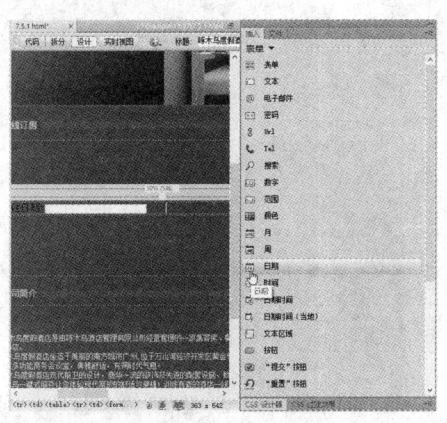

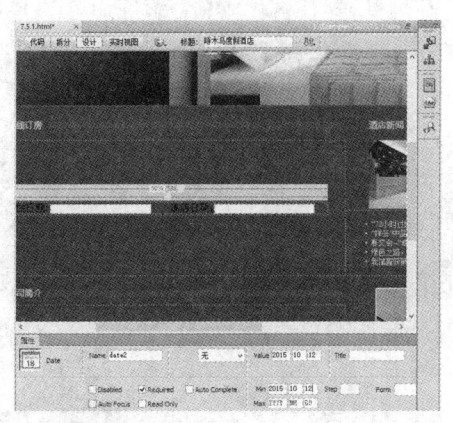

图 7-50 再次插入【日期】对象并设置对象

4 在表单中进行换段,然后通过【插入】面板插入【选择】对象,修改对象的标签为【房型:】,接着设置对象的基本属性,如图 7-51 所示。

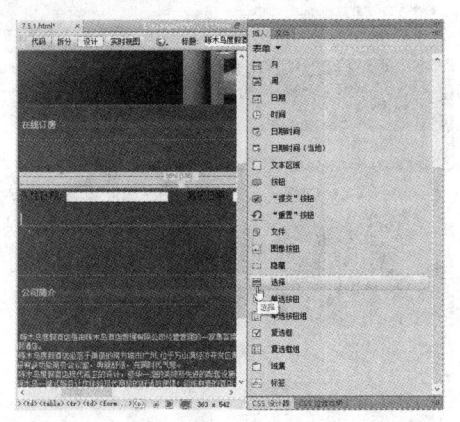

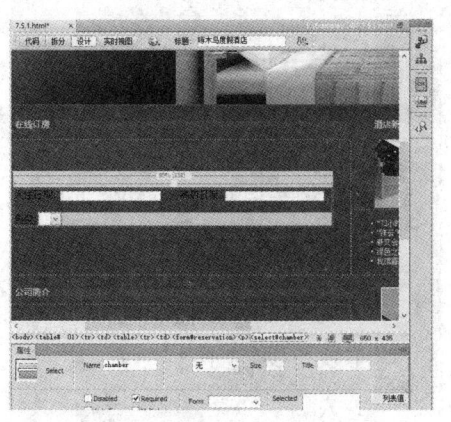

图 7-51 插入【选择】对象并设置基本属性

219

5 在【选择】对象的【属性】面板中单击【列表值】按钮，然后输入第一个项目标签和值，接着单击【添加】按钮 ，添加其他项目标签和值，最后单击【确定】按钮，如图 7-52 所示。

图 7-52 添加【选择】对象的列表值

6 使用步骤 4 的方法，再次插入一个【选择】对象并设置属性，然后通过【列表值】对话框添加对象的项目标签和值，如图 7-53 所示。

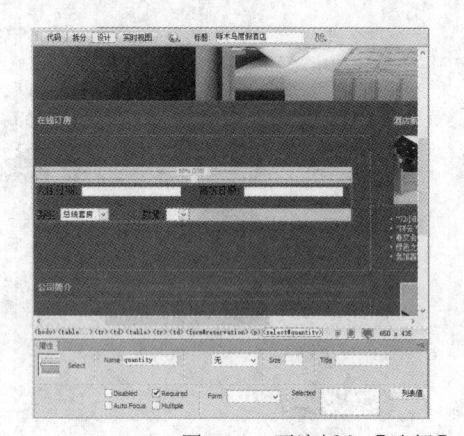

图 7-53 再次插入【选择】对象并设置列表值

7 继续换段，然后插入一个【文本】对象并修改标签文字，再打开【属性】面板，并设置【文本】对象的名称和其他属性，如图 7-54 所示。

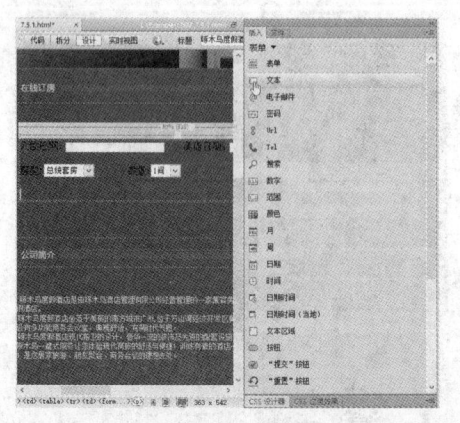

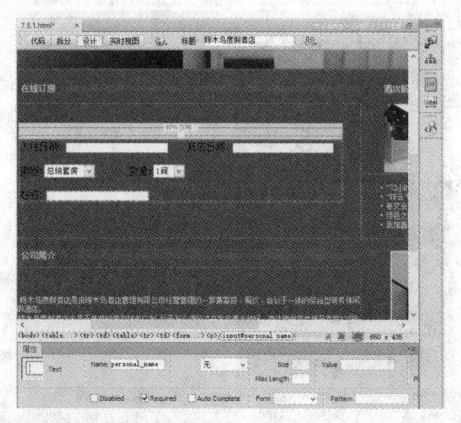

图 7-54 插入【文本】对象并设置属性

8 使用步骤 7 的方法，再次插入一个【文本】对象并修改标签文字，接着通过【属性】面板设置对象的各项属性，如图 7-55 所示。

9 再次换段，然后通过【插入】面板插入【"提交"按钮】对象，再打开【属性】面板并设置对象的属性，如图 7-56 所示。

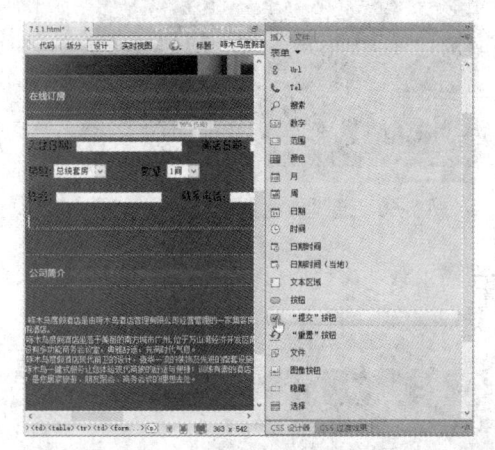

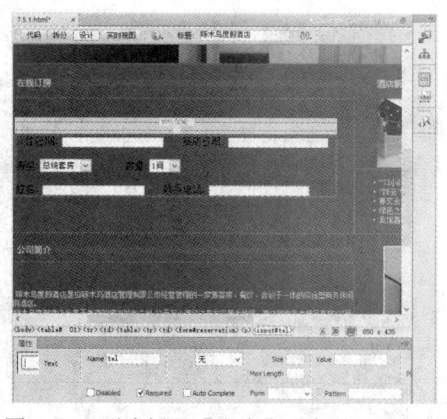

图 7-55　再次插入【文本】对象并设置属性

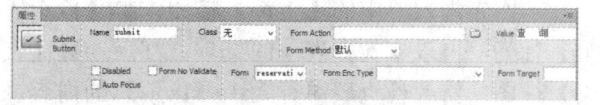

图 7-56　插入【"提交"按钮】对象并设置属性

10 使用步骤 9 的方法，通过【插入】面板插入【"重置"按钮】对象，然后设置该对象的属性，如图 7-57 所示。

11 将光标定位在按钮所在的行中，然后单击【属性】面板的【居中对齐】按钮，如图 7-58 所示。

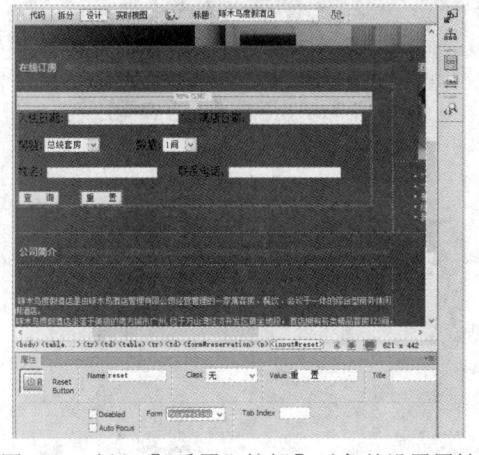

图 7-57　插入【"重置"按钮】对象并设置属性

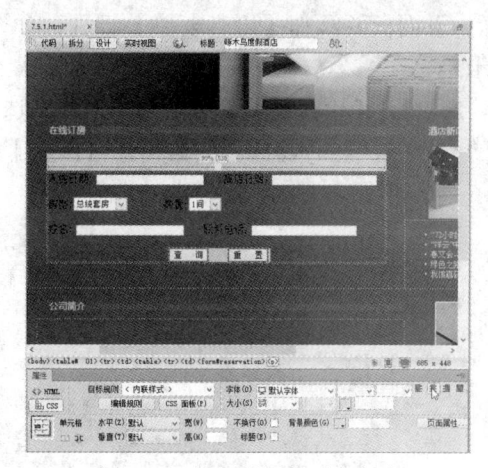

图 7-58　设置按钮的对齐方式

12 拖动鼠标选择所有表单内容，然后设置字体大小和颜色，如图 7-59 所示。

13 完成上述操作后，保存网页文件并按 F12 键，通过浏览器查看表单的效果，如图 7-60 所示。

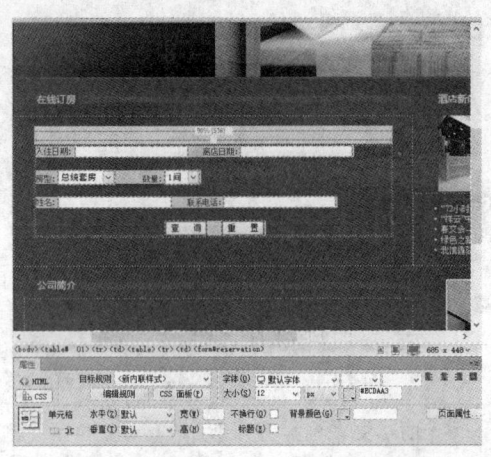

图 7-59　设置表单文字的大小和颜色 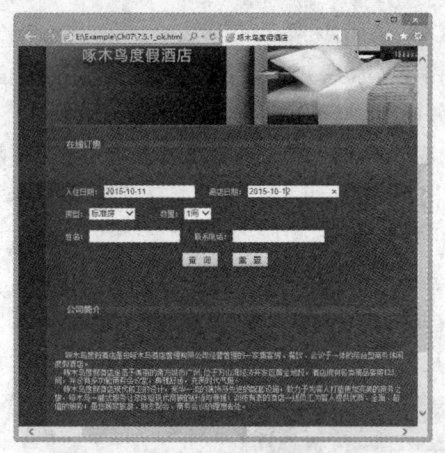　　　　　图 7-60　通过浏览器查看表单效果

7.5.2　上机练习 2：制作检查表单的效果

本例先为表单中的【查询】按钮添加【检查表单】行为，再设置检查表单的选项，然后通过【代码】视图，修改检查表单行为中弹出信息的内容，以及使用标题代替显示出错表单对象的名称，最后为【姓名】和【联系电话】设置标题内容。

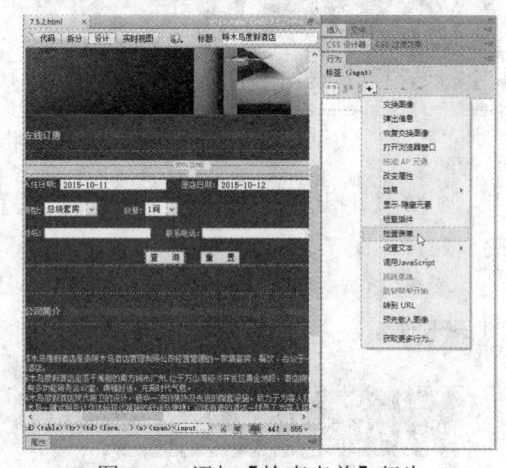

操作步骤

1 打开光盘中的 "..\Example\Ch07\7.5.2.html" 练习文件，选择表单中的【查询】按钮，然后打开【行为】面板并添加【检查表单】行为，如图 7-61 所示。

2 打开【检查表单】对话框后，分别选择表单中的文本域，然后设置【值】和【可接受】选项，如图 7-62 所示。

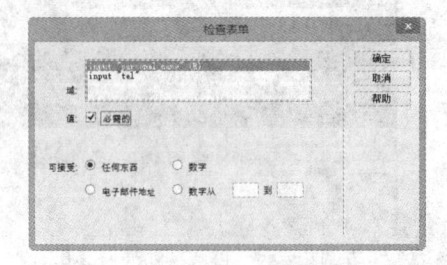

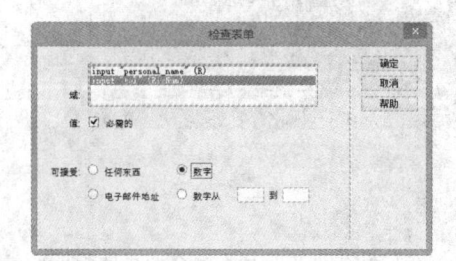

图 7-61　添加【检查表单】行为

图 7-62　设置【检查表单】选项

3 添加【检查表单】行为后，当浏览者在表单中没有输入内容或输入错误的内容时，表单将弹出错误提示，但是这个提示是英文内容。要修改这个提示为中文内容，可以通过【代码】视图中修改行为 JavaScript 代码中 alert（ ）中的出错提示内容，如图 7-63 所示。

4 默认检查行为出错提示中显示表单对象名称，可以修改为出错提示中显示表单标题（在【属性】面板中设置标题）。在【代码】视图中，修改定义对象名称的代码 "nm" 为 "ti"，如

图 7-64 所示。

图 7-63　修改默认出错提示文字

图 7-64　修改定义对象名称的代码

5 将代码中的 "ti=val.name" 修改为 "ti=val.title"，以重新指定 ti 为表单对象属性中的标题内容，接着修改表单对象填写错误的提示内容为中文，如图 7-65 所示。

图 7-65　修改代码函数与错误提示内容

6 切换到【设计】视图，然后选择【姓名】标签中的【文本】对象，再通过【属性】面板设置标题为【姓名】，接着使用相同的方法，设置【联系电话】标签的【文本】对象的标题，如图 7-66 所示。

223

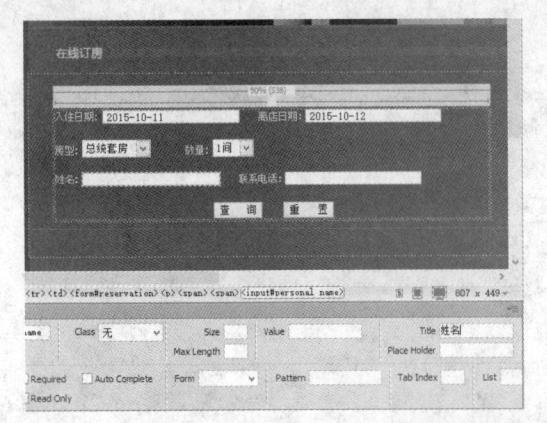

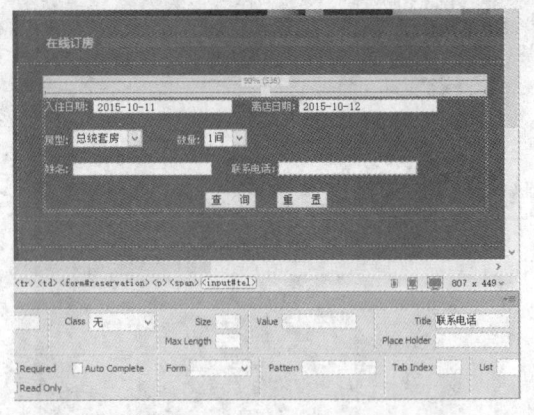

图 7-66 设置【文本】对象的标题属性

7 完成上述操作后,即可保存网页文件,按 F12 键,单击【查询】按钮查看【检查表单】的效果,如图 7-67 所示。

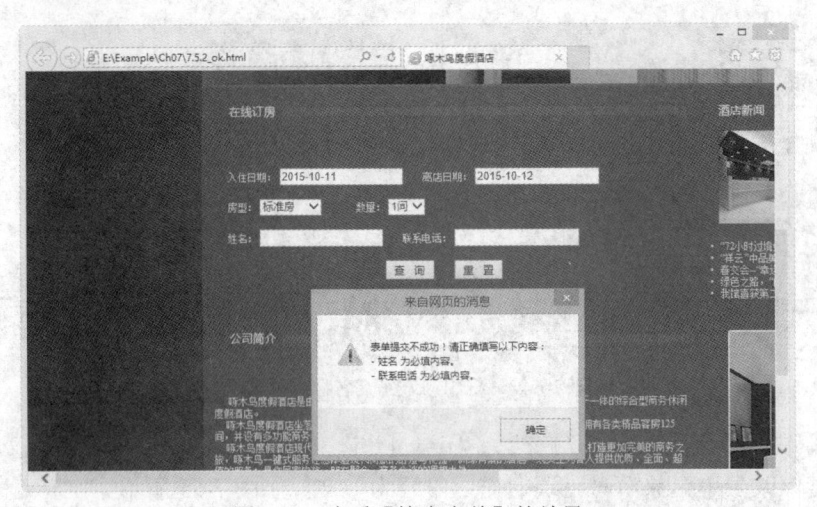

图 7-67 查看【检查表单】的效果

7.5.3 上机练习 3:使用 CSS 美化表单外观

本例先通过【CSS 设计器】面板分别创建【标签】选择器类型的 CSS 样式,然后设置 CSS 规则中的文字、边框和背景属性,从而通过 CSS 美化表单的外观。

操作步骤

1 打开光盘中的 "..\Example\Ch07\7.5.3.html" 练习文件,打开【CSS 设计器】面板,在单击【添加 CSS 源】按钮并选择【在页面中定义】命令,然后在【选择器】窗格中单击【添加选择器】按钮并输入选择器名称为【input】,如图 7-68 所示。

2 选择【input】选择器,然后在【属性】窗格中设置字体大小为 12px、颜色为【#990000】,接着跳转到【边框】项并设置边框属性,如图 7-69 所示。

图 7-68　添加【input】标签 CSS 规则

3 在【属性】窗格中单击【背景】按钮，跳转到【背景】项后，设置背景颜色为【#FFFFCC】，如图 7-70 所示。

图 7-69　设置【input】规则的文本和边框属性

4 在【选择器】窗格中单击【添加选择器】按钮，然后输入选择器名称为【select】，如图 7-71 所示。

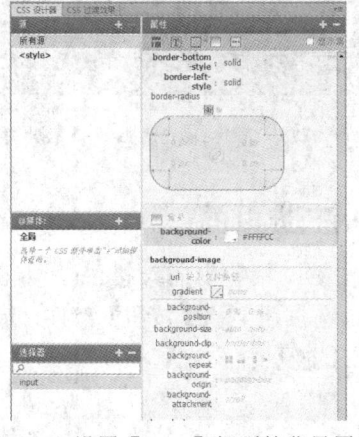

图 7-70　设置【input】规则的背景属性 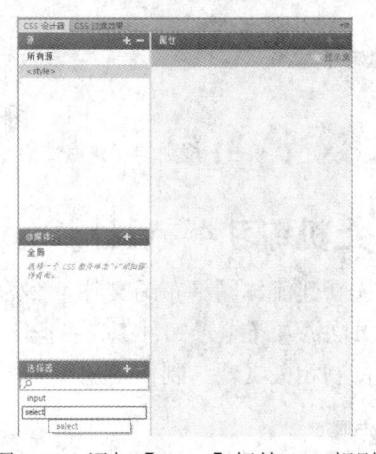　　　图 7-71　添加【select】标签 CSS 规则

5 选择【select】选择器，然后在【属性】窗格中设置字体大小为 12px、颜色为【#990000】，接着跳转到【边框】项并设置边框属性，如图 7-72 所示。

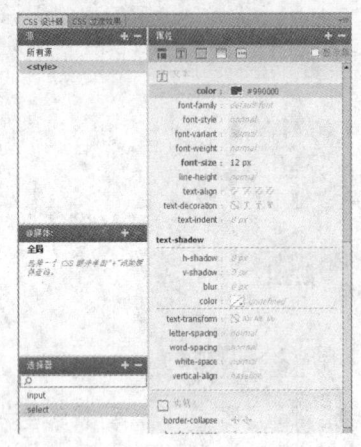

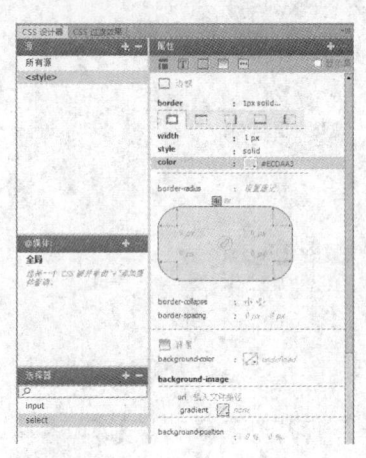

图 7-72　设置【select】规则的文本和边框属性

6 跳转到【属性】窗格中的【背景】项，然后设置背景颜色为【#FFFFCC】，如图 7-73 所示。

7 完成上述操作后，保存网页文件，然后按 F12 键，通过打开的浏览器查看表单经过 CSS 美化后的效果，如图 7-74 所示。

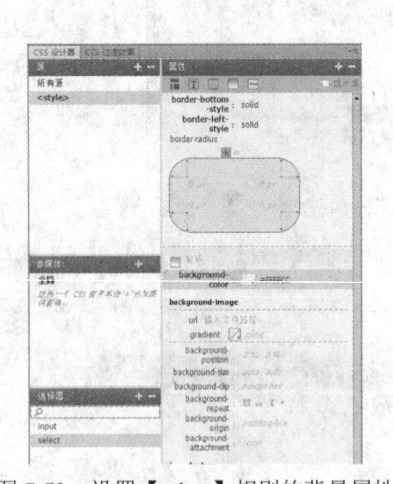

图 7-73　设置【select】规则的背景属性 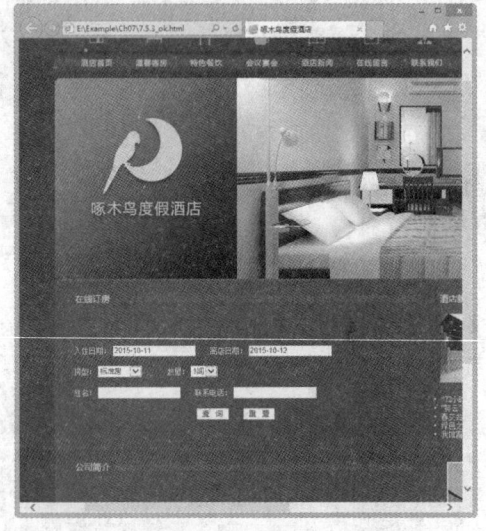　　　　图 7-74　通过浏览器查看表单效果

7.5.4　上机练习 4：设计 jQuery Mobile 注册页面

本例先新建流体网格布局文件，然后在文件页面的 Div 标签内插入 jQuery Mobile 页面部件，再为页面添加【电子邮件】、【密码】、【文本】、【单选按钮】和【按钮】部件，最后保存网页文件并复制相关文件，制作出用于手机和平板电脑的注册页面。

操作步骤

1 在 Dreamweaver 中选择【文件】|【新建】命令，打开【新建文档】对话框后，选择【流

体网格布局】项目，然后单击【创建】按钮，在打开的【另存为】对话框中保存关联的 CSS 文件，如图 7-75 所示。

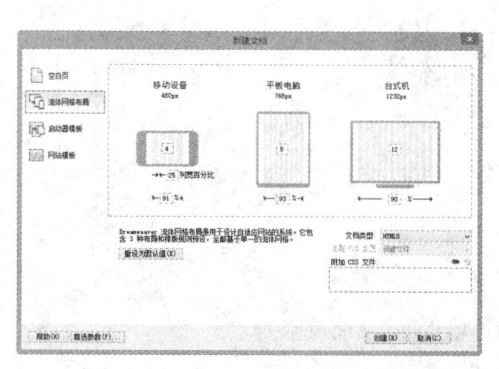

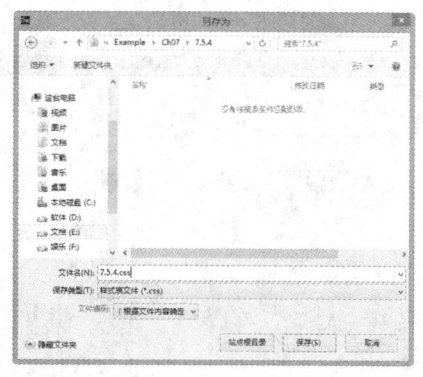

图 7-75　新建文件并保存关联的 CSS 文件

2 选择文件中 Div 标签内的文字内容，按 Delete 键，然后按 Ctrl+S 键，在【另存为】对话框中保存新建的文件，如图 7-76 所示。

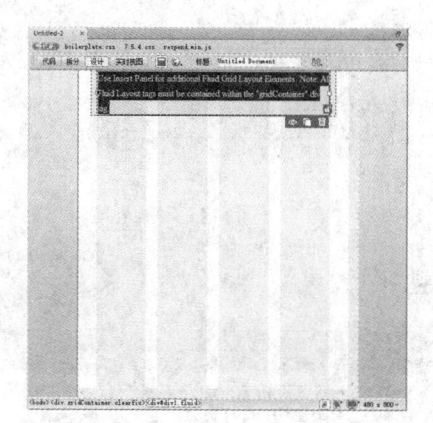

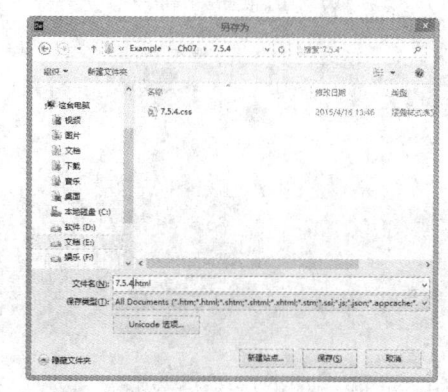

图 7-76　删除不需要的文字并保存文件

3 在【文件】窗口中将光标定位在 Div 标签内，单击【插入】面板的【页面】按钮，打开【jQuery Mobile 文件】对话框后，选择【链接类型】和【CSS 类型】的选项，然后单击【确定】按钮，如图 7-77 所示。

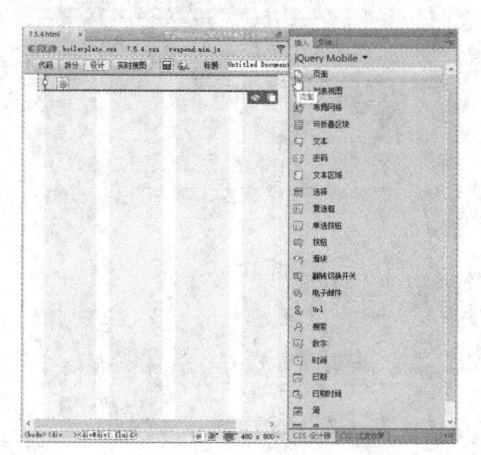

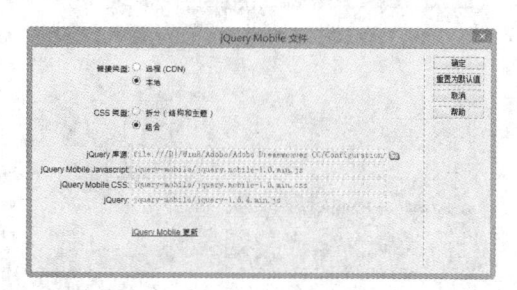

图 7-77　插入页面部件并设置文件选项

4 打开【页面】对话框后,设置页面的 ID 和其他选项,然后单击【确定】按钮,修改页面标题内容,再删除脚注和内容部分的文字,如图 7-78 所示。

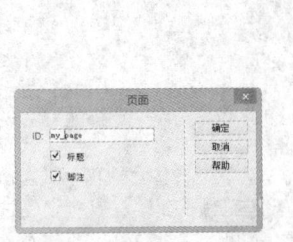

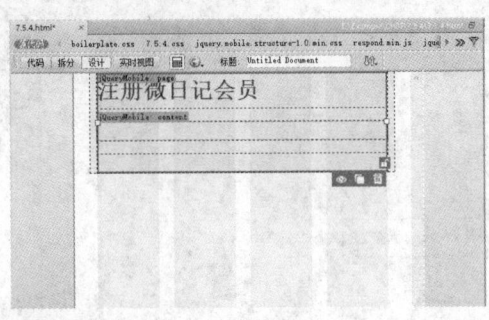

图 7-78 设置页面选项并修改页面内容

5 将光标定位在【jQueryMobile:content】区域内,然后打开【插入】面板并切换到【jQuery Mobile】选项卡,接着单击【电子邮件】按钮,再通过【属性】面板设置【电子邮件】部件的属性,如图 7-79 所示。

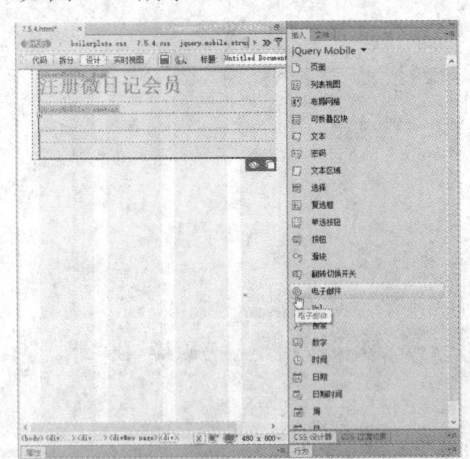

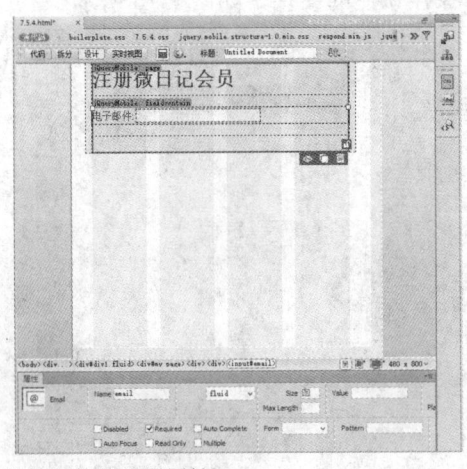

图 7-79 插入【电子邮件】部件并设置属性

6 在【电子邮件】部件后换段,然后插入【密码】部件并设置【密码】部件的属性,如图 7-80 所示。

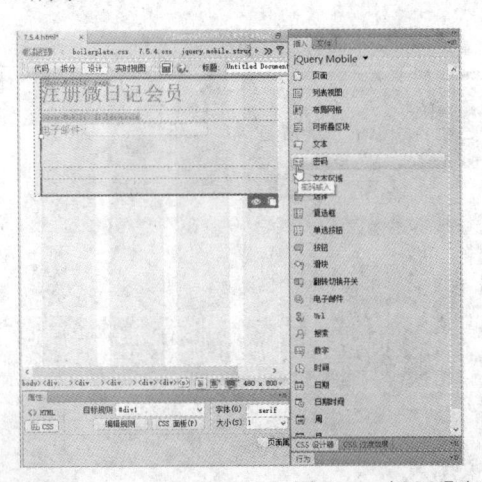

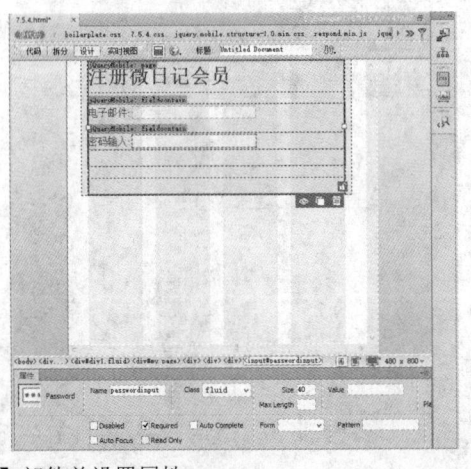

图 7-80 插入【密码】部件并设置属性

7 在【密码】部件后换段，然后插入【文本】部件并设置【文本】部件的属性，如图7-81所示。

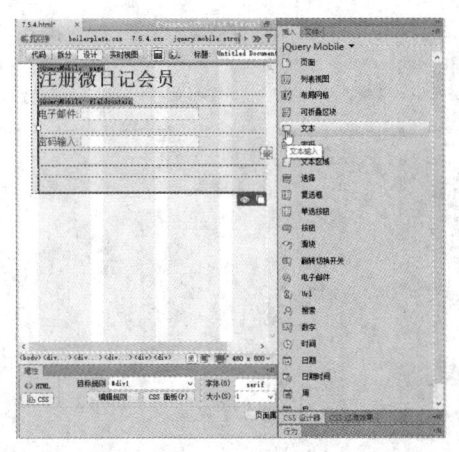

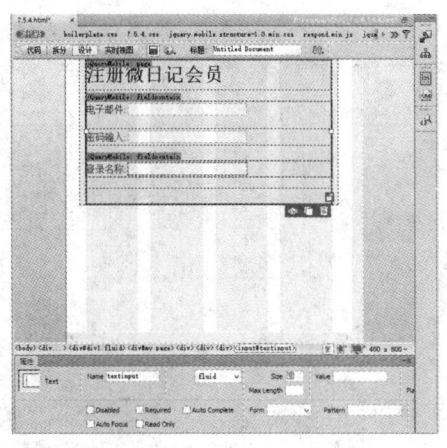

图7-81　插入【文本】部件并设置属性

8 在【文本】部件后换段，然后插入【单选按钮】部件并在【单选按钮】对话框中设置部件的选项，再单击【确定】按钮，如图7-82所示。

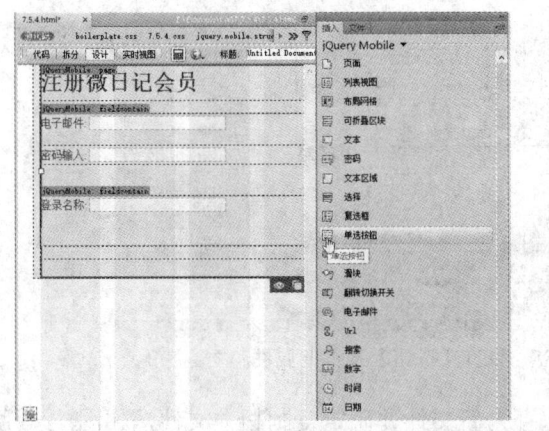

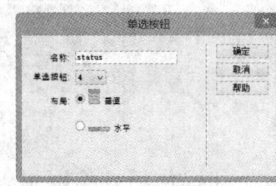

图7-82　插入【单选按钮】部件并设置选项

9 插入【单选按钮】部件后，修改部件的各个标签文字，如图7-83所示。

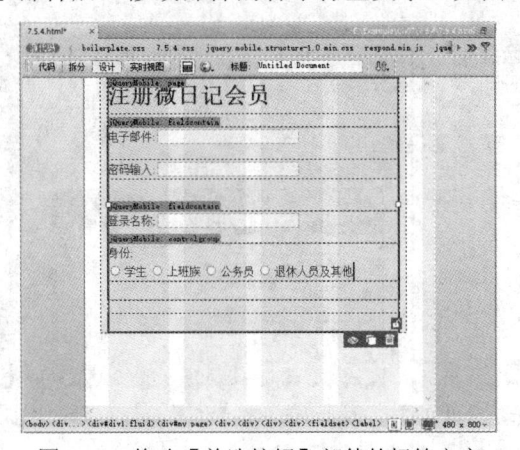

图7-83　修改【单选按钮】部件的标签文字

229

10 将光标定位在页面的脚注区域中,然后通过【插入】面板插入【按钮】部件,打开【按钮】对话框后,设置按钮的各个选项,接着单击【确定】按钮,如图7-84所示。

图7-84 插入【按钮】部件并设置选项

11 选择插入的【按钮】部件,然后打开【属性】面板并设置【按钮】部件的各项属性,如图7-85所示。

图7-85 设置【按钮】部件的属性

12 完成上述操作后,将网页保存为新文件并确定复制相关文件,如图7-86所示。

13 按F12键,通过打开的浏览器窗口查看jQuery Mobile注册页面的结果,如图7-87所示。

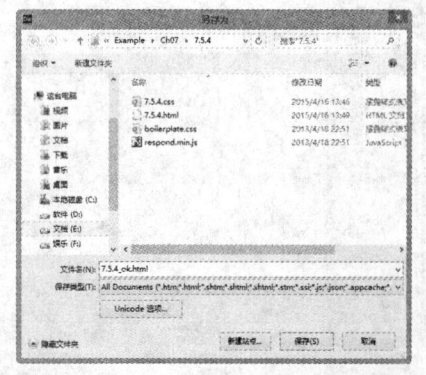

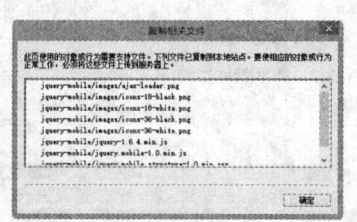

图7-86 保存网页文件并复制相关文件

图7-87 查看jQuery Mobile注册页面的结果

7.6 评测习题

1．填空题

（1）_____是实现网站与浏览者信息传递、互动交流的重要工具。

（2）_____行为可检查指定文本域的内容以确保用户输入的数据类型正确。

（3）_____是创建移动 Web 应用程序的框架，它适用于所有流行的智能手机和平板电脑。

（4）_____表单对象是用于编辑在对象值中给出的电子邮件地址的列表。

2．选择题

（1）以下哪个表单对象适用于创建包含某个数字范围内值的字段？　　　　（　　）
　　A．文本　　　　　B．日期　　　　　C．数字　　　　　D．范围

（2）使用 jQuery Mobile，可以在单个 HTML 文件中创建多少个不同的页面？（　　）
　　A．1 个　　　　　B．2 个　　　　　C．10 个　　　　　D．无限制

（3）在使用 jQuery Mobile 部件前，先要插入哪个 jQuery Mobile 部件？　（　　）
　　A．列表视图　　　B．页面　　　　　C．布局网格　　　D．文本区域

3．判断题

（1）表单本身并不能输入信息，它只是一个引用与提交信息的载体。　　　（　　）

（2）jQuery Mobile 部件与 jQuery UI 部件不一样，jQuery Mobile 部件是使用 HTML 框架样式来设置外观。　　　　　　　　　　　　　　　　　　　　　　　　　（　　）

（3）对于表单对象而言，并非所有属性都存在于【属性】面板中，用户可以使用【代码】视图来添加不存在于面板中的属性。　　　　　　　　　　　　　　　　　（　　）

4．操作题

在练习文件的页面中插入表单，然后制作出如图 7-88 所示的建议表单。

图 7-88　设计表单的结果

操作提示

（1）打开光盘中的"..\Example\Ch07\7.6.html"练习文件，在页面右下方的空白单元格中插入表单。

（2）在表单内插入一个【文本】对象并修改标签为【你的称呼：】、大小为 15。

（3）在表单内插入一个【Tel】对象并修改标签为【你的电话：】、大小为 15。

（4）在表单内插入一个【文本区域】对象并修改标签为【建议或意见：】、Cols 为 22、Rows 为 5。

（5）在表单内插入一个【"提交"按钮】对象设置按钮所在行的对齐方式为【居中对齐】。

（6）选择到表单所有内容，然后通过【属性】面板应用【text】CSS 样式。

第 8 章 ASP 动态网站开发入门

学习目标

对于动态网站而言，其开发的基础主要是动态网页和数据库之间的开发，因为动态网站必须在支持动态技术的服务器环境下依靠动态网页产生强大的人站交互功能，而人站交互过程中产生（或需要）的数据正是保存在数据库中（或从数据库中读取）。

本章将介绍有关 ASP 动态网站的基础和数据库的创建与编辑，以及架设支持 ASP 动态技术的 IIS 服务器环境等知识，奠定开发 ASP 动态网站的基础。

学习重点

- ☑ ASP 语法基础
- ☑ 认识 Access 数据库
- ☑ 创建与编辑数据库
- ☑ 开发 ASP 动态网站的准备工作
- ☑ 配置站点和测试服务器
- ☑ 为网页指定数据源名称
- ☑ 将表单信息提交到数据库
- ☑ 在页面中显示数据库记录

8.1 ASP 语法基础

ASP 的全称为 Active Server Pages，是一种服务器端的脚本语言，可以通过 ASP 建立具有动态功能且高效的 Web 服务器应用程序。

ASP 脚本程序在服务器端运行，当 ASP 程序执行完毕，服务器仅将执行的结果返回给浏览器，减轻了客户端浏览器的负担，大大提高了交互的速度。因此，不需要担心访客的浏览器是否支持 ASP，只需网站服务器支持 ASP 动态 Web 技术就可以了。

由于 ASP 只是一种服务器端的脚本语言，因此必须结合其他脚本语言才能发挥其强大的功能。目前，用于配合 ASP 使用的脚本语言主要有 VBScript 和 JavaScript 两种。

8.1.1 ASP 的基本结构

ASP 程序的扩展名为 ".asp"，程序中可以包含纯文本、HTML 标记以及脚本语句。ASP 的编写方式与 HTML 相似，允许使用任何一种文本编辑软件打开和编辑 ASP 程序。

当将完成的 ASP 程序放在 Web 服务器的虚拟目录下（服务器支持 ASP 技术，并且该目录具有可执行权限），就可以通过访问一般 HTML 页面的方式访问 ASP 页面。

为了更清楚地了解 ASP 的基本结构，下面将以一个简单的 ASP 程序为例，介绍使用 ASP 编写网页的基本结构。首先在 Dreamweaver 中新建一个空白 HTML 文件，然后在"代码"编辑对话框中输入下面的代码，如图 8-1 所示。

```
<HTML>
<BODY>
<% Call Message %>
</BODY>
</HTML>
<SCRIPT LANGUAGE=VBScript RUNAT=Server>
Sub Message
    Response.Write "欢迎来到我的主页!"
End Sub
</SCRIPT>
```

输入代码后,将文件另存为 ASP 格式的文件,如图 8-2 所示。

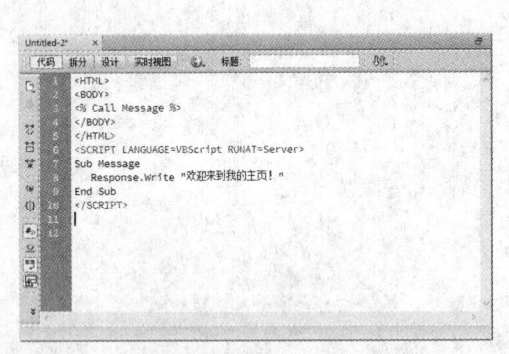

图 8-1　输入 ASP 代码　　　　图 8-2　保存成 ASP 格式的网页文件

上述代码的说明如下。

- "<% %>":是标准的 ASP 界定符,所有 ASP 命令都必须包含在界定符内。
- "Call":其作用是调用其后的过程"Message",执行"Message"中的语句。
- "<SCRIPT> </SCRIPT>":其之间是脚本语言,其中,"<SCRIPT LANGUAGE=VBScript RUNAT=Server>"的作用是指定使用"LANGUAGE=VBScript"脚本语言和"RUNAT=Server"脚本语言的运行环境。
- "Sub"与"End Sub":用于定义过程。

上例定义的子过程为"Message",语句【Response.Write "欢迎来到我的主页!"】是指在客户端浏览器返回【欢迎来到我的主页!】字符串,效果如图 8-3 所示。

图 8-3　ASP 网页预览的效果

8.1.2 ASP 的变量与常量

1. 变量与常量

顾名思义，变量是指数值可以变化的数据。计算机语言中的变量常用字母符号（如 X、Y、Name 等）作为标识（也称为变量名）。变量中存储的数据（也称为变量值）并不固定，用户可以根据需要进行更改。

变量提供了一种保存和操作数据的途径，既可以为变量指定某个特定值，也可以对变量执行各种数据操作。在使用变量前，通常先要对变量进行声明，而且声明变量时应遵循相关语言的规范，即使该语言在使用变量前不需要声明，也应养成在使用前声明变量的良好习惯，以便有效地防止错误的发生。

常量是指在程序运行过程中，其值保持不变的量，它主要用来保存固定不变的数值、字符串等常数。

> 声明的作用是告诉脚本引擎有一个特定名称的变量，ASP 程序根据声明可以在脚本中引用变量。

2. 在 VBScript 中声明变量

VBScript 语法并不强制声明变量，但是在使用变量之前仍可以声明该变量。在 VBScript 语法中，可以使用 Dim、Private 或 Public 语句声明变量。例如：

```
<% Public Variable1
……
Sub Process
Dim Variable2
……
End Sub
……%>
```

在上例中，Dim 定义的是局部变量，变量的作用域是它所在的过程"Process"，如果在过程外部，变量则无效。Public 定义的是全局变量，变量的作用域是整个 ASP 程序，并且不允许在过程中使用。Private 则用于在 Class 模块中定义私有变量。

> 问：什么是变量的作用域？
>
> 答：变量的作用域是指变量的作用范围。在过程内部声明的变量具有局部作用域，过程外部的任何命令将无法访问它。在过程外部声明的变量具有全局作用域，它的值能被 ASP 中任何脚本命令访问和修改。
>
> 在声明变量时，局部变量和全局变量的名称可以相同，改变其中一个变量的值也不会对另一个变量的值产生影响。

根据存储的数据类型的不同，变量可以分为不同的类型，如存储字符串的变量称为字符串类型变量；存储数字的变量称为数字类型变量。在编程时不需要定义变量类型，变量类型在第

235

一次对该变量赋值时就可以确定，例如：

```
<% Dim A,B
A=1
B="Hi" %>
```

其中，Dim 为变量声明语句，变量 A 初始化为数字，B 初始化为字符串。

此外，也可以在声明时为变量赋值。赋值就是将值保存在变量中，这样就可以通过引用变量来对变量中的值进行操作，例如：

```
<% Dim Variable1=12 %>
<% Dim Variable2=10 %>
```

此时，如果将 Variable1 和 Variable2 两个变量的值相加，即可得到结果为 22。

上述定义的是普通变量，除此之外，也可以定义数组变量。数组变量和普通变量的声明方式相同，区别在于声明数组变量时变量名后面带有括号（）。

以下是声明了一个包含 6 个元素的数组变量：

```
<% Dim A(5) %>
```

虽然括号中显示的数字是 5，由于 VBScript 中的数组从 0 开始排序，所以该数组实际上包含 6 个元素。用户可以逐一为元素赋值，如：

```
<% A(0) = 1
A(1) = 2
A(2) = 3
A(3) = 4
A(4) = 5
A(5) = 6 %>
```

上面曾提及 VBScript 并不强制声明变量，如果需要强制声明变量，可以在 ASP 文件的开头插入"Option Explicit"语句（这个语句必须在任何一个 HTML 文本或脚本命令之前出现）。插入这个语句后，如果在使用变量前没有声明变量，将会发生错误。

3. 在 VBScript 中声明常量

声明常量就是使用一个容易记忆的名称来指代数值或字符串，如常见的用 PI 代替圆周率 3.1415926，这样既方便记忆，又可以增加代码的可读性。

在 VBScript 中声明常量时可以使用 Const 语句，例如：

```
<% Const PI=3.1415926 %>
<% Const Name="广博资讯科技" %>
```

在上例中，第一行语句声明一个数值类型的常量（3.1415926）；第二行语句声明一个字符串类型的常量（广博资讯科技）。

需要注意的是，声明字符串类型常量时，要在字符串两侧添加双引号，因为添加双引号后，声明的内容表示字符串，而不是数值。例如：

```
<% Const PI2="3.1415926" %>
```

上述语句声明的不是数值，而是字符串"3.1415926"，所以声明后的 PI2 不能用于数值运算。

常量一旦被声明，它被赋予的值就不能改变。如果声明后再次对常量赋值，那么语法将会发生错误。

8.2 创建与编辑数据库

数据库是网络编程中最常涉及的概念之一，它是动态网站开发的基础。下面将介绍数据库的概念，以及使用 Access 创建数据库和数据表的方法。

8.2.1 关于数据库

数据库是一个依照某种规则（数据模型）组织数据的数据集合，它允许用户进行查询和修改。

数据库的类型有很多种，无论是最简单储存各种数据的表格，还是海量储存数据的大型数据库系统，数据库在各个领域都得到广泛的应用。

1. 数据库遵循的规则

一般来说，数据库遵循以下三项规则：
（1）尽量不出现重复数据，以最优方式为某个特定应用程序服务。
（2）有自身的数据结构并且独立于使用它的应用程序。
（3）对数据的各种操作由数据库应用程序统一进行管理和控制。

2. 数据库的结构层

数据库的基本结构分为物理层、中间层和逻辑层三个层次，不同层次之间可以通过映射进行转换。

- 物理层：物理层是数据库的最底层，是物理存储设备上的数据集合，物理层上的数据为原始数据，一般由数据库开发软件组织和管理。
- 中间层：中间层主要面向数据库管理员。它指出了每个数据的逻辑定义及数据间的逻辑联系，是数据库整体逻辑的表示。与物理层相比，中间层涉及的是数据库对象的逻辑关系，而不是物理存储情况。
- 逻辑层：逻辑层主要面向数据库用户，是用户看到和使用的数据层。逻辑层中的数据以用户指定的逻辑结构组织和显示，可以根据不同需要指定不同的逻辑结构。

3. 数据库系统的优点

数据库系统不同于一般文件管理系统，它一般具有以下几个优点：
（1）实现数据共享。
（2）减少数据的冗余度。
（3）提高数据的独立性。
（4）实现数据的集中控制。
（5）实现数据的一致性和可维护性。

8.2.2 认识 Access 数据库

Microsoft Access 是 Microsoft Office 工具合集的其中一个工具，专门用于数据库的管理。使用 Access 创建的数据库是关系式数据库，是由一系列数据表组成的，而且表与表之间可以建立关联。数据表由一系列行和列组成，每一行称为一个记录，每一列称为一个字段，各字段都有相应的名称。图 8-4 所示为使用 Microsoft Access 2013 程序创建的数据表。

Access 2013 数据库包含"表、查询、窗体、报表、宏、模块"6 种对象类型，这些对象都可通过 Access 2013 的【创建】功能选项卡创建，如图 8-5 所示。

为对象类型的说明如下。

图 8-4 Access 的数据表

- 表（Table）：表由记录（行）和字段（列）组成。主要用于储存数据及定义数据的相关格式与信息，是数据库最基础的对象。
- 查询（Query）：用于对数据库的数

图 8-5 Access 2013 可创建的对象类型

据分析、计算、筛选。通过查询可以在表中搜索符合指定条件的数据，并可以对记录进行修改、插入和更新等操作。"查询"对象是 Access 表现出对数据有强大控制能力的主要对象。
- 窗体（Form）：用于设计直观、友好地控制界面，供用户输入与浏览数据。既可以通过创建窗体以逐条显示记录，也可以对窗体进行编程处理。
- 报表（Report）：它的作用是将数据库中的数据分类汇总，方便进行分析、统计和打印。
- 宏（Macro）：用于将数据库中重复性的多个操作化为单一操作。
- 模块（Module）：模块的功能与宏类似，但它的定义比宏更精细和复杂，可以根据需要编写程序，建立 Access 的新功能及新函数，扩展数据库的应用范围。

8.2.3　创建 Access 数据库

常用的数据库创建及管理软件有 Microsoft SQL Server、Oracle、Microsoft Access 等，其中，Access 的操作较简单快捷，适合初学者选用。

1．创建数据库文件

其方法为：

启动 Access 应用程序（本书以 Access 2013 版本为例），然后在程序界面上单击【空白桌面数据库】按钮　，如图 8-6 所示。打开【空白桌面数据库】对话框后，通过【浏览】按钮　指定数据库文件保存的位置，再设置文件名称，然后单击【创建】按钮　，如图 8-7 所示。

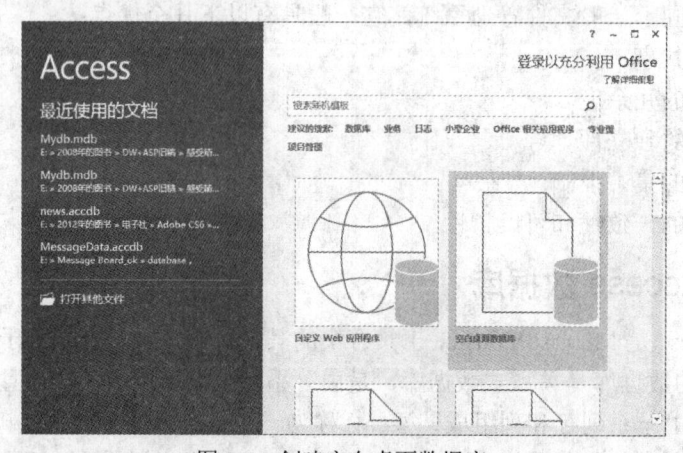

图 8-6　创建空白桌面数据库

创建数据库文件后，Access 2013 程序默认创建名为【表 1】的数据库，如图 8-8 所示。

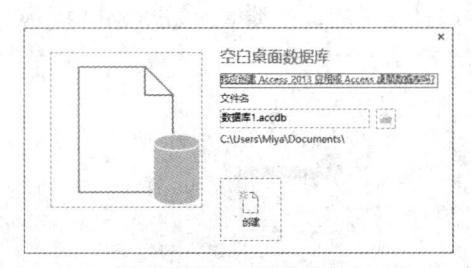

图 8-7　设置数据库文件名称和保存位置　　　　　图 8-8　创建数据库的结果

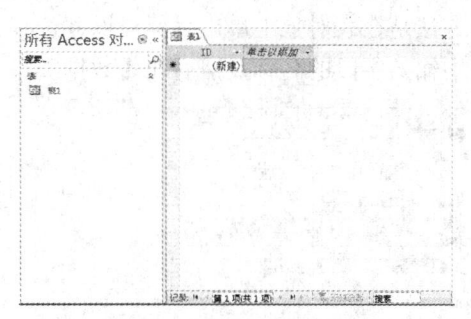

2．创建与设置数据表

其方法为：如果数据库文件还没有数据表，则可以在 Access 程序中切换到【创建】功能选项卡，然后单击【表】按钮创建数据表，如图 8-9 所示。

如果数据库已经有数据表，则可以在【表】窗格中双击表将其打开，然后在字段标题上单击倒三角形按钮，从打开的列表框中选择字段类型，如图 8-10 所示。选择字段类型后，默认字段名称为【字段 1】，此时可以修改字段的名称，如图 8-11 所示。

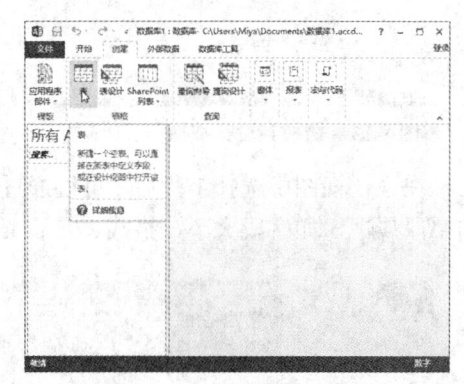

图 8-9　创建数据表对象

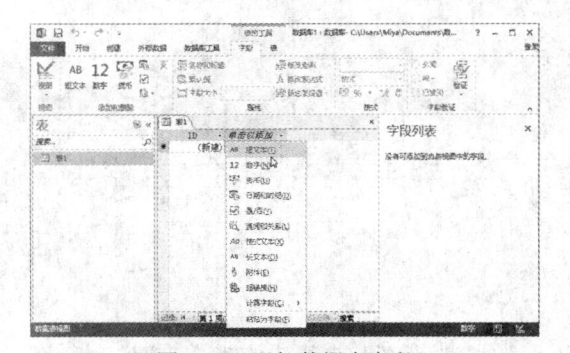

图 8-10　添加数据表字段　　　　　图 8-11　修改字段的名称

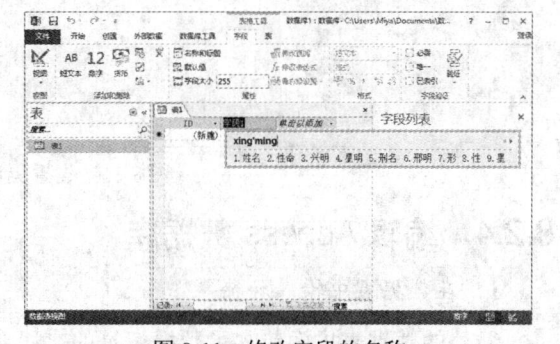

设置字段后并需要关闭数据表时，可以单击【数据表视图】窗格的【关闭】按钮，此时弹出对话框，在对话框中单击【是】按钮保存更改，接着在【另存为】对话框中设置表名称，再单击【确定】按钮即可，如图 8-12 所示。

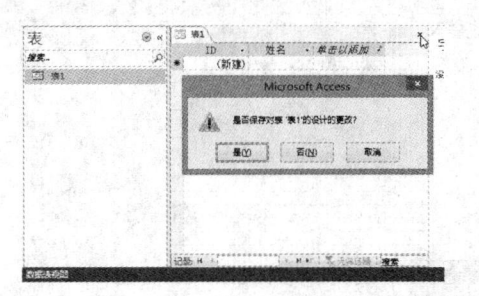

图 8-12　保存数据表

239

除了在【数据表】窗格中设置数据表字段外，还可以通过【设计视图】来设置数据表的字段。方法是在表对象上单击鼠标右键并选择【设计视图】命令，如图 8-13 所示。在【字段名称】中输入字段的名称，然后在【数据类型】列表中选择正确的数据类型，如图 8-14 所示。

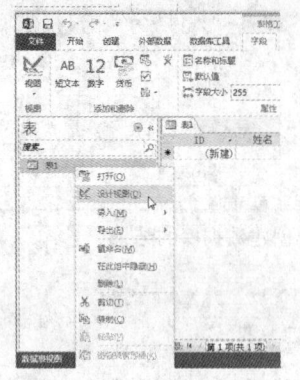

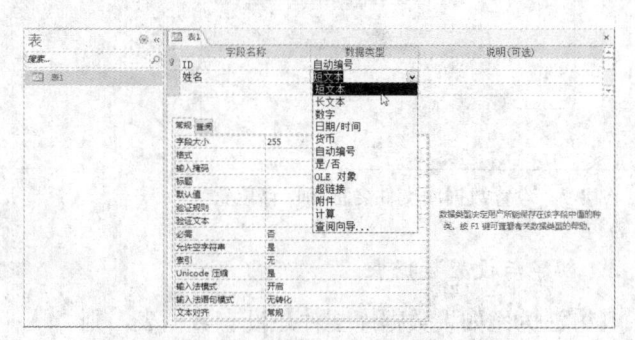

图 8-13　切换到设计视图　　　　　　　　图 8-14　设置字段和数据类型

在设计视图中选择字段后，可以通过视图下的【常规】选项卡和【查阅】选项卡设置更多的字段属性，如字段大小、格式、是否必需填写数据等，如图 8-15 所示。

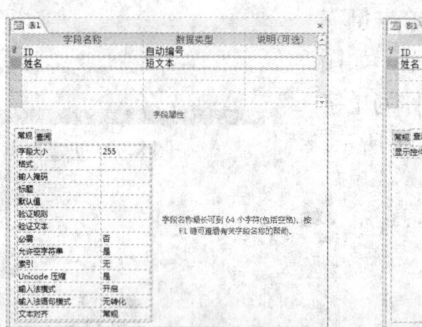

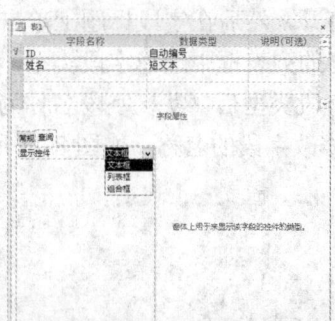

图 8-15　设置更详细的字段属性

8.2.4　编辑 Access 数据库

1. 在数据表中输入数据

新建的数据表里面包含了数据记录的字段和记录行，当要在数据表中添加数据时，只需在记录行中输入数据即可。

其方法为：打开数据库文件，再打开数据表，然后将光标定位在字段列或记录行内。此时输入数据即可，如图 8-16 所示。完成数据输入后，单击【数据表视图】窗格右上角的【关闭】按钮，即可将数据保存在数据表中。

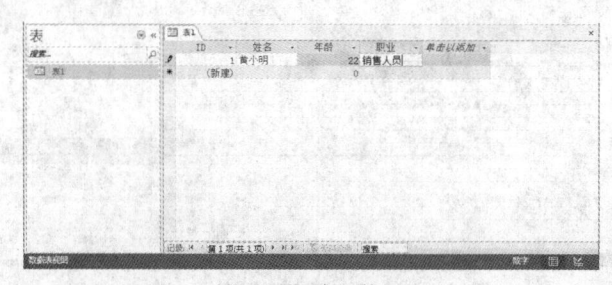

图 8-16　输入数据

2. 修改数据表记录

当数据表的记录需要根据实际情况变更时，需要修改数据表记录的内容，使其符合设计需要。

如果要修改字段内容，可以打开数据库中的数据表，然后将光标定位在要修改数据表字段的文本框内，使这个字段的文本框处于可编辑状态，输入新内容即可，如图 8-17 所示。

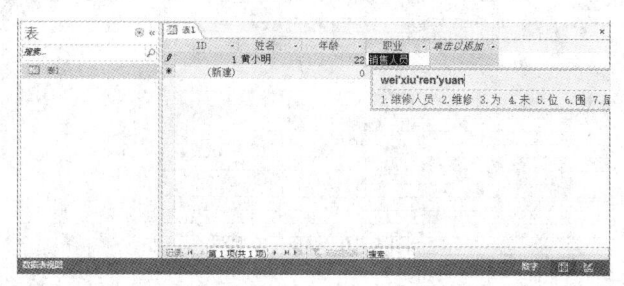

图 8-17　修改字段的内容

如果要删除某个记录，可以在记录左侧的方格上单击鼠标右键，然后在打开的菜单中选择【删除记录】命令，当打开 Access 的警告对话框后，单击【是】按钮即可，如图 8-18 所示。

除了删除记录外，也可以在记录上打开的快捷菜单中选择"剪切、复制、粘贴"等命令，进行其他编辑数据记录的操作。

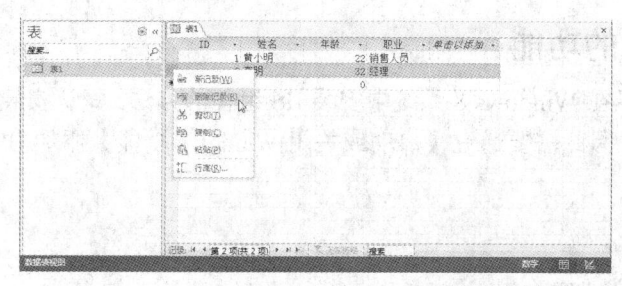

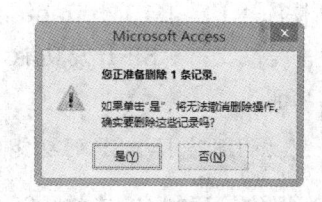

图 8-18　删除数据表的记录

3. 数据表字段的增删

除了对数据表的记录进行修改之外，也可以针对数据表的字段进行修改，如增加或删除某字段等。

其方法为：打开数据表，然后切换到数据表的设计视图。当需要添加字段时，只需在【字段名称】列的空白框中输入字段名称，再设置数据类型即可。

如果要删除字段，可以选择需要删除的字段，然后在该字段上单击鼠标右键并选择【删除行】命令，当打开警告对话框时，只需单击【是】按钮即可，如图 8-19 所示。

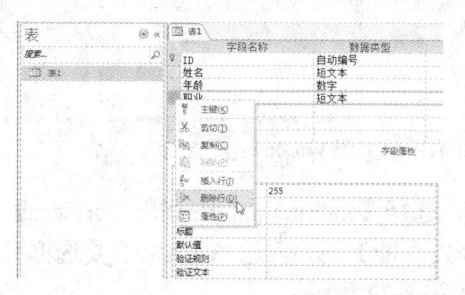

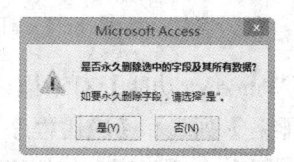

图 8-19　删除字段

如果要在某个字段上方插入新字段，可以在该字段上单击鼠标右键并选择【插入行】命令，如图 8-20 所示。

完成编辑数据表的操作后，按 Ctrl+S 键保存修改的内容即可。

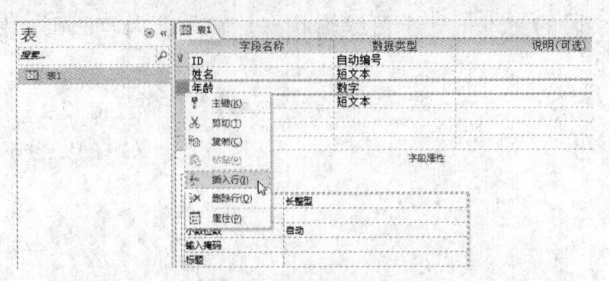

图 8-20　插入字段

8.3　开发 ASP 动态网站的准备

要使用 Dreamweaver CC 2014 开发 ASP 动态网站，首先要安装 IIS 服务器组件，并配置好本地 Web 服务器环境，以便 ASP 网页可以在服务器环境下运行。另外，还需要配置好 Dreamweaver 用于制作 ASP 网站的相关功能。

8.3.1　添加 IIS 支持 ASP 的功能

在本书第 1 章 1.4.3 小节介绍了在 Windows 8 系统中安装 IIS 组件的方法。默认安装的 IIS 组件没有提供支持 ASP 开发功能，因此需要通过【启动或关闭 Windows 功能】添加 IIS 支持 ASP 的功能。

1．添加 IIS 支持 ASP 的功能

动手操作　添加 IIS 支持 ASP 的功能

1 打开 Windows 的【控制面板】窗口，再单击【程序】链接，打开【程序】窗口后，单击【启用或关闭 Windows 功能】链接，如图 8-21 所示。

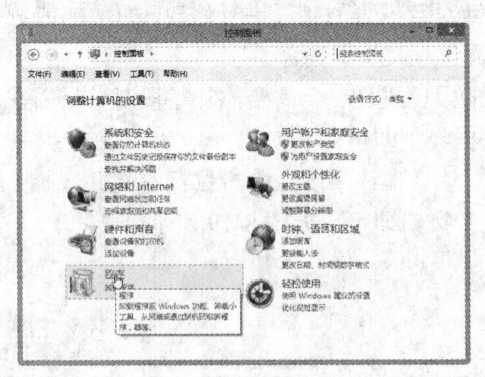

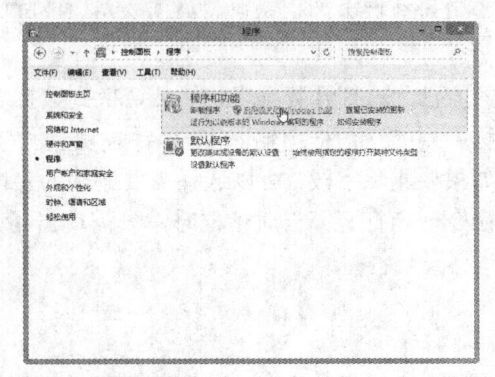

图 8-21　打开启用或关闭 Windows 功能

2 打开【Windows 功能】对话框后，选择【Internet Information Services】选项，再依次打开【万维网服务】列表和【应用程序开发功能】列表，选择【ASP】复选框和【服务器端包含】复选框，最后单击【确定】按钮，如图 8-22 所示。

3 此时系统开始搜索所需的文件，执行更改功能处理，并显示处理的进度，如图 8-23 所示。

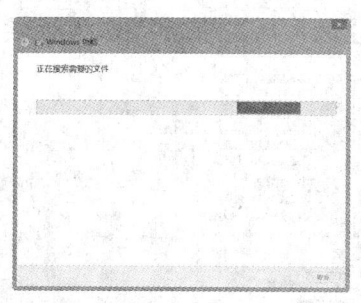

图 8-22　添加支持 ASP 开发的功能　　　　图 8-23　完成更改功能的处理

2．设置 IIS 的 ASP 选项

为 IIS 添加 ASP 开发功能后，还需要进入 IIS 管理器设置 ASP 的相关选项。

其方法为：打开【Internet Information Services(IIS)管理】窗口，选择本地服务器，然后在主页窗格中找到【ASP】图标，如图 8-24 所示。双击【ASP】图标，在打开的【ASP】窗格中设置脚本语言，然后设置【启用父路径】的值为【True】，如图 8-25 所示。完成设置后，单击窗口右侧的【应用】链接即可。

图 8-24　找到【ASP】图标　　　　图 8-25　设置 ASP 选项

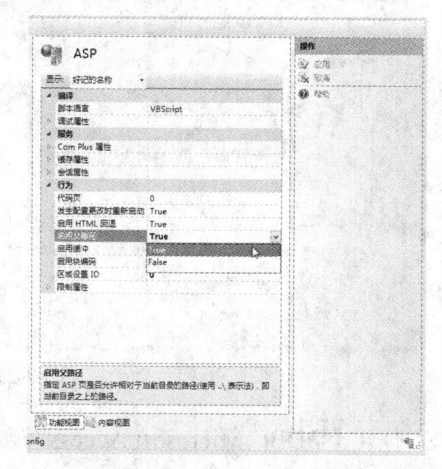

8.3.2　添加 ODBC 系统数据源

设计 ASP 动态网站，需要通过开放式数据库连接（ODBC）驱动程序或嵌入式数据库（OLE DB）程序连接到数据源，以便动态网页从数据源读取数据信息。

其中，开放式数据库链接（ODBC）在动态网页设计中较为常用，用户可通过开放式数据库链接（ODBC）驱动程序，设置动态网站的数据源。

1．添加 ODBC 系统数据源

动手操作　添加 ODBC 系统数据源

1 通过控制面板打开【管理工具】窗口，找到【ODBC 数据源】项目并双击该项目图标，

243

打开 ODBC 数据源管理器。Windows 8.1 系统为用户提供了【ODBC 数据源(32 位)】和【ODBC 数据源(64 位)】两种类型,用户可以针对使用 Dreamweaver 程序的 32 位或 64 位版本选择使用哪种 ODBC 数据源,如图 8-26 所示。

图 8-26　打开 ODBC 数据源管理程序

2 打开【ODBC 数据源管理程序】对话框后,选择【系统 DSN】选项卡,再单击【添加】按钮,在打开的【创建新数据源】对话框的列表框中选择【Microsoft Access Driver（*.mdb,*.accdb）】项目,然后单击【完成】按钮,如图 8-27 所示。

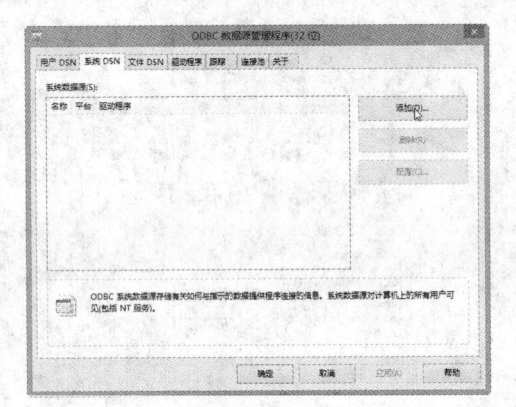

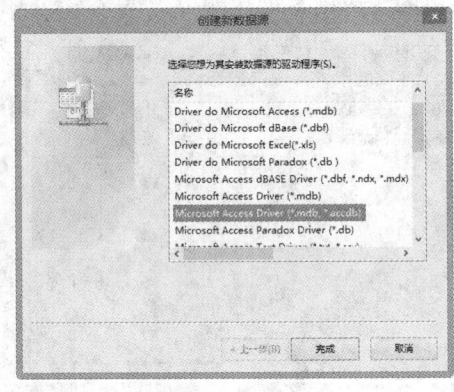

图 8-27　添加新数据源

3 打开【ODBC Microsoft Access 安装】对话框后,输入数据源名称,然后单击【选择】按钮,在打开的【选择数据库】对话框中选择数据库文件并单击【确定】按钮,如图 8-28 所示。

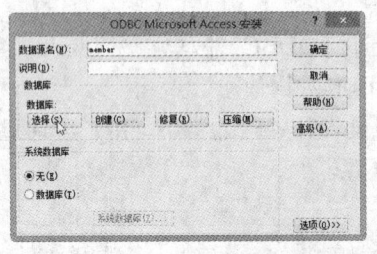

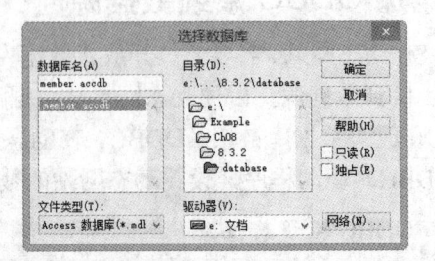

图 8-28　指定数据源的数据库

4 返回【ODBC 数据源管理程序】对话框后,即可将数据库添加为系统数据源,此时单击【确定】按钮，如图 8-29 所示。

2．添加 ODBC 数据源可能的问题及其解决

（1）可能问题 1

Windows 8.1 系统在【管理工具】窗口中为用户提供了【ODBC 数据源(32 位)】和【ODBC 数据源(64 位)】两种类型，用户可以针对使用的 Dreamweaver 程序类型选择使用这两种类型的 ODBC 数据源。

但对于使用 64 位 Windows 8.1 之前版本系统的用户，则会出现在【创建新数据源】对话框中没有安装数据源 Access 驱动程序，只有 SQL Server 驱动程序，如图 8-30 所示。这是由于 64 位 Windows 8.1 之前版本系统默认只显示【ODBC 数据源(64 位)】功能，且此功能中一般无法辨认 32 位的 Access 程序。

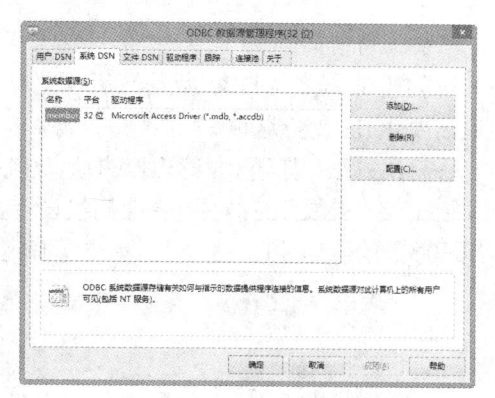

图 8-29　查看系统数据源

解决方法：首先打开目录："C:\Windows\SysWOW64"，双击该目录下的【odbcad32.ex】文件，打开【ODBC 数据源管理程序】对话框，在这个对话框中提供了添加 32 位的 ODBC 数据源，如图 8-31 所示。在 32 位的 ODBC 数据源管理程序中即可创建基于 Access 程序的数据源。

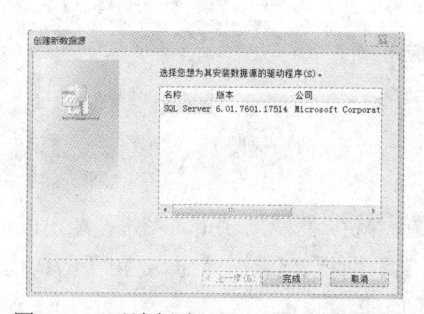

图 8-30　无法创建 Access 程序的数据源

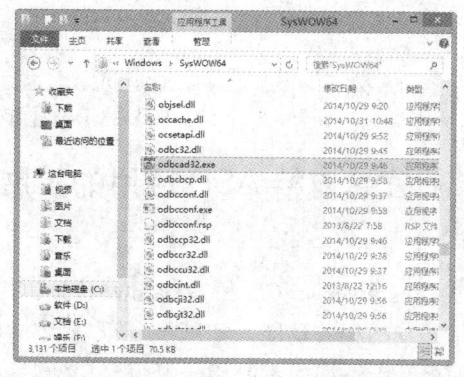

图 8-31　打开 32 位的 ODBC 数据源管理程序

（2）可能问题 2

通过上述的方法打开 32 位的 ODBC 数据源管理程序后，依然没有找到可创建的 Access 程序数据源项，则可能是安装 Access 程序时没有安装到 Office 的数据链接组件。

解决方法：首先可以通过完整安装的方式重新安装 Access 程序。如果重新安装后问题依旧，则可以登录 Office 官方网站，然后以【AccessYDatabase Engine】为关键字搜索出这个数据链接组件，并下载和安装即可解决上述问题。图 8-32 所示为 Office 2007 数据链接组件的下载页面（此组件也适用于 Office 2013 程序）。

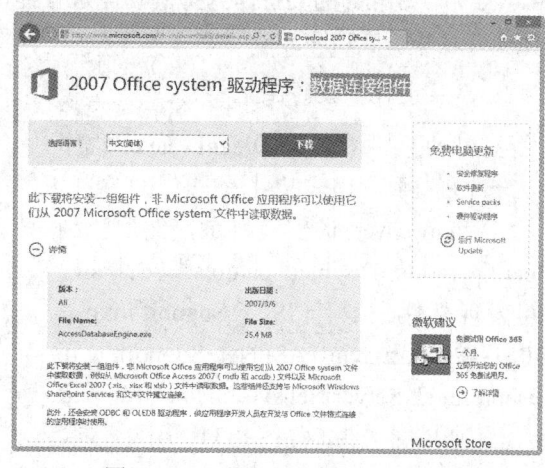

图 8-32　下载并安装数据连接组件

(3) 可能问题 3

创建 32 位的 ODBC 数据源后,发现在 IIS 服务器中使用出错。这是因为在 64 位系统中,还需要让 IIS 支持这种 32 位的数据源。

解决方法:打开 IIS 管理器窗口,然后选择【应用程序池】项目,再选择【DefaultAppPool】项,接着单击鼠标右键并选择【高级设置】命令,在【高级设置】对话框中设置【启用 32 位应用程序】的值为【True】,最后单击【确定】按钮即可,如图 8-33 所示。

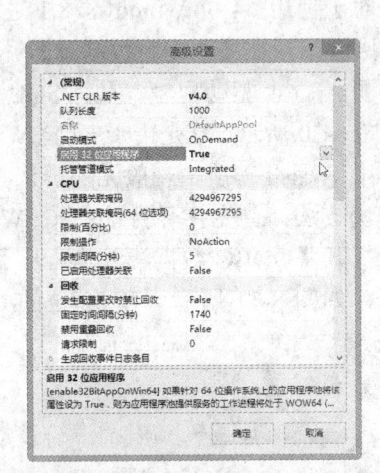

图 8-33 设置 IIS 启用 32 位应用程序

8.3.3 安装支持 ASP 应用的扩展功能

1. 原因

在 Dreamweaver CC 和 Dreamweaver CC 2014 版本中,减少了使用 JSP、ASP、ASP.net 进行网站开发的相关功能,如减少了以往版本中的【数据库】面板、【绑定】面板和【服务器行为】面板,上述面板都是用于开发 ASP 网站主要使用的功能。

但是 Dreamweaver CC 和 Dreamweaver CC 2014 并没有完全屏蔽使用 ASP 的功能,只是将 JSP、ASP 和 ASP.net 的支持作为扩展功能进行提供。如果要用这些功能,就需要给 Dreamweaver 手动安装这些扩展功能。

2. 扩展文件存放的位置

这些扩展文件在安装 Dreamweaver 程序时就一并复制到程序安装目录里,用户可以进入 Dreamweaver 的安装目录,然后找到 "..\configuration\ DisabledFeatures" 文件夹,即可发现文件夹里有 JSP_Support.mxp、ASP_JS_Support.mxp、ASPNet_Support.mxp 和 Deprecated_Server BehaviorsPanel_Support.zxp 这 4 个扩展文件,如图 8-34 所示。

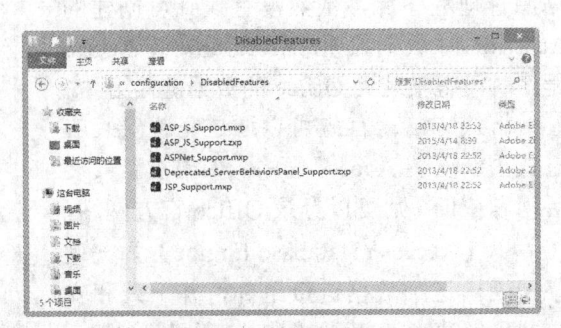

图 8-34 找到扩展文件

> 如果没有找到对应扩展文件的用户，可以登录 Adobe 官方网站，下载上述扩展文件。另外，本书光盘也提供上述 4 个扩展文件。

3．安装 Adobe Extension Manager CC 7.2 程序

Adobe Extension Manager 是一个用于安装和跟踪 Adobe 套装应用程序的扩展功能的程序。使用 Adobe Extension Manager，可以在许多 Adobe 应用程序中轻松便捷地安装和删除扩展功能，并查找关于已安装的扩展功能的信息。

由于使用 Dreamweaver CC 程序在打开 ASP 格式的文件时，可能会出现"找不到此文件扩展名对应的有效编辑器"的问题，因此建议使用最新的 Dreamweaver CC 2014 版本。

要使用 Dreamweaver CC 2014 版本开发 ASP 网站，就需要通过 Adobe Extension Manager 来安装相关的 ASP 扩展功能，这就需要最新 7.2 版本的 Adobe Extension Manager CC 程序，7.0 及早前的版本都无法为 Dreamweaver CC 2014 安装扩展。图 8-35 所示分别为 Adobe Extension Manager CC 7.0 和 Adobe Extension Manager CC 7.2 支持产品的列表。

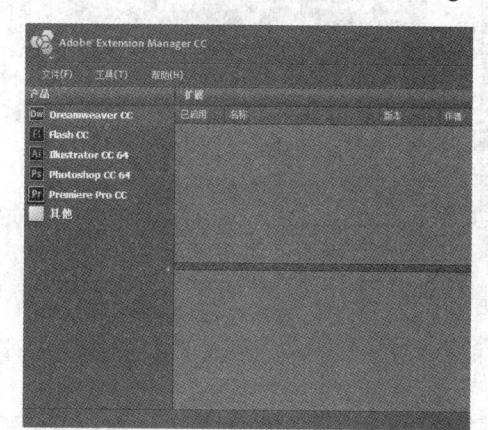

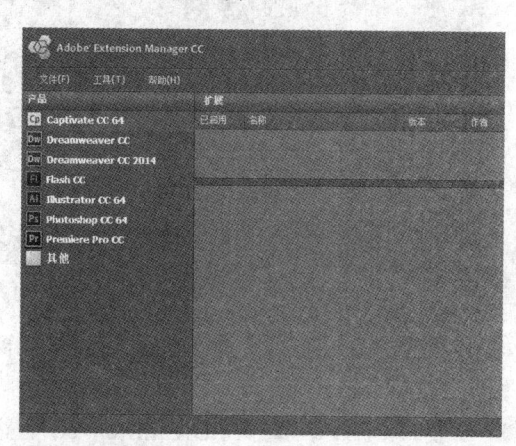

图 8-35　不同版本支持的产品不同

安装 Adobe Extension Manager CC 7.2 程序的方法如下：

（1）如果是安装 Adobe CC 2014 套装程序的用户，可以在安装程序时直接选择安装 Adobe Extension Manager CC 7.2 程序。

（2）如果是单独安装 Dreamweaver CC 2014 程序的用户，则需要从 Adobe 官网中下载 Adobe Extension Manager CC 7.2 程序并执行安装。

（3）如果是已经安装了 Adobe Extension Manager CC 7.0 的用户，则可以使用更新程序升级到 Adobe Extension Manager CC 7.2 版本。

动手操作　安装用于支持 ASP 应用的扩展

1 启动 Adobe Extension Manager CC 7.2 程序，在【产品】列选择【Dreamweaver CC 2014】项，然后选择【文件】|【安装扩展】命令，如图 8-36 所示。

2 打开【选取要安装的扩展】对话框后，选择用于支持 ASP 应用的【Deprecated_Server BehaviorsPanel_Support.zxp】扩展文件，然后单击【打开】按钮，如图 8-37 所示。

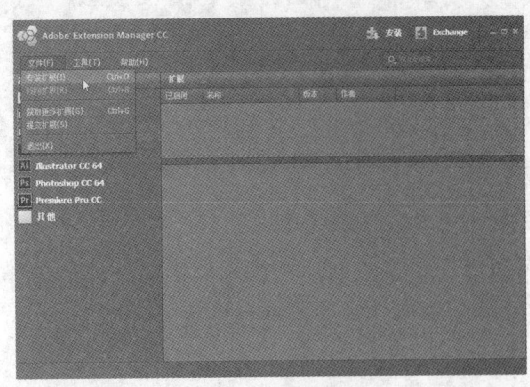

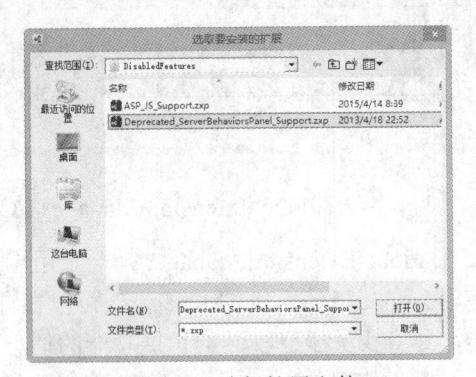

图 8-36 安装扩展　　　　　　　　　图 8-37 选择扩展文件

3 此时程序显示更在安装扩展，并打开【Adobe Extension Manager】对话框，提供阅读许可证和说明信息。单击【接收】按钮，执行安装扩展，如图 8-38 所示。

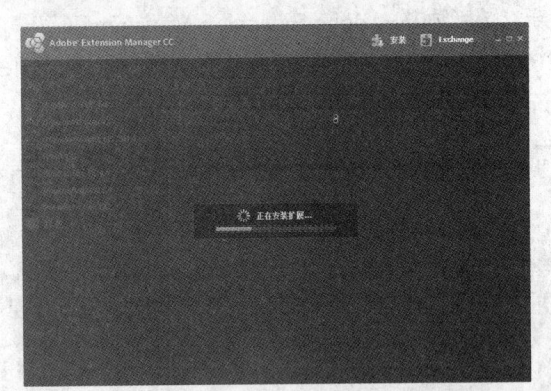

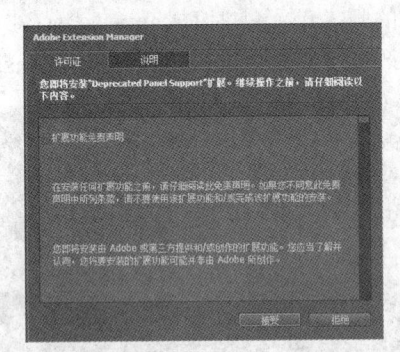

图 8-38 接收许可并执行安装扩展

4 安装完成后，扩展会显示在对应的产品窗格中，并在窗格下方显示说明信息和高级信息，如图 8-39 所示。

5 安装扩展后，即可打开 Dreamweaver 程序，查看是否已经增加了对应的面板，如图 8-40 所示。

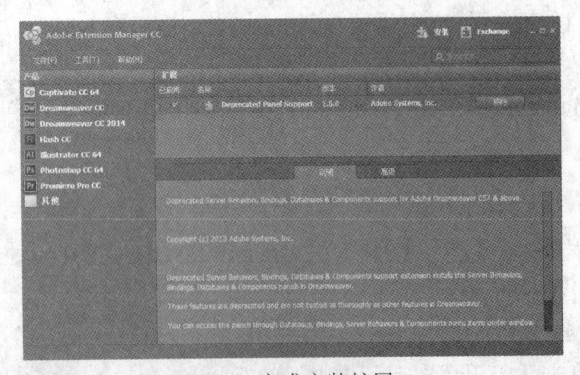

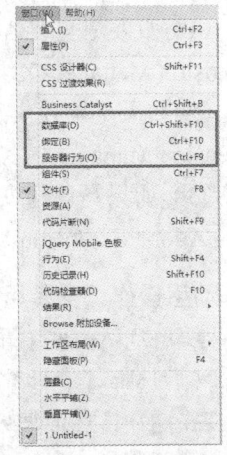

8-39 完成安装扩展　　　　　　　图 8-40 安装扩展前与安装扩展后的【窗口】菜单

> 在安装扩展时，需要关闭 Dreamweaver 程序。另外再次强调，强烈建议使用 Dreamweaver CC 2014 版本来开发 ASP 网站。因为与 Dreamweaver CC 相比，Dreamweaver CC 2014 与 ASP 应用的兼容性更好。

4．安装其他扩展

Adobe Dreamweaver CC 2014 默认不支持 JSP、ASP 和 ASP.net 文件的关联和语法。要让 Adobe Dreamweaver CC 2014 支持 ASP 文件关联与语法功能，就需要安装 ASP_JS_Support.mxp。

由于 Adobe Extension Manager CC 7.2 版本不支持 MXP 格式，所以用户可以安装 Adobe Extension Manager CS6 程序，然后使用该程序将 MXP 格式的文件转换为 ZXP 格式，接着使用 Adobe Extension Manager CC 7.2 程序安装扩展即可。图 8-41 所示为使用 Adobe Extension Manager CS6 程序对扩展进行格式转换的功能。

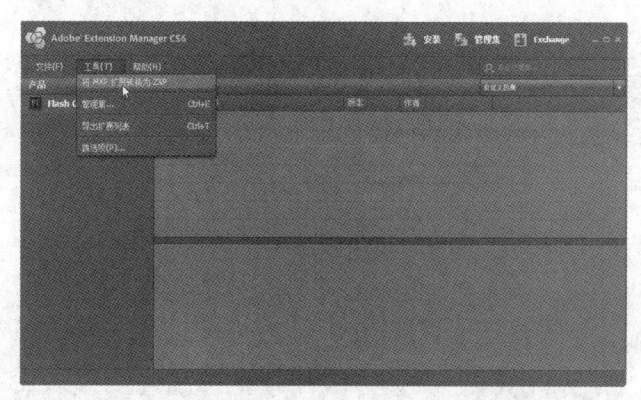

图 8-41　将 MXP 格式扩展转换为 ZXP 格式

8.4　设置网页与数据库关联

要使网页具有动态功能（如将表单数据提交到服务器的数据库），必须先创建网页与数据库的关联。

8.4.1　配置站点和测试服务器

对于本地站点而言，动态网页需要在支持动态网页程序的服务器环境中运行，并可以访问数据库，要达到这个条件，必须满足 4 个条件，如图 8-42 所示。

（1）将网页文件所在的文件夹定义成本地站点。
（2）设置动态网页的文件类型。
（3）设置站点的测试服务器。
（4）指定数据源名称（DSN）。

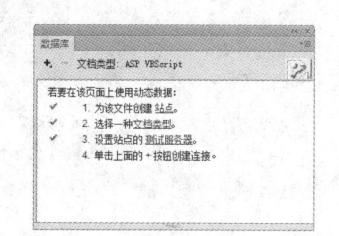

图 8-42　使用动态数据需要满足的条件

因此，在设置 ODBC 系统数据源后，还需要通过 Dreamweaver 定义站点并设置本地测试服务器以及动态网页文件类型，最后才可以实现指定数据源名称的操作。

动手操作　新建站点并设置服务器

1 打开 Dreamweaver CC 2014，然后选择【站点】|【新建站点】命令，如图 8-43 所示。

2 在【站点设置】对话框中设置站点名称并指定本地站点文件夹，如图 8-44 所示。

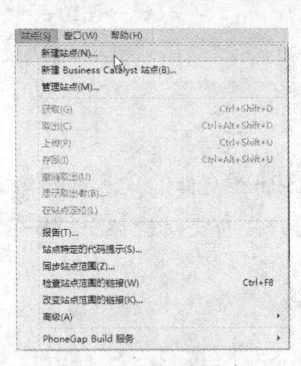

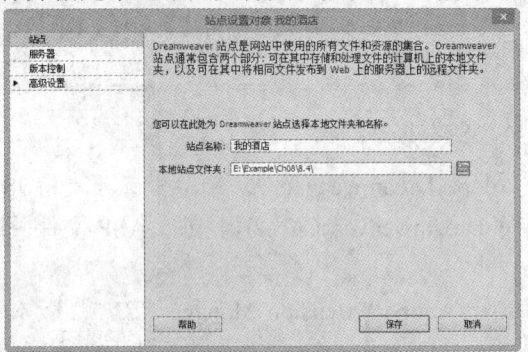

图 8-43　新建站点　　　　　　　　　　图 8-44　设置本地站点信息

3 切换到【服务器】项目选项卡，添加新的服务器，再设置服务器的基本信息，如图 8-45 所示。

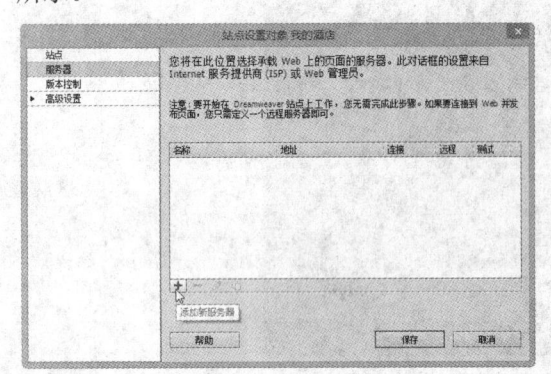

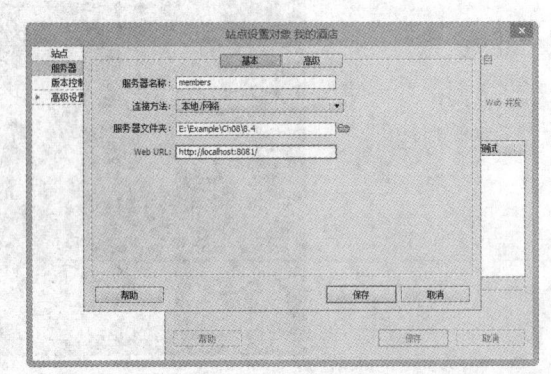

图 8-45　添加服务器并设置基本信息

4 单击【高级】按钮切换到【高级】选项卡，设置测试服务器的模型，然后保存服务器的设置，将服务器启用为测试服务器，最后保存定义站点的所有设置，如图 8-46 所示。

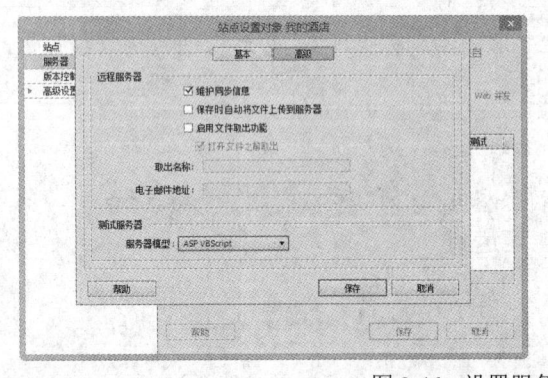

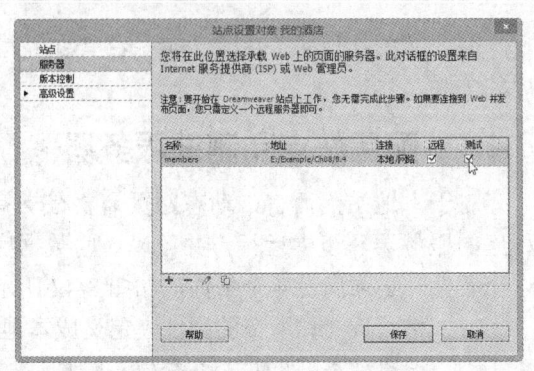

图 8-46　设置服务器模型并保存设置

5 定义站点后，还需要使站点置于 IIS 环境下，以便可以使测试服务器正常使用站点的文件和数据库的数据传递。因此通过 IIS 设置站点根文件夹。打开 IIS 管理器窗口，选择【Default Web Site】项目，再单击【基本设置】链接，如图 8-47 所示。

图 8-47 修改 IIS 站点基本设置

6 打开【编辑网站】对话框后，指定物理路径为本地站点根文件夹，如图 8-48 所示。

7 返回 IIS 管理器窗口，然后单击【绑定】链接，再通过【网站绑定】对话框设置服务器端口为 8081，如图 8-49 所示。

图 8-48 设置网站的物理路径 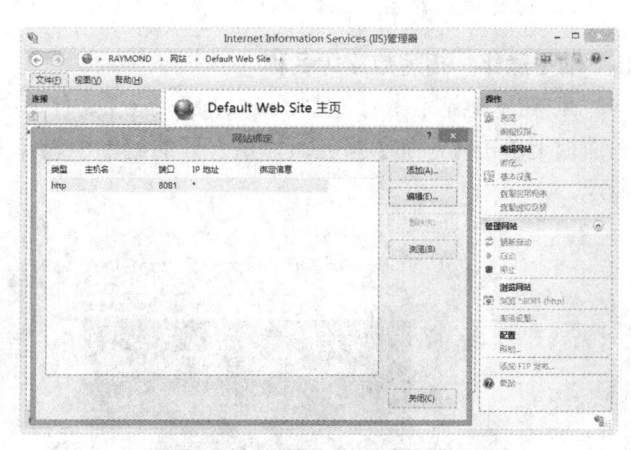　　　　图 8-49 设置绑定网站的端口

8 由于要在文件上连接数据库，就需要设置动态网页的文件类型，因此本步骤从【文件】面板中打开"Membership.html"文件，然后将文件另存为 ASP 格式的动态网页文件，如图 8-50 所示。

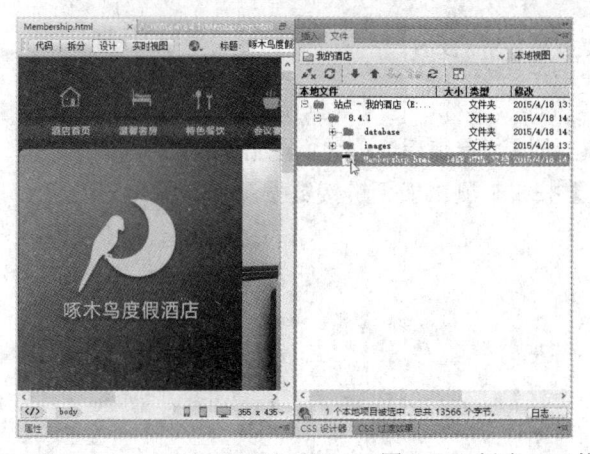

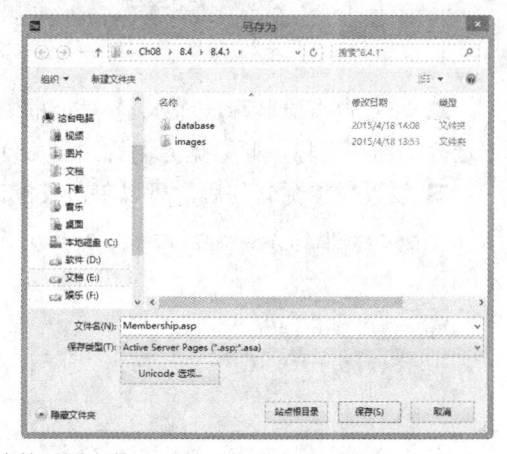

图 8-50 创建 ASP 格式的网页文件

251

8.4.2 指定数据源名称（DSN）

要创建网页与数据库的关联，就要通过 Dreamweaver 为网页创建数据库的连接。

1. 创建数据库链接的方式

创建数据库链接的方式有两种：自定义连接字符串和指定数据源名称（DSN）。用户可以使用数据源名称（DSN）或连接字符串连接到数据库。但如果通过未安装在 Windows 系统上的 OLE DB 提供程序或 ODBC 驱动程序进行连接，则必须使用连接字符串。

- 连接字符串：连接字符串包含 Web 应用程序连接到数据库所需的全部信息。Dreamweaver 在网页的服务器端脚本中插入该字符串，以便应用程序服务器随后进行处理。
- 数据源名称（DSN）：DSN 是单个词的标识符（如 myConnection），它指向数据库并包含连接到该数据库所需的全部信息。用户可以在 Windows 中定义 DSN，然后通过安装在 Windows 系统上的 ODBC 驱动程序进行创建数据库连接。

2. 指定数据源名称（DSN）

动手操作　指定数据源名称

1 在本地站点上打开【Membership.asp】文件，按 Ctrl+Shift+F10 键打开【数据库】面板，在面板上单击【添加】按钮，从打开的菜单中选择【数据源名称（DSN）】命令，如图 8-51 所示。

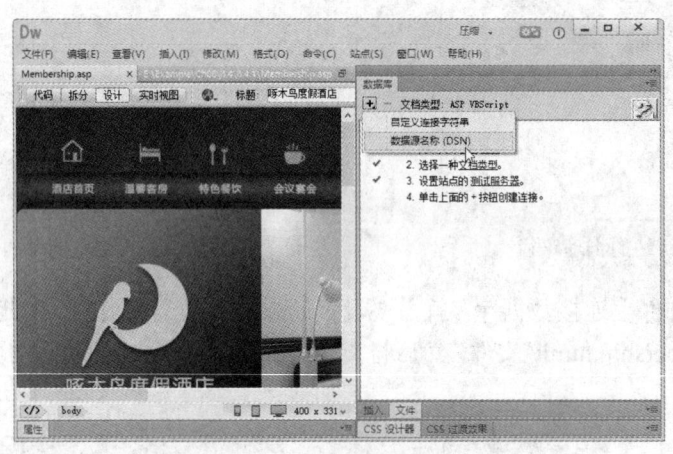

图 8-51　添加数据源名称（DSN）

2 在【数据源名称（DSN）】对话框中设置连接名称，在【数据源名称（DSN）】列表框中选择数据源名称（此数据源名称通过 ODBC 数据源管理程序创建），如图 8-52 所示。

3 设置数据源名称后，可以单击【测试】按钮，测试能否链接数据源，如图 8-53 所示。

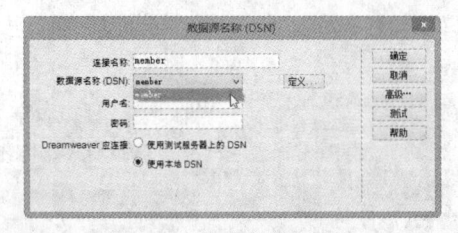

图 8-52　指定数据源名称　　　　　　图 8-53　测试数据源链接

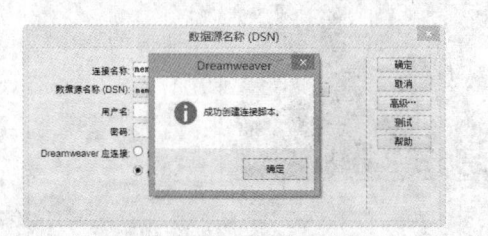

4 打开【数据库】面板，再打开连接的数据源项目，查看数据表的各个字段，如图 8-54 所示。

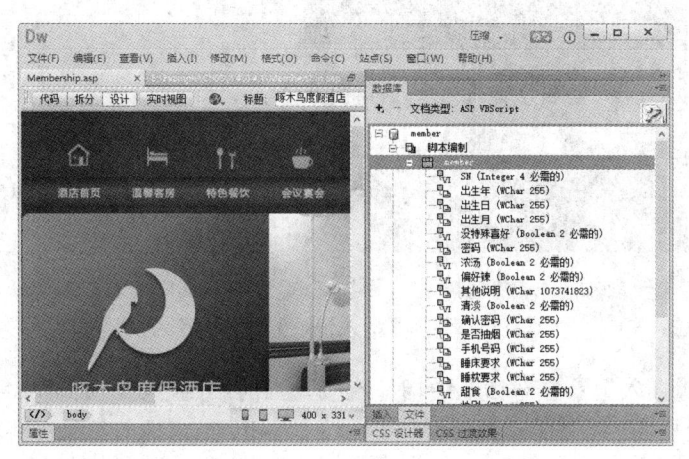

图 8-54　查看连接的数据源

8.4.3　将表单信息提交到数据库

当访问者在表单上填写信息后，就可以提交到网站的数据库中。但是，网站服务器是怎样接受这些数据，并保存到数据库内的呢？其实原理很简单，因为已经指定的数据源名称（DSN），即与动态网页文件与数据库之间建立的关联，只需要为表单添加【插入记录】的服务器行为，让表单对象与数据库的数据表字段对应。如此，当提交表单数据时，服务器将找出被指定的数据源，并通过服务器行为将数据一一对应地插入到字段内，即可完成保存数据的工作。

动手操作　将表单信息提交到数据库

1 根据本地站点数据库文件的变化，先通过【ODBC 数据源管理程序】配置数据源，指定数据库文件的正确位置，如图 8-55 所示。

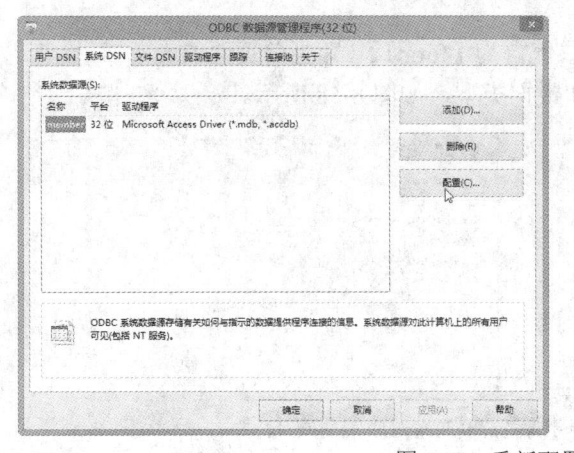

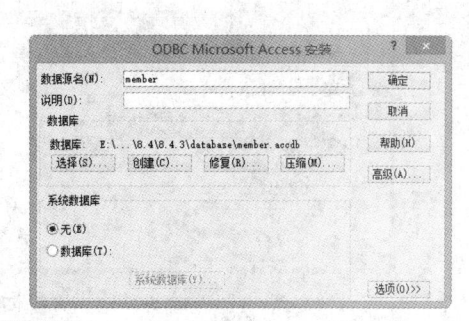

图 8-55　重新配置数据源

2 打开 Dreamweaver 程序并通过【文件】面板打开"Membership.asp"文件，然后打开【服务器行为】面板，单击【添加】按钮并选择【插入记录】命令，如图 8-56 所示。

253

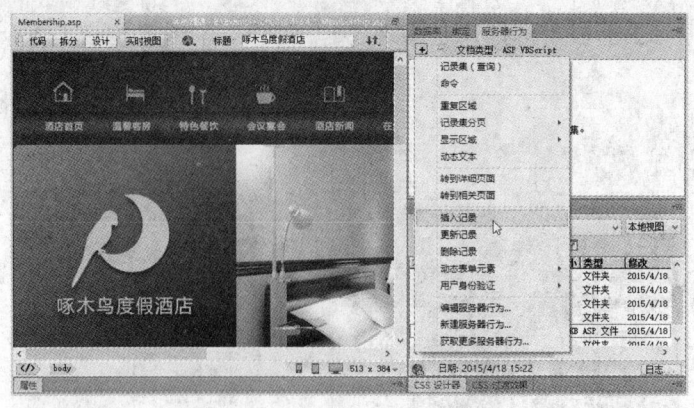

图 8-56 添加【插入记录】服务器行为

3 在打开的【插入记录】对话框中指定连接为当前站点指定的数据源名称,再设置插入到的表格为当前数据源的数据表,此时单击【浏览】按钮,指定插入记录后跳转到的目标文件,如图 8-57 所示。

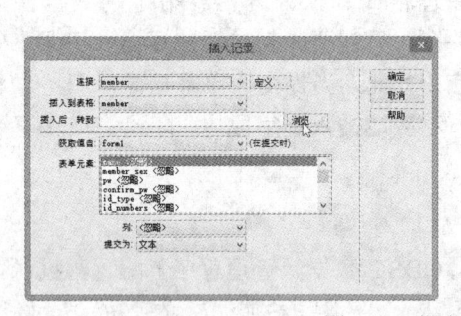

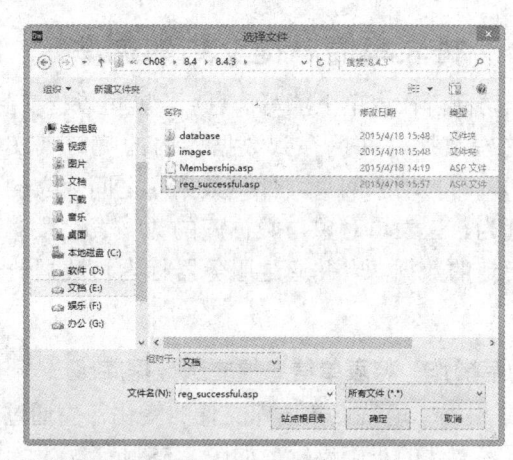

图 8-57 指定连接和跳转目标文件

4 返回【插入记录】对话框,设置获取值自为【form1】(即当前页面的表单),接着选择表单元素,并指定与其对应的数据表字段和数据类型,如图 8-58 所示。

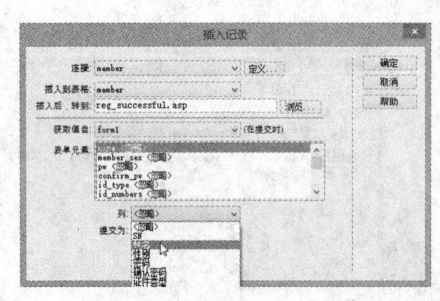

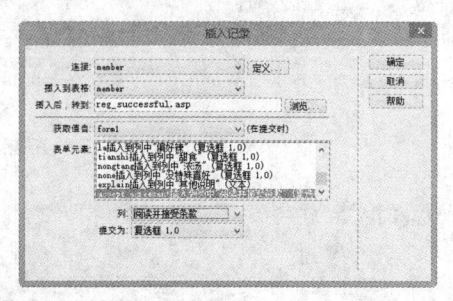

图 8-58 设置目标表单和表单元素对应的字段

5 完成上述操作后,保存文件并按 F12 键,通过浏览器打开网页。打开网页后,在表单上填写各项信息,单击【提交】按钮,此时表单的数据将提交到数据库并保存在数据表内,然后自动转到指定的网页,以给访问者反馈信息,如图 8-59 所示。

254

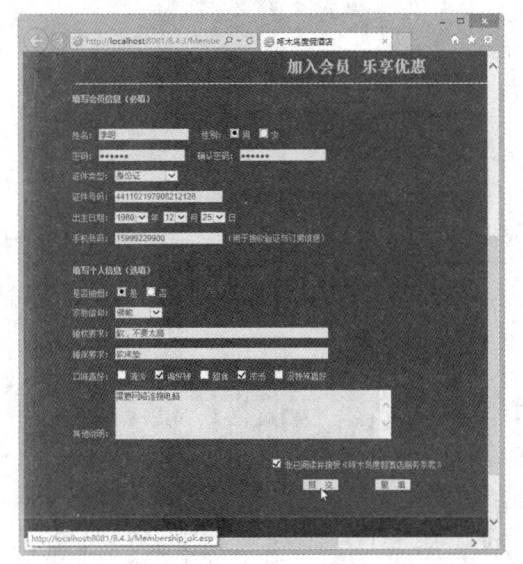

图 8-59　提交表单信息并跳到指定文件

8.5　技能训练

下面通过两个上机练习实例，巩固所学技能。

8.5.1　上机练习 1：在页面中显示会员姓名

当访问者注册提交注册信息后，网站会反馈显示注册成功的页面。本例就在这个反馈页面上插入会员姓名字段，使会员的姓名显示在页面上，让反馈信息更加完善。

> 在进行本例操作前，先通过【ODBC 数据源管理程序】指定数据源的数据库文件为"8.5.1\database\member.accdb"，然后通过 Dreamweaver 将"8.5"文件夹定义为本地站点，并对应更改测试服务器的文件夹以及 IIS 的物理路径。

操作步骤

1 通过【文件】面板打开【reg_successful.asp】文件，打开【绑定】面板，单击【添加】按钮，在打开的菜单中选择【记录集（查询）】命令，如图 8-60 所示。

2 在打开的【记录集】对话框中设置记录的名称并指定连接和数据表，然后设置筛选参数，如图 8-61 所示。

> 设置筛选条件的意义是以指定的字段为筛选范围，如步骤 2 中设置了以"姓名"字段作为筛选范围，所以表单提交时会将姓名记录为阶段变量，并与数据表中的阶段变量"MM_name"作比对，即与数据表的"姓名"字段的值作比对。对比后就会记录会员数据，即记录集只取当前注册会员的数据。如此，当记录插入到网页时，就会显示提交表单后成功注册成为会员的名字，而不会出现其他会员的名字。

255

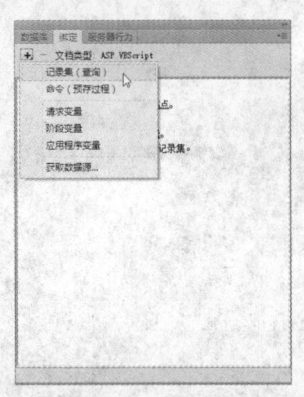

图 8-60 添加记录集

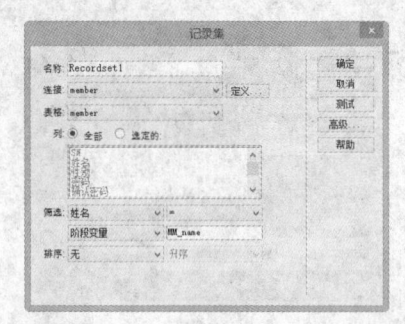

图 8-61 设置记录集选项

3 单击【测试】按钮，并通过测试值测试能否从数据表中筛选出数据，如图 8-62 所示。

4 执行测试后，数据表会根据筛选条件显示符合条件的数据记录，如图 8-63 所示。

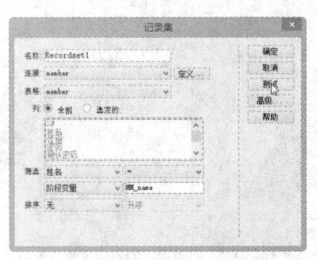

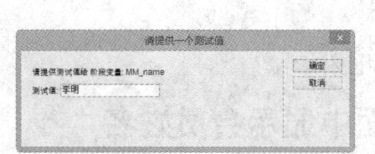

图 8-62 测试筛选功能

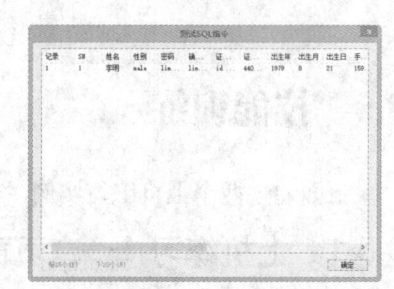

图 8-63 显示筛选出来的数据记录

5 返回【文件】窗口，在【绑定】面板中打开记录集，然后将【姓名】记录项插入到页面，使会员姓名可以显示在页面上，如图 8-64 所示。

6 在页面中插入记录项后，当通过浏览器打开表单页面时，访问者通过表单提交数据后，即跳转到提交成功页面并在页面中显示访问者输入的姓名记录，如图 8-65 所示。

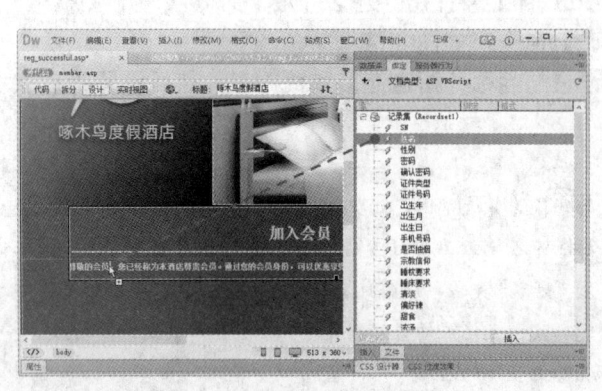

图 8-64 插入记录项到页面

图 8-65 提交表单后命名显示在页面

8.5.2 上机练习 2：制作首页显示会员姓名功能

本例将为反馈页面创建一个转到服务条款页面的服务器行为，使转到页面时传递一个 URL 参数，然后为服务条款页面也创建一个转到首页的服务器行为，同样传递一个 URL 参数，最终使首页可以根据 URL 参数读取数据库对应的记录，并将该记录中会员的姓名显示在页面上。

操作步骤

1 通过【文件】面板打开【reg_successful.asp】文件，选择【服务条款】文字，再为文字添加【转到相关页面】服务器行为，如图 8-66 所示。

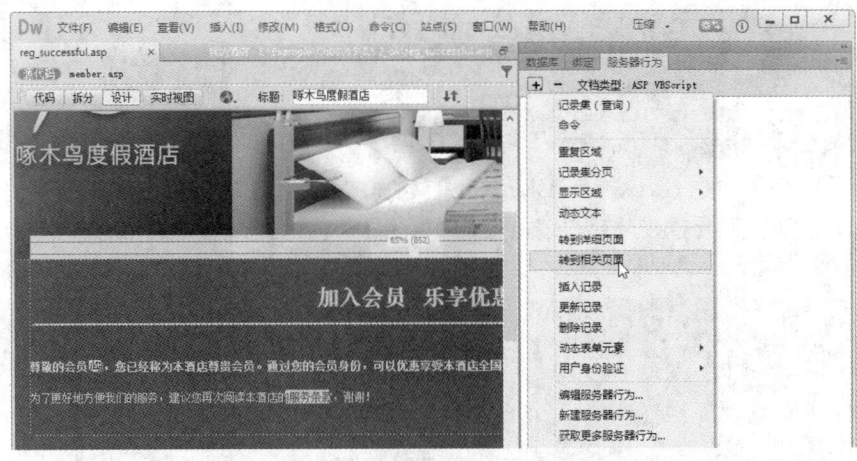

图 8-66　添加【转到相关页面】服务器行为

2 在打开的【转到相关页面】对话框中选择【URL 参数】复选项，再单击【浏览】按钮并选择目标文件，如图 8-67 所示。

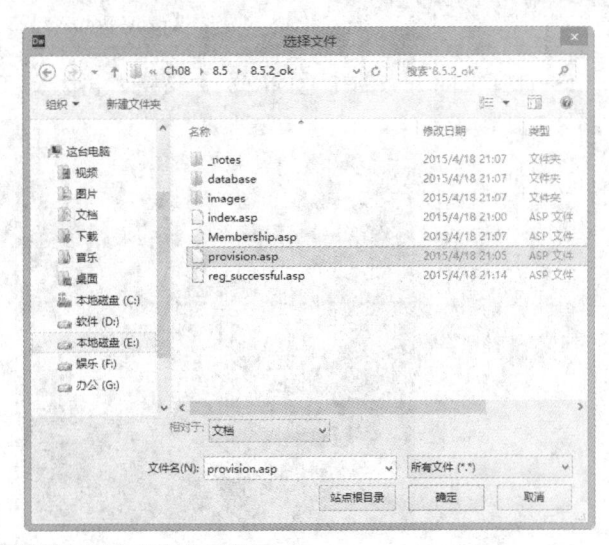

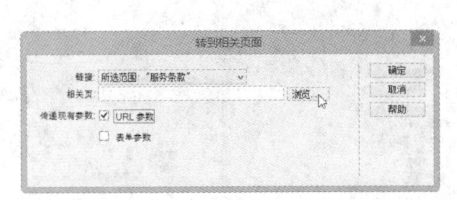

图 8-67　设置跳转目标文件和传递参数

3 由于上例将记录集的筛选设置为阶段参数，因此本步骤可以打开当前文件的【记录集】对话框，将筛选修改为使用 URL 参数，如图 8-68 所示。

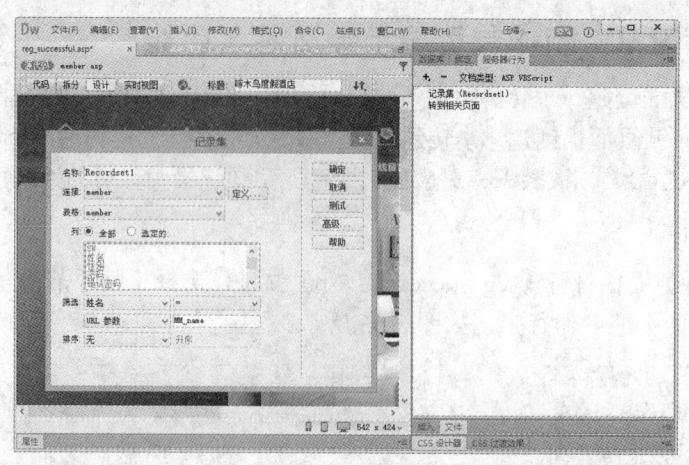

图 8-68 修改记录集筛选设置

4 通过【文件】面板打开【provision.asp】文件，再打开【绑定】面板，为文件添加一个记录集，并设置筛选使用 URL 参数，如图 8-69 所示。

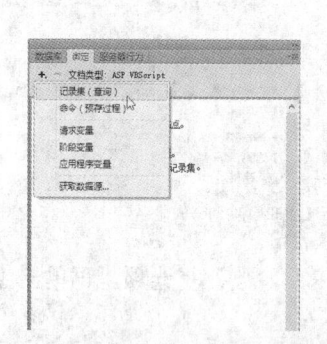

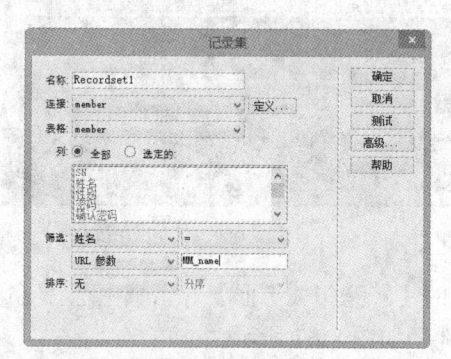

图 8-69 为【provision.asp】文件添加记录集

5 选择页面下方的【返回首页】文字，再为文字添加【转到相关页面】的服务器行为，如图 8-70 所示。

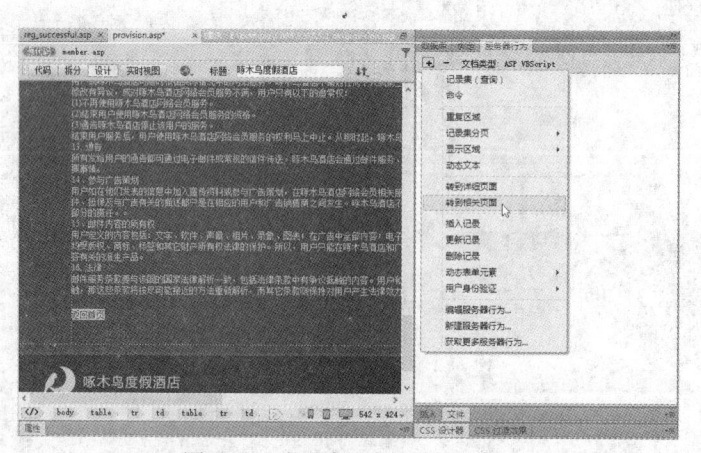

图 8-70 为文字添加服务器行为

6 打开【转到相关页面】对话框后，选择【URL 参数】复选项，再指定链接跳转的目标文件为站点首页，如图 8-71 所示。

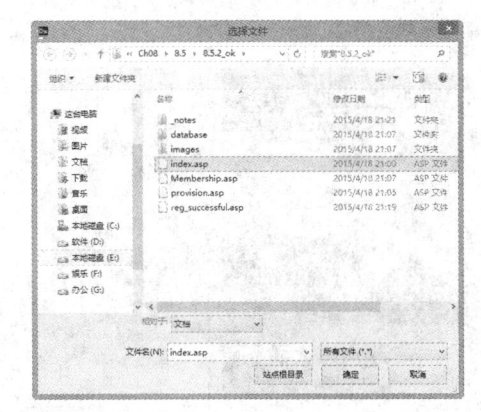

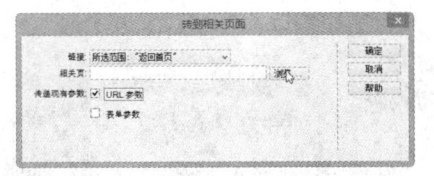

图 8-71　设置目标文件和传递参数类型

7 通过【文件】面板打开【index.asp】文件（即首页），再打开【绑定】面板，为文件添加一个记录集，并设置筛选使用 URL 参数，如图 8-72 所示。

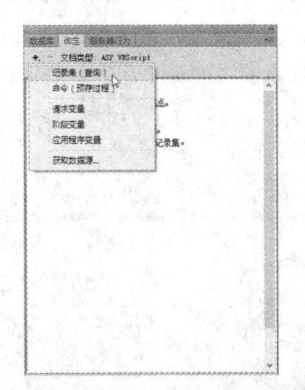

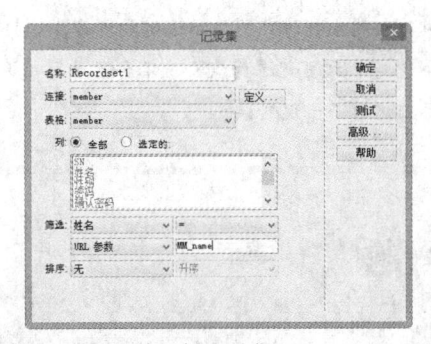

图 8-72　为【index.asp】文件添加记录集

8 返回【文件】窗口，在【绑定】面板中打开记录集，然后将【姓名】记录项插入到页面，使会员姓名可以显示在页面上，如图 8-73 所示。

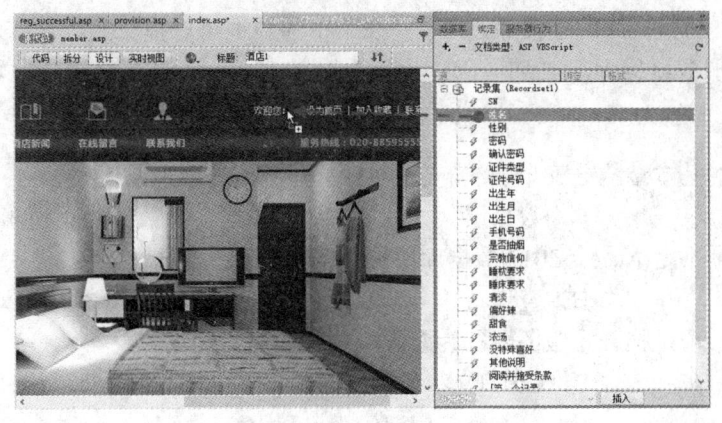

图 8-73　插入记录项到页面

9 显示【欢迎您：】文字和插入的记录项，然后为选定的内容添加【如果记录集不为空则显示区域】服务器行为，打开【如果记录集不为空则显示区域】对话框后，指定记录集，再单击【确定】按钮，如图 8-74 所示。

259

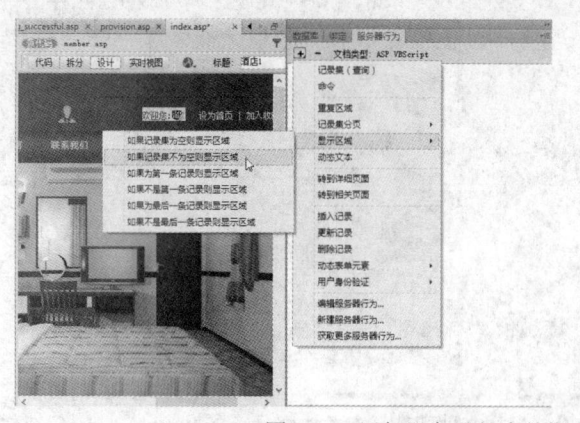

图 8-74 添加服务器行为并指定记录集

> 步骤 9 的操作为选定的内容添加了【如果记录集不为空则显示区域】服务器行为，其目的是当记录集没有与 URL 参数对应的数据时，选定的内容就不显示；当记录集有与 URL 参数对应的数据时，则显示选定的内容。这样可以在任何访问者登录首页时（此时并没有 URL 参数，即可记录为空），不会显示【欢迎您：会员姓名】的内容，同时避免页面由于找不到记录而出现错误。

8.6 评测习题

1．填空题

（1）用于配合 ASP 使用的脚本语言主要有_____和 JavaScript 两种。

（2）_____是一个依照某种规则（数据模型）组织数据的一个数据集合，它允许用户进行查询和修改。

（3）建立网页和数据库的连接后，为了使表单中的数据可以提交到数据库，需要为网页添加_____服务器行为。

2．选择题

（1）数据库的基本结构分三个层次，分别是物理层、中间层和什么层？　　　　（　　）
　　A．应用层　　　　B．数据层　　　　C．对象层　　　　D．逻辑层
（2）以下哪个不是 Access 2013 数据库所提供的对象类型？　　　　　　　　　（　　）
　　A．表　　　　　　B．查询　　　　　C．邮件　　　　　D．窗体
（3）以下哪一项是打开【服务器行为】面板的快捷键？　　　　　　　　　　　（　　）
　　A．Ctrl+F8　　　 B．Ctrl+F9　　　 C．Alt+F9　　　　D．Ctrl+Alt+F9

3．判断题

（1）ASP 全称 Active Server Pages，是一种服务器端的脚本语言，可以通过 ASP 建立具有动态功能且高效的 Web 服务器应用程序。　　　　　　　　　　　　　　　　　（　　）
（2）数据库是一个依照某种规则（数据模型）组织数据的一个数据集合，它允许用户进行

查询，但不能修改数据。（　　）

（3）设计 ASP 动态网站，需要通过开放式数据库连接（ODBC）驱动程序或嵌入式数据库（OLE DB）程序连接到数据源，以便动态网页从数据源读取数据信息。（　　）

（4）在 Dreamweaver 中，创建数据库链接的方式有"自定义连接字符串"和"指定数据源名称（DSN）"两种。（　　）

4．操作题

本题要求将"..\Example\Ch08\8.6"文件夹指定为 IIS 网站物理路径，然后将这个文件夹定义成本地站点，并将文件夹的"database\member.mdb"数据库设置为 ODBC 数据源，接着为站点中的"practice.asp"网页添加数据源名称（DSN），最后添加可以将表单数据提交至数据库的服务器行为。完成的结果如图 8-75 所示。

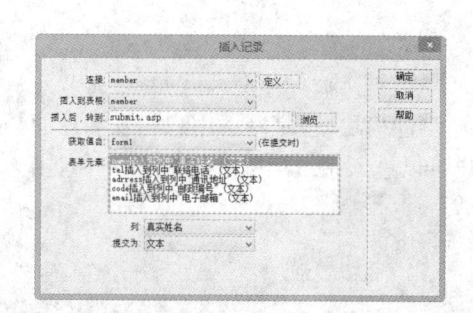

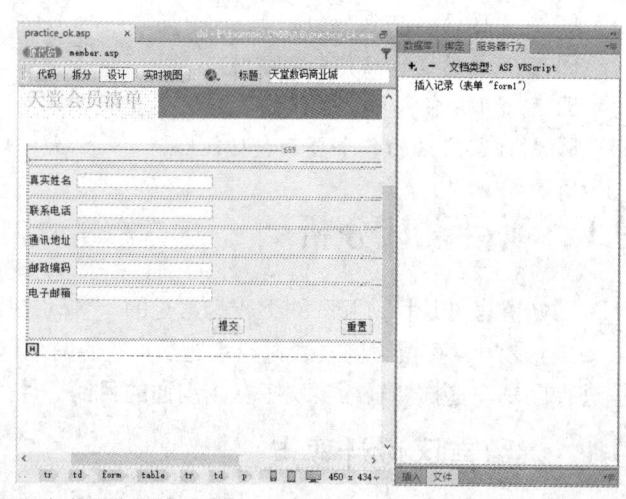

图 8-75　本章操作题的结果

操作提示

（1）在 IIS 中指定"..\Example\Ch08\8.6"文件夹为网站物理路径，然后通过 Dreamweaver 将该文件夹定义为本地站点，最后设置测试服务器（其中服务器模型为"Asp VBScript"、访问为"本地/网络"、URL 前缀为"http://localhost/8.6/"）。

（2）将文件夹的"database\member.mdb"数据库设置为 ODBC 数据源。

（3）打开 Dreamweaver 程序后，打开"practice.asp"文件，然后单击【数据库】面板的【添加】按钮，并从打开的菜单中选择【数据源名称（DSN）】命令。

（4）打开【数据源名称（DSN）】对话框后，指定连接名称以及选择要连接的 DSN，然后单击【确定】按钮。

（5）打开【服务器行为】面板，然后单击面板中的【添加】按钮，并在打开的菜单中选择【插入记录】命令。

（6）打开【插入记录】对话框后，选择要连接的数据库，以及设置表单元素对应的数据库字段和数据类型，最后单击【确定】按钮。

261

第 9 章　网站留言区项目设计

学习目标

本章将以一个咖啡连锁店的留言区项目设计为例，介绍通过 Dreamweaver 与 ASP 开发网站留言系统的方法。

学习重点

☑ 留言区设计要点
☑ 留言区的逻辑结构和数据库
☑ 配置 IIS 服务器和数据源
☑ 制作留言区的各个页面和功能

9.1　项目设计分析

网站留言区是目前互联网上较为常见的一种动态网站功能模块，也是网络用户相互沟通的重要工具之一。在留言区发表讨论主题后，其他网络用户可以进入系统浏览主题内容，并对主题进行回复，这样便轻松实现了互相沟通的目的。

9.1.1　留言区设计要点

设计网站留言区，离不开发表留言和回复留言的处理。下面提供一些设计网站留言区的几个建议要点。

（1）由于留言区允许访问者发表信息，并将发表的信息在网页上显示，所以必须提供一个提交信息和显示信息的渠道。

（2）因为要实现保存与显示信息，系统需要建立数据库，以保存访问者提交的信息，而且通过数据库将信息在网页上显示，供网络用户浏览主题信息。

（3）网站上发表的主题数不胜数，如果全部在网页上显示，不但占用大量的空间，而且不方便管理主题。为此，可以设计一个专门用于显示发表主题的页面，并针对主题设计一个用于显示详细信息的页面，并提供进入详细信息页面的途径。

（4）系统应为访问者提供一个互相沟通的平台，即在浏览主题后允许回复主题，并将回复的内容在页面显示，为访问者在同一个主题内讨论提供条件。

9.1.2　本例留言区逻辑结构

本例的留言区主要提供访问者在该留言区中发表留言信息，并可浏览和回复其他访问者的留言，从而达到某种交流与互动。整个留言区设计由"message_board.asp"、"mes_post.asp"、"mes_content.asp"和"mes_rpost.asp" 4 个动态网页加"index.asp"首页组成，除了这 5 个动态网页文件以外，网站中还包括一个用于放置"MessageData.accdb"数据库文件的"database"文件夹，以及一个用于放置数据源名称（DSN）连接的"Connections"文件夹和其他一些文件夹，如图 9-1 所示。

当访问者从网站首页进入留言区页面后，可在留言区主页看到显示的所有留言信息，并可直接新增留言信息。在查看某个网友的留言信息时，还可以对留言进行回复，回复后将返回查看留言页面。图 9-2 所示为本例留言区设计的逻辑结构。

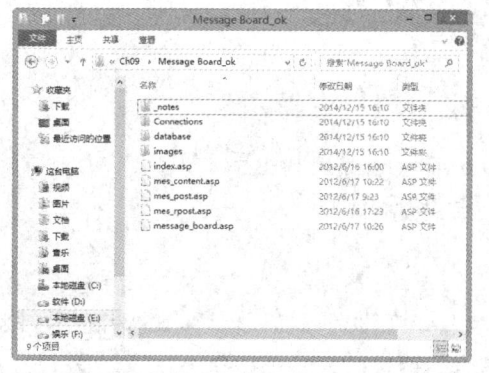

图 9-1　留言区所在站点的根文件夹

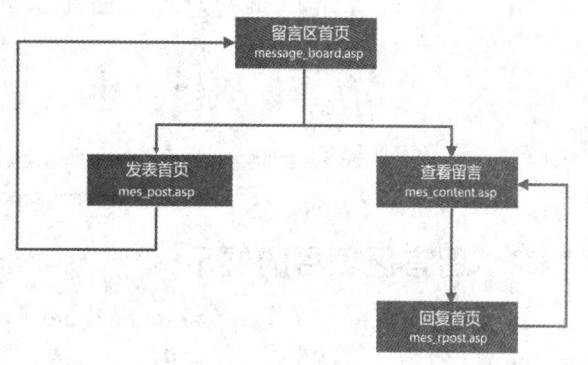

图 9-2　留言区设计的逻辑结构

9.1.3　留言区数据库的分析

本例留言区使用的数据库文件名称为"MessageData.accdb"，包括"board"和"rpost"两个数据表。其中，"board"表由"board_"前缀的多个字段组成，记录留言编号、留言人名称、留言标题、留言时间、留言人表情、留言人电子邮件和具体的留言内容，每一笔记录代表一个留言，如图 9-3 所示。

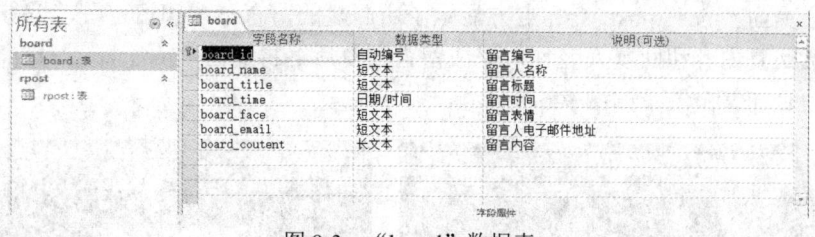

图 9-3　"board"数据表

"rpost"数据表则是由"rpost_"前缀的三个字段和一个"board_id"字段（对应 board 表中的相同的字段）组成，用于记录回复的编号、回复人名称和回复内容，每一行记录代表一个回复内容，如图 9-4 所示。

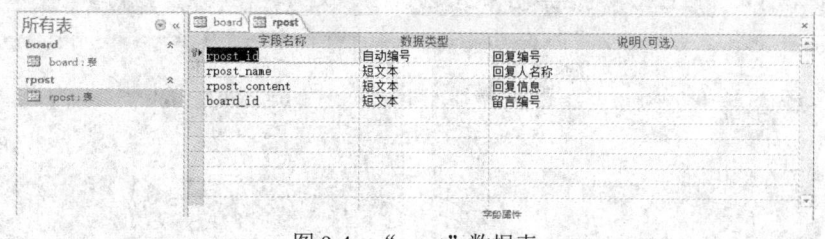

图 9-4　"rpost"数据表

另外，在"board"数据表中，为【board_time】字段设置值为【Now()】，表示获取当前留言的时间，如图 9-5 所示。

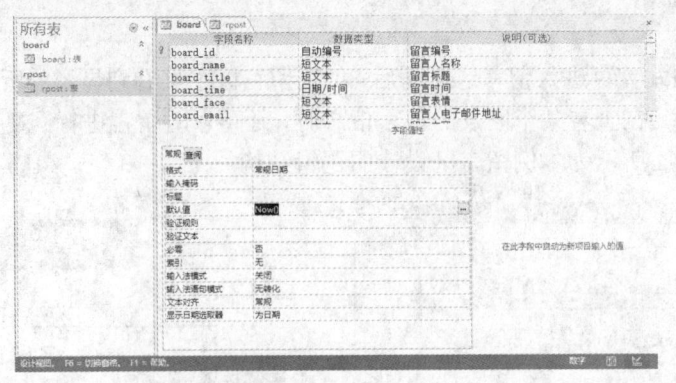

图 9-5　设置【board_time】字段值为 Now()

9.1.4　留言区项目的展示

当访问者进入留言区首页"message_board.asp"文件，在没有添加任何留言的情况下，该页面显示未有留言信息的内容并提供让访问者发表留言的链接。

当进入发表留言页面"mes_post.asp"后，访问者可在页面的表单中填写留言信息，然后单击【发表】按钮发表留言，成功发布留言后将返回留言区主页"message_board.asp"。

此时留言区首页将显示留言表情、标题、留言人名称和留言时间。当留言记录超过 10 条时，页面只显示最新的 10 条留言，访问者可单击页面下方的"下一页"链接文字，浏览更多的留言信息。如果要查看某个留言的具体内容，单击对应的留言标题即可。

当打开留言内容的详细页面"mes_content.asp"后，其中显示了留言的详细内容和回复内容，这时可以单击页面上方的"回复"链接文本对留言进行回复。

回复留言页面"mes_rpost.asp"上方显示了所回复的留言标题和留言者，下方则是回复者填写区，包括回复内容和回复人名称，完成留言回复后，将返回"mes_content.asp"页面。

留言区项目的整个展示如图 9-6 所示。

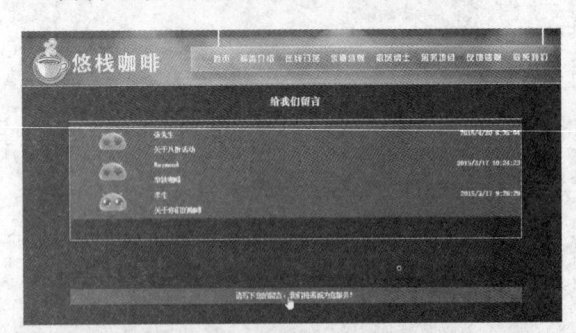

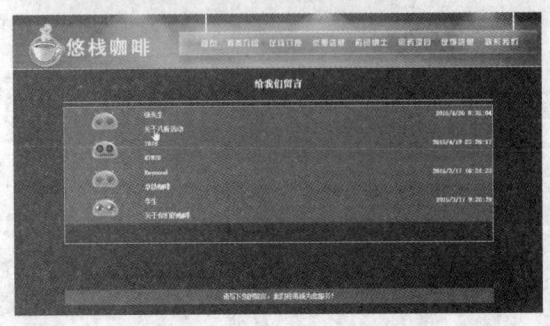

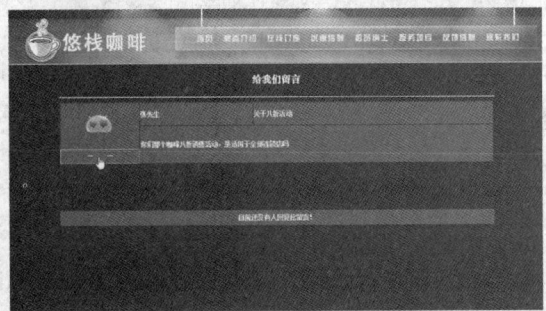

图 9-6　留言区效果展示

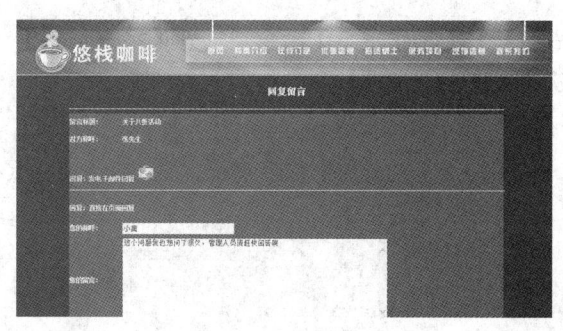

图 9-6　留言区效果展示（续）

9.2　项目设计过程

下面将通过一个咖啡连锁店留言区为例，完整介绍一个既可显示留言，又可以让访问者发表留言信息、回复留言，以及显示一组留言与相关回复的留言区项目的设计。

9.2.1　上机练习 1：配置 IIS 和数据源

完成留言区逻辑结构规划后，接下来开始准备好设计留言区项目的 IIS 服务器环境和系统数据源，以便后续的网站开发能够正常进行。

本例留言区项目的练习文件夹为：..\Example\Ch09\Message Board。在进行下面的操作前，首先从光盘中将"Message Board"文件夹复制到电脑的磁盘目录下，且文件夹的保存路径不要出现中文内容。

操作步骤

1 通过【控制面板】窗口打开【管理工具】窗口，然后双击【Internet Information Service(IIS)管理器】项目，如图 9-7 所示。

2 打开 IIS 管理器后，选择默认的网站项目，再单击【操作】窗格的【基本设置】链接，如图 9-8 所示。

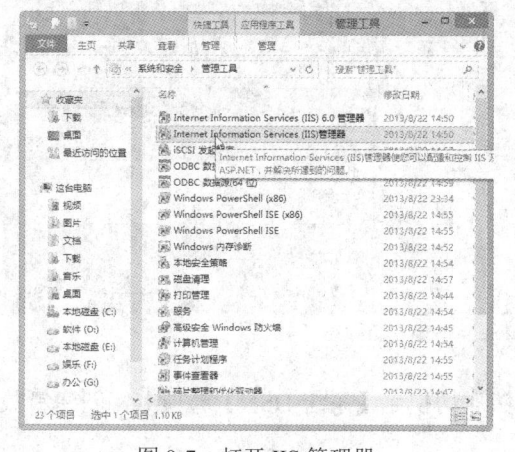

图 9-7　打开 IIS 管理器　　　　　　　　图 9-8　打开网站基本设置

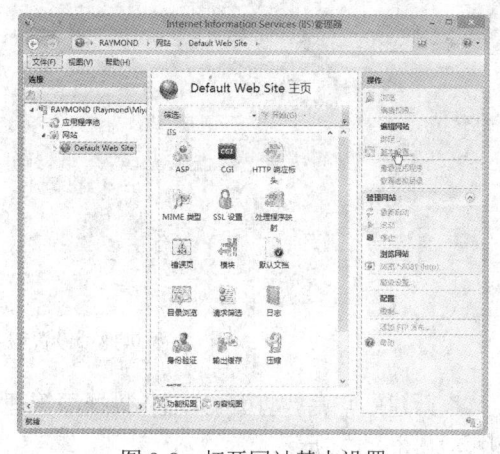

3 打开【编辑网站】对话框后，指定留言区练习文件夹作为网站的物理路径，如图 9-9 所示。

4 启动 Dreamweaver 应用程序，并选择【站点】|【新建站点】命令，打开【站点设置】对话框后，设置站点名称并指定本地站点文件夹，如图 9-10 所示。

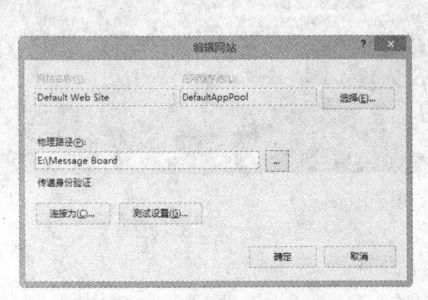

图 9-9　指定网站物理路径　　　　　　　　图 9-10　新建站点

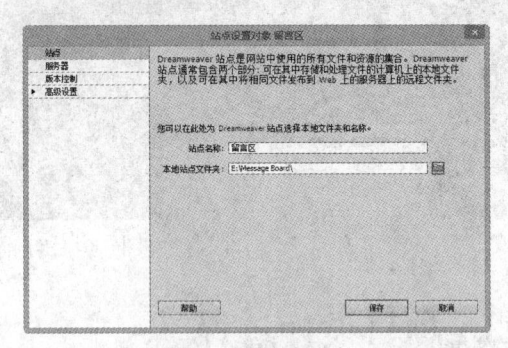

5 切换到【服务器】选项卡，然后添加服务器，设置服务器的基本选项，如图 9-11 所示。

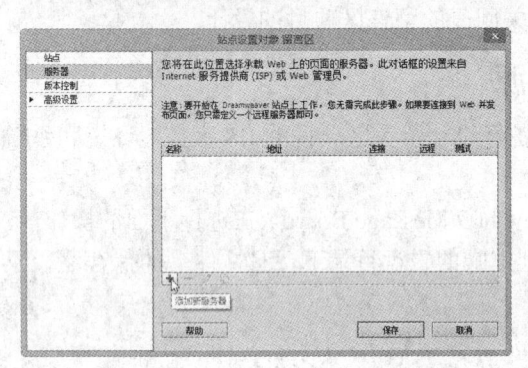

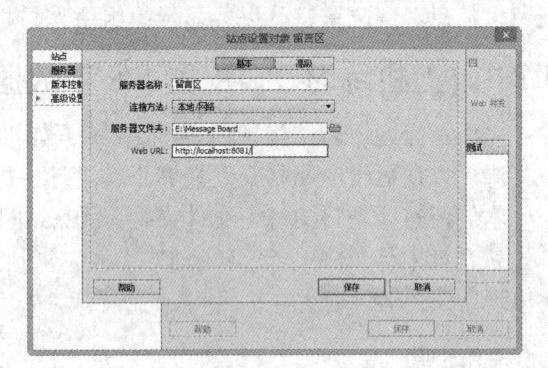

图 9-11　添加新服务器

6 切换到【高级】选项卡，再设置服务器模型为【ASP VBScript】，保存服务器设置，接着启用服务器测试功能，如图 9-12 所示。

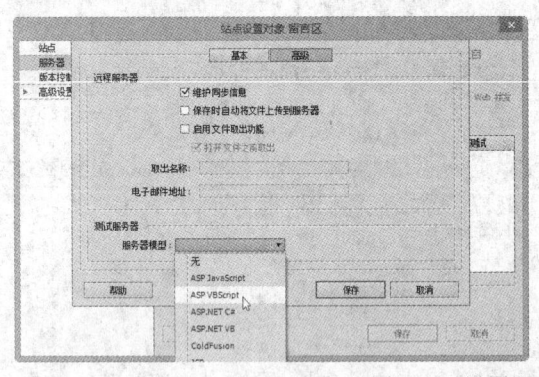

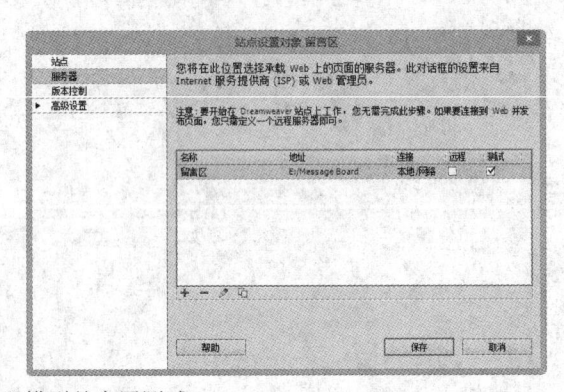

图 9-12　设置服务器模型并启用测试

7 新建站点后，打开 ODBC 数据源管理器，然后切换到【系统 DSN】选项卡，创建新数据源，如图 9-13 所示。

8 打开【ODBC Microsoft Access 安装】对话框后，输入数据源名称，然后单击【选择】按钮，并通过【选择数据库】对话框选择数据库文件，最后单击【确定】按钮，如图 9-14 所示。

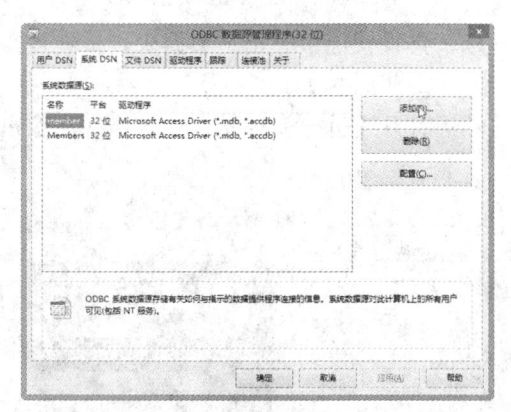

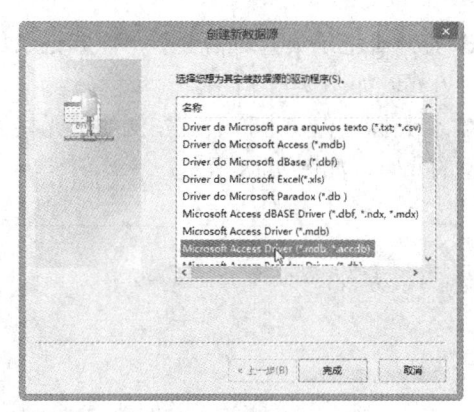

图 9-13 创建新数据源

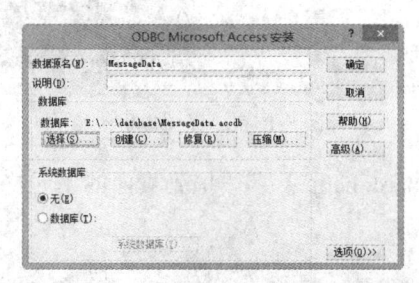

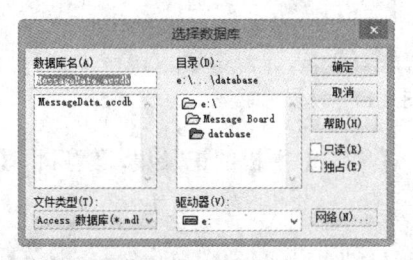

图 9-14 指定数据源的数据库

9.2.2 上机练习 2：制作留言区首页

留言区首页将条列访问者的留言信息，包括留言者头像、留言者名称、标题和留言时间等信息。下面将先建立数据源名称连接，再绑定记录集，然后通过添加数据字段的方法，将这些内容显示在留言区主页。

操作步骤

1 在 Dreamweaver 中通过【文件】面板打开留言区首页"message_board.asp"文件，再打开【数据库】面板，并通过指定数据源名称与数据源建立链接，如图 9-15 所示。

2 切换到【绑定】面板，接着打开【添加】菜单，选择【记录集（查询）】命令，如图 9-16 所示。

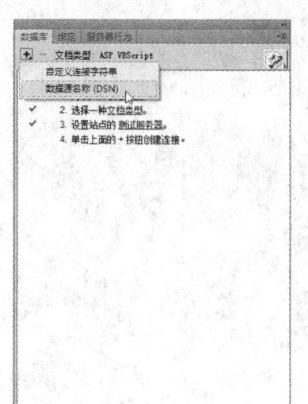

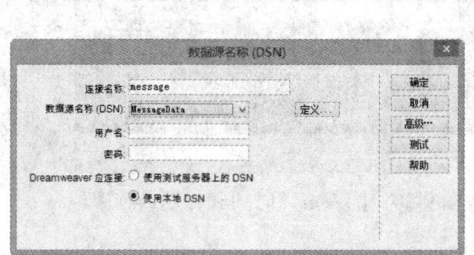

图 9-15 建立数据源连接　　　　　　　　图 9-16 添加记录集

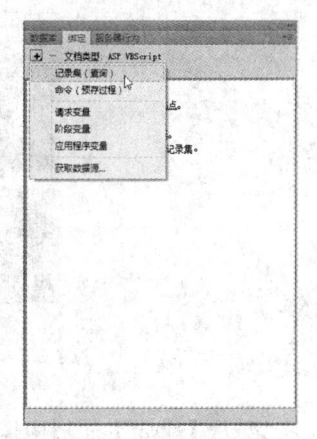

267

3 打开【记录集】对话框后，设置记录集名称，再设置连接和指定数据表，接着设置记录排序方式，如图9-17所示。

4 将光标定位在上方表达左侧的单元格内，然后打开【拆分】视图，输入添加图像占位符对象的代码，如图9-18所示。

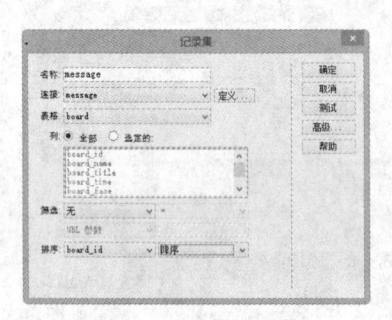

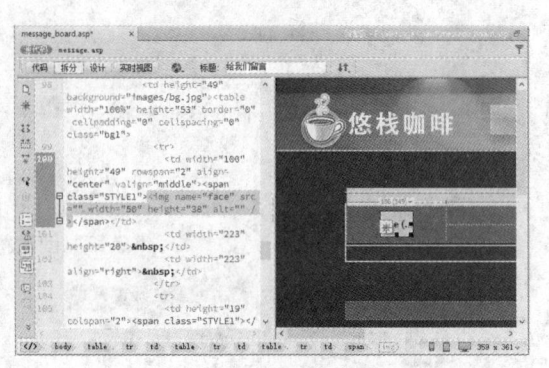

图9-17　设置记录集　　　　　　　　图9-18　添加图像占位符

5 打开【绑定】面板的记录集，然后将【board_name】字段拖到页面的单元格内，如图9-19所示。

图9-19　将【board_name】记录项添加到页面

6 使用步骤5的方法，分别将【board_time】和【board_title】字段添加到其他两个单元格内，如图9-20所示。

图9-20　插入留言时间和标题其他字段

7 从【绑定】面板中拖动【board_face】字段到新插入的【图像占位符】上方，如图9-21所示。

图 9-21　为图像占位符添加字段

8 选择图像字段对象，然后在【属性】面板的【源文件】栏已设置的源文件内容前加入"images/"文字，以设置正确的留言表情图像位置，如图 9-22 所示。

图 9-22　修改图像源文件的路径

9 在网页单元格中选择【board.board_title】动态文本，切换至【服务器行为】面板，单击【添加】按钮，然后选择【转到详细页面】命令，如图 9-23 所示。

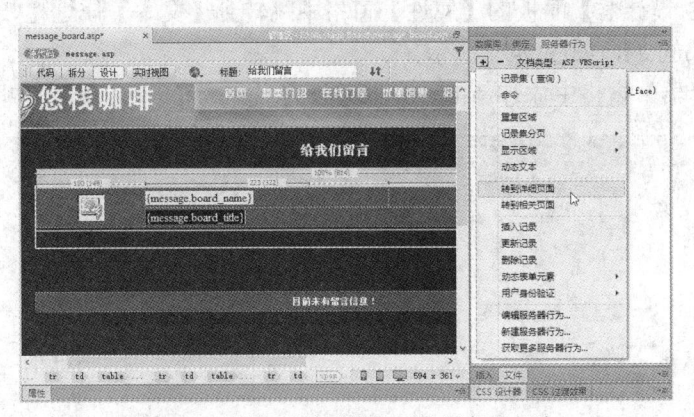

图 9-23　添加【转到详细页】服务器行为

10 打开【转到详细页面】对话框，先在【详细信息页】栏中单击【浏览】按钮，通过【选择文件】对话框指定详细信息页文件，再设置【记录集】为【message】，选择【列】为【board_id】，然后单击【确定】按钮，如图 9-24 所示。

269

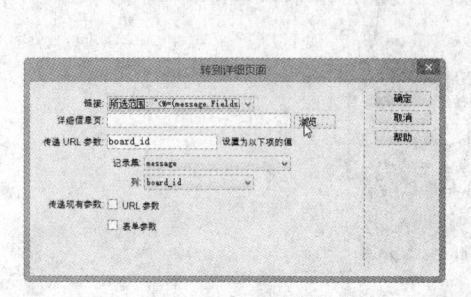

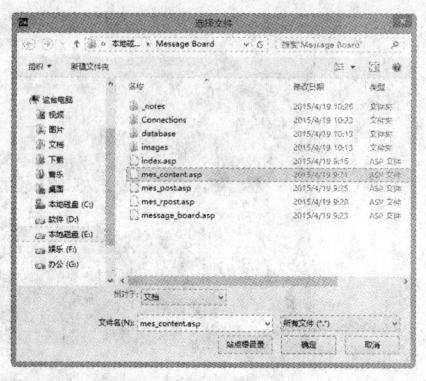

图 9-24 设置服务器行为选项

11 选择网页下方表格的文字内容，分别打开【属性】和【文件】面板，在【链接】栏拖动链接图标至【文件】面板的"mes_post.asp"文件上，为文字设置指向该文件的超链接，如图 9-25 所示。

12 打开【CSS 设计器】面板，在【源】窗格选择【<style>】项，再通过【选择器】窗格添加【a:link】选择器，如图 9-26 所示。

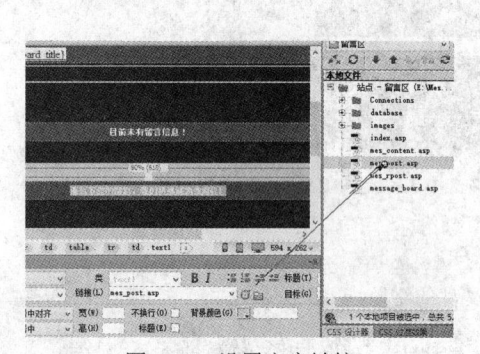

图 9-25 设置文字链接 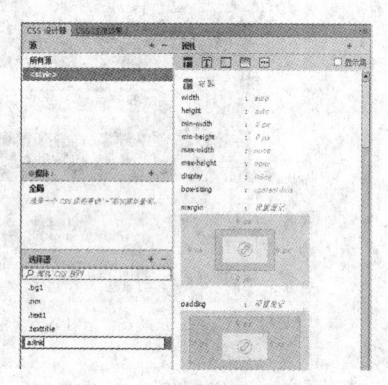　　　　　　　　　　图 9-26 新建 CSS 规则

13 在【CSS 设计器】面板的【属性】窗格中跳转到【文本】属性栏，再设置文本的颜色和文本装饰为【none】，如图 9-27 所示。

14 在【选择器】窗格中添加新的选择器并设置名称为【a:visited】，如图 9-28 所示。

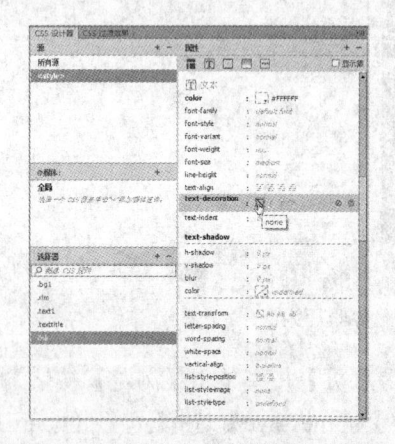

图 9-27 设置【a:link】选择器规则的属性 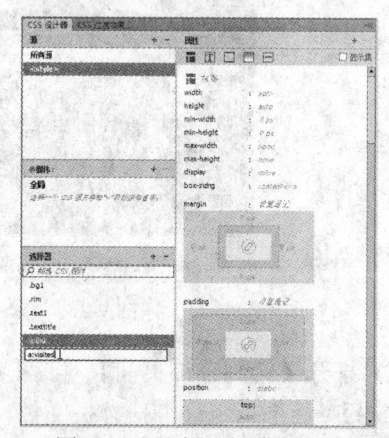　　　　图 9-28 再次新建 CSS 规则

15 在【CSS 设计器】面板中跳转到【文本】属性栏，然后设置文字的颜色为【白色】，如图 9-29 所示。

16 选择包含留言动态文本的整个单元格，然后在【服务器行为】面板中单击【添加】按钮，在打开的菜单中选择【重复区域】命令，如图 9-30 所示。

图 9-29　设置【a:visited】规则的颜色属性 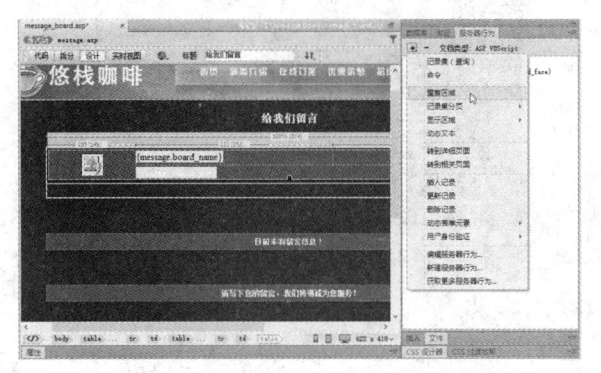　　　　图 9-30　添加【重复区域】服务器行为

17 打开【重复区域】对话框后，选择记录集为【message】，然后设置显示 10 条记录，最后单击【确定】按钮，如图 9-31 所示。

18 将光标定位在表格下方的单元格中，然后通过【表格】对话框插入一个 1 行 4 列且宽度为 400px 的表格，如图 9-32 所示。

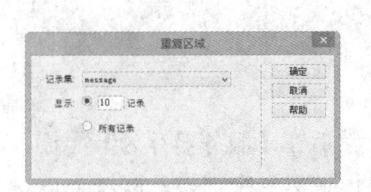

图 9-31　设置重复区域选项 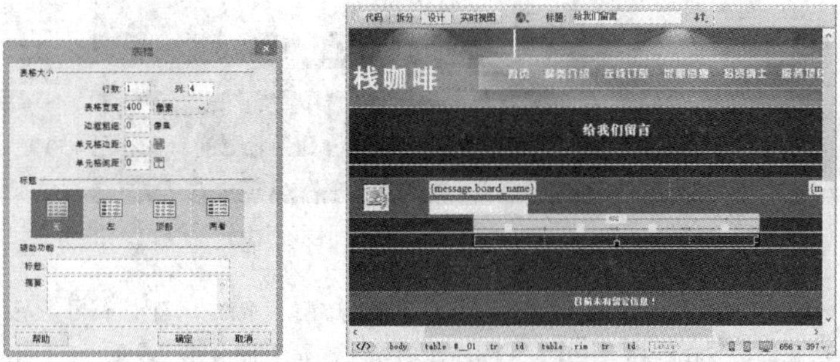　　　　图 9-32　插入表格

19 将光标定位在新插入表格的第一个单元格内，然后在【服务器行为】面板中单击【添加】按钮，在打开的菜单中选择【记录集分页】|【移至第一条记录】命令，接着设置记录集为【message】，如图 9-33 所示。

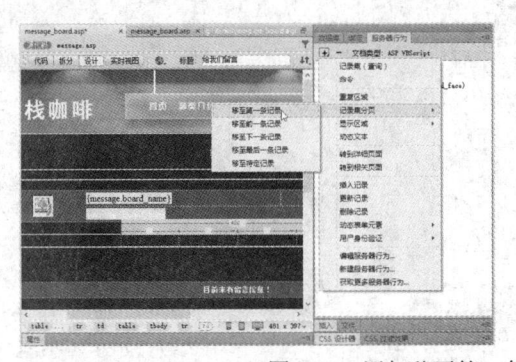

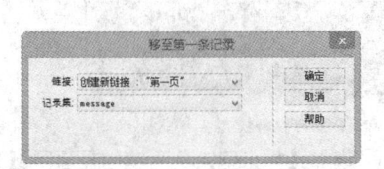

图 9-33　添加移至第一条记录的链接

20 选择移至第一条记录的链接文字,再单击【添加】按钮,在打开的菜单中选择【显示区域】|【如果不是第一条记录则显示区域】命令,接着设置记录集,如图9-34所示。

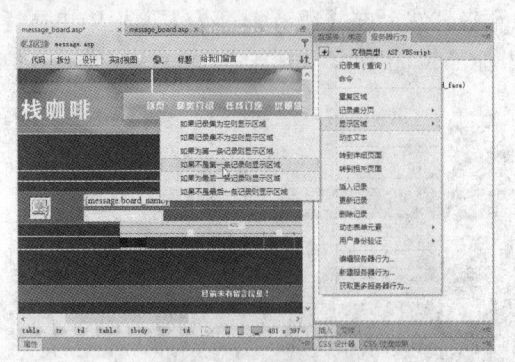

图9-34 添加显示区域服务器行为

21 使用步骤19和步骤20的方法,分别添加【移至前一条记录】链接、【移至下一条记录】链接和【移动到最后一条记录】链接,并分别设置【如果不是第一条记录则显示区域】行为、【如果不是最后一条记录则显示区域】行为和【如果不是最后一条记录则显示区域】行为,结果如图9-35所示。

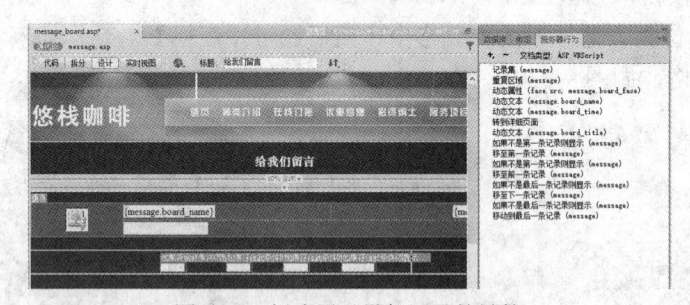

图9-35 创建用于导航记录的链接

22 在网页中选择包含"目前未有留言信息"内容的表格,然后在【服务器行为】面板中单击【添加】按钮,打开菜单后选择【显示区域】|【如果记录集为空则显示区域】命令,如图9-36所示。

23 打开【如果记录集为空则显示区域】对话框,选择记录集为【message】,然后单击【确定】按钮,如图9-37所示。

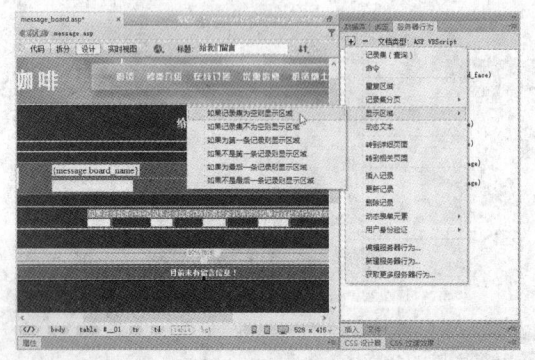

图9-36 添加【如果记录集为空则显示区域】服务器行为　　图9-37 指定记录集

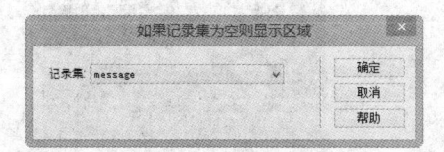

24 选择上方用于条列留言信息的表格，然后在【服务器行为】面板中单击【添加】按钮，打开菜单后选择【显示区域】|【如果记录集不为空则显示区域】命令，如图 9-38 所示。

25 打开【如果记录集不为空则显示区域】对话框后，选择记录集为【message】，最后单击【确定】按钮，如图 9-39 所示。

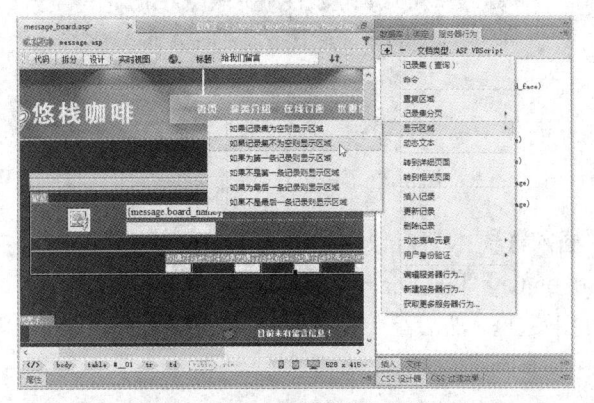

图 9-38　添加显示区域服务器行为　　　　　　图 9-39　指定行为记录集

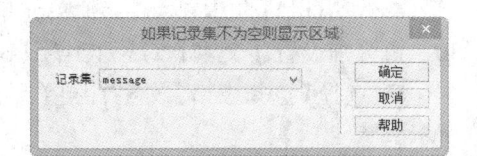

9.2.3　上机练习 3：制作发表和回复页

进入留言区后，访问者可以查看现有的留言，也可以发表自己的留言和回复他人留言。对于发表留言和回复留言两个页面，访问者都需要通过表单来提交留言信息。下面将详细介绍制作发表页面和回复页面的方法。

操作步骤

1 通过【文件】面板打开发表留言的"mes_post.asp"文件，将光标定位在【留言标题】项目右边的空白单元格，将【插入】面板切换至【表单】选项卡，然后单击【文本】按钮，如图 9-40 所示。

图 9-40　插入【文本】表单对象

2 插入【文本】表单对象后，将对象左侧的标签文字选中并按 Delete 键将文字删除，如图 9-41 所示。

3 选择插入到页面的【文本】对象，然后打开【属性】面板，设置【文本】对象的名称、字符宽度属性，如图 9-42 所示。

273

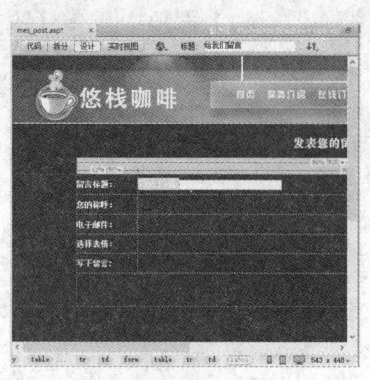

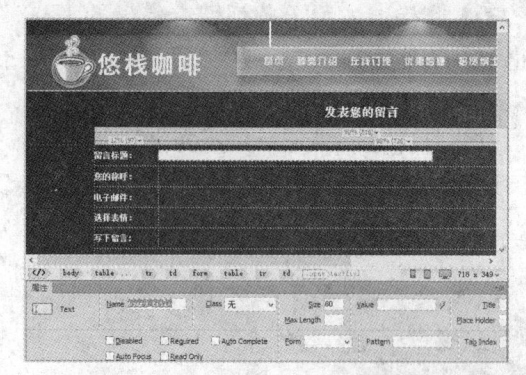

图 9-41 删除标签文字　　　　　　　　　图 9-42 设置【文本】对象属性

4 使用相同的方法，在其他单元格中插入【文本】对象，然后设置相同的字符宽度均为 30，再分别设置【文本】对象 ID 为【board_name】和【board_email】，如图 9-43 所示。

5 选择【选择表情】文字右侧单元格的下边框，然后往下拖动扩大单元格高度，如图 9-44 所示。

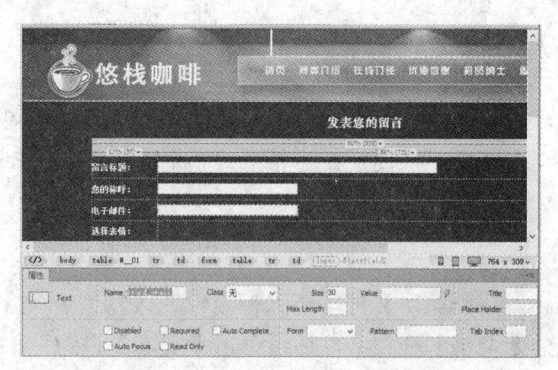

图 9-43 插入其他【文本】对象　　　　　　图 9-44 扩大单元格高度

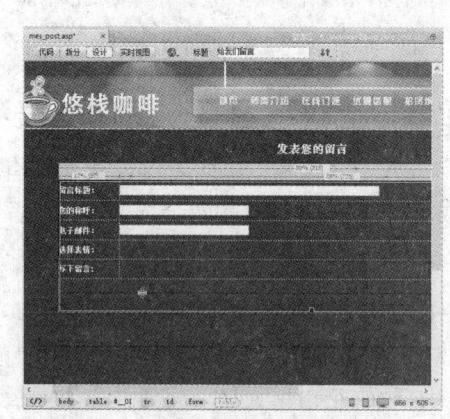

6 将光标定位在单元格内，然后设置单元格的垂直对齐方式为【顶端】，如图 9-45 所示。

7 将光标定位在扩大行高的单元格内，然后在【插入】面板中单击【单选按钮】按钮，删除【单选按钮】对象右侧的标签文字，如图 9-46 所示。

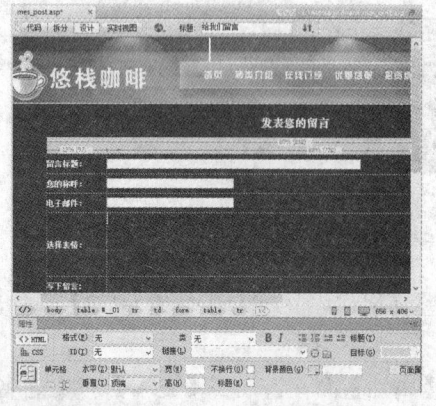

图 9-45 设置单元格垂直对齐方式　　　　　图 9-46 插入单选按钮

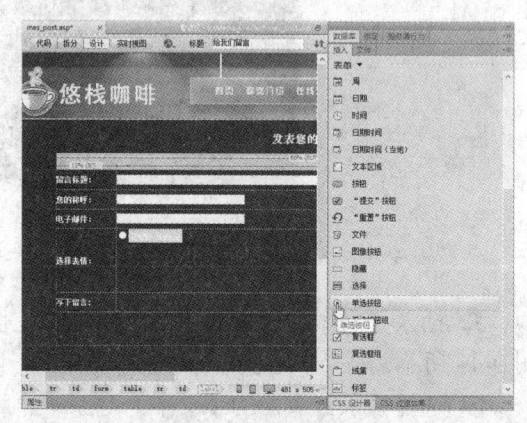

8 选择插入的【单选按钮】对象，再打开【属性】面板，设置【单选按钮】对象的名称和值，然后选择【Checked】复选框，如图 9-47 所示。

9 使用相同的方法，在同一个单元格内插入多个单选对象并以空格分开，其中各个单选按钮的值分别设置为：01.gif 到 10.gif。结果如图 9-48 所示。

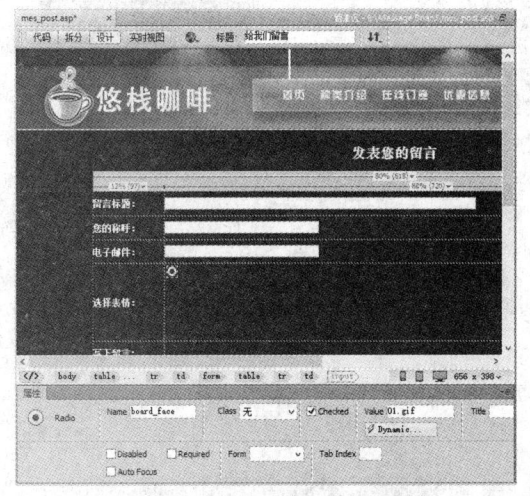

图 9-47 设置单选按钮的属性 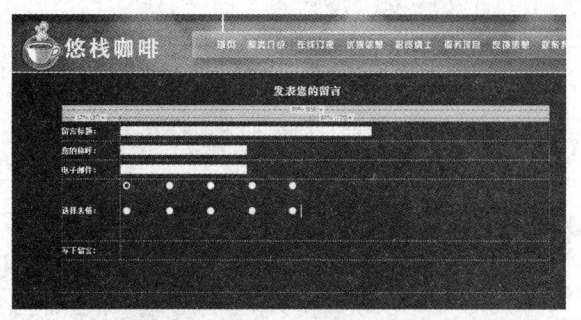　　　　　　　　图 9-48 插入其他单选按钮

10 将光标定位在【写下留言】项目右侧的单元格内，然后在单元格中插入【文本区域】对象，再通过【属性】面板设置名称、字符宽度、行数等属性，如图 9-49 所示。

11 将光标定位在文本区域下方的单元格内，然后通过【属性】面板设置单元格的水平对齐方式为【居中对齐】，如图 9-50 所示。

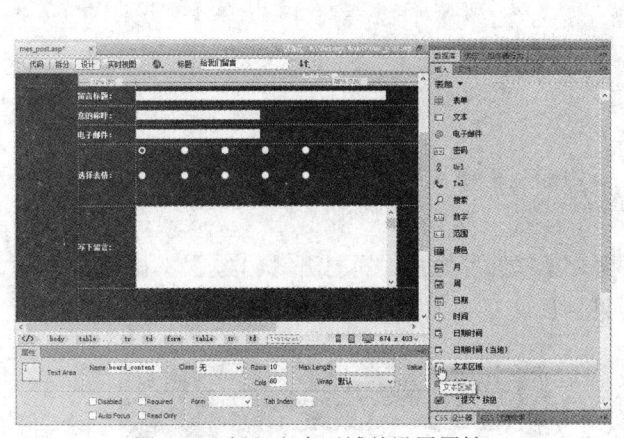

图 9-49 插入文本区域并设置属性 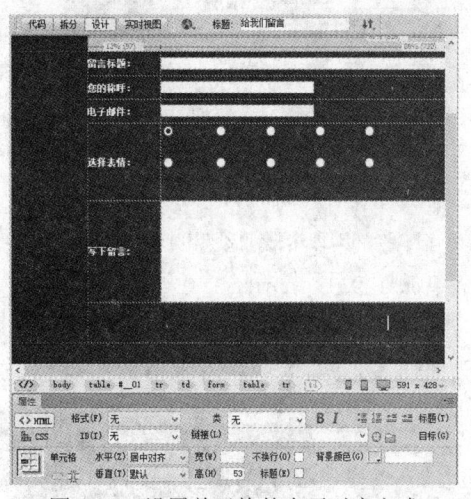　　　　　　图 9-50 设置单元格的水平对齐方式

12 在单元格内插入一个【"提交"按钮】对象，然后设置按钮的名称和值，如图 9-51 所示。

13 在按钮右侧输入多个空格，然后插入另外一个【"重置"按钮】对象，再通过【属性】面板设置按钮的名称和值，如图 9-52 所示。

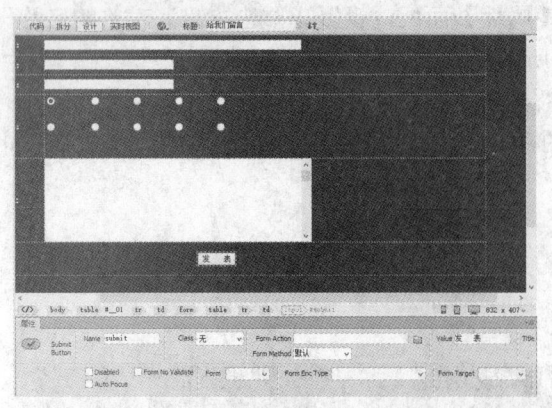

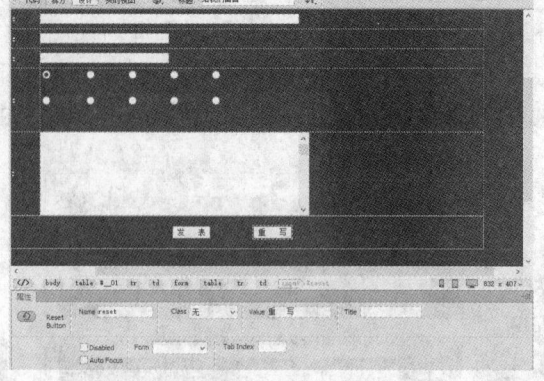

图 9-51　插入"提交"按钮并设置属性　　　　　图 9-52　插入另外一个按钮

14 将光标定位在第一个单选按钮对象右侧，再选择【插入】|【图像】|【图像】命令，如图 9-53 所示。

15 打开【选择图像源文件】对话框后，从"images"文件夹内选择表情图像，如图 9-54 所示。

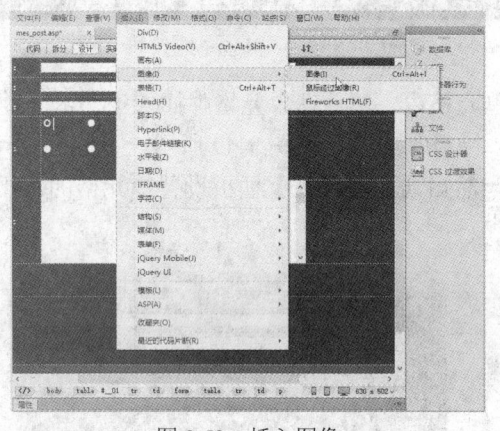

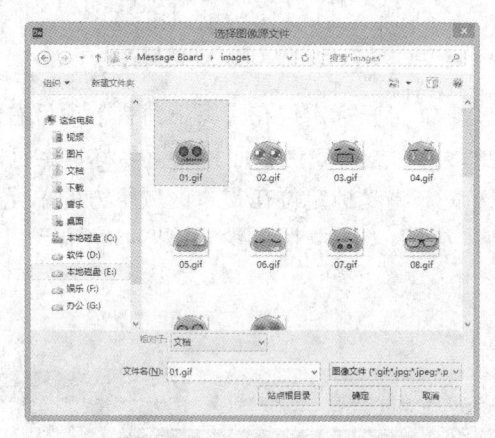

图 9-53　插入图像　　　　　　　　　　　　　图 9-54　选择图像源文件

16 使用步骤 14 和步骤 15 的方法，分别在其他单选按钮对象右侧插入其他表情图像，结果如图 9-55 所示。

17 选择包含表单对象的表格，然后打开【属性】面板，再打开【Class】下拉菜单，接着选择【bg1】选项，为表格应用设置了背景颜色的 CSS 样式，如图 9-56 所示。

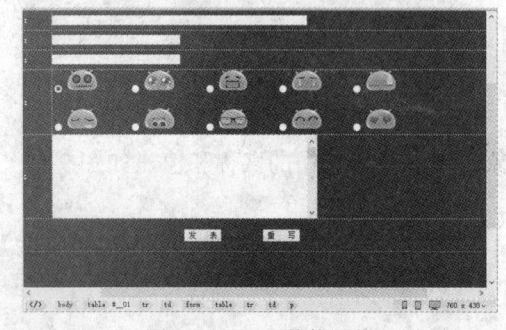

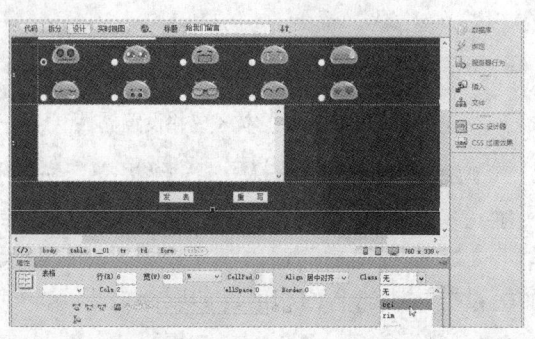

图 9-55　插入其他图像　　　　　　　　　　　图 9-56　为表格应用 CSS 样式

18 选择【留言标题：】项目右侧的【文本】对象，然后打开【属性】面板并选择【Required】复选框和【Auto Complete】复选框，设置验证选项，如图9-57所示。

19 使用步骤18的方法，为其他两个【文本】对象设置相同的属性，如图9-58所示。

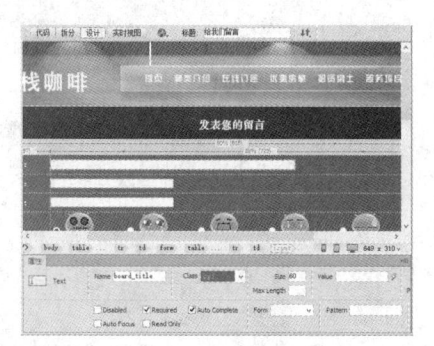

图9-57 设置第一个文本对象的验证属性 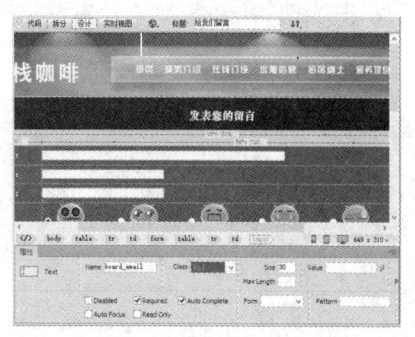　　　　图9-58 设置其他文本对象的验证属性

20 选择页面上【写下留言：】项目右侧的【文本区域】对象，然后打开【属性】面板并选择【Required】复选框，如图9-59所示。

21 打开【服务器】面板，再单击【添加】按钮，然后选择【插入记录】命令，如图9-60所示。

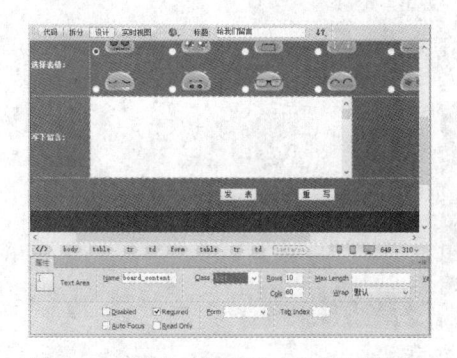

图9-59 设置文本区域对象的验证属性 　　　　图9-60 添加【插入记录】服务器行为

22 打开【插入记录】对话框后，设置连接和数据表，再指定插入记录后转到的目标文件，然后设置表单元素对应的字段和提交的数据类型，如图9-61所示。

23 通过【文件】面板打开回复留言的文件"mes_rpost.asp"，然后打开【绑定】面板，为文件添加记录集，如图9-62所示。

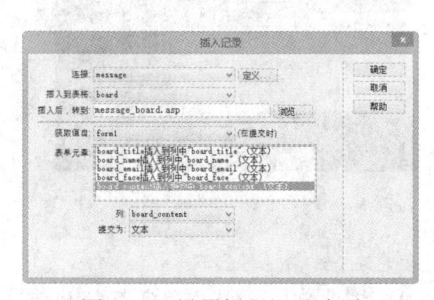

图9-61 设置插入记录选项 　　　　图9-62 添加回复留言的记录集

277

24 打开【记录集】对话框后，设置记录集的名称，再选择连接和数据表，接着设置筛选条件，如图 9-63 所示。

25 打开【绑定】面板，为文件添加记录集，打开【记录集】对话框后，设置记录集的名称，然后选择连接和数据表并设置筛选条件，如图 9-64 所示。

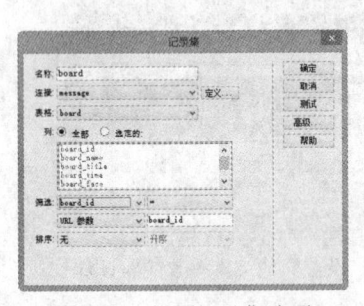

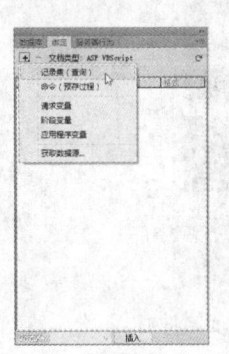

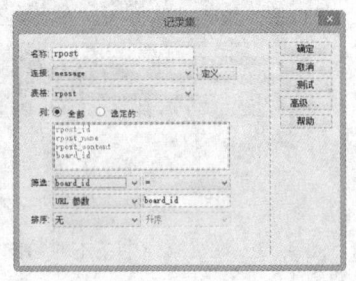

图 9-63　设置记录集选项　　　　　　　　图 9-64　绑定另一个数据表的记录集

26 打开名称为【board】的记录集，然后将【board_name】字段插入页面的指定单元格，再将【board_title】字段插入页面另一个单元格内，如图 9-65 所示。

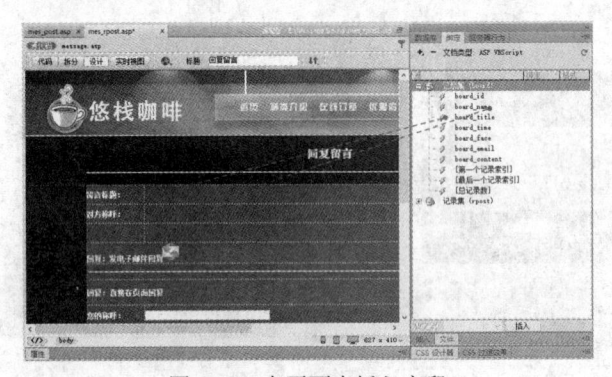

图 9-65　在页面中插入字段

27 将光标定位在按钮所在的单元格内，然后在单元格中插入一个【隐藏】表单对象，如图 9-66 所示。

28 选择插入的【隐藏】对象，再打开【属性】面板，然后设置【隐藏】对象的名称，再单击【绑定到动态源】按钮，如图 9-67 所示。

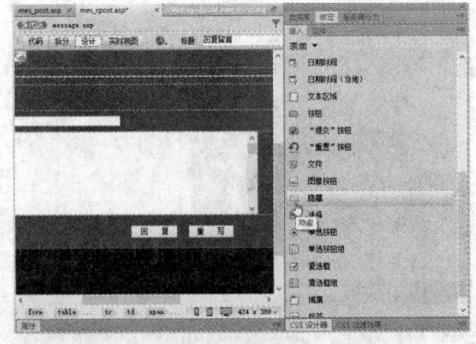

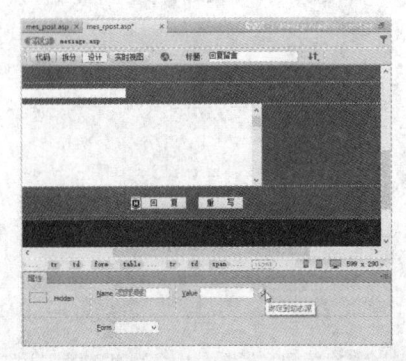

图 9-66　插入【隐藏】表单对象　　　　　　图 9-67　设置【隐藏】对象绑定动态数据

29 打开【动态数据】对话框后,打开【board】记录集,再选择【board_id】字段,如图 9-68 所示。

30 打开【服务器行为】面板,再单击【添加】按钮并选择【插入记录】命令,如图 9-69 所示。

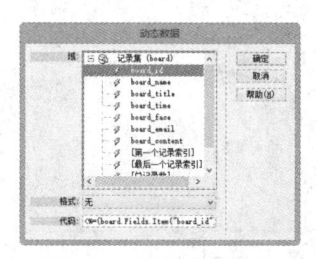

图 9-68　选择动态字段　　　　图 9-69　添加【插入记录】服务器行为

31 打开【插入记录】对话框后,设置连接和目标数据表,再指定插入记录后跳转的目标文件,接着设置表单元素对应的字段和提交的数据类型,如图 9-70 所示。

32 选择页面的邮件图像,然后打开【属性】面板,在【链接】文本框中输入链接数据源的代码【mailto:<%=(board.Fields.Item("board_email").Value)%>】,如图 9-71 所示。

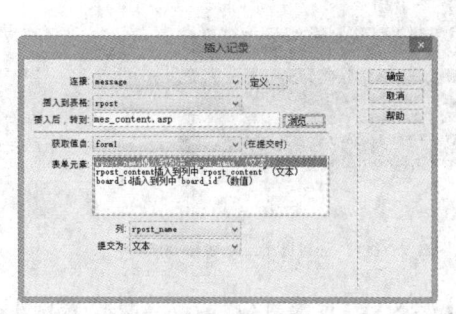

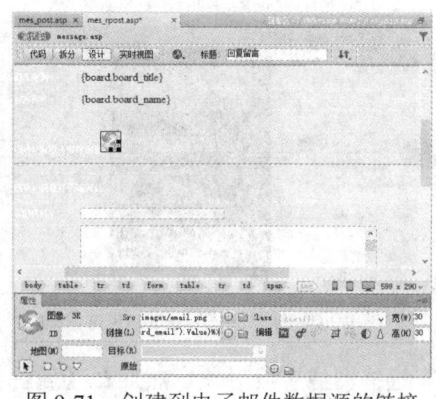

图 9-70　设置插入记录选项　　　　图 9-71　创建到电子邮件数据源的链接

9.2.4　上机练习 4:制作留言内容页面

由于留言内容页面将同时显示留言信息和回复留言的信息,因此本例将为留言区内容页面绑定数据库中的【board】和【rpost】数据表,并指定由前一个网页所传回的【board_id】字段作为筛选值,以便可以将对应的留言内容显示在网页中。

操作步骤

1 通过【文件】面板打开"mes_content.asp"文件,打开【绑定】面板,接着打开【添加】菜单并选择【记录集(查询)】命令,如图 9-72 所示。

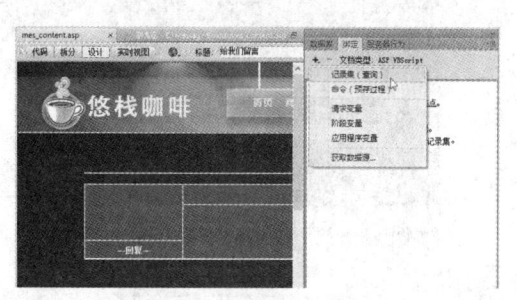

图 9-72　为网页绑定记录集

2 打开【记录集】对话框后，设置记录集名称，再设置连接和指定数据表，接着记录筛选方式，如图 9-73 所示。

3 使用步骤 1 和步骤 2 的方法，再次绑定一个名为【rpost】的记录集，并指定连接和数据表，然后设置筛选方式和排序方式，如图 9-74 所示。

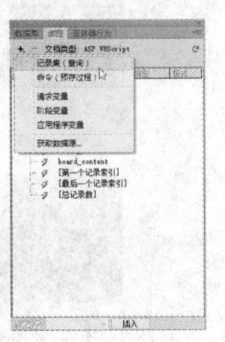

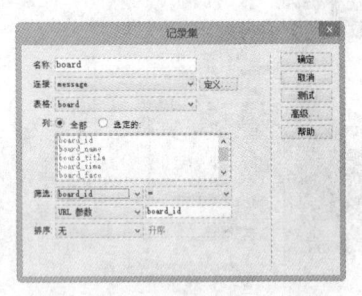

图 9-73　设置记录集的选项 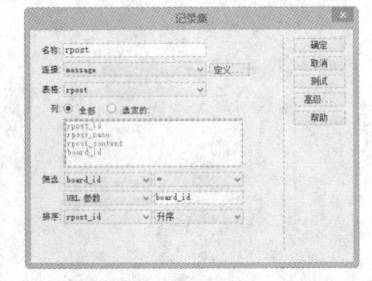　　　　　　　图 9-74　添加并设置【rpost】记录集

4 将光标定位在上方表格的第一个单元格内，然后切换到【拆分】视图，并添加图像占位符的代码，如图 9-75 所示。

5 从【绑定】面板的【board】记录集中拖动【board_face】字段到新添加的【图像占位符】对象上，如图 9-76 所示。

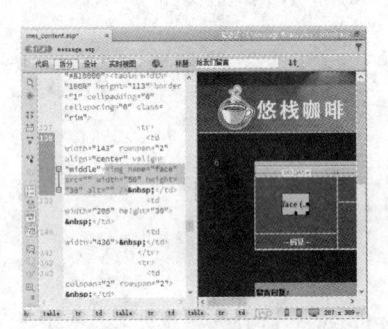

图 9-75　在单元格内添加图像占位符对象 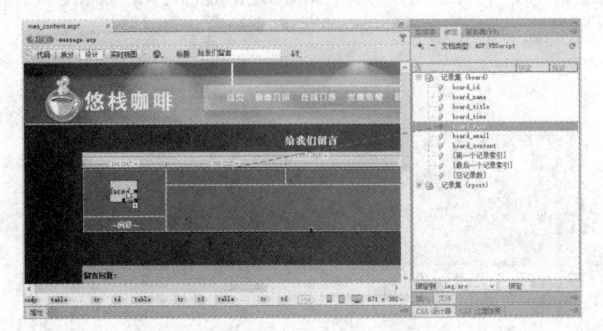　　　图 9-76　为图像占位符添加字段

6 选择图像字段对象，然后在【属性】面板的【源文件】栏已设置的源文件内容前加入"images/"文字，以设置正确的留言表情图像位置，如图 9-77 所示。

7 分别将【绑定】面板的【board】记录集的【board_name】、【board_title】和【board_coutent】字段添加到指定单元格内，如图 9-78 所示。

图 9-77　修改图像源文件的路径 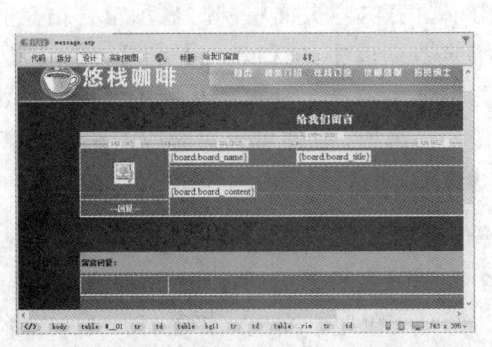　　　　　图 9-78　插入【board】记录集的字段到页面

8 分别将【绑定】面板的【rpost】记录集的【rpost_name】和【rpost_content】字段添加到页面最下方表格的单元格内，如图 9-79 所示。

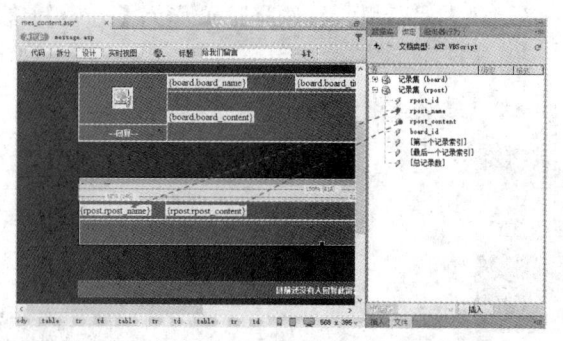

图 9-79　插入【rpost】记录集的字段到页面

9 选择图像对象下方单元格的【回复】文字，然后打开【服务器行为】面板，为文字添加【转到详细页面】服务器行为，如图 9-80 所示。

10 打开【转到详细页面】对话框，先在【详细信息页】栏中单击【浏览】按钮，通过【选择文件】对话框指定发表留言的文件，再设置【记录集】为【board】，并选择【列】为【board_id】，然后单击【确定】按钮，如图 9-81 所示。

图 9-80　添加【转到详细页面】服务器行为 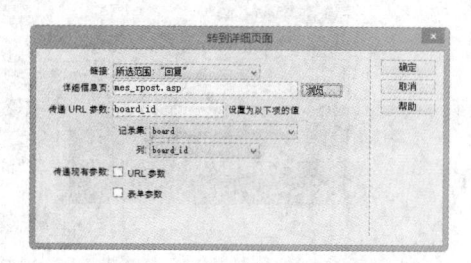　　　　图 9-81　设置服务器行为选项

11 打开显示回复留言动态文本的表格，然后单击【添加】按钮，并从打开的菜单中选择【重复区域】命令，如图 9-82 所示。

12 打开【重复区域】对话框后，指定记录集和显示方式，如图 9-83 所示。

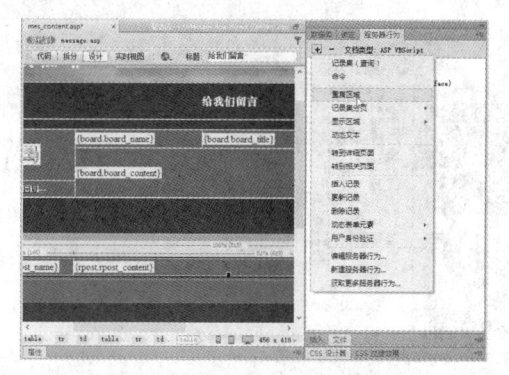

图 9-82　为表格添加重复区域行为 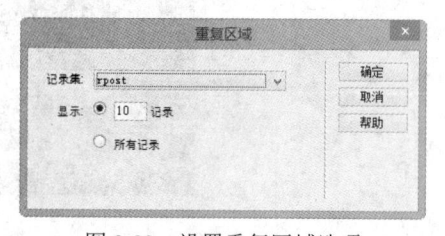　　　　图 9-83　设置重复区域选项

281

13 将光标定位在表格下方的单元格中，然后在【服务器行为】面板中打开【添加】菜单，再选择【记录集分页】|【移至第一条记录】命令，如图9-84所示。

14 打开【移至第一条记录】对话框后，选择记录集为【rpost】，然后单击【确定】按钮，如图9-85所示。

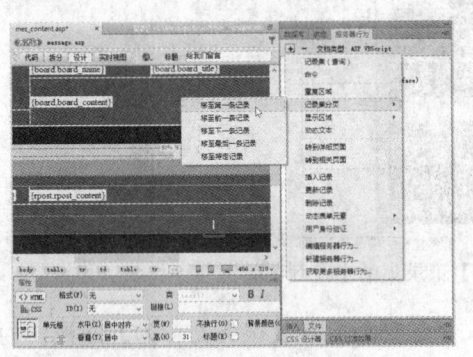

图 9-84　添加【移至第一条记录】的链接 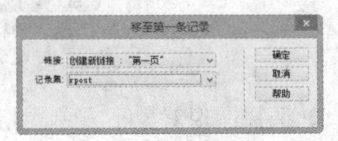　　　　　图 9-85　设置链接的指定记录集

15 选择移至第一条记录的链接文字，再单击【添加】按钮，在打开的菜单中选择【显示区域】|【如果不是第一条记录则显示区域】命令，接着设置记录集，如图9-86所示。

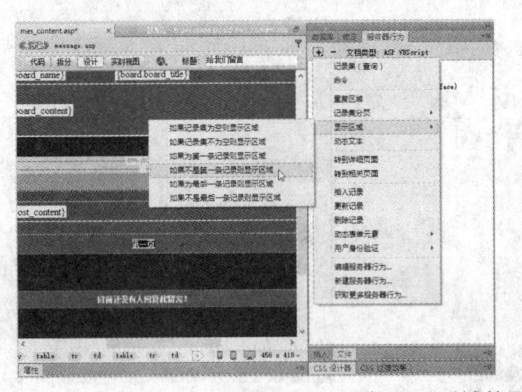

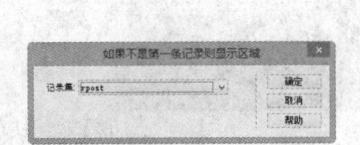

图 9-86　添加显示区域的服务器行为

16 使用步骤14和步骤15的方法，分别添加【移至前一条记录】链接、【移至下一条记录】链接和【移动到最后一条记录】链接，并分别设置【如果不是第一条记录则显示区域】行为、【如果不是最后一条记录则显示区域】行为和【如果不是最后一条记录则显示区域】行为，结果如图9-87所示。

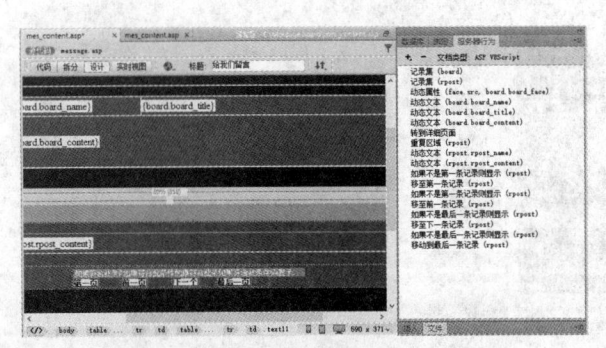

图 9-87　创建其他用于导航记录的链接

17 在显示留言的表格内拖动鼠标选择表格内容，然后为表格内容应用【.text1】样式，如图 9-88 所示。

18 使用步骤 17 的方法，选择显示回复留言内容表格的内容，然后为表格内容应用【.text1】样式，如图 9-89 所示。

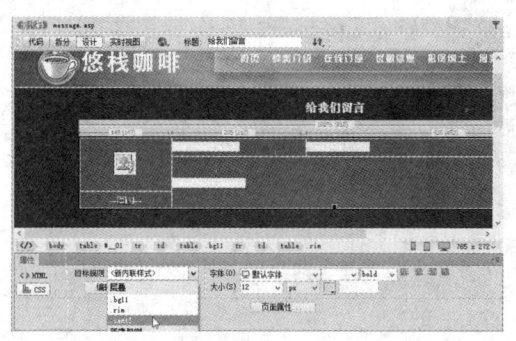

图 9-88　为显示留言表格内容应用 CSS 样式 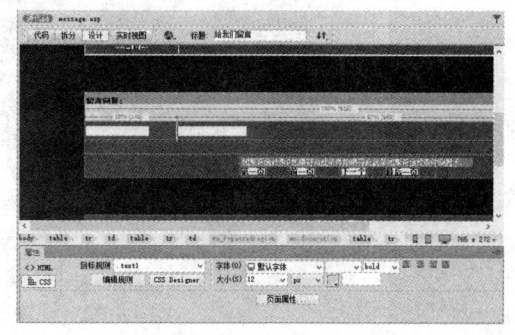　　　图 9-89　为回复留言表格内容应用 CSS 样式

19 选择用于显示回复留言的表格，然后在【服务器行为】面板中单击【添加】按钮，打开下拉选单后选择【显示区域】|【如果记录集不为空则显示区域】命令，打开【如果记录集不为空则显示区域】对话框后，选择记录集为【rpost】，最后单击【确定】按钮，如图 9-90 所示。

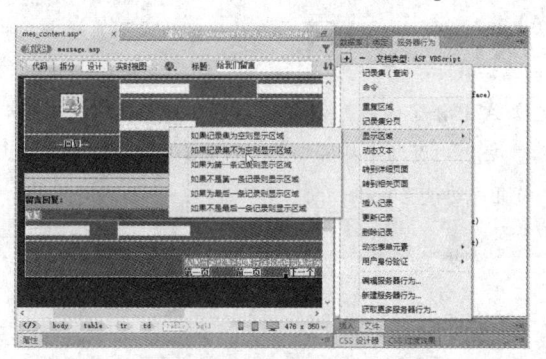

图 9-90　添加【如果记录集不为空则显示区域】服务器行为

20 选择页面最下方包含"目前还没有人回复此留言"文字的表格，然后在【服务器行为】面板中单击【添加】按钮，打开下拉选单后选择【显示区域】|【如果记录集为空则显示区域】命令，打开【如果记录集为空则显示区域】对话框后，选择记录集为【rpost】，最后单击【确定】按钮，如图 9-91 所示。

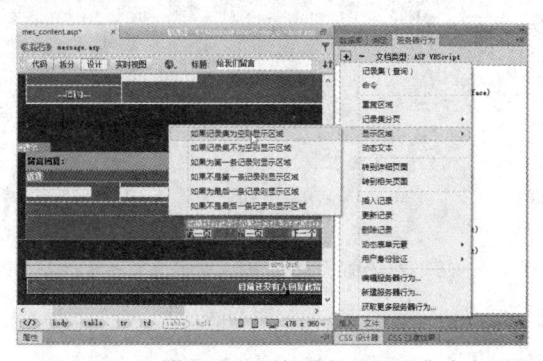

图 9-91　添加【如果记录集为空则显示区域】服务器行为

21 保存显示留言内容的文件，再通过【文件】打开网站首页"index.asp"，然后选择【反馈信息】图像，设置该图像到留言区首页的链接，如图 9-92 所示。

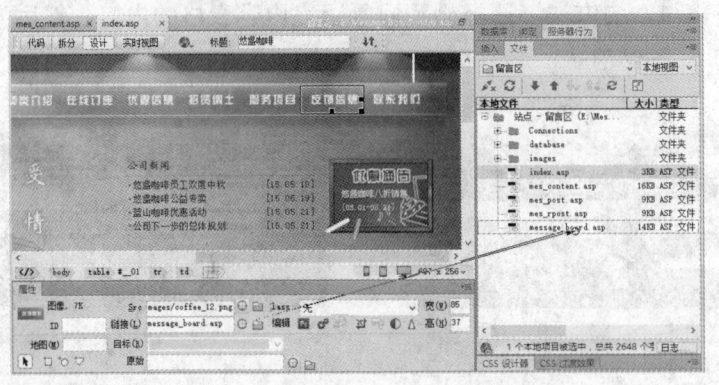

图 9-92 设置留言区首页的链接

通过 Dreamweaver CC 2014 设计 ASP 网页时，会根据设置的功能添加 VBSCript 语言代码。但是在默认情况下，Dreamweaver 中添加的 VBSCript 语言代码没有设置内码表（即 codepage，它定义了字符的映射代码，类似 unicode，是一种字符编码方式），这可能会导致在表单中提交数据时无法辨认数据的字符编码，而显示为乱码，从而不能提交表单信息到数据库，出现如图 9-93 所示的错误提示。

要解决这个问题，需要在包含 ASP 语言的网页文件的 VBSCript 语言代码中手动设置 codepage 等于"65001"，以指定 ASP 网页的字符编码为 UTF8（这是一般网页默认的字符编码）。图 9-94 所示为 ASP 网页手动设置 codepage。

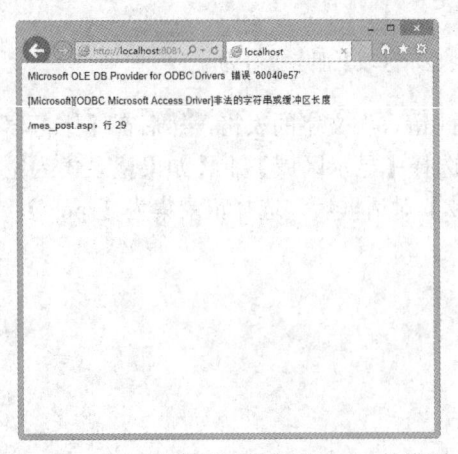

图 9-93 由于内码表设置有误而出现的错误 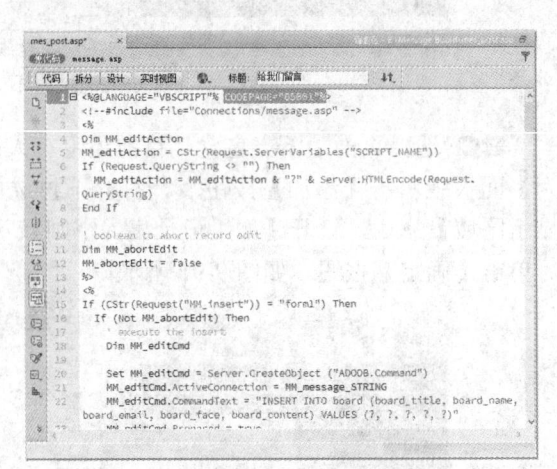   图 9-94 手动设置 ASP 的字符编码

第 10 章 新闻公告系统项目设计

学习目标

新闻公告系统是一个基于新闻和公告内容管理的全站功能系统。本章将以一个旅游风景区网站的"新闻公告"功能模块为例,介绍使用 Dreamweaver 与 ASP 设计新闻公告系统项目的方法。

学习重点

- ☑ 新闻公告系统设计要点
- ☑ 新闻公告系统的逻辑结构和数据库
- ☑ 配置 IIS 服务器和数据源
- ☑ 制作新闻公告系统的各个页面和功能

10.1 项目设计分析

新闻公告系统是一种由 ASP、PHP 等脚本语言编写的可以在网上即时交互发布新闻公告信息的网络系统。网站管理者可以在线发布和修改新闻和公告,使得网站传递信息变得更加简单且方便管理者维护。

10.1.1 本例新闻公告系统逻辑结构

本例的新闻公告系统主要提供访问者通过"新闻报道"栏目中查看站点发布的新闻信息。对于网站的管理者,则可以通过管理员身份登录新闻公告系列管理页,进行发布新闻、修改新闻信息、删除新闻等管理操作。整个新闻公告系统设计由"news.asp"、"news_content.asp"、"news_del.asp"、"news_edit.asp"、"news_modify.asp"、"admin_login.asp"、"admin_news.asp"和"login_fail.asp"5 个动态网页加"index.asp"首页组成,除了这些动态网页文件以外,网站中还包括一个用于放置"news.accdb"数据库文件的"database"文件夹,以及一个用于放置数据源 z 名称(DSN)连接的"Connections"文件夹和其他一些文件夹,如图 10-1 所示。

当访问者从网站首页进入"新闻报道"栏目页(即新闻公告系统首页)后,可以通过页面看到新闻标题和发布时间等信息,并可以直接查看新闻详细内容。如果是管理员,则可以通过新闻公告系统首页打开登录页面并使用账号和密码登录管理区,然后进行发布新闻、修改新闻和删除新闻等操作。图 10-2 所示为本例新闻公告系列开发的逻辑结构。

图 10-1 新闻公告系统所在站点的根文件夹

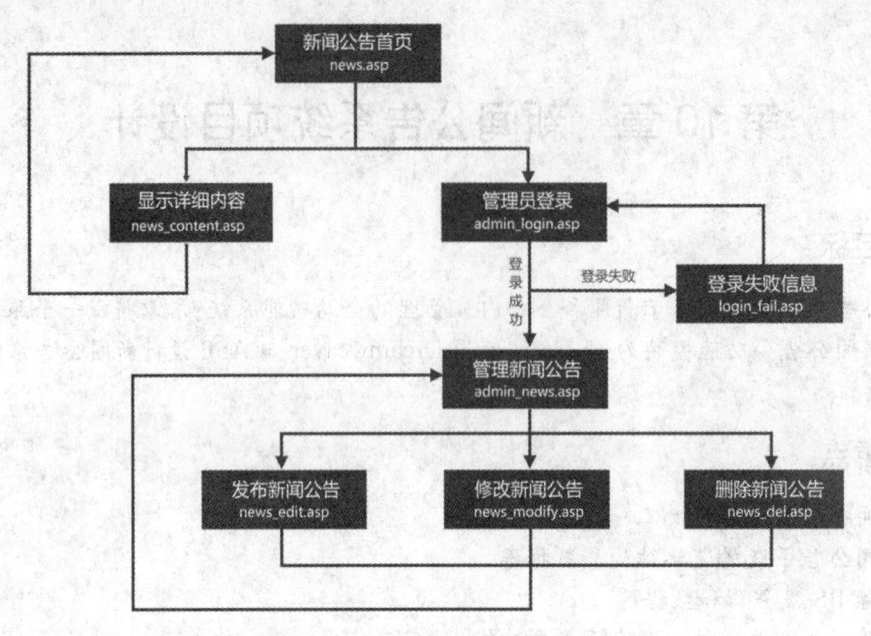

图 10-2　新闻公告系统的逻辑结构

10.1.2　新闻公告系统数据库分析

本例新闻公告系统使用的数据库文件名称为"news.accdb"，包括"news"和"admin"两个数据表。其中，"news"表由"news_"前缀的多个字段组成，保存新闻编号、发布事件、新闻标题、新闻内容数据，每一笔记录代表一个新闻公告项目，如图 10-3 所示。

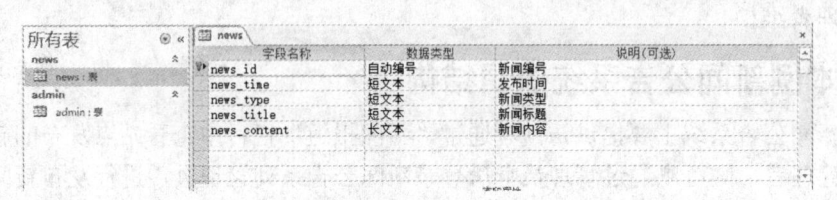

图 10-3　news 数据表

"admin"数据表则是由"admin_id"字段和"admin_pw"字段组成，用于保存新闻公告系列的管理员账号和密码。这两项数据需要预设，通过数据表设置好，然后分配给不同的管理员，以便这些管理员使用各自的账号和密码登录系统管理新闻。图 10-4 所示为"admin"数据表。

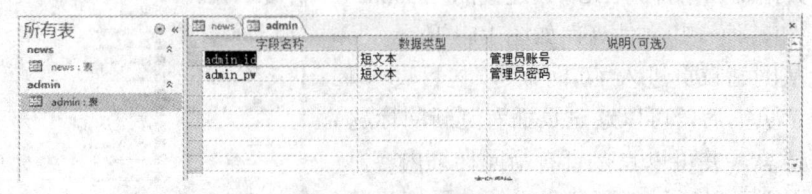

图 10-4　admin 数据表

另外，在"news"数据表中，必须设置【news_content】字段的数据类型为【长文本】，以便使数据表可以保存大量的新闻内容，如图 10-5 所示。如果数据类型设置为【短文本】的话，只可以保存 255 个字符。

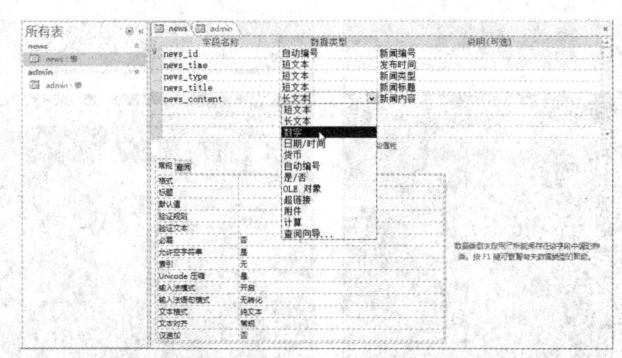

图 10-5　设置【news_content】字段的数据类型

10.1.3　新闻公告系统项目展示

　　访问者通过网站首页进入"新闻报道"页面（news.asp 文件），在没有发布任何新闻公告的情况下，该页面没有显示新闻信息，并在页面中显示新闻记录数为 0。如果是管理员，则可以通过"新闻报道"页面单击【管理员登录】链接，进入管理员登录页面。

　　当进入管理员登录页面"admin_login.asp"后，管理员可以在页面的表单中填写账号和密码，然后单击【登录系统】按钮进入管理页面"admin_news.asp"。如果还没有新闻，管理页面则不会显示新闻公告条目，管理员可以单击【发布新闻】链接，进入发布新闻页面"news_edit.asp"。

　　管理员根据发布新闻页面的表单添加新闻标题、新闻类型、详细内容等（其中发布新闻时间是自动获取的），完成后单击【发布新闻】按钮，即可将新闻发布到"新闻报道"页面，发布新闻后会返回管理页面。

　　此时新闻公告管理页面会显示新闻公告的标题、发布时间和管理项目。当需要修改新闻内容时，可以单击【修改】链接，进入修改新闻页面"news_modify.asp"。在此页面中，管理员可以修改新闻标题、类型和新闻内容，提交修改后会返回管理页面。如果要删除某个新闻公告，则可以在管理页面中单击【删除】链接，进入删除新闻页面"news_del.asp"，按下【确定删除新闻】按钮即可将当前新闻删除。

　　管理员操作完成后，可以在管理页面单击【退出管理】链接，退出管理页面并返回到新闻公告系统首页"news.asp"。此时新闻公告首页会显示已有的新闻公告，访问者只需单击新闻公告标题，即可进入详细内容页"news_content.asp"，阅读新闻或公告内容。

　　新闻公告系统的整个成果展示如图 10-6 所示。

图 10-6　新闻公告系统成果展示

图 10-6　新闻公告系统成果展示（续）

10.2　项目设计过程

下面将通过一个旅游风景区网站的新闻公告系统项目设计为例，完整介绍制作一个既可显示新闻公告，又可以使管理者发布、修改和删除新闻或公告的新闻公告系统的开发过程。

10.2.1　上机练习 1：配置 IIS 和数据源

完成新闻公告系统逻辑结构规划后，接下来开始配量 IIS 服务器环境和系统数据源，以便后续的网站开发能够正常进行。

本章新闻公告系统开发的练习文件夹为：..\Example\Ch10\News。在操作前，首先从光盘中将"News"文件夹复制到电脑的磁盘目录下，且文件夹的保存路径不要出现中文内容。

操作步骤

1 通过【管理工具】窗口打开 IIS 管理器,选择默认的网站项目,再单击【操作】窗格的【基本设置】链接,如图 10-7 所示。

图 10-7　在 IIS 中打开网站基本设置

2 打开【编辑网站】对话框后,指定新闻公告系统的练习文件夹作为网站的物理路径,如图 10-8 所示。

3 启动 Dreamweaver 应用程序,并选择【站点】|【新建站点】命令,打开【站点设置】对话框后,设置站点名称并指定本地站点文件夹,如图 10-9 所示。

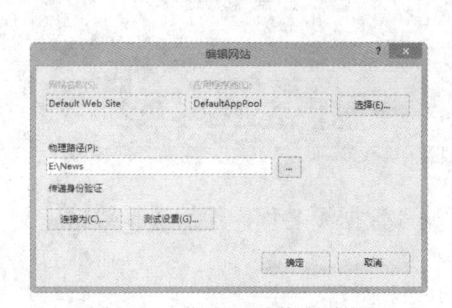

图 10-8　指定网站物理路径　　　　　图 10-9　新建站点

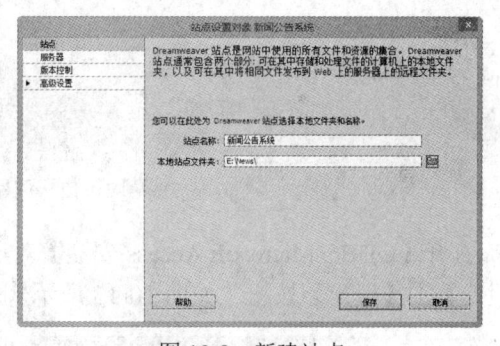

4 切换到【服务器】选项卡,然后添加服务器,接着设置服务器的基本设置,如图 10-10 所示。

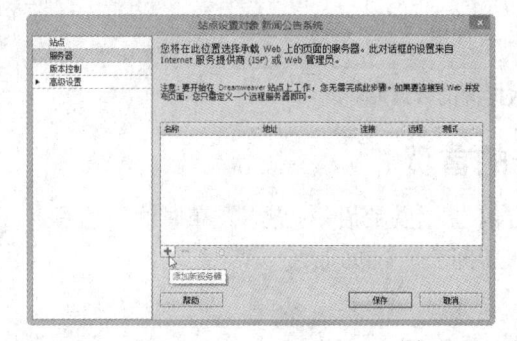

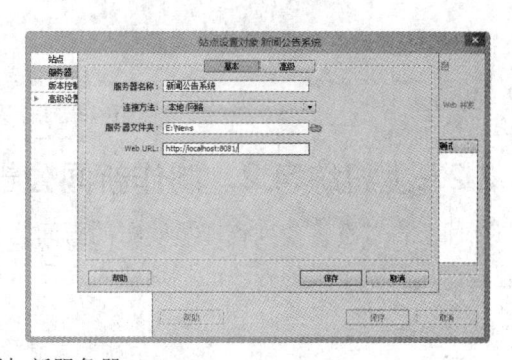

图 10-10　添加新服务器

5 切换到【高级】选项卡，再设置服务器模型为【ASP VBScript】，保存服务器设置，接着启用服务器测试功能，如图 10-11 所示。

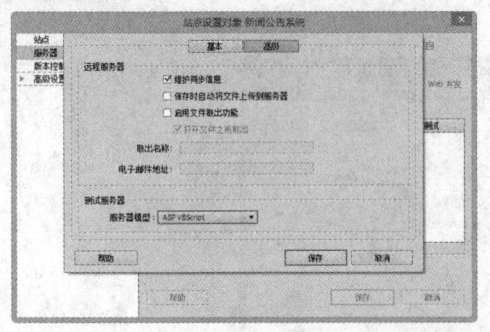

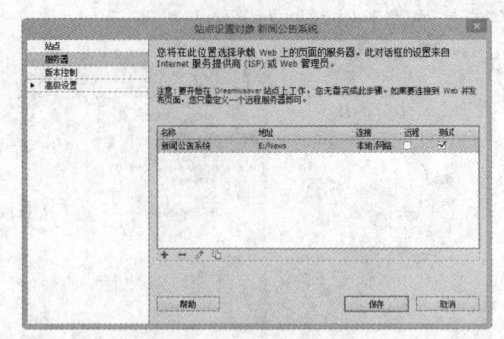

图 10-11　设置服务器模型并启用测试

6 新建站点后，打开【ODBC 数据源管理程序】对话框，然后切换到【系统 DSN】选项卡并创建新数据源，如图 10-12 所示。

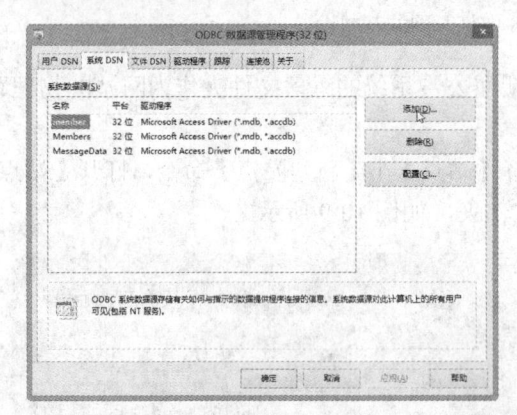

图 10-12　创建新数据源

7 打开【ODBC Microsoft Access 安装】对话框后，输入数据源名称，然后选择数据库文件，最后单击【确定】按钮，如图 10-13 所示。

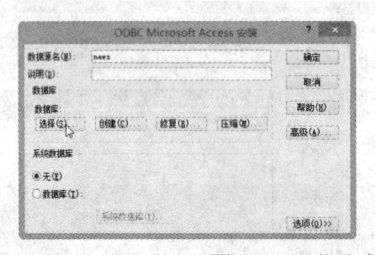

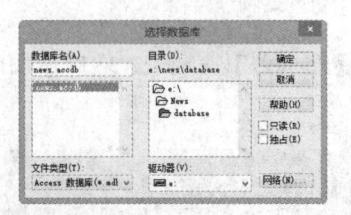

图 10-13　指定数据源的数据库

10.2.2　上机练习 2：制作新闻公告的首页

新闻公告首页将条列管理员发布的新闻公告信息，包括新闻标题、发布时间等信息。下面将通过添加数据字段的方法，将这些内容显示在新闻公告首页上。

操作步骤

1 通过【文件】面板打开新闻公告首页"news.asp"文件，再打开【数据库】面板，通过指定数据源名称与数据源建立连接，如图 10-14 所示。

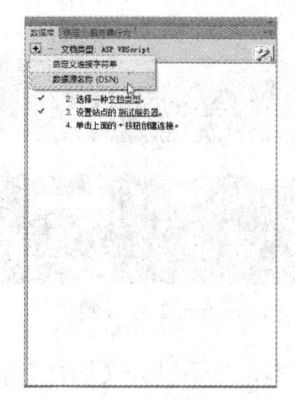

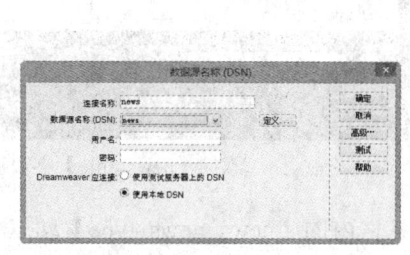

图 10-14　打开文件并建立数据源连接

2 切换到【绑定】面板，打开【添加】菜单，选择【记录集（查询）】命令，在打开的【记录集】对话框中设置记录集名称，再设置连接和指定数据表，然后设置记录排序方式，如图 10-15 所示。

3 选择【修改】|【页面属性】命令，在打开的【页面属性】对话框中选择【外观（CSS）】分类，再设置文本的大小为 12、文本颜色为"【白色】"，如图 10-16 所示。

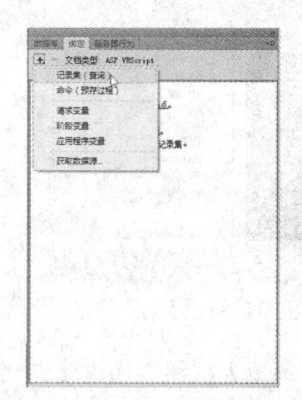

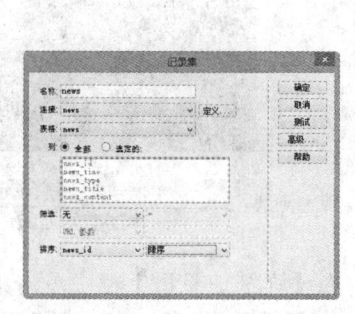

图 10-15　绑定记录集　　　　　　　　图 10-16　设置文本外观属性

4 在页面新闻小图右侧的单元格中输入【】符号，再打开绑定的记录集，将【news_type】字段拖到括号符号中间，如图 10-17 所示。

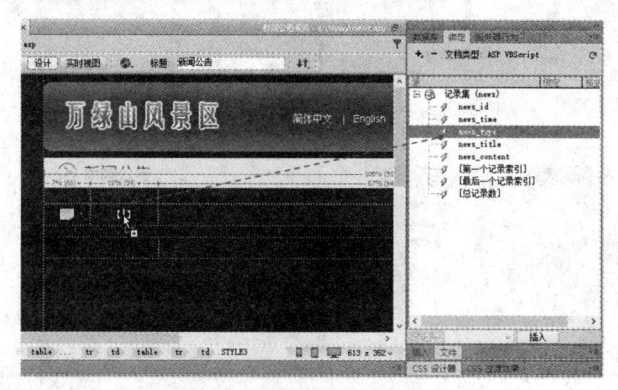

图 10-17　输入符号并加入数据字段

291

5 通过【绑定】面板，将【news_title】字段和【news_time】字段添加到页面的其他两个单元格内，结果如图 10-18 所示。

图 10-18 添加【news_title】字段和【news_time】字段到页面

6 选择单元格内的【news_news_type】动态文本，然后打开【属性】面板，单击面板上的【粗体】按钮 **B**，为文本设置粗体，如图 10-19 所示。

7 选择【news_news_title】动态文本，然后打开【服务器行为】面板，为动态文本添加【转到详细页面】的服务器行为，如图 10-20 所示。

图 10-19 设置动态文本的格式 　　　　　　图 10-20 添加【转到详细页面】行为

8 打开【转到详细页面】对话框，在【详细信息页】栏中单击【浏览】按钮，通过【选择文件】对话框指定详细信息页文件，再设置【记录集】为【news】，选择【列】为【news_id】，然后单击【确定】按钮，如图 10-21 所示。

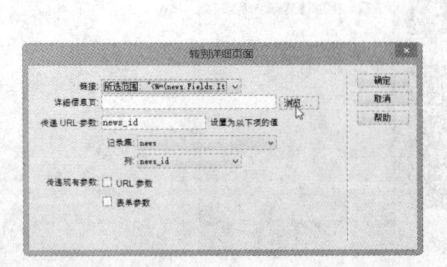

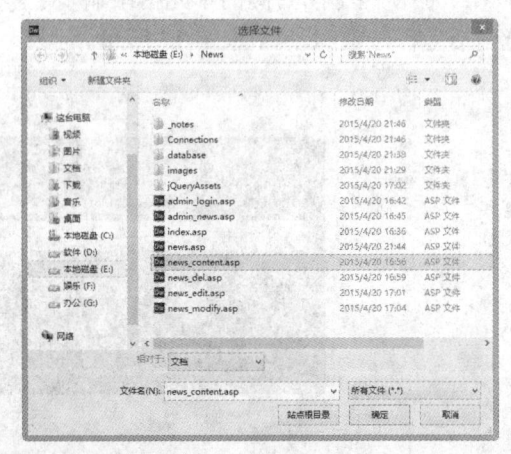

图 10-21 设置服务器行为选项

9 拖动鼠标选择包含动态文本表格的第 1 行单元格，然后单击鼠标右键并通过快捷菜单删除选定的单元格行，如图 10-22 所示。

图 10-22　删除单元格行

10 删除单元格行后，将光标定位在表格左侧，然后按 Enter 键换段，使表格与上方的图片分隔开，如图 10-23 所示。

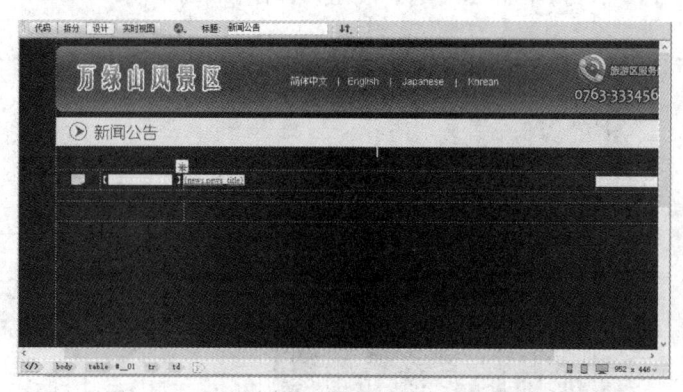

图 10-23　隔开包含动态文本的表格和标题图片

11 选择包含动态文本的表格，然后通过【服务器行为】面板，为表格添加【重复区域】行为，如图 10-24 所示。

12 打开【重复区域】对话框，选择记录集为【news】，然后设置显示 10 条记录，最后单击【确定】按钮，如图 10-25 所示。

图 10-24　添加【重复区域】服务器行为

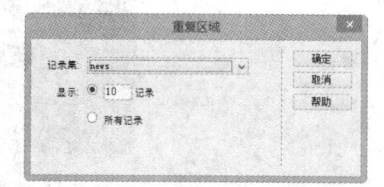

图 10-25　设置重复区域选项

13 将光标定位在单元格内,然后通过【服务器行为】面板添加【动态文本】行为,打开【动态文本】对话框后,选择【[第一个记录索引]】项,再单击【确定】按钮,如图 10-26 所示。

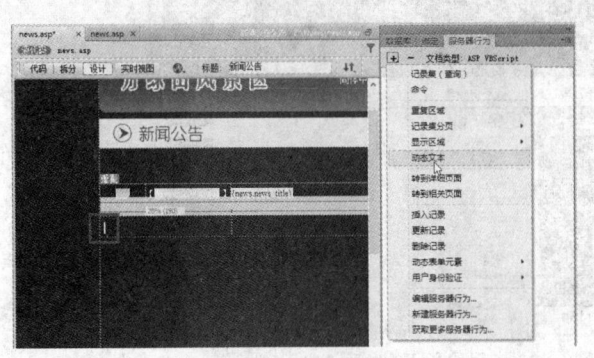

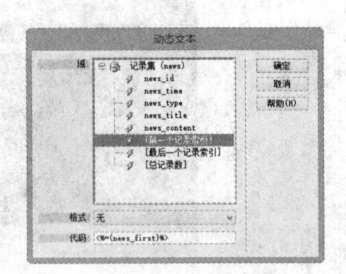

图 10-26 插入动态文本

14 在插入的动态文本右侧输入"/"符号,再次添加【动态文本】服务器行为,并选择【[最后一个记录索引]】项,再单击【确定】按钮,如图 10-27 所示。

图 10-27 插入第二个动态文本

15 在动态文本右侧输入"( )"符号,然后第三次添加【动态文本】行为,并选择【[总记录数]】项,再单击【确定】按钮,如图 10-28 所示。

图 10-28 插入第三个动态文本

16 将光标定位在步骤 15 插入的动态文本的单元格,并设置该单元格的水平对齐方式为【居中对齐】,接着在右侧单元格中创建一个 1 行 4 列的表格,用于制作数据导航链接,如图 10-29 所示。

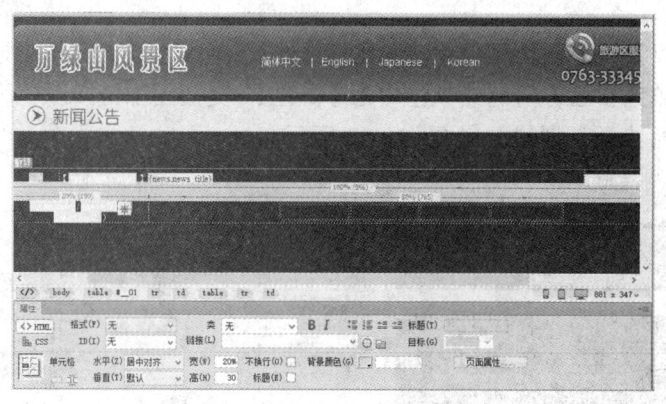

图 10-29 设置对齐方式并创建表格

17 将光标定位在表格第一个单元格中,然后添加【移至第一条记录】服务器行为,接着指定记录集为【news】,再单击【确定】按钮,如图 10-30 所示。

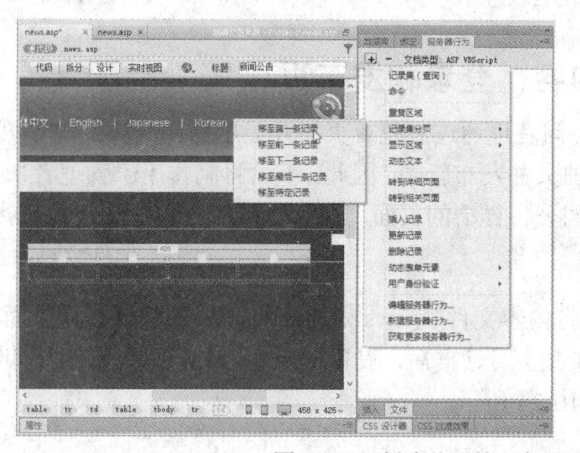

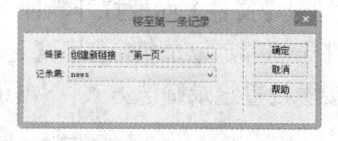

图 10-30 创建移至第一条记录的链接

18 选择移至第一条记录的链接文本,然后添加【如果不是第一条记录则显示区域】服务器行为,指定记录集为【news】,再单击【确定】按钮,如图 10-31 所示。

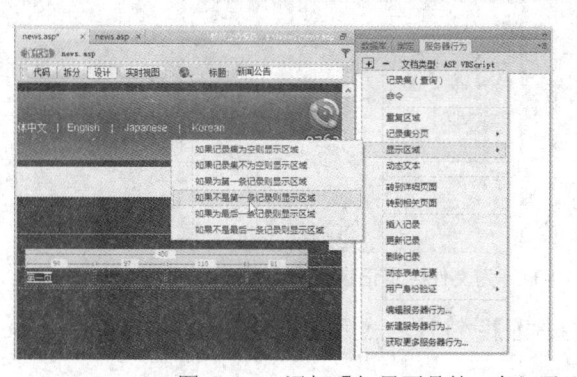

图 10-31 添加【如果不是第一条记录则显示区域】行为

19 使用步骤 17 和步骤 18 的方法，分别添加【移至前一条记录】链接、【移至下一条记录】链接和【移动到最后一条记录】链接，并分别设置【如果不是第一条记录则显示区域】行为、【如果不是最后一条记录则显示区域】行为和【如果不是最后一条记录则显示区域】行为，效果如图 10-32 所示。

20 选择【修改】|【页面属性】命令，在打开的【页面属性】对话框中选择【链接（CSS）】分类，再设置链接颜色和已访问链接颜色均为【白色】，变换图像链接颜色为【黄色】，接着设置下划线样式为【始终无下划线】，如图 10-33 所示。

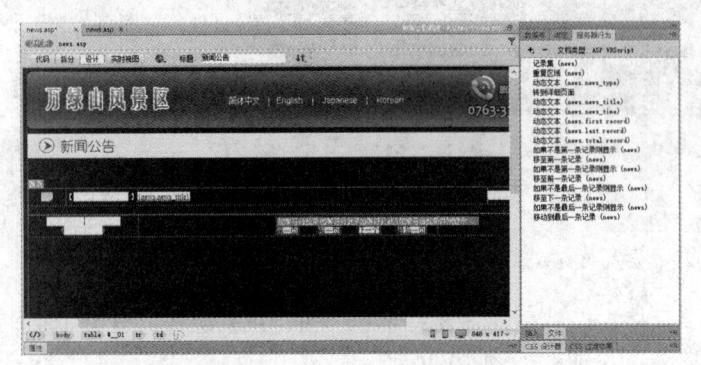

图 10-32　创建用于导航记录的链接 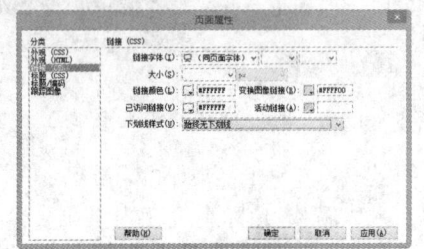　　　　　图 10-33　设置链接颜色属性

10.2.3　上机练习 3：制作内容、登录和发布页

根据新闻公告系列的设计构思，访问者可通过系统首页打开显示新闻的详细内容页面，而管理者则可以通过管理者身份登录管理页并发布新闻。因此，下面将制作用于管理者登录系统和发布新闻的页面，以及用于显示新闻公告详情的页面。

操作步骤

1 通过【文件】面板打开新闻公告内容文件"news_content.asp"，打开【绑定】面板，然后为文件添加绑定记录集，打开【记录集】对话框后，设置记录集名称，再设置连接和指定数据表，接着设置记录筛选方式，如图 10-34 所示。

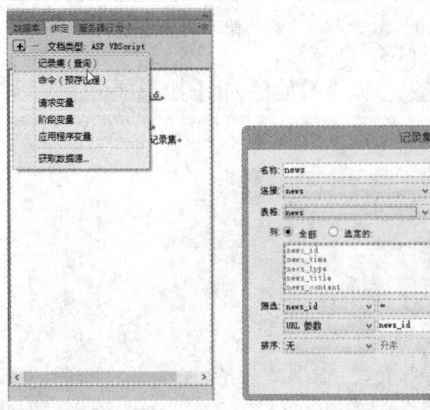

图 10-34　为文件绑定记录集

2 在用于显示标题的单元格中输入"【】"符号，然后打开记录集并将【news_type】字段拖到符号中间，如图 10-35 所示。

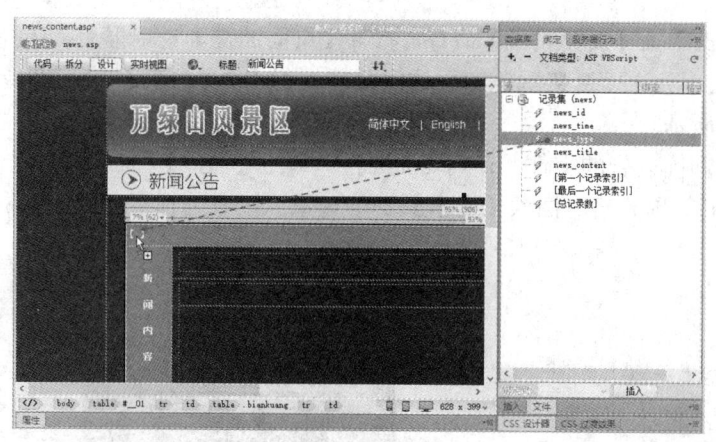

图 10-35　插入记录字段到页面

3 使用相同的方法，分别将【news_titile】字段、【news_time】字段、【news_content】字段插入到其他单元格内，另外在【news_news_type】动态文本右侧也插入【news_titile】字段，如图 10-36 所示。

图 10-36　插入其他记录集字段

4 选择"【】"符号内的【news_news_type】动态文本，然后打开【属性】面板，为动态文本设置粗体格式，如图 10-37 所示。

5 选择包含动态文本的表格下方的【返回】文本，通过【属性】面板设置返回到新闻公告首页"news.asp"的链接，如图 10-38 所示。

图 10-37　设置动态文本的格式 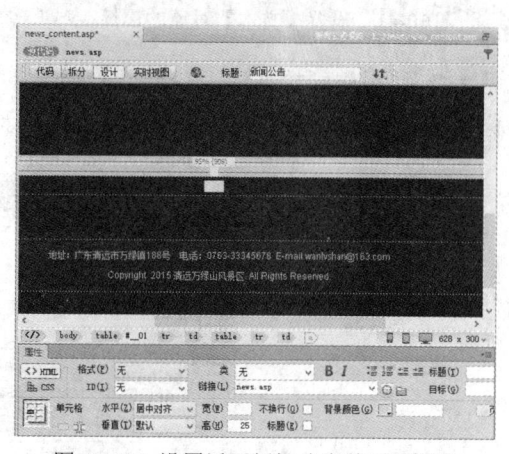　　　　图 10-38　设置返回新闻公告首页的链接

6 选择【修改】|【页面属性】命令，打开【页面属性】对话框后，选择【链接（CSS）】分类，设置文本大小为12、链接颜色和已访问链接颜色均为【白色】、变换图像链接颜色为【黄色】，如图10-39所示。

7 打开发布新闻公告的文件"news_edit.asp"，通过【插入】面板的【表单】选项卡在【新闻标题】文本右侧的单元格内插入【文本】表单对象，接着选择对象左侧的标签文本并删除，如图10-40所示。

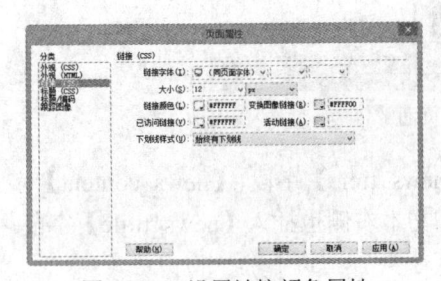

图10-39 设置链接颜色属性 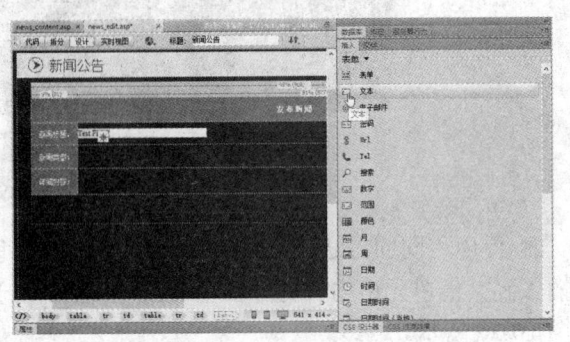　　　　图10-40 插入【文本】对象

8 选择插入的【文本】对象，然后打开【属性】面板，设置【文本】对象的名称为【news_title】、字符宽度为60，如图10-41所示。

9 通过【插入】面板的【表单】选项卡在另一个单元格中插入【选择】表单对象，然后设置对象的名称为【news_type】，接着设置菜单的列表值，如图10-42所示。

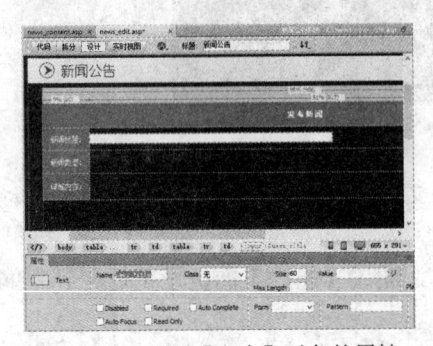

图10-41 设置【文本】对象的属性 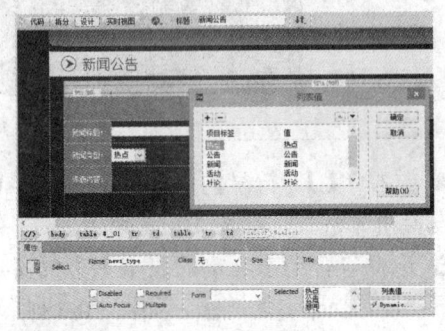　　　　图10-42 插入并设置【选择】对象

10 使用相同的方法，在另一个单元格中插入【文本区域】对象，然后设置文本区域的名称为【news_content】、字符宽度为100、行数为20，如图10-43所示。

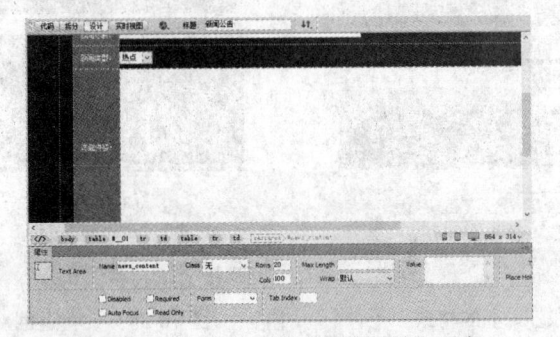

图10-43 插入并设置【文本区域】对象

11 将光标定位在包含表单对象的表格的下一行,然后分别插入【"提交"按钮】对象和【"重置"按钮】两个按钮对象,再为按钮对象设置如图 10-44 所示的属性。

12 打开【CSS 设计器】面板,再选择【<style>】CSS 源,然后新建一个名称为【textarea】标签的选择器,如图 10-45 所示。

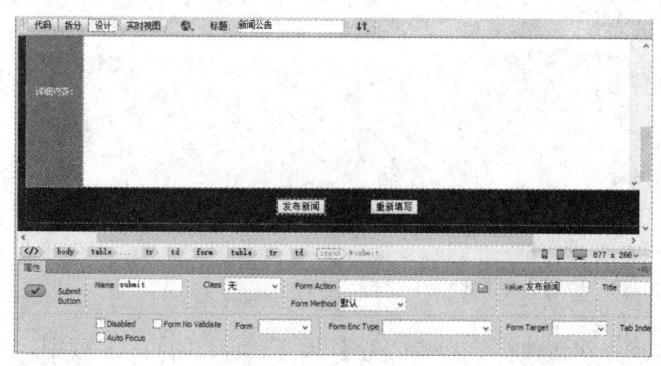

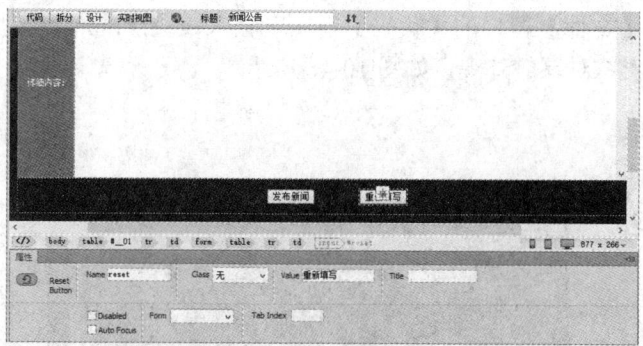

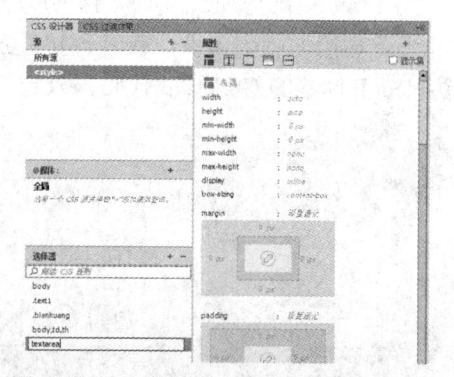

图 10-44　插入并设置按钮对象　　　　图 10-45　新建【textarea】标签的 CSS 规则

13 在【CSS 设计器】面板的【属性】窗格中选择【文本】分类,再设置文本大小和文本颜色,接着选择【背景】分类并设置背景颜色属性,如图 10-46 所示。

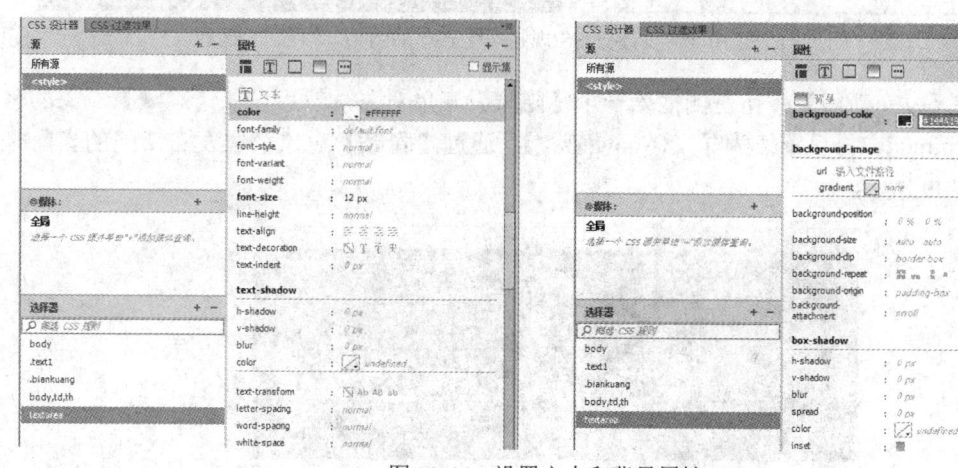

图 10-46　设置文本和背景属性

14 在【属性】窗格中选择【边框】分类,然后设置边框样式、宽度和颜色属性,如图 10-47 所示。

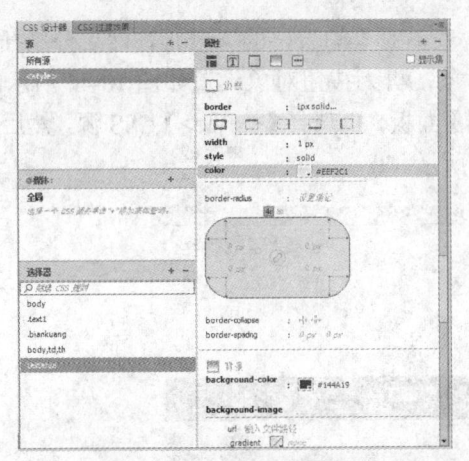

图10-47 设置边框属性

15 使用步骤12到步骤14的方法，分别新建标签为【input】和【select】的CSS规则，并设置相同的规则属性。或者直接通过【文件】窗口的【代码】视图，输入设置【input】和【select】标签的CSS样式代码，以定义表单对象的外观，如图10-48所示。

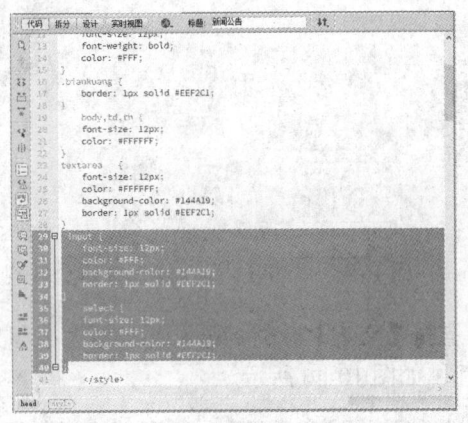

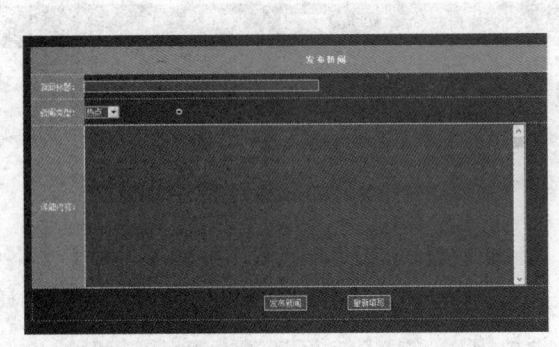

图10-48 新建CSS规则美化表单的结果

16 在【发布新闻】按钮左侧插入一个【隐藏】表单对象，然后设置【隐藏】对象的名称为【news_time】，再设置值为【<%=now()%>】，通过【隐藏】对象获取发布新闻的当前时间，如图10-49所示。

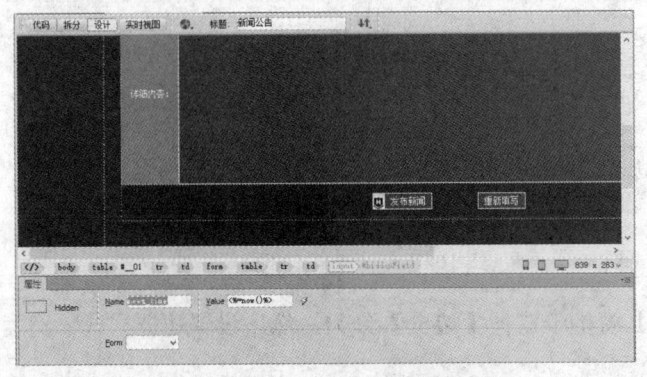

图10-49 插入并设置【隐藏】对象

17 打开【服务器行为】面板，然后添加【插入记录】行为，在打开的【插入记录】对话框中设置连接和数据表，再指定插入记录后转到的目标文件，接着设置表单元素对应的字段和提交的数据类型，如图 10-50 所示。

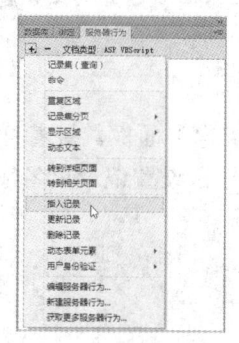

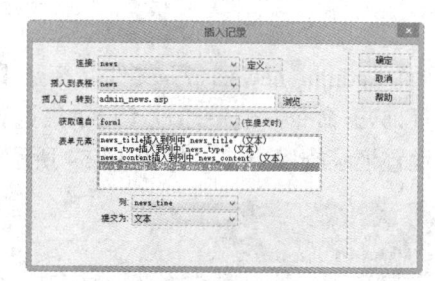

图 10-50　添加【插入记录】服务器行为

18 分别选择表单对象，然后打开【属性】面板并选择【Required】复选框，设置限制必须填写资料，如图 10-51 所示。

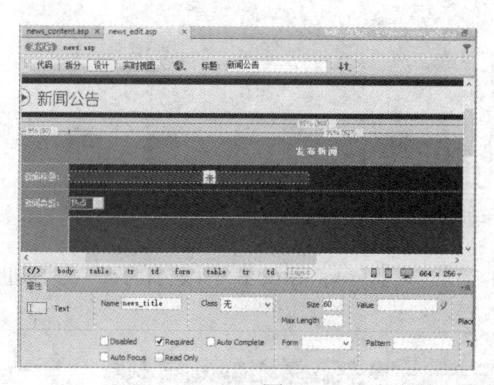

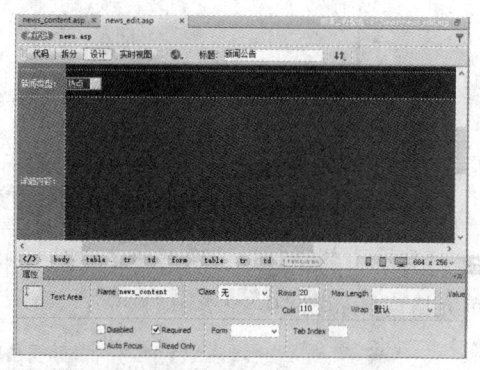

图 10-51　为表单对象设置必须填写的验证属性

19 打开管理员登录的文件"admin_login.asp"，然后打开【服务器行为】面板，再打开【添加】菜单并选择【用户身份验证】|【登录用户】命令，如图 10-52 所示。

20 打开【登录用户】对话框后，设置登录用户验证选项和指定登录成功与登录失败跳转的目标文件，再选择【用户名和密码】单选按钮，如图 10-53 所示。

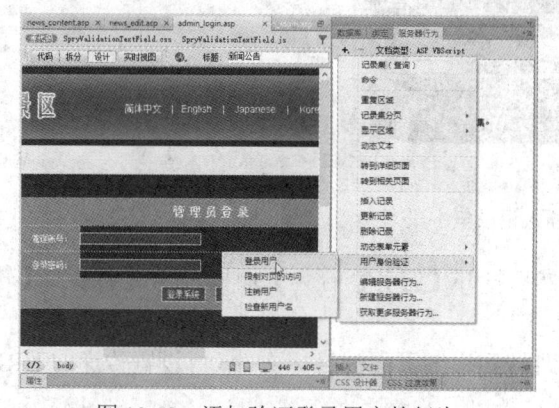

图 10-52　添加验证登录用户的行为 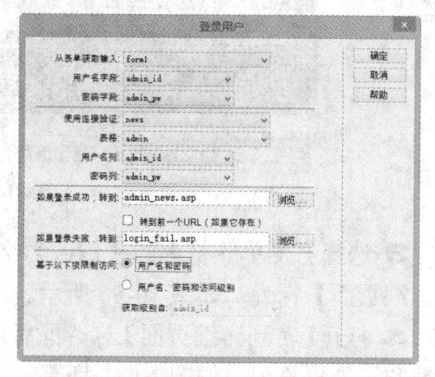　　　　图 10-53　设置登录用户验证选项

301

10.2.4 上机练习4：制作新闻公告系统管理页

下面将制作新闻公告系统的管理页面，在页面上将已发布的各个新闻项目显示出来，包括标题和发布时间两项内容，而且在每个新闻公告项目后提供【修改】和【删除】项目，方便管理者修改内容或删除对应项的新闻公告。

操作步骤

1 打开管理页面"admin_news.asp"文件，打开【绑定】面板，接着打开【添加】菜单并选择【记录集（查询）】命令，然后通过【记录集】对话框设置记录集名称，再设置连接和指定数据表，最后设置记录排序方式，如图10-54所示。

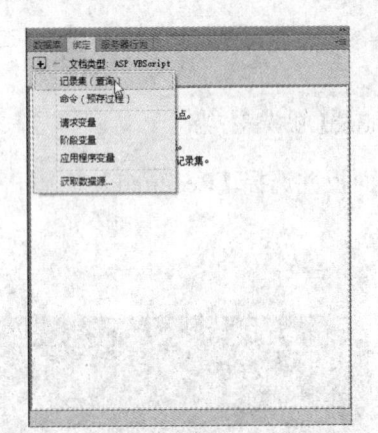

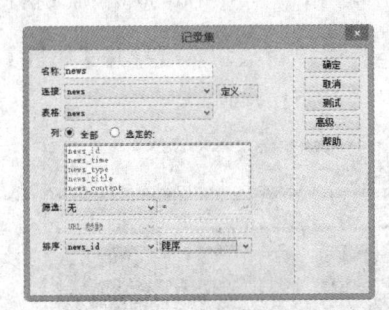

图10-54　为文件绑定记录集

2 打开绑定的记录集，然后将【news_title】字段和【news_time】字段分别加入到页面的不同单元格内，如图10-55所示。

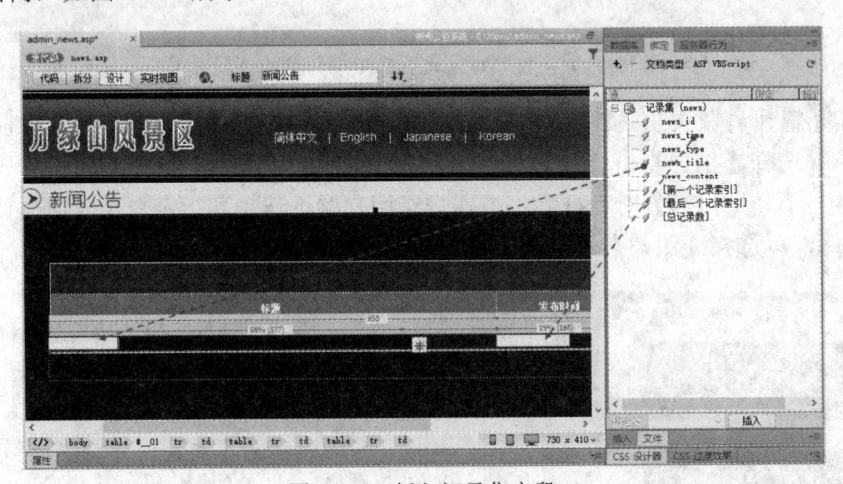

图10-55　插入记录集字段

3 选择右侧单元格上的【修改】文字，然后打开【服务器行为】面板，为文字添加【转到详细页面】行为，如图10-56所示。

4 打开【转到详细页面】对话框后，指定跳转到详细页面的目标文件，再设置传递的URL参数和记录集与列，如图10-57所示。

第 10 章 新闻公告系统项目设计

图 10-56 为【修改】文字添加【转到详细页面】行为

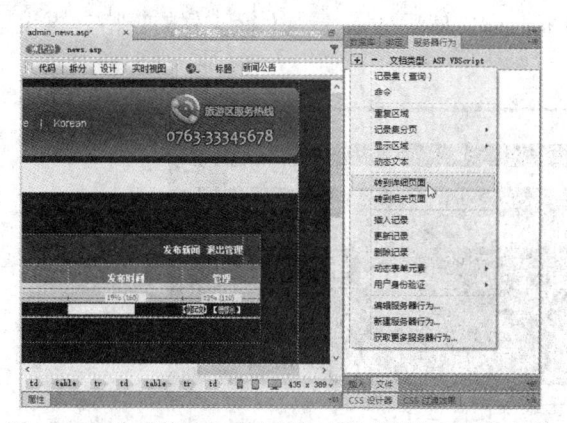

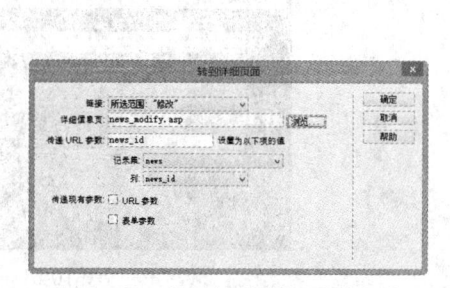

图 10-57 设置转到详细页面选项

5 选择右侧单元格上的【删除】文字，然后打开【服务器行为】面板，为文字添加【转到详细页面】行为，如图 10-58 所示。

6 打开【转到详细页面】对话框后，指定跳转到详细页面的目标文件，再设置传递的 URL 参数和记录集与列，如图 10-59 所示。

图 10-58 为【删除】文字添加【转到详细页面】行为

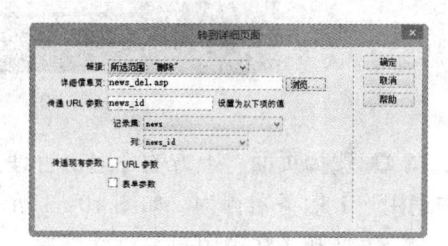

图 10-59 设置转到详细页面选项

7 选择包含动态文本的表格，然后添加【重复区域】服务器行为，打开【重复区域】对话框后，指定记录集和显示的记录数，如图 10-60 所示。

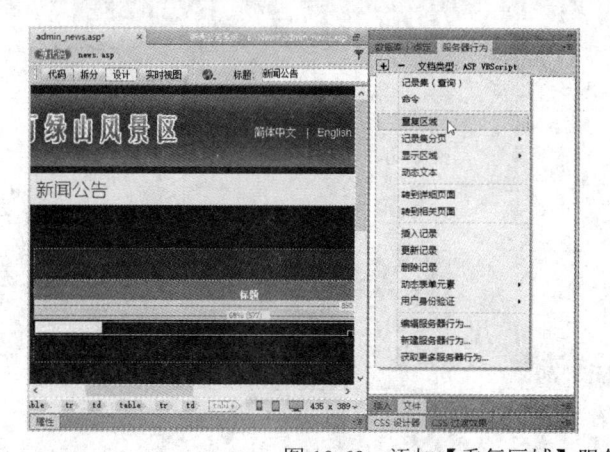

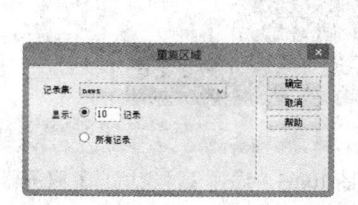

图 10-60 添加【重复区域】服务器行为

303

8 将光标定位在导航动态文本的表格的下一行,然后插入一个 1 行 4 列的表格,再设置表格居中对齐,如图 10-61 所示。

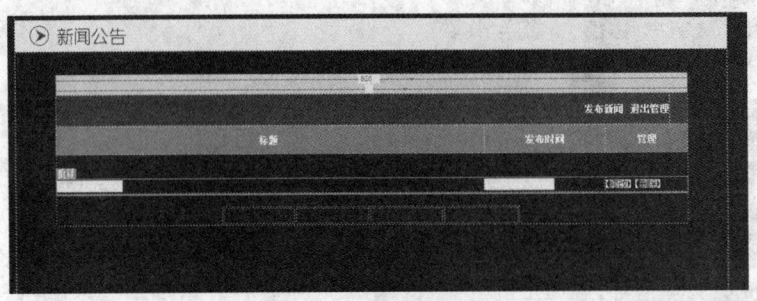

图 10-61 插入表格并设置对齐方式

9 使用上机练习 2 中步骤 17 和步骤 18 的方法,在表格的单元格内分别创建用于记录导航的链接,并添加对应的显示区域行为,如图 10-62 所示。

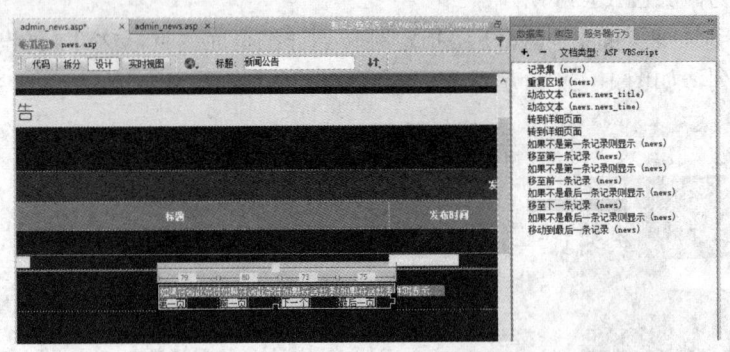

图 10-62 制作用于记录导航的链接

10 选择页面右上方的【退出管理】文字,打开【服务器行为】面板,然后为文字添加【注销用户】服务器行为,如图 10-63 所示。

11 打开【注销用户】对话框后,指定跳转的目标文件,接着单击【确定】按钮,如图 10-64 所示。

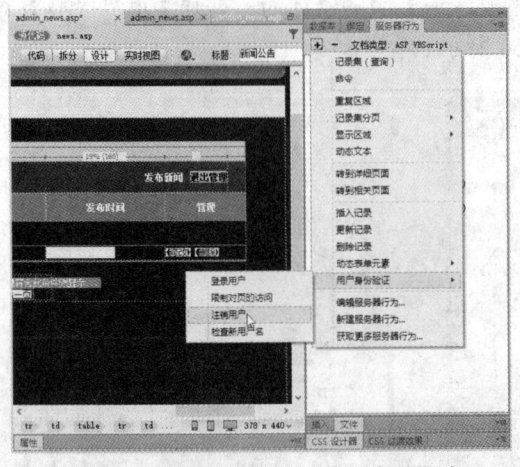

图 10-63 添加【注销用户】服务器行为

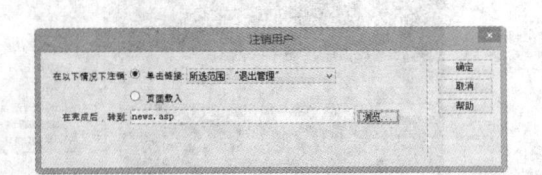

图 10-64 设置注销用户选项

12 此时不需要在页面选择对象,打开服务器行为菜单,为文件添加【限制对页的访问】行为,如图10-65所示。

13 打开【限制对页的访问】对话框后,选择限制的内容来源,然后指定访问被拒绝后跳转的目标文件,如图10-66所示。

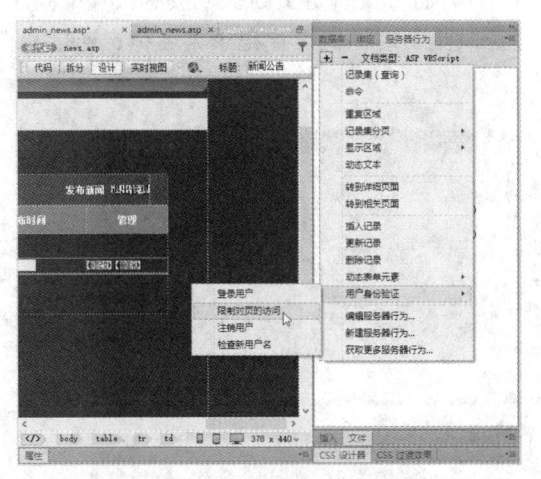

图10-65 添加【限制对页的访问】服务器行为

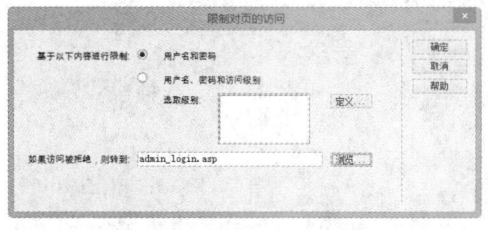

图10-66 设置行为的选项

14 选择页面的【发布新闻】文字,然后打开【属性】对话框,为文字设置到发布新闻公告页面"news_edit.asp"文件的链接,如图10-67所示。

15 选择【修改】|【页面属性】命令,打开【页面属性】对话框后,选择【链接(CSS)】分类,再设置链接颜色和已访问链接颜色均为【白色】、变换图像链接颜色为【黄色】,接着设置下划线样式为【始终无下划线】,如图10-68所示。

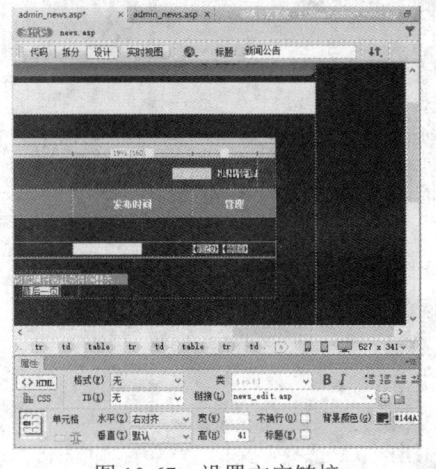

图10-67 设置文字链接

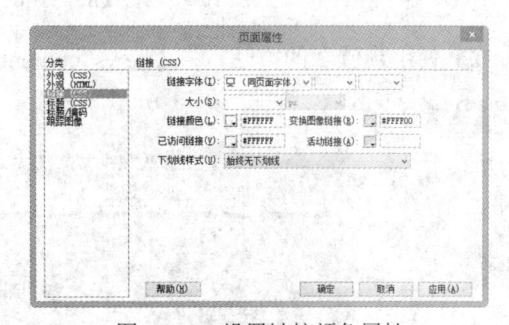

图10-68 设置链接颜色属性

10.2.5 上机练习5:制作修改和删除新闻页面

下面将介绍修改和删除新闻的页面制作方法。在执行新闻公告内容的修改和删除前,需要先显示新闻项目的详细内容。由于网站管理员是在网页中直接修改公告内容,因此新闻公告信息将显示在表单元件中,管理员通过表单来修改内容。当需要删除无用或过期的新闻公

305

告时，也可以通过删除的表单查看内容，然后通过【删除记录】服务器行为即可将记录从数据库中删除。

操作步骤

1 打开修改新闻公告的"news_modify.asp"文件，打开【绑定】面板，接着打开【添加】菜单并选择【记录集（查询）】命令，然后通过【记录集】对话框设置记录集名称、连接和指定数据表及记录筛选方式，如图10-69所示。

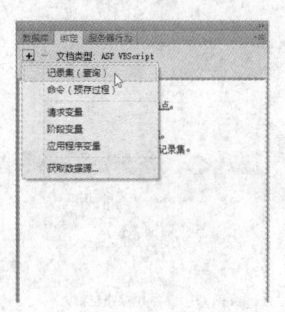

图10-69 为文件绑定记录集

2 绑定记录集后，打开记录集，然后将【news_title】字段拖到页面【新闻标题】右侧单元格的【文本】对象中，使新闻公告标题显示在【文本】对象中，如图10-70所示。

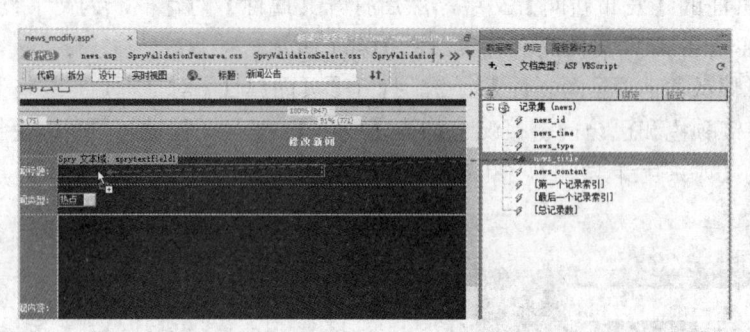

图10-70 将【news_title】字段添加到【文本】对象

3 使用步骤2的方法，将【news_content】字段拖到【文本区域】对象上，使新闻公告内容显示在文本区域，如图10-71所示。

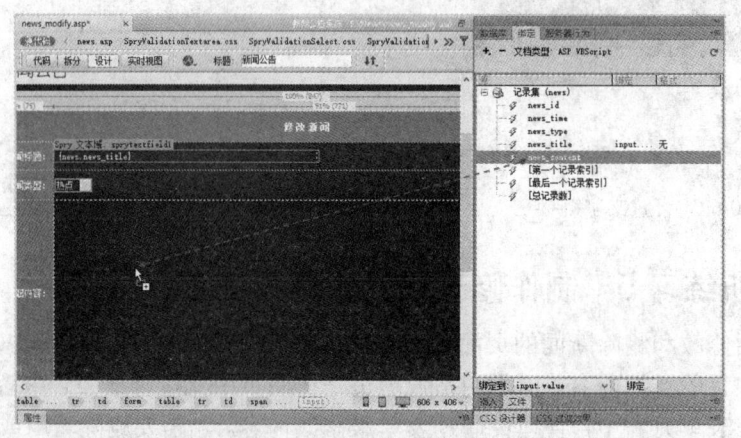

图10-71 将【news_content】字段添加到【文本区域】对象

第 10 章 新闻公告系统项目设计

4 选择页面上的【选择】表单对象，然后打开【服务器行为】面板，再为【选择】表单对象应用【动态列表/菜单】行为，如图 10-72 所示。

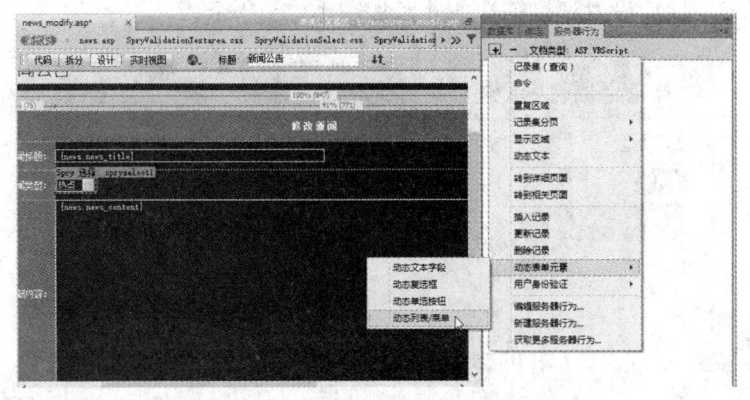

图 10-72 添加【动态列表/菜单】行为

5 打开【动态列表/菜单】对话框，设置来自记录集的选项、值和标签，然后单击【选取值等于】文本框右侧的【动态数据】按钮，打开【动态数据】对话框，选择【news_type】字段，再单击【确定】按钮，如图 10-73 所示。

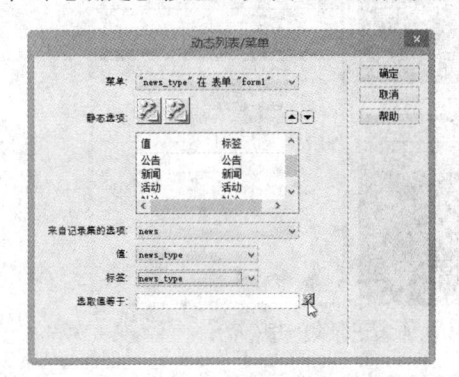

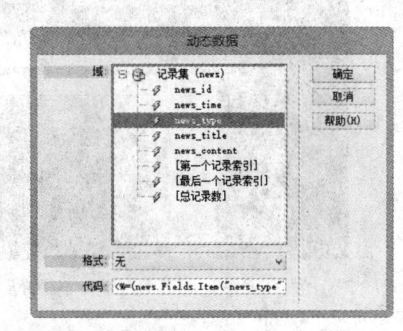

图 10-73 设置行为选项并指定动态数据

6 打开【服务器行为】面板中的【添加】菜单，然后为文件添加【更新记录】服务器行为，打开【更新记录】对话框后，设置更新记录的各个选项和表单元素对应的字段和提交的数据类型，如图 10-74 所示。

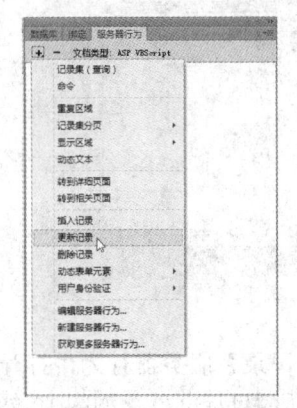

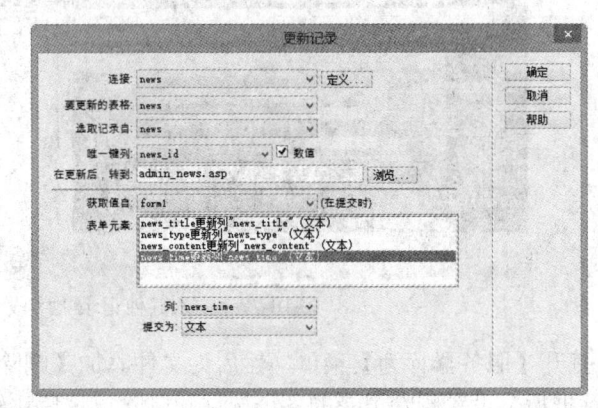

图 10-74 添加【更新记录】服务器行为

307

7 打开删除新闻公告的"news_del.asp"文件,再打开【绑定】面板,接着打开【添加】菜单,并选择【记录集(查询)】命令,然后通过【记录集】对话框设置记录集名称,再设置连接和指定数据表,最后设置记录筛选方式,如图 10-75 所示。

图 10-75 打开文件并绑定记录集

8 在页面【新闻标题】右侧的单元格中输入"【】"符号,再打开绑定的记录集,将【news_type】字段拖到括号符号中间,如图 10-76 所示。

图 10-76 输入符号并加入记录集字段

9 使用相同的方法,分别将【news_titile】字段、【news_time】字段、【news_content】字段插入到其他单元格内,如图 10-77 所示。

图 10-77 插入其他记录集字段

10 打开【服务器行为】菜单,然后为文件添加【删除记录】服务器行为,打开【删除记录】对话框后,设置删除记录的各个选项和删除记录后跳转的目标文件,如图 10-78 所示。

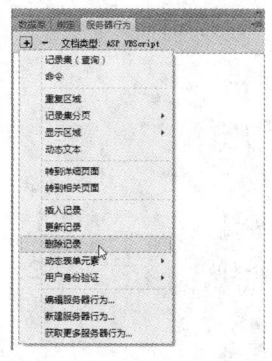

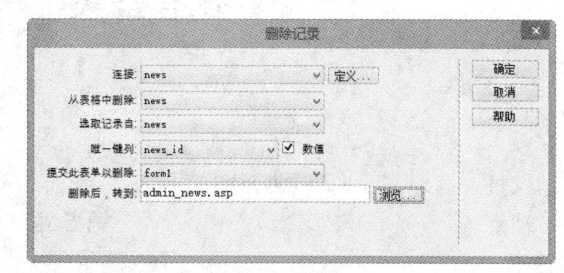

图 10-78　添加【删除记录】服务器行为

11 打开网站首页"index.asp"文件，然后选择页面的【新闻公告】图片，再通过【属性】面板设置图片到新闻公告系统首页的链接，如图 10-79 所示。

12 打开新闻公告系统首页"news.asp"文件，然后选择【管理员登录】文字，并设置到管理员登录页面的链接，如图 10-80 所示。

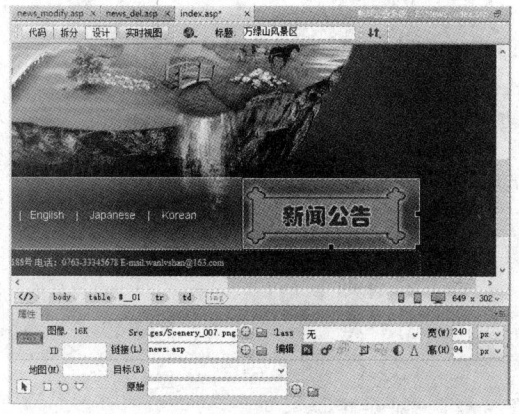

图 10-79　为网站首页设置到新闻公告页的链接 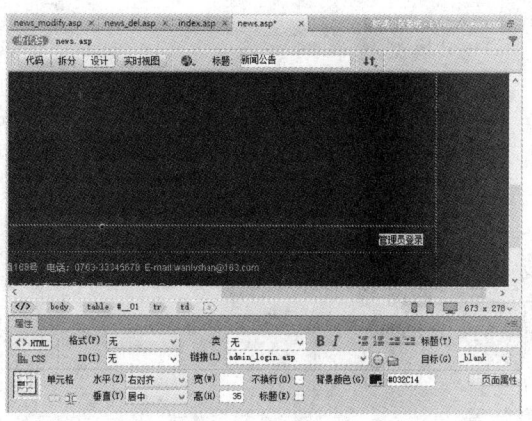　　　　图 10-80　设置到管理员登录页的链接

> 完成上述操作后，需要手动将网站中的 ASP 文件设置 codepage 等于"65001"，以指定 ASP 网页的字符编码为 UTF8。详细的说明可翻阅本书第 9 章章尾的提示内容。

309

参考答案

第 1 章

一、填空题
(1) 设计　　(2) 动态网站
(3) 站点

二、选择题
(1) D　　(2) A
(3) C　　(4) B

三、判断题
(1) 对　　(2) 错
(3) 对

第 2 章

一、填空题
(1) 跟踪图像　　(2) 单元格
(3) Div

二、选择题
(1) A　　(2) C
(3) D　　(4) C

三、判断题
(1) 对　　(2) 错
(3) 对

第 3 章

一、填空题
(1) 段落　　(2) 重新取样
(3) 鼠标经过图像
(4) 视频元素（video 元素）

二、选择题
(1) B　　(2) B
(3) C　　(4) D

三、判断题
(1) 对　　(2) 错

第 4 章

一、填空题
(1) CSS　　(2) 选择器
(3) CSS 过渡效果　　(4) ID

二、选择题
(1) B　　(2) C
(3) A　　(4) C

三、判断题
(1) 对　　(2) 错

第 5 章

一、填空题
(1) 相对路径　　(2) 命名锚记
(3) jQuery UI

二、选择题
(1) C　　(2) B
(3) A　　(4) D

三、判断题
(1) 错　　(2) 对
(3) 对

第 6 章

一、填空题
(1) 行为　　(2) 事件
(5) jQuery UI

二、选择题
(1) A　　(2) D
(3) C

三、判断题
(1) 对　　(2) 对
(3) 对　　(4) 错

第 7 章

一、填空题
(1) 表单（或表单）
(2) 检查表单
(3) jQuery Mobile
(4) 电子邮件

二、选择题
(1) D　　(2) D
(3) B

三、判断题
(1) 对　　(2) 错
(3) 对

第 8 章
一、填空题
（1）VBScript　　（2）数据库
（3）插入记录
二、选择题
（1）D　　（2）C

（3）B
三、判断题
（1）对　　（2）错
（3）对　　（4）对